# 空间分析与建模

杨慧 编著

清华大学出版社

北京

## 内 容 简 介

本书是作者在多年从事地理信息系统教学与科研的基础上撰写而成的。全书共 9 章，第 1、2 章探讨了空间分析与建模的基本概念及基础知识；第 3～6 章主要介绍了空间量测、表达变换、统计学分析及地形可视化分析；第 7 章主要介绍了空间数据挖掘的基本内容及方法；第 8 章主要介绍了空间智能计算的基本原理及方法体系；第 9 章为空间分析建模实例应用。本书重点介绍了空间分析与建模的基本原理及方法体系。

本书可作为高校地理学信息系统专业本科生和研究生学习空间分析课程的教材，也可用作地理学、测绘学、地质学等相关专业的本科生、研究生及科技人员的参考书。

**图书在版编目(CIP)数据**

空间分析与建模/杨慧编著.—北京：清华大学出版社，2013（2023.6 重印）
ISBN 978-7-302-33489-7

Ⅰ.①空…　Ⅱ.①杨…　Ⅲ.①地理信息系统–系统建模–高等学校–教材　Ⅳ.①P208

中国版本图书馆 CIP 数据核字(2013)第 195685 号

**责任编辑：** 柳　萍　赵从棉
**封面设计：** 常雪影
**责任校对：** 王淑云
**责任印制：** 刘海龙

**出版发行：** 清华大学出版社
　　　　　网　　　址：http://www.tup.com.cn, http://www.wqbook.com
　　　　　地　　　址：北京清华大学学研大厦 A 座　　　　邮　　编：100084
　　　　　社 总 机：010-83470000　　　　邮　　购：010-62786544
　　　　　投稿与读者服务：010-62776969, c-service@tup.tsinghua.edu.cn
　　　　　质 量 反 馈：010-62772015, zhiliang@tup.tsinghua.edu.cn
**印 装 者：** 三河市龙大印装有限公司
**经　　销：** 全国新华书店
**开　　本：** 185mm×260mm　　**印　张：** 22.25　　**字　数：** 536 千字
**版　　次：** 2013 年 11 月第 1 版　　　　**印　次：** 2023 年 6 月第 9 次印刷
**定　　价：** 66.00 元

产品编号：041426-03

# 前　　言

空间分析与建模是地理信息系统（geographical information system，GIS）的核心功能，也是评价地理信息系统功能强弱的重要指标之一。为了适应地球信息科学技术的飞速发展，相关高校均已开设"空间分析原理与方法"课程。为此，我们在参阅了国内外有关教材、专著的基础上编写了本书，以帮助本专业的学生学习和掌握空间分析与建模的基本理论、方法与技术。

本书是杨慧在多年从事空间分析与建模教学与科研的基础上撰写而成的，主要内容包括：空间分析与建模导论、空间分析与建模基础、空间量测与表达变换、空间分析的基本方法、空间统计分析、地形可视化分析、空间数据挖掘、空间智能计算以及空间分析建模实例应用。

第 1 章回顾了空间分析与建模的发展概况，论述了空间分析和地理建模的概念、研究内容及功能和分类。第 2 章概括了空间分析与建模的基础知识和概念框架，包括空间实体及空间关系、空间数据结构、地球体、地图投影、坐标系统和时间系统等。第 3 章阐述了空间几何、形态和分布度量，并讨论了空间数据格式转换、空间尺度转换、坐标系统转换和地图投影变换的内容和方法。第 4 章阐述了空间目标的几何关系分析，其基本方法包括：叠置分析、邻近度分析、缓冲区分析和网络分析等。第 5 章介绍了确定性插值法、地统计插值法、探索性空间数据分析和空间回归分析等空间统计分析方法。第 6 章讨论了地形可视化分析方法，介绍地形特征的可视化表达和信息增强的三维实体构造技术。第 7 章概述了空间数据挖掘的步骤、任务和知识类型，并进一步讨论了空间聚类、空间关联分析、分类与预测以及异常值分析等方法。第 8 章介绍了智能化时空数据处理和分析模型，包括：神经网络、模糊数学、遗传算法、元胞自动机、分形几何以及小波分析等理论与方法。第 9 章介绍了空间分析与建模的常用工具，并结合选址分析、适宜性分析、网络分析、山顶点提取、三维可视化分析及模型生成器建模等介绍实例应用进行阐述。

本书在编写过程中参考和吸取了近年来国内外诸多学者和专家的研究成果，在此表示诚挚的感谢。车耀伟、杨丹、郭志龙及郭朋辉等研究生参加了本书部分章节的编写工作；张彦、徐云靖、耍倩情、范璐瑛、孙晓倩、冯乐等研究生协助查阅了大量参考资料并校稿；加拿大 Ryerson 大学李松年教授提供了封面图片；另外，本书得到了国家自然科学基金（41001230）、江苏高校优势学科建设工程资助项目和中国矿业大学教学改革项目的大力支持，在此一并表示衷心感谢。

本书注重理论与实践相结合，反映了当前空间分析与建模发展的最新技术。但由于 GIS 发展的日新月异，同时也由于作者水平有限，不足之处在所难免，敬请各位专家和广大读者批评指正。

教材的实验数据的获取网址为：http://www.relimap.com/SpatialAnalysis.zip。

编　者

# 目　录

第1章　导论 ..................................................................................................... 1
　1.1　空间分析与建模 ...................................................................................... 1
　　1.1.1　发展概况 ......................................................................................... 1
　　1.1.2　相关学科 ......................................................................................... 3
　　1.1.3　国内的专业领域 .............................................................................. 4
　1.2　空间分析 ................................................................................................. 5
　　1.2.1　空间分析的定义 .............................................................................. 5
　　1.2.2　空间分析的研究内容 ....................................................................... 6
　　1.2.3　空间分析的功能和分类 .................................................................... 6
　1.3　地理模型 ................................................................................................. 7
　　1.3.1　地理模型的相关概念 ....................................................................... 7
　　1.3.2　地理模型的构建原则 ....................................................................... 8
　　1.3.3　地理模型的功能与分类 .................................................................... 9

第2章　空间分析与建模基础 ............................................................................. 12
　2.1　空间实体及空间关系 .............................................................................. 12
　　2.1.1　空间实体及描述 ............................................................................ 12
　　2.1.2　实体的空间特征 ............................................................................ 13
　　2.1.3　实体的时间特征 ............................................................................ 14
　　2.1.4　实体的属性特征 ............................................................................ 15
　　2.1.5　实体的空间关系 ............................................................................ 16
　2.2　空间数据结构 ........................................................................................ 17
　　2.2.1　栅格数据结构 ................................................................................ 18
　　2.2.2　矢量数据结构 ................................................................................ 18
　　2.2.3　矢栅一体化数据结构 ...................................................................... 19
　2.3　地球体 ................................................................................................... 20
　　2.3.1　地球的自然表面 ............................................................................ 20
　　2.3.2　地球的物理表面 ............................................................................ 21
　　2.3.3　地球的数学表面 ............................................................................ 22
　　2.3.4　地球上点的高程 ............................................................................ 23
　2.4　地图投影 ............................................................................................... 24
　　2.4.1　地图投影的产生和定义 .................................................................. 24
　　2.4.2　地图投影的变形 ............................................................................ 25
　　2.4.3　地图投影的分类 ............................................................................ 27
　　2.4.4　常见的地图投影 ............................................................................ 32

2.5 坐标系统和时间系统 ....................................................... 37
　　2.5.1 坐标系统 ....................................................... 38
　　2.5.2 常用坐标系 ....................................................... 39
　　2.5.3 时间系统 ....................................................... 43

第 3 章 空间量测与表达变换 ....................................................... 47
3.1 空间量测尺度 ....................................................... 47
　　3.1.1 空间维度 ....................................................... 47
　　3.1.2 分数维度 ....................................................... 48
　　3.1.3 属性数据的量测尺度 ....................................................... 49
3.2 空间几何度量 ....................................................... 49
　　3.2.1 位置 ....................................................... 50
　　3.2.2 中心 ....................................................... 51
　　3.2.3 重心 ....................................................... 51
　　3.2.4 距离 ....................................................... 52
　　3.2.5 长度 ....................................................... 53
　　3.2.6 面积 ....................................................... 54
　　3.2.7 体积 ....................................................... 55
3.3 空间形态度量 ....................................................... 56
　　3.3.1 方向 ....................................................... 56
　　3.3.2 曲率和弯曲度 ....................................................... 57
　　3.3.3 破碎度和完整性 ....................................................... 58
3.4 空间分布度量 ....................................................... 59
　　3.4.1 点模式的空间分布 ....................................................... 59
　　3.4.2 线模式的空间分布 ....................................................... 62
　　3.4.3 区域模式的空间分布 ....................................................... 63
3.5 空间表达变换 ....................................................... 64
　　3.5.1 空间数据格式转换 ....................................................... 64
　　3.5.2 空间量测尺度转换 ....................................................... 74
　　3.5.3 地理空间坐标转换 ....................................................... 77

第 4 章 空间几何关系分析 ....................................................... 81
4.1 叠置分析 ....................................................... 81
　　4.1.1 叠置分析类别 ....................................................... 81
　　4.1.2 矢量叠置分析 ....................................................... 84
　　4.1.3 栅格叠置分析 ....................................................... 87
4.2 邻近度分析 ....................................................... 93
　　4.2.1 缓冲区分析 ....................................................... 93
　　4.2.2 泰森多边形分析 ....................................................... 100

4.3 网络分析 .................................................................................. 103
　4.3.1 网络分析概念 .................................................................. 103
　4.3.2 路径分析 .......................................................................... 104
　4.3.3 连通性分析 ...................................................................... 108
　4.3.4 资源分配分析 .................................................................. 111
　4.3.5 流分析 .............................................................................. 116
　4.3.6 动态分段技术 .................................................................. 119
　4.3.7 地址匹配 .......................................................................... 121

第 5 章　空间统计分析 .................................................................. 124
5.1 空间统计分析的理论基础 ...................................................... 124
　5.1.1 空间统计分析 .................................................................. 124
　5.1.2 理论假设 .......................................................................... 124
　5.1.3 常用统计量 ...................................................................... 128
5.2 确定性插值法 .......................................................................... 130
　5.2.1 反距离加权插值法 .......................................................... 130
　5.2.2 全局多项式插值法 .......................................................... 132
　5.2.3 局部多项式插值法 .......................................................... 133
　5.2.4 径向基函数插值法 .......................................................... 134
5.3 地统计插值法 .......................................................................... 137
　5.3.1 克里格法 .......................................................................... 137
　5.3.2 普通克里格法 .................................................................. 138
　5.3.3 其他克里格法 .................................................................. 139
5.4 探索性空间数据分析 .............................................................. 143
　5.4.1 可视化探索分析 .............................................................. 143
　5.4.2 空间自相关 ...................................................................... 148
　5.4.3 空间变异描述 .................................................................. 152
5.5 空间回归分析 .......................................................................... 156
　5.5.1 回归分析模型 .................................................................. 157
　5.5.2 空间自回归模型 .............................................................. 159
　5.5.3 地理加权回归模型 .......................................................... 160

第 6 章　地形可视化分析 .............................................................. 163
6.1 数字地形模型 .......................................................................... 163
　6.1.1 DEM 的表示方法 ............................................................ 163
　6.1.2 DEM 的构建 .................................................................... 168
　6.1.3 DEM 的分类 .................................................................... 170
　6.1.4 DEM 之间的转换 ............................................................ 173
6.2 数字地形分析 .......................................................................... 176

6.2.1 地形因子分析 ....................................................................................... 176
6.2.2 地形特征提取 ....................................................................................... 181
6.2.3 地形统计分析 ....................................................................................... 184
6.2.4 地学模型分析 ....................................................................................... 185
6.3 三维可视化 ..................................................................................................... 186
6.3.1 三维数据模型 ....................................................................................... 186
6.3.2 可视化工具及平台 ............................................................................... 189
6.3.3 三维场景制作流程 ............................................................................... 193
6.4 可视化分析 ..................................................................................................... 194
6.4.1 剖面分析 ............................................................................................... 195
6.4.2 通视分析 ............................................................................................... 195
6.4.3 水文分析 ............................................................................................... 198
6.4.4 其他可视化分析 ................................................................................... 201

第 7 章 空间数据挖掘 .................................................................................................. 203
7.1 空间数据挖掘概述 ......................................................................................... 203
7.1.1 空间挖掘的步骤 ................................................................................... 203
7.1.2 空间挖掘的任务 ................................................................................... 204
7.1.3 空间挖掘的知识类型 ........................................................................... 205
7.1.4 空间数据挖掘方法 ............................................................................... 207
7.2 空间聚类 ......................................................................................................... 207
7.2.1 聚类统计量 ........................................................................................... 207
7.2.2 聚类算法分类 ....................................................................................... 210
7.2.3 聚类分析算法 ....................................................................................... 211
7.3 空间关联分析 ................................................................................................. 214
7.3.1 空间关联规则 ....................................................................................... 215
7.3.2 Apriori 算法 .......................................................................................... 217
7.3.3 关联规则的其他算法 ........................................................................... 218
7.4 分类与预测 ..................................................................................................... 223
7.4.1 分类与预测的基本概念 ....................................................................... 223
7.4.2 决策树方法 ........................................................................................... 229
7.4.3 支持向量机 ........................................................................................... 233
7.4.4 贝叶斯网络 ........................................................................................... 237
7.4.5 近邻分类方法 ....................................................................................... 239
7.5 异常值分析 ..................................................................................................... 240
7.5.1 异常值的定义 ....................................................................................... 240
7.5.2 异常点数据检测算法 ........................................................................... 242
7.5.3 异常值挖掘算法 ................................................................................... 243

**第8章 空间智能计算** .................................................................................................. 247

8.1 神经网络 ........................................................................................................ 247

8.1.1 神经元模型 ........................................................................................ 247

8.1.2 神经网络学习算法 ............................................................................ 250

8.1.3 典型的神经网络模型 ........................................................................ 251

8.2 模糊逻辑模型 ................................................................................................ 255

8.2.1 模糊逻辑的基础理论 ........................................................................ 256

8.2.2 模糊逻辑系统 .................................................................................... 259

8.2.3 模糊系统与神经网络 ........................................................................ 262

8.3 遗传算法 ........................................................................................................ 264

8.3.1 遗传算法机理 .................................................................................... 264

8.3.2 简单遗传算法 .................................................................................... 268

8.3.3 遗传算法的应用 ................................................................................ 269

8.4 元胞自动机模型 ............................................................................................ 270

8.4.1 元胞自动机的定义 ............................................................................ 270

8.4.2 地理元胞自动机 ................................................................................ 272

8.4.3 不同类型的地理元胞自动机 ............................................................ 273

8.5 分形几何 ........................................................................................................ 276

8.5.1 分形理论的基本概念 ........................................................................ 276

8.5.2 分形维数的基本测量方法 ................................................................ 279

8.5.3 多重分形 ............................................................................................ 281

8.6 小波分析 ........................................................................................................ 284

8.6.1 小波变换及其基本性质 .................................................................... 284

8.6.2 多尺度分析 ........................................................................................ 287

8.6.3 Mallat 算法 ........................................................................................ 290

**第9章 空间分析建模实例应用** ...................................................................................... 295

9.1 空间分析常用工具 ........................................................................................ 295

9.1.1 叠加分析工具 .................................................................................... 295

9.1.2 缓冲区分析工具 ................................................................................ 298

9.1.3 网络分析工具 .................................................................................... 299

9.1.4 重分类工具 ........................................................................................ 300

9.1.5 表面分析工具 .................................................................................... 301

9.2 选址分析 ........................................................................................................ 301

9.2.1 实验目的及准备 ................................................................................ 301

9.2.2 实验内容及步骤 ................................................................................ 301

9.3 适宜性分析 .................................................................................................... 307

9.3.1 实验目的及准备 ................................................................................ 307

9.3.2 实验内容及步骤 ................................................................................ 307

9.4 网络分析 ................................................................................................... 317
    9.4.1 实验目的及准备 ....................................................................... 317
    9.4.2 实验内容及步骤 ....................................................................... 318
9.5 山顶点的提取 ........................................................................................... 321
    9.5.1 实验目的及准备 ....................................................................... 321
    9.5.2 实验内容及步骤 ....................................................................... 322
9.6 三维可视性分析 ....................................................................................... 325
    9.6.1 实验目的及准备 ....................................................................... 325
    9.6.2 实验内容及步骤 ....................................................................... 326
9.7 模型生成器建模 ....................................................................................... 330
    9.7.1 基本概念及模型类型 ............................................................... 330
    9.7.2 模型形成过程 ........................................................................... 330
    9.7.3 实例建模 ................................................................................... 331

参考文献 ..............................................................................................................335

# 第1章 导　论

空间分析与建模是以数学方法为基础，以计算机技术为工具，分析、模拟并求解地理空间问题的理论、方法与技术。本章首先从空间分析的发展概况、相关学科和专业领域进行简要的回顾，然后论述空间分析的定义、研究内容及功能和分类，在此基础上，进一步讨论地理建模的概念、功能和方法。

## 1.1　空间分析与建模

### 1.1.1　发展概况

空间分析与建模是地理信息系统的核心功能，是地理信息系统区别于一般信息系统的主要功能特征，也是评价一个地理信息系统功能强弱的重要指标之一。其通过研究地理空间信息及其相应的分析理论、方法和技术，探索地理要素之间的结构、分布和演变规律，揭示地理现象发展变化过程中的本质联系及内在趋势。

自古以来，人类为了求得更好的生存与发展，需要认识所生存的地理环境，就已在不知不觉中学会分析周围地理事物的空间关系，正是这种分析求解地理问题的过程（空间分析与建模）的需求孕育了地理学。地理学研究地球表层自然要素与人文要素相互作用及其形成演化的特征、结构、格局、过程、地域分异与人地关系等内容。它是一门古老、复杂且范围广泛的学科体系，曾被称为科学之母，其发展过程明显可区分为古代地理学、近代地理学和现代地理学三个时期。

古代地理学时期自远古到18世纪末，主要以描述性记载地理知识为主，然而这些记载多是片断性的，缺乏理论体系，地理学内部尚未出现学科分化，各国的地理学基本上是在各自封闭的条件下发展起来的；近代地理学时期从19世纪初到20世纪50年代，是产业革命的产物，并随着工业社会的发展而成熟起来，自然地理学、人文地理学等各种学派林立、学说纷起；现代地理学时期从20世纪60年代至今，是现代科学技术革命的产物，并随着科学技术的进步而发展，其标志是地理数量方法、理论地理学的诞生和计算机制图、地理信息系统、遥感与全球定位系统等应用的出现。

空间分析与建模的理论方法与应用技术随着现代地理学研究发展而充实起来，具体经历了数量地理学、地理信息科学和计算地理学三个主要阶段，各阶段的里程碑及主要研究内容如表1-1所示。

数量地理学（quantitative geography），又称计量地理学（geographimetrics）或地理数量方法（quantitative methods in geography），是应用数学思想方法和计算机技术进行地理学研究的科学。数量地理学发轫于20世纪30年代，早期以一般统计方法的应用为主。50年代中期，完全依靠人工计算仅对少数要素进行数理统计，严格地说只能称为"统计地理学"。60年代起，在电子计算机技术推动下的"计量革命"，对计量方法在地理学中的应用起到了普及和推动作用。70 年代中期，多元统计方法和随机过程引入地理学研究领域。70 年代末期引进数据处理技术，开始研究大系统理论在地理环境分析中的应用，并与数据库和信息系统技术相结合，深入研究地区自然、社会、经济和人口等过程的各种数学模型，阐明地域现象的空间分布结构规律与模式，进行有关地理结构和地理组织的演绎。其兼容并蓄了系统论、控制论、信息论和决策论等学科的内容和方法，丰富和加强了计量地理学的理论基础。

表 1-1　现代空间分析与建模的发展历程

| 历史阶段 | 里程碑 | 主要研究内容 |
| --- | --- | --- |
| 数量地理学 | 1964 年国际地理学联合会（IGU）成立"地理数量方法委员会" | 概率分布、一般数理统计、回归分析、趋势面分析、主坐标分析、主成分与因子分析、相关性分析、判别分析、聚类分析、线性规划、多目标规划、大系统理论与方法、动力学模型 |
| 地理信息科学 | 1992 年 Goodchild 提出 Geo-Information Science | 分布式计算、地理信息认知、地理信息互操作、比例尺、地理数据的不确定性、基于 GIS 的空间分析、GIS 和社会科学、空间数据的获取和集成等 |
| 计算地理学 | 1996 年 Openshaw 等提倡"GeoComputation"及第一次地理计算学术会议 | 地理学并行处理、高性能计算、元胞自动机、专家系统、模糊建模、神经计算、遗传算法、地理计算可视化、空间多媒体、分形计算、网络分析、地理模型集成、地球系统建模 |

地理信息科学（geographic information science）是一门研究地理信息采集、分析、存储、显示、管理、传播与应用，以及地理信息流的产生、传输和转化规律的科学。随着以地理信息系统技术为核心的遥感、全球定位系统等技术的发展以及其间的相互渗透，3S 集成化技术系统的逐渐形成，为解决区域范围更广、复杂性更高的现代地学问题提供了新的分析方法和技术保证。70 年代以来，由于整个人类社会面临的人口、资源、环境和发展等各方面的问题，全球变化以及可持续发展等方面的研究逐渐开始受到重视，最终促成了地球信息科学的产生。90 年代初，Michael Frank Goodchild 提出：与地理信息系统相比，应更加侧重于将地理信息视作为一门科学，而非仅仅是地理信息技术的研究和实现，主要研究应用计算机技术对地理信息进行处理、存储、提取以及管理和分析过程中的一系列基本问题，他指出了支撑地理信息技术发展的基础理论研究的重要性。

计算地理学（computation geography）是地理学中利用计算技术与方法对空间事物进行建模、分析地理信息、模拟地理过程的方法体系，以及地理运筹、地理软件工程原理的方法论学科。Stan Openshaw 提出计算地理学是地理信息科学中的理论和方法论分支，其重点突出地表现在研究地理信息科学的分析模式、算法体系和软件工程原理，为整个地理信息科学乃至地理学提供分析工具。计算地理学与计算物理学、计算化学一样，是总体学科的方法论，然而由于地理学传统上注重经验分析，因此计算地理学需要发展若干概念和建模方法，具体内容基本上明确为：空间数据挖掘（含图形、图像处理）、空间运筹、地理数值模拟、地理非数值模拟、地理计算平台软件工程和地理计算模式等。

## 1.1.2　相关学科

地理学家对科学的贡献大都来自空间分析与建模，其在除了地理学的其他学科领域，如生态学、经济学、地质学、流行病学、犯罪学、交通以及考古等都有相应应用。著名案例是 1854 年英国伦敦爆发霍乱，医生 John Snow 参与调查病源，他在绘有霍乱流行地区所有道路、房屋、饮用水机井的 1:6500 比例尺地图上，标出每个霍乱病死者的居住位置，得到霍乱病死者居住分布图（图 1-1），通过空间分析找到了引发霍乱的水井，这是首次以地图为基础的空间分析。

图 1-1　1854 年英国伦敦霍乱死者居住分布图（John Snow）

空间分析与建模是人类求解地理空间问题的一种有效手段，是人类认识世界由定性描述到定量分析的一个进步标志。在其长期发展过程中，与地理学、测量学以及地球信息科学有着十分紧密的联系，这些相关学科的发展都不同程度地为空间分析与建模提供了有益的方法与技术，如图 1-2 所示。

地理学是研究地球表层自然要素与人文要素相互作用及其形成演化的特征、结构、格局、过程、地域分异与人地关系等时空规律的科学。地理学的各分支学科——自然地理学、人文地理学、经济地理学及地图学，都与空间分析和建模有密切的相依关系，成为空间分析与建模的理论基石。

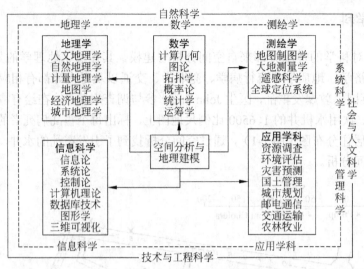

图 1-2　空间分析与建模的相关学科

数学是促进空间分析与建模形成独立学科体系的重要因素，近年来空间分析与建模的应用，无不借助数学分支方法的支持，如计算几何、图论、拓扑学、概率论、统计学、运筹学以及分形理论等，都对空间分析与地理建模的构建发挥了充分的决定作用。

测量学是研究地球的形状、大小以及确定地面点位的科学，是研究对地球整体及其表面和外层空间中的各种自然和人造物体上与地理空间分布有关的信息进行采集处理、管理、更新和利用的科学和技术，测量学为空间分析与地理模型提供了重要的空间表达变换分析。

信息科学对空间分析与建模的深刻影响是不言而喻的，信息论、系统论、控制论和计算机理论等已经介入空间分析与建模领域，尤其是数据库、图形学以及三维可视化等技术，均为空间分析与地理模型的基础理论和应用理论的形成提供了有力的技术支持。

空间分析与地理建模最早是在地理学、测量学中发展起来的，但是很多应用领域都对空间分析与建模的发展产生了影响，如资源调查、环境评估、灾害预测、国土管理、城市规划、邮电通信、交通运输、军事公安、水利电力和农林牧业等，都是空间分析与建模的主要研究对象。

### 1.1.3　国内的专业领域

当前空间分析研究主要有 3 个专业研究领域：地理学、测绘学和建筑学，因此国内也分别形成了不同的学术流派。

（1）地理学的空间分析以分析地理数据为主，也可称为地理分析，以遥感图、地图和经济、社会等数据为分析对象，以地理建模、计量地理和地统计学等方法分析问题，主要研究群体以中科院地理类研究所、师范大学地理系、综合性大学地理系为代表。代表著作：中科院地理所，王劲峰《空间分析的理论与方法》、《空间数据分析教程》，周成虎《地理信息系统空间分析原理》；南京师范大学，闾国年《地理信息科学导论》，汤国安《Arc View 地理信息系统空间分析方法》，韦玉春《地理建模原理与方法》，郭飞《地理建模实验教程》、东北师范大学，刘湘南《GIS 空间分析原理与方法》；华东师范大学，王远飞《空间数据分析方法》，徐建华《地理建模方法》；中山大学，黎夏《GIS 与空间分析——原理与方法》。

（2）测绘学的空间分析以测绘数据、遥感数据和地图数据（二维、三维）为主，经济、社会等数据为分析对象研究较少，主要使用计算几何、地图代数等方法分析问题，研究群体以武汉大学、解放军测绘学院和中国矿业大学等测量系为代表。代表著作：武汉大学，郭仁忠《空间分析》，张成才《GIS 空间分析理论与方法》，秦昆《GIS 空间分析理论与方法》；解放军测绘学院，朱长青《空间分析建模与原理》；中国矿业大学，杜培军等译《地理空间分析——原理技术与软件工具》。

（3）建筑学的空间分析以建筑空间、城市空间或环境空间为主，依托建筑学和城市规划理论，结合规划实际需求，从微观和中观的角度分析空间分布情况，主要研究群体以东南大学、清华大学和同济大学等建筑系为代表。代表著作：东南大学，黄亚平《城市空间理论与空间分析》，闫庆武《空间数据分析方法在人口数据空间化中的应用》，朱东风《城市空间发展的拓扑分析》，吴国平《地理建模》；中国地质大学，郑新奇《景观格局空间分析技术及其应用》；南京理工大学，朱英明《城市群经济空间分析》；山东大学，张治国《生态学空间分析原理与技术》；重庆师范大学，冯维波《城市游憩空间分析与整合》。

# 1.2　空　间　分　析

## 1.2.1　空间分析的定义

空间分析（spatial analysis，SA）是对空间数据有关分析技术的统称，现已成为日常生活、生产建设和科学研究中地理问题求解的重要工具。随着空间分析技术的迅猛发展，地理信息系统学界围绕空间分析的定义展开了广泛讨论。

主要观点有：空间分析是对数据的空间信息、属性信息或二者共同信息的统计描述或说明（Goodchild，1987）；空间分析是基于地理对象空间布局的地理数据分析技术（Haining，1990）；空间分析是指为制定规划和决策，应用逻辑或数学模型分析空间数据或空间观测值（Landis，1995）；GIS 空间分析是从一个或多个空间数据图层获取信息的过程（DeMers，1997）；空间分析是对于地理空间现象的定量研究，其常规能力是操纵空间数据成为不同的形式，并且提取其潜在信息（Bailey，1995；Openshaw，1997）。

我国学者也进行了空间分析定义的探讨，如空间查询和空间分析是指从 GIS 目标之间的空间关系中获取派生的信息和新的知识（李德仁，1993）；空间分析是基于地理对象的位置和形态特征的空间数据的分析技术，其目的在于提取和传输空间信息（郭仁忠，1997）；空间分析就是利用计算机对数字地图进行分析，从而获取和传输空间信息（张成才，2004）。

然而，确切地对空间分析下定义是困难的，目前尚无一个公认的统一定义，已有定义都是基于不同的侧重点及各自的应用领域，或侧重于地理学，或侧重于测绘学，或侧重于地图学，或侧重于地统计学，分别对空间分析的内涵进行阐释。综合多学科关于空间分析的定义，其在基础意义上并无很大差异，只因其涉及的范畴、学科领域及研究内容，随着科学技术进步获得了较大发展。

基于对空间分析本质的认识和理解，顾及地球空间信息科学的当代发展，空间分析是采用逻辑运算、数理统计和代数运算等数学方法，对空间目标的位置、形态、分布及空间关系等进行描述、分析和建模，以提取和挖掘地理空间目标的隐含信息为目标，并进一步辅助地理问题求解的空间决策支持技术。

## 1.2.2　空间分析的研究内容

无论从传统还是现代的空间分析技术而言，空间分析的主要内容，都可以归纳为如下几个方面：空间位置、空间形态、空间分布和空间关系。

### 1. 空间位置（spatial position）

空间位置描述了空间对象的所在位置，借助空间坐标系传递空间对象的定位信息，是空间对象表述的研究基础。其位置既可以根据大地参照系定义的地理坐标来描述，如大地经纬度坐标，也可以定义为平面上的直角坐标系，如笛卡儿坐标。空间参考系统、地图投影与坐标转换理论是空间位置精确描述的基础。

### 2. 空间形态（spatial form）

空间形态是将空间目标抽象为点、线、面、体等。除了点以外的空间物体都具有不同的几何形态特征。其中，线的形态特征包括维度、长度、曲率和弯曲度；面的形态特征还包括面积和周长；体的形态还包括表面积、体积、坡度及坡向等特征。

### 3. 空间分布（spatial distribution）

空间分布是指空间对象群体在一定空间区域内的散布特性，包括其在空间上的分布密度、分布轴线、离散度、连通度和演变趋势等空间分布特征。空间分布的研究内容主要包括分布对象和分布区域两个方面。分布对象指所研究的地物、实体或现象；分布区域是指分布对象所覆盖的空间域和定义域。

### 4. 空间关系（spatial relation）

空间关系可定义为空间实体之间存在的一些具有空间特性的关系，如空间上的距离、方位、拓扑和顺序等关系，具体可区分为：包含、覆盖、交叉、分离、相交、相等、内部、重叠等多种空间关系。其是空间数据组织、查询、分析和推理的基础。

## 1.2.3　空间分析的功能和分类

空间分析是地理信息系统的主要特征，是地理信息系统区别于一般信息系统的主要标志，也是评价一个地理信息系统成功与否的主要指标之一。

空间分析赖以进行的基础是地理空间数据，而其运用的手段包括各种几何的逻辑运算、数理统计分析和代数运算等数学手段，最终的目的是解决人们所涉及到地理空间的实际问题，提取和传输地理空间信息，特别是隐含信息，以辅助空间决策支持。

依据其所分析的数据性质不同，可将空间分析分为基于空间图形数据的分析运算、基于非空间属性的数据运算以及空间和非空间数据的联合运算；按空间分析的功能进行归纳分类，可将常用空间分析分为几何分析、地形分析、栅格分析、网络分析、空间统计分析以及综合模型分析等，如表 1-2 所示。

表 1-2　空间分析功能和分类

| 空间分析功能 | 包含内容 |
| --- | --- |
| 几何分析 | 空间量算、空间查询、叠加分析、缓冲区分析、拓扑分析、相似度分析、Voronoi 图分析等 |
| 地形分析 | 坡向坡度分析、剖面分析、通视分析、DTM/DEM 数据分析、三维景观分析、虚拟现实等 |
| 栅格分析 | 遥感影像分析、空间滤波、高程-影像叠加分析等 |
| 网络分析 | 最优路径分析、网络流分析、通达性分析等 |
| 统计分析 | 空间插值、主成分分析、聚类分析、相关分析、回归分析、趋势面分析等 |
| 综合模型分析 | 布局优化模型、频率指配模型、疾病传输模型、城市空间发展模型等 |

# 1.3　地　理　模　型

## 1.3.1　地理模型的相关概念

模型（model）：是对现实世界中客观实体或现象的抽象和简化的结果，是对实体或现象的构成要素与相互关系的形式化表述。模型抽象的形式可能是文本语言、图形图像、数学公式和实体模型等。

模式（pattern）：是指解决某一类问题的方法论，即将解决某类问题的方法总结归纳到理论高度。模式标志了事物之间隐藏的规律关系，其表现形式可以是图像、图案、数字、抽象甚至思维方式。

模拟（imitate）：是对真实事物或过程的虚拟表达，旨在表现出选定的物理系统或抽象系统的关键特征。模拟的关键问题包括有效信息的获取、关键特性和表现的选定、近似简化和假设的应用，以及模拟的重现度和有效性。

仿真（simulate）：是在分析系统各要素性质及其相互关系的基础上，建立能描述系统结构或行为过程，且具有一定逻辑关系或数量关系的仿真模型。仿真与数值计算、求解方法的区别在于其是一种实验技术，仿真过程包括建立仿真模型和进行仿真实验两个必要步骤。

建模（modeling）：是建立构造现实世界中与研究对象相关的概念模型、数学模型或计算机模型的过程。建模是为了加强对事物理解而做出的一种抽象，是对事物的一种无歧义的书面描述，是研究系统因果及相互关系的重要手段和前提。

现实地理世界错综复杂，各种不同的地理要素之间构成了复杂的关系，包括物理、生物、化学及社会的各种成分相互制约和作用的过程，且随着时间变化呈现出不同的空间分布规律。

地理模型（geographical model）：是对真实地理世界中复杂空间事物所作的概括、简化和抽象表示。目前人们所理解的地理模型，一般指地理系统模型，其是指能将地理环境的信息集合起来，并且把实体加以理性的概念化，求得在物理属性、力学属性、化学属性和生物属性等方面的尽可能相似，最终加以高度概括的各种方式的抽象表达。任何一个地理模型都表征着对一个地理实体的本质描述，既标志着对实体的认识深度，也标志着对实体的概括能力，从这个意义上看，一个地理模型代表着一种地理思维。

## 1.3.2 地理模型的构建原则

在地理信息系统中，为了对自然对象进行可视化的描述、表达和分析，需要对空间系统中的诸多地理对象的空间状态、依存关系、变化过程、作用规律、反馈规律及调制机理等进行数字模拟和动态分析。合理的地理模型是进行空间分析的有效手段，可为地理信息系统提供了良好的应用环境和发展动力。一般认为地理模型具有以下几个构建原则。

### 1. 相似性

地理模型是基于一定的建模目的，在允许的近似程度内，可确切地反映地理环境的客观本质，是对所研究的地理现象、地理事件和地理过程等地理原型（geographical prototype）的相似性描述。

### 2. 解释性

地理模型立足于分析地理现象发生的原因、规律、影响及发展趋势，侧重于对地理事件的来龙去脉，以及地理现象的原因、结果和地理实体间的相互关联进行阐述、说明和解释，是帮助人类认识复杂地理世界的有力工具。

### 3. 抽象性

地理学的研究对象具有较强的复杂性，地理模型需要在充分认识地理客体的前提下，将复杂的地理世界概括、简化和抽象后，总结出更深层次的理性表达，是保留其本质属性而构建的原型替代物。

### 4. 简化性

地理模型是在一定假设条件下对现实地理世界的简化，其既是空间实体的抽象，又必须是实体的简化。虽然不可能与真实地理原型完全对应，但其必须包含真实地理系统本质性的重要因素，以便降低复杂地理问题的求解难度。

### 5. 时空性

时空特征是地理实体的固有属性，地理区域（空）和地理过程（时）具有多种时空尺度，地理模型在不同的时空尺度上的表现形式及所包含的信息内容是不一样的，必须从不同的时空尺度上建立地理模型，对各种尺度特征的地理过程进行模拟、仿真和预测。

### 6. 定量性

将地理模型应用于实际地理问题求解、计算、分析、仿真和模拟时，地理模型的运行行为应当具有必要的定量验证方法，即需要定量给出具体的模型运行结果，以判断该地理模型是否能准确地反映地理原型的相似性。

### 7. 精确性

通过将模型运行结果与实际情况进行对比分析，以反映所构建的地理模型的目的性、应用性、有效性和精确性，地理模型应具有一定的描述、表达和分析地理实体的位置、属性及演变规律的拟合程度。

**8. 模糊性**

与物理、化学和生物等学科不同的是，有些地理现象的变化发展难以用精确的定律或定量的公式进行描述，只能在模型的基础上进行模糊的综合分析，用概念化的抽象语言进行概括，这正是地学实体的不确定性和将模糊数学引入地理空间分析的原因。

**9. 可控性**

地理模型需要能在可进行控制的前提下进行运行和模拟，通过对地理模型输出结果的长期观测，判断并识别地理模型的参数是否最优，并进行不断的定量检验、修正、验证和修改模地理模型，使之更加完善地表示地理环境。

**10. 可求解性**

地理模型的作用体现在其旨在描述地理原型的要素构成、关系及动态演变过程，故地理模型与所描述的地理原型系统在状态、结构、功能和过程中应当充分体现出高度的可求解性。

然而，各种地理模型都具有各自的优点和缺点，其发展趋势是趋于更完整、更全面、多维的、动态的对空间对象进行表达。在实际的应用中，应根据不同的建模目的和应用层面，选用适当的地理模型对空间对象进行表达和分析。

### 1.3.3　地理模型的功能与分类

地理模型正是根据具体的地理问题及应用目标，借助 GIS 丰富的软件模块、地理空间数据模型以及易用的图形化用户界面，通过一定程度的简化、抽象和逻辑演绎，把握地理系统各要素之间的时空关系、本质特征及可视化显示，将现实地理世界抽象形成概念模型，并综合集成为可操作的定量化分析模型与过程。地理模型是复杂的地理问题求解的必要途径，亦是 GIS 取得社会和经济效益的重要保障。

**1. 按照表现形式分类**

按照表现形式的不同，地理模型可分为实物模型、文字模型、图表模型、物理模型和数学模型等。

实物模型是指依靠物质的基本形态、功能和构造所作的模仿实物或样件，有些模型只是模仿实物的主要特征，有些模型其至连细节都充分模仿，比如城市规划实体模拟模型、地层测试器三维实物模型、地形实体模型和风洞实验模拟模型等。

文字模型是将变量及其相关关系用解释性的文字进行定性分析、归纳和描述的模型，其具体表现形式可以是地理术语、名称、概念、技术报告及说明书等，如城市地域结构理论、农业区位论和中心地方理论等。

图表模型是指利用表格、图形、曲线及符号等抽象和描述的模型，网络图用来描述系统的组成元素以及元素间的相互关系，等高线地形图表示山顶、山脊、山谷、鞍部和陡崖等山体特征,世界洋流分布图可描述寒暖流对沿岸气候的增降温和加减湿作用。

物理模型是通过空间意象思维方式,建立在空间结构演化基础之上的分析地理现象与地学机理认识模型,如物质、长度、时间和空间等,其以现实地理原型为背景抽象为物理概念,反映特定地理问题及事物的结构,如基于植物光合作用机理的农业估产模型。

数学模型是指用代数、几何、拓扑及数理逻辑等数学语言描述地理系统的模型,可以是代数方程、微分方程、差分方程、积分方程或统计学方程等,用以定量或定性地描述地理系统各变量之间的相互关系或因果关系,其重在描述地理系统的行为和特征。

### 2. 按照空间对象分类

按照所表达的空间对象不同,可将地理模型分为:理论模型、经验模型和理论与经验混合模型。

理论模型是从基本理论出发,通过物理、化学、数学和生物的基本理论,推导得到表示各地理过程有关变量之间的理化规律及关系,对地理过程的机理进行深入研究的模型,如地表径流模型、大气环流系统模型以及水循环系统模型等。

经验模型不分析实际地理过程的机理,而是基于地理过程的各经验数据、参数及变量之间的统计关系或启发式关系,按误差最小原则,通过数理统计方法和大量观测实验归纳建立的模型,如水土流失模型、适宜性分析模型等。

由于实际的地理过程比较复杂,影响因素众多,纯粹理论模型方法应用有限,因此需构建理论原理和经验的混合模型,此类模型中既有基于理论原理的确定性变量,也有应用经验判定的不确定性变量,如资源分配模型、位置选址模型等。

### 3. 按照分析功能分类

按照地理模型的分析功能,可将其分为空间统计模型、地理统计模型和空间分析模型等。

空间统计模型的主要思想源自地理学第一定律,即在地理空间中邻近的现象比距离远的现象更相似,其核心就是认识与地理位置相关的数据间的空间依赖、空间关联或空间自相关,具体方法包括趋势面分析模型、聚类模型、模糊多元统计分析模型等。

地理统计模型以区域化变量为基础,借助变异函数进行最优无偏内插估计,研究既具有随机性又具有结构性,或空间相关性和依赖性,或具有空间相关性和依赖性的自然现象,具体应用如:降水量、高程点和人口数量等。

空间分析模型是为了解决与空间有关的地理问题,通常涉及将多种基本的空间分析操作进行组合建模,可分为空间分布分析模型、空间关系分析模型、空间相关分析模型,以及预测、评价与决策模型。

### 4. 按照建模规模分类

按照建模规模的大小,可将其分为简单地理模型、综合地理模型和地球系统模型等。

简单地理模型是对某一种地理实体或地理现象进行分析,或针对地理实体的某一个要素所构建的空间分析模型,包括各种概念模型、数学模型和物理模型等形式。

综合地理模型是地理实体间相互作用或者存在能量与物质的交换的动态过程模拟,旨在分析地理现象的发生与演变过程,如区域气候模式、区域环境综合评价模型等。

地球系统模型将整个地球系统看做一个空间实体，综合研究五大圈层间的相互关系，分析其物质、能量和信息的相互交换过程，从而来模拟与预测整个地球系统的发展趋势。

其实，地理模型分类的结果取决于分类方法。以最主要的表现形式数学模型为例，其分类方法就是多种多样的：如按照对象状态，可分为静态模型和动态模型；如按照涉及变量的连续性，可分为离散模型和连续模型；如按照系统内部相互作用机制，可分为线性模型和非线性模型；如按照模型变量之间的关系，可分为随机性模型和确定性模型；如按照是否显式地包含可估参数，可分为参数模型和非参数模型；如按照变量与空间位置的相关性，可分为集中参数模型和分布参数模型。

无论采用何种分类方法，每个地理模型都是从不同的视角，以不同的表现形式描述了一个真实的地理系统，反映地理学家的建模目的。

# 第 2 章 空间分析与建模基础

空间分析与建模为地理实体或现象提供了独特的抽象和简化工具。空间实体是地理学家对单元现象的种类划分，空间关系是实体间的关系结构，空间数据结构定义了实体的数据组织方式，空间参考描述了地理实体的真实位置。因此，将本章介绍的这些主要元素作为本书的基础知识和概念框架就显得尤为重要。

## 2.1 空间实体及空间关系

### 2.1.1 空间实体及描述

空间实体（spatial entity）是指在给定的时刻具有确定的空间位置和形态特征，并具有地理意义的地理空间物体。然而，确定的形态并不意味着空间实体必须是可见的或可触及的实体，其可以是河流、道路、城市等看得见摸得着的实体，也可以是边界、航线等不可见的实体。其所具有的地理意义指在特定的地学应用环境中被确定为有空间分析的必要。

空间实体是对地理世界的简化和抽象，这种简化和抽象属于人类认识范畴。因此，不同的研究者对于同样的空间实体进行简化和抽象的结果不尽相同。典型的例子有，河流形状会因采样点的测量疏密程度不同而呈现出不同的线状形态；植被的覆盖区域范围可能会随着植被覆盖阈值的差异而发生变化；城市的表达类型会依据分析尺度或者表现为小比例尺上的点状实体，或者表现为大比例尺上的面状实体。

实体属性是指与空间位置无直接关系的特征变量数据，其具有属性值的概念并且有等级区分，通常可将其分为定性和定量两种形式。定性属性数据用以表述空间实体性质方面的特征，包括名称、类型和种类等，多用文字和符号表示；定量属性数据用以表述了实体数量方面的特征，包括数量、质量和等级等，多用数字形式表示。

空间实体作为地理信息系统中不可再分的最小单元现象，一般以零维、一维、二维、三维和分数维存在，主要包括点、线、面和体等基本类型。比如，一部分空间对象自身大小在地理研究中可以忽略，因此可以用一个点来表示，而另外一些具有不可忽略的空间延展性的空间对象，如河流、湖泊等就可以分别用线和面来表示。

实体要素是点、线、面和体等多种地理实体的复杂组合，复杂的空间对象可以包含有拓扑关联的若干个简单的空间实体，空间实体的组合方式可用于说明研究对象的的空间特征。例如，被称为世界上岛屿最多的浙江千岛湖，该湖泊包含星罗棋布的 1078 个岛屿，包括比较出名的梅峰观岛、猴岛、龙山岛和黄山岛等。

通常，空间实体的描述主要包含以下内容：编码、位置、空间特征、行为、属性、元数据、空间关系、衍生信息及补充描述。其中：编码可用于区别不同的实体，通常包括分类码和识别码，分类码标识实体所属的类别，识别码是对同类的每个实体依次进行唯一标识；位置通常用坐标值或其他形式给出实体的空间位置；空间特征是除位置信息以外的其他特征，包括空间维数、空间特征类型及实体类型组合等；实体的行为和功能是指在数据采集过程中不仅要重视实体的静态描述，还要收集那些动态的变化，如岛屿的侵蚀、污染的扩散或建筑的变形等；属性指明地理实体对应的非空间信息，如道路宽度、汽车流量和交通规则等；元数据用于说明实体数据的来源、质量等相关信息，如一个实体有许多个名称；空间关系说明该实体与其他实体间的关系信息；衍生信息描述空间实体的其他补充信息。

一般而言，空间实体具有三个基本特征：①空间特征用以表示现象的空间位置或现在所在的地理位置，它又称为几何特征或定位特征；②时间特征用以描述随时间变化的空间实体或地理现象的时刻、时段和时序，例如，人口数的逐年变化；③属性特征用以表示实际现象或特征，例如变量、级别、数量和名称等特征。

## 2.1.2　实体的空间特征

空间实体的空间特征可用空间维数、空间特征类型和空间类型组合方式来表征。

### 1. 空间维数

空间实体的维数有零维、一维、二维、三维以及分数维之分，对应着不同的空间特征类型，即点、线、面和体。空间实体的维数表示可以随着比例尺和尺度的不同而改变，比如一条河流在小比例尺上可表示成线状实体（单线河），在大比例尺上可表示成面状实体（双线河）；一个城市在小比例尺上可表示成点状实体，在大比例尺上可表示成面状实体。

### 2. 空间特征类型

空间实体通常根据空间特征进行分类，从而可划分为点状实体（零维）、线状实体（一维）、面状实体（二维）和体状实体（三维）。复杂的地理实体由这些类型的实体构成。

1）点状实体

点状实体常用来表达零维度具有位置重要性的地理实体，是构成线、面或体的基本组成元素，通常作为几何、物理、矢量图形和其他领域的最基本的组成部分。点状实体主要考虑位置、与其他实体的关系以及属性特征，而不考虑长度、面积、形状等其他空间特征，常用以描述给定空间中具有位置重要性而又比较小的地理现象，其对地理实体的表达形式依赖于空间数据的比例尺，比如在二维上具有无限小的面积，或者三维上具有无限小的体积，均可利用点状实体进行描述。

2）线状实体

空间线性实体常用于表达一维空间中具有长度重要性的地理实体，或用来描述空间对象之间的边界。线状实体是具有相同属性的点的轨迹、线或折线，具有长度、曲率和方向等特征。长度是线状实体从起点到终点的总长，曲率用于表示线状实体的弯曲程度，线状实体的节点顺序表示方向性。线状实体是组成面或体的架构要素，不具备宽度、高度、面积和体积等空间特征。空间分析中的线状实体包括线段、弦列、链、弧段和网络等形式。

3）面状实体

面状实体常用于表示二维欧氏平面上一组闭合弧段所包围的空间区域，常用于定义具有独立区域的实体的分布边界，比如自然资源区域、行政区域等特定的实体。面状实体由闭合弧段所界定，因此又被称为多边形。面积、周长、中心及质心等是面状实体的重要空间特征，面状实体的空间部分表现为三种基本形态：全域连续分布、局域成片分布和离散分布。

4）体状实体

体状实体常用于描述三维空间中一组或多组闭合曲面所包围的空间对象，具有长度、宽度、高度、表周长、表面积和体积等空间特征，包括体元、标识体元、三维组合空间目标及体空间等对象。通常情况下，三维指的是立体空间，还可以是二维对象与时间维的组合，例如利用 GIS 对土地、沙漠、洪水等对象进行演变过程分析，获得空间对象变化的宏观信息，方便管理者依据空间对象变化趋势进行宏观决策。

**3. 空间类型组合方式**

现实世界的各种现象比较复杂，往往由上述不同的空间类型组合而成，例如：依据某些空间类型或几种空间类型的组合将空间问题表达出来；复杂实体有可能由不同维数和类型的空间单元组合而成；某一类型的空间单元组合形成一个新的类型或一个复合实例；某一类型的空间实体转换为另一类型；具有二重性的空间实体通过不同的维数组合而成。点-点、点-线、点-面、线-点、线-线、线-面、面-点、面-线及面-面等各种不同的空间实体类型组合情况如图 2-1 所示。

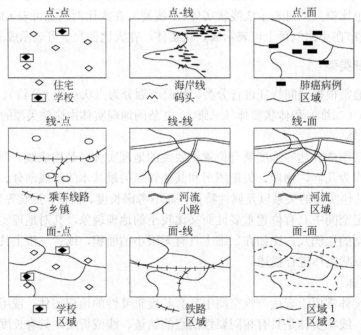

图 2-1 空间实体类型组合

## 2.1.3 实体的时间特征

时间特征指地理现象发生或地理数据采集的时刻或时段，时间特征信息对环境模拟分析非常重要，越来越受到地理信息系统学界的重视。地理实体及现象会随时间而产生变化，其变化的周期有超短期的、短期的和长期的等等。时间属性是指地理实体的时间变化或数据采集的时间等。严格来讲，空间数据总是在某一特定时间或时段内采集得到或计算产生的。由于有些空间数据随时间变化相对较慢，因而有时被忽略；有些时候，时间特征数据可以被看成是一个专题特征数据。

如果只是地理实体的属性数据在变化，则可以将不同时间的属性数据均记录下来，作为该地理实体的属性数据。例如在处理统计区域的人口数时，区域空间位置不变，只要把新的人口数及对应的时间加入到属性数据表中即可。

当地理实体的空间位置随时间变化时，如政区界线的变化、地块的合并与重新划分等，这时必须把地理实体的空间特征的变化也记录下来，如记录实体的增加、删除、改变、移动及合并等，同时对实体进行时间标记。

因此，对空间实体或组合实体的时间特征的描述主要有三种方式：①作为记录事件或属性的基本成分；②作为没有空间特征发生改变的实体的一个属性；③作为观察空间实体变化的时间参考。

### 2.1.4　实体的属性特征

属性数据是描述实体的属性特征的数据，一般包括名称、等级、数量和代码等多种形式。例如，道路可以数字化为栅格的一组连续像元或者矢量的线要素，而道路除了空间特征之外，同时包含了宽度、等级、建筑方法、建筑日期、交通规则、汽车流量等属性特征。

属性数据的记录方式主要有两种。一种是直接录入，当属性数据量较大时，通常与空间数据分开存储，将属性数据编辑后单独输入数据库存储为属性文件，并通过关键码与几何数据相关联；另一种是属性编码，将与空间几何数据密切有关的属性数据进行编码，编码为一组有序且易于计算机识别的符号，直接记录在栅格或矢量数据的属性数据文件中，便于与空间数据一起存储管理。

**1. 编码内容**

属性编码一般包括三个方面的内容。

（1）登记部分：用来标识属性数据的序号，可以是简单的连续编号，也可划分不同层次进行顺序编码；

（2）分类部分：用来标识属性的地理特征，可采用多位代码反映多种特征；

（3）控制部分：用来通过一定的查错算法，检查在编码、录入和传输中的错误，在属性数据量较大情况下具有重要意义。

**2. 编码方法**

较为常用的编码方法有层次分类编码法与多源分类编码法两种基本类型。

（1）层次分类编码法：按照分类对象的从属和层次关系为排列顺序的一种编码方案，其优点是能明确表示出分类对象的类别，代码结构有严格的隶属关系。

（2）多源分类编码法：又称独立分类编码法，是指对于一个特定的分类目标，根据诸多不同的分类依据分别进行编码，各位数字代码之间并没有隶属关系。

**3. 编码的一般过程**

（1）列出全部制图对象清单；

（2）制定对象分类、分级原则和指标，将制图对象进行分类、分级；

（3）拟定分类代码系统；

（4）设定代码及其格式，代码使用的字符和数字、码位长度和码位分配等；

（5）建立代码和编码对象的对照表，这是编码最终成果档案，是数据输入计算机进行编码的依据。

### 2.1.5　实体的空间关系

空间实体并非孤立存在的，一种空间实体与其他空间实体以各种方式相联系，空间关系的描述有定量的也有定性的，有精确的也有模糊的。空间关系的认识与空间数据模型、空间实体抽象以及人类的认知、语言及心理因素有着密切联系。

空间关系通常可以分为三类：度量空间关系、顺序空间关系和拓扑空间关系。度量空间关系（metric spatial relationship）主要指空间对象之间的距离关系。顺序空间关系（order spatial relationship）描述空间实体之间在空间上的排序关系，此种顺序总是对特定的前提而言的。拓扑空间关系（topological spatial relationship）指在拓扑变换下能够保持不变的几何属性。

拓扑一词来源于希腊文，译为"形状的研究"。拓扑空间关系指满足拓扑几何学原理的各空间数据间的相互关系，即用结点、弧段和多边形所表示的实体之间的邻接、关联和包含等关系。由于拓扑关系本身就属于空间范畴，因此拓扑空间关系也可以简称为拓扑关系。

Egenhofer 等（1991，1993）以点集拓扑学理论为工具，描述了一切可能的空间物体间的拓扑关系。他们定义了空间要素模型中的 9-交模型（9-IM）。如对于两个简单实体 $A$ 和 $B$，用 $B(A)$、$B(B)$ 表示 $A$ 和 $B$ 的边界，$I(A)$、$I(B)$ 表示 $A$ 和 $B$ 的内部，$E(A)$、$E(B)$ 表示 $A$ 和 $B$ 的余，则 9-交模型的表示如表 2-1 所示。

表 2-1　空间要素模型的 9-交模型

| $B(B) \cap B(B)$ | $B(A) \cap I(B)$ | $B(A) \cap E(B)$ |
|---|---|---|
| $I(A) \cap B(B)$ | $I(A) \cap I(B)$ | $I(A) \cap E(B)$ |
| $E(A) \cap B(B)$ | $E(A) \cap I(B)$ | $E(A) \cap E(B)$ |

如表 2-1 所示，每一个元素都有"空"和"非空"两种取值，因此 9 个元素总共可以产生 $2^9 = 512$ 种可能的空间拓扑关系。然而，并非这 512 种关系都实际存在，通常为了应用方便会将拓扑空间关系简化，简化后的空间拓扑关系包括相邻、邻接、关联和包含等（周成虎，2011）。

拓扑相邻（adjacent）是指存在于同类或不同类的空间对象之间相互邻近而不接触的关系。如图 2-2 所示，结点 $N_5$ 分别与结点 $N_1$、$N_2$、$N_3$ 和 $N_4$ 相邻，与弧段 $e_1$、$e_2$、$e_3$、$e_4$、$e_5$ 和 $e_6$ 相邻，与多边形 $P_1$ 和 $P_2$ 相邻；弧段 $e_7$ 分别与弧段 $e_1$、$e_2$、

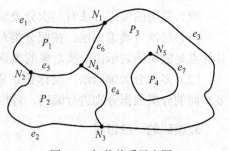

图 2-2　拓扑关系示意图

$e_3$、$e_4$、$e_5$ 和 $e_6$ 相邻，与多边形 $P_1$ 和 $P_2$ 相邻；多边形 $P_4$ 分别与多边形 $P_1$ 和 $P_2$ 相邻。

拓扑邻接（connection）是指存在于同类的空间对象之间的邻接关系，如结点通过弧段互相邻接、弧段通过结点互相邻接以及多边形通过弧段相互邻接等。如图 2-2 所示，结点 $N_1$ 分别与结点 $N_2$、$N_3$ 和 $N_4$ 邻接；弧段 $e_1$ 分别与弧段 $e_2$、$e_3$、$e_5$ 和 $e_6$ 邻接；多边形 $P_1$ 分别与多边形 $P_2$ 和 $P_3$ 邻接。

拓扑关联（conjunction）是指存在于不同类空间对象之间的关联关系，如结点与弧段相关联、弧段与多边形相关联。如图 2-2 所示，结点 $N_1$ 分别与弧段 $e_1$、$e_3$ 和 $e_6$ 相关联；弧段 $e_4$ 分别与多边形 $P_2$ 和 $P_3$ 相关联。

拓扑包含（inclusion）是指存在于同类或不同类，但不同级别空间对象之间的包含关系，一般是指高一级别的空间对象对低一级别的空间对象的空间包含关系。如图 2-2 所示，多边形 $P_3$ 包含多边形 $P_4$、弧段 $e_7$ 和结点 $N_5$。

拓扑关系对地理信息系统的数据处理及分析有着重要的意义，其具体表现为：

（1）拓扑关系有利于确定多个实体间的空间位置关系。因为拓扑关系能清楚地反映实体之间的逻辑结构关系，不随地图投影而变化，相比几何数据而言具有更大的稳定性，无需利用坐标或距离，就可以确定多个空间实体间的空间位置关系。

（2）利用拓扑关系有利于空间要素的查询。例如某条铁路通过哪些地区，某县与哪些县邻接；又如某条河流能为哪些地区的居民提供水源，某湖泊周围的土地类型有哪些等地理问题，都需要利用拓扑数据来求解。

（3）拓扑关系有利于重建地理实体。例如根据弧段构建多边形来实现道路的选取，以进行最佳路径的计算和选择等。

## 2.2　空间数据结构

空间数据的表示与组织是空间分析和地理建模的基础，其表示方法和结构制约着空间分析方法的应用。空间数据结构是对空间数据的合理组织，是适合于计算机系统存储、管理和处理地学图形的逻辑结构，是地理实体的空间排列方式和相互关系的抽象描述与表达。GIS 中最常用的空间数据结构有两种：矢量数据结构和栅格数据结构。这两种数据结构都可用来描述地理实体的点、线、面三种基本类型。现实世界的地理实体都可以通过这两种数据结构来表示，如图 2-3 所示。

图 2-3　栅格和矢量数据结构表达

自从 20 世纪 70 年代美国学术界提出地理信息系统中的两种空间数据结构方式以来，目前地理信息系统的软件以矢量数据结构为主流，在涉及遥感图象处理及数字地形模型的应用中，以栅格数据为主；在交通、公共设施、市场等领域的地理信息系统中，通常矢量数据结构占优势；而在资源和环境管理领域中常常同时采用矢量数据结构和栅格数据结构。

### 2.2.1　栅格数据结构

栅格数据结构是最简单、最直观的空间数据结构，又称为网格结构（raster 或 grid cell）或像元结构（pixel），是指将空间分割成大小规则、紧密相邻、均匀分布的网格阵列，每个网格给出相应的属性值来表示地理实体的一种数据表达形式。其中，每个网格单元称为像元或像素。栅格数据结构实际上就是像元阵列，每个像元是栅格数据中最基本的信息存储单元，其坐标位置可以用行号和列号确定，像元大小决定栅格数据点的精确程度。

点实体在栅格数据结构中由一个像元表示，线实体由一系列相互连接的像元串的集合组成，面实体则由聚集在一起的相邻像元团块表示。

栅格阵列类似于数学中的矩阵，在计算机中较容易存储、操作和显示，因此这种数据结构算法简单，容易实现，且易于扩充和修改，特别是易于同遥感影像数据结合处理，给地理空间数据处理带来了极大的方便。二维表示的栅格数据结构有栅格矩阵结构（图 2-4）、游程编码结构和四叉树结构。

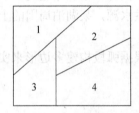

图 2-4　栅格矩阵结构示意图

栅格数据的数据量与格网间距的平方成反比，较高的几何精度的代价是数据量的极大增加。因为只使用行和列来作为空间实体的位置标识，故难以获取空间实体的拓扑信息，难以进行网络分析等操作。栅格数据结构不是面向实体的，各种实体往往是叠加在一起反映出来的，因而难以识别和分离。对点实体的识别需要采用匹配技术，对线实体的识别需采用边缘检测技术，对面实体的识别则需采用影像分类技术，这些技术不仅费时，而且不能保证完全正确。

栅格数据是计算机和其他信息输入输出设备广泛使用的一种数据模型，如电视机、显示器、打印机等的空间寻址，甚至专门用于矢量图形的输入输出设备，如数字化仪、矢量绘图仪及扫描仪等，其内部结构实质上也是栅格。

### 2.2.2　矢量数据结构

矢量数据结构是一种通过记录坐标方式，利用欧几里得几何学中的点、线、面及其组合体来表示地理实体空间分布的数据表达方式。它直观地表达地理空间，精确地表示实体的空间位置，且能够通过拓扑关系来描述各个实体之间的空间关系，有利于 GIS 空间分析的实现。矢量数据结构对地图上出现的多维实体具有较强表达力，能方便的进行比例尺变换、投影转换以及输出到绘图仪和其他显示设备上。

采用矢量数据结构表达空间要素，不同的空间特征具有不同的矢量维数。点对象的维数为零，且只有位置性质，由独立的坐标对来表达。线对象是一维，有一系列坐标点构成且有长度特性，可以是平滑曲线或者是折线（相连的直线段），平滑曲线一般可用数学方程拟合，直线段可表示曲线的近似值，线要素之间可以相交或相连成为网络。面对像是二维的且有面积和边界性质，由首尾相连的多个线要素构成，其起止点是重合的，面要素的边界把区域分成内部和外部，面要素可以是单独的也可以是相连的，可以在其他面要素内形成岛，也可以是互相叠置的。

矢量数据结构作为一种基于线和边界的编码方法，其复杂性导致了操作和算法的复杂化，难以有效地支持影像代数运算。例如：不能有效地进行点集的集合运算（如叠加）；空间实体需要逐点、逐线、逐面地查询；矢量与栅格数据不能直接运算（如联合查询和空间分析）以及联合空间分析前必须进行数据格式转换。

通过以上的分析可以看出，矢量数据结构和栅格数据结构的优缺点是互补的（表 2-2），为了有效地实现 GIS 中的各项功能往往需要同时使用两种数据结构，并在 GIS 中实现两种数据结构的高效转换。

表 2-2　栅格、矢量数据的优缺点

| 栅格数据结构 | 矢量数据结构 |
| --- | --- |
| 结构简单，数据量大，易数据交换 | 结构紧凑，数据量小，数据共享难 |
| 图形精度低，图形运算简单、低效 | 图形精度高，图形运算复杂、高效 |
| 图形输出直观、成本低廉 | 图形输出抽象、成本昂贵 |
| 难以表达拓扑，便于叠置分析 | 提供拓扑编码，利于网络分析 |
| 与遥感影像匹配分析，便于图像处理 | 难以与遥感影像匹配，不便图像处理 |
| 地图投影转换困难 | 易于地图投影转换 |

## 2.2.3　矢栅一体化数据结构

对于面状地物，矢量数据通常采用边界表达的方法，将其定义为多边形的边界和一内部点，多边形的中间区域是空洞。而栅格数据则用元子空间充填表达的方法，将多边形内任一点都直接与某一个或某一类地物联系。显然，后者是一种数据直接表达目标的理想方式。

事实上，如果将矢量方法表示的线状地物也用元子空间充填表达的话，就能将矢量和栅格的概念辨证统一起来，进而发展矢量栅格一体化的数据结构。假设在对一个线状目标数字化采集时，恰好在路径所经过的栅格内部获得了取样点，这样的取样数据就具有矢量和栅格双重性质。一方面，它保留了矢量的全部性质，以目标为单元直接聚集所有的位置信息，并能建立拓扑关系；另一方面，它建立了栅格与地物的关系，即路径上的任一点都直接与目标建立了联系。

为了建立矢量与栅格一体化数据结构，需要对点、线、面目标数据结构的存储要求作如下的统一约定：

（1）点状目标，因为没有形状和面积，在计算机内部只需要表示该点的一个位置数据及与结点关联的弧段信息。

（2）线状目标，具有形状但没有面积，在计算机内部需用一组元子来填满整个路径，并表示该弧段相关的拓扑信息。

（3）面状目标，既有形状又有面积，在计算机内部需表示为由元子填满路径的一组边界和由边界围成的紧凑空间区域。

无论是点状地物、线状地物还是面状地物均采用面向目标的描述方法，因而它可以完全保持矢量的特性，而采用元子空间充填表达建立了位置与地物的联系，又使之具有栅格的性质，这就是一体化数据结构的基本概念。从原理上说，这是一种以矢量的方式来组织栅格数据的数据结构。

## 2.3 地 球 体

人类对地球形状的认识是一个漫长的过程，由于古代的科学技术不发达，人类对生活空间的认识曾相当局限。如早在我国春秋时期就曾有"天圆地方说"，后来称之为"天如斗笠，地如覆盘"。从"天圆地方说"到如今利用人造地球卫星进行地球椭球体的精确测定，反映了随着科学技术的进步，人们对大地形状的认识也在不断前进。时至今日，人们早已接受地球是球体的结论，但是地球究竟是一个怎样的球体却并不是所有人都能准确回答的。

### 2.3.1　地球的自然表面

通过天文大地测量、地球重力测量、卫星大地测量等精密测量，都证明了这样一个事实：地球并不是一个正球体，而是一个极半径略短、赤道半径略长，北极略突出、南极略扁宽而凹，近于梨形的椭球体。这里所谓的"梨形"，其实是一种形象化的夸张，因为地球南北半径的极半径之差仅在几十米范围内，即将地球南极凹进约 30m，北极凸出 10m，将它增大想像，地球就成了梨状（图 2-5）。目前已经有证据表明，这种"梨形"不一定会长期保持下去。

地球表面积约为 $5.1×10^8 km^2$，分为陆地和海洋两大部分。其中，海洋面积为 $3.61×10^8 km^2$，占地球表面积的 70.8%；陆地面积为 $1.49×10^8 km^2$，占地球表面积的 29.2%。陆地和海洋在地区表面的分布极不均匀，陆地多集中于北半球，占北半球面积的 39%；海洋多集中于南半球，占南半球面积的 81%。

地球的自然表面是起伏不平的，无论是陆地还是海洋底部都是如此。地球表面的的最高点在亚洲喜马拉雅山脉的珠穆朗玛峰，它的海拔是 8844.43m；而最低点则位于太平洋西侧的马里亚纳海沟，其在海面以下 11034m。由此可知，地球表面的最大垂直起伏约有 20km。在现代测量

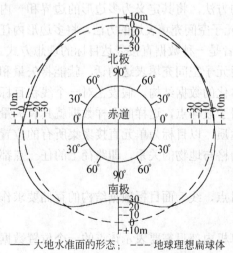

—— 大地水准面的形态；---- 地球理想扁球体

图 2-5　地球形状示意图

技术的帮助下，经计算求解出陆地的平均海拔高度为 875m，海洋的平均深度为 3729m，如图 2-6 所示。

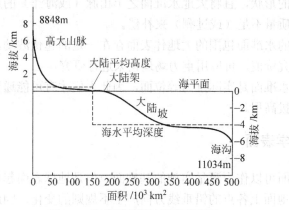

图 2-6　地球表面海陆高度示意图

## 2.3.2　地球的物理表面

由于地球自然表面凹凸不平，形态极为复杂，显然不能作为测量与制图的基准面。因此，需要寻求一种与地球自然表面非常接近的规则曲面来代替这种不规则的曲面。假想有一个静止的海水面，向陆地延伸形成一个封闭的曲面，这个曲面称为水准面。水准面上每一个点的铅垂线均与该点的重力方向重合。由于海水面受潮汐影响而有涨有落，所以水准面有无数个。其中有一个是无波浪、无潮汐、无水流且无大气压变化，处于流体平衡状态的平面，并穿过陆地和岛屿，最终形成了一个封闭曲面，这就是大地水准面。概括地说，大地水准面是由静止海水面并向大陆延伸所形成的不规则的封闭曲面。

但事实证明，大地水准面仍然不是一个规则的曲面。因为大地水准面是重力等位面，所以物体沿该面运动时重力不做功（如水在这个面上是不会流动的）。当海平面静止时，海水平面必须与该面上各点的重力线方向相正交，由于地球内部物质的密度分布不均匀，造成重力场的不规则分布，因而重力线方向并非恒指向地心，导致处处与重力线方向相正交的大地水准面也不是一个规则的曲面，如图 2-7 所示。

一般而言，比较理想的"静止的平均海水面"，在大陆上升高凸起，在海洋中则降低凹下；但高差都不超过 60m。所有地球上的测量都在大地水准面上进行。大地水准面虽然比地球自然表面规则得多，但还不能用简单的数学公式表达。不过从整个形状来看，大地水准面的起伏是微小的，并极其接近于地球椭球体。由于大地水准面实际上是一个起伏不平的重力等位面，所以也称其为地球物理表面。

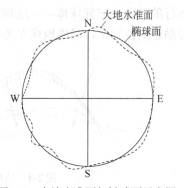

图 2-7　大地水准面与椭球面示意图

将由大地水准面所包围的形体称为大地体，其是一种逼近于地球本身形状的形体，可以称大地体为对地球体的一级逼近。

定义大地水准面的意义主要在于以下几方面（蔡孟裔等，2000）：

（1）由略微不规则的大地水准面包围的大地体，是地球形状的很好近似。它不仅表达了大部分自然表面的形状，且将大地水准面之上山脉（或海洋）的质量过剩（或不足）由大地水准面之下的质量不足（或过剩）来补偿。

（2）由于大地的水准面包围的大地体表面存在一定的起伏波动，这对于大地测量或地球物理学均具有研究价值，可应用重力场理论来进行研究。

（3）由于大地水准面是实际重力等位面，因此人们才有可能通过测量仪器，获得相对于大地水准面的海拔高程。

### 2.3.3　地球的数学表面

虽然大地水准面可以作为测量实施的基础面，但是地球表面起伏不平和地球内部质量分布不均匀，使得地面上各点的铅垂线方向产生不规则的变化，因此大地水准面仍然是一个十分复杂和不规则的曲面，仍然不能用数学模型定义和表达。

因此需要选择一个非常接近大地水准面且能用数学模型表达的曲面代替大地水准面，这个曲面称作旋转椭球面，旋转椭球面所包围的数学形体称作旋转椭球体，或称地球椭球体。地球椭球体表面是个可用数学模型定义和表达的曲面，这就是我们所称的地球数学表面。地球椭球体表面可以称为对地球形体的二级逼近。

地球椭球体上有长轴和短轴之分，长轴（$a$）即赤道半径，短轴（$b$）即极半径。$f = (a-b)/a$ 称为地球椭球体的扁率，表示地球椭球体的扁平程度。由此可见，地球椭球体的形状和大小取决于 $a$、$b$、$f$。因此，又称 $a$、$b$、$f$ 为地球椭球体三要素，或称描述地球形状与大小的参数。

$a$、$b$、$f$ 的具体测定是近代大地测量工作的一项重要内容。由于实际测量工作是在大地水准面上进行的，而大地水准面相对于地球椭球表面又有一定的起伏，并且重力又随纬度变化而变化，因此必须对大地水准面的实际重力进行多地和多次的大地测量，再通过统计平均来消除偏差，即可求得表达大地水准面平均状态的地球椭球体三要素值。

对地球形状三要素 $a$、$b$、$f$ 测定后，还需确定大地水准面与椭球体面的相对关系。这就要求必须进一步通过数学方法实现对地球形体的三级逼近（图 2-8）。即通过地球椭球体定位，将地球椭球体摆到与大地水准面最贴近的位置上，确定与局部地区大地水准面符合最好的一个地球椭球体——地球参考椭球体。通过数学方法将地球椭球体摆到大地水准面最贴近的位置上，形成地球参考椭球体的过程称为地球椭球体定位。

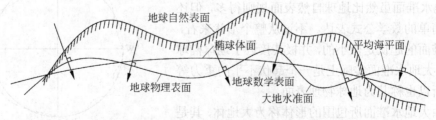

图 2-8　地球自然表面、物理表面和数学表面的关系

对于这些地球椭球体的基本元素 $a$、$b$、$f$ 等，由于推求所用的资料、年代、方法及测

定的地区不同，其结果并不一致，故地球椭球体的描述参数有很多种。在大地测量发展的历史过程中，世界主要国家先后推算出了许多不同的地球参考椭球体，如表 2-3 所示。

表 2-3　国际主要的地球参考椭球体参数

| 椭球名称 | 年代 | 长半径/m | 扁率 | 提出国家或说明 |
| --- | --- | --- | --- | --- |
| 德兰勃（Delambre） | 1800 | 6 375 653 | 1∶334.0 | 法国 |
| 艾黎（Airy） | 1830 | 6 377 542 | 1∶300.801 | 英国 |
| 埃弗瑞斯（Everest） | 1830 | 6 377 276 | 1∶300.801 | 英国 |
| 贝塞尔（Bessel） | 1841 | 6 377 397 | 1∶299.152 | 德国 |
| 克拉克（Clarke）I | 1866 | 6 378 206 | 1∶294.978 | 英国 |
| 克拉克（Clarke）II | 1880 | 6 378 249 | 1∶293.459 | 英国 |
| 海福特（Hayford） | 1910 | 6 379 388 | 1∶297.0 | 1942 年国际第一个推荐值 |
| 克拉索夫斯基 | 1940 | 6 378 245 | 1∶298.3 | 苏联 |
| 1967 年国际椭球体 | 1967 | 6 378 160 | 1∶298.247 | 1971 年国际第二个推荐值 |
| 1975 年国际椭球体 | 1975 | 6 378 140 | 1∶298.257 | 1975 年国际第三个推荐值 |
| 1980 年国际椭球体 | 1980 | 6 378 137 | 1∶298.257 | 1979 年国际第四个推荐值 |
| WGS84 椭球体 | 1984 | 6 378 137 | 1∶298.257 | 1984 年国际推荐值 |

## 2.3.4　地球上点的高程

地球表面的不确定性，使得地球的基准面有了不同的划分，因此对于地球上点的高程的计算也采用不同的高程，具体来说主要有三种，分别为大地高、正高和正常高。

大地高是以参考椭球面为基准面的，某点的大地高是该点到通过该点的参考椭球的法线与参考椭球面的交点间的距离。大地高也称为椭球高，一般用符号 $H$ 表示。大地高是一个纯几何量，不具有物理意义，同一个点在不同的基准下具有不同的大地高。

正高以大地水准面为基准面，某点的正高是该点到通过该点的铅垂线与大地水准面的交点之间的距离。正高用符号 $H_g$ 表示。

正常高以似大地水准面为基准，某点的正常高是该点到通过该点的铅垂线与大地水准面的交点之间的距离。正常高用 $H_r$ 表示。

高程之间的也存在转换关系（图 2-9），具体如下所述。

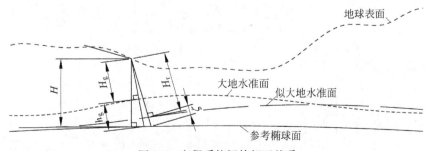

图 2-9　高程系统间的相互关系

大地水准面到参考椭球面的距离，称为大地水准面差距，记为 $h_g$。大地高与正高之间的关系可以表示为

$$H = H_g + h_g$$

似大地水准面到参考椭球面的距离，称为高程异常，记为 $\zeta$。大地高与正常高之间的关系可以表示为

$$H = H_r + \zeta$$

我国的高程主要有黄海高程和 1985 年国家高程基准。黄海高程系以青岛验潮站 1950—1956 年验潮资料算得的平均海面为零的高程系统，原点设在青岛市观象山，该原点以"1956 年黄海高程系"计算的高程为 72.289m。

由于青岛验潮站的资料系列（1950—1956 年）时间较短等原因，中国测绘主管部门决定重新计算黄海平均海面，以青岛验潮站 1952—1979 年的潮汐观测资料为计算依据，并用精密水准测量位于青岛的中华人民共和国水准原点，得出 1985 年国家高程基准高程和 1956 年黄海高程的关系为：1985 年国家高程基准高程=1956 年黄海高程–0.029m。1985 年国家高程基准已于 1987 年 5 月开始启用，同时 1956 年黄海高程系废止。

# 2.4 地图投影

## 2.4.1 地图投影的产生和定义

地图通常是绘在平面介质上的，而地球椭球体或球体表面是个不可展的曲面，其在直接展成平面时，必然发生断裂和褶皱（图 2-10）。如果用这种具有断裂和褶皱的平面绘制地图，则不可避免地会使一些地物地貌被破开或是被压扁，难以满足人们生活生产和科研的要求。为了将地球表面的全部或局部完整地、连续地表示在平面上，经过历代地图学家和数学家多年探索，创立了地图投影这种数学方法，从而可以实现由地球曲面向地图平面的科学转换。

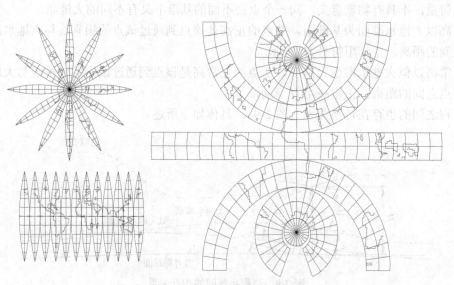

图 2-10　地球体直接展成平面示意图

地图投影就是研究将地球椭球体面上的经纬网按照一定的数学法则转绘到平面上的方法及其变形问题。具体来说，球面上任一点的位置用地理坐标$(\varphi, \lambda)$ 示，而平面上点的位置用直角坐标$(x, y)$ 或极坐标$(r, \theta)$ 表示，所以要将地球球面上的点转移到平面上，必须采用一定的数学方法来确定地理坐标与平面坐标之间的关系。这种在球面和平面之间建立点与点之间函数关系的数学方法称为地图投影。

关于地面点位的地理坐标$(\varphi, \lambda)$ 与地图上相对应的点位的平面直角坐标$(x, y)$ 或极坐标$(r, \theta)$，可以建立一个一一对应的函数关系。投影同时可以表达为

$$\begin{cases} x = f_1(\varphi, \lambda) \\ y = f_2(\varphi, \lambda) \end{cases}$$

若能够建立地球椭球面上点的坐标$(\varphi, \lambda)$ 与平面上对应点的坐标$(x, y)$ 之间的函数关系，那么只要知道地面点的经纬度$(\varphi, \lambda)$ ，便可以在投影平面上找到相应点的平面位置$(x, y)$。当给定不同的具体条件时，就可以得到不同种类的投影函数，根据各自的投影函数，按照一定的制图需要，将一系列的经纬网交点的平面直角坐标计算出来，并展绘于平面上，再将各点连接起来，即可建立经纬网的平面表象，构成新编地图的控制骨架。由于采用的投影函数不同，可以得出不同的经纬网平面上的表象，即不同新编地图的控制骨架。

## 2.4.2 地图投影的变形

### 1. 投影变形

由于球面是一个不可直接展成平面的曲面，因此投影后经纬网与球面上的经纬网形状并不完全相似，即地图上的经纬网发生了变形，而根据地理坐标展绘在地图上的各种地面事物也必然发生了变形。如图 2-11 所示，在地球面上按一定间隔的经差和纬差构成经纬网

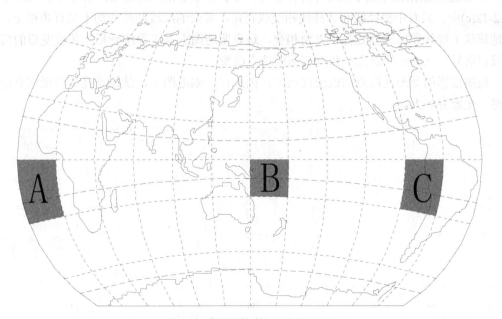

图 2-11 投影变形差异变形示意图

格，相邻两条纬线间的许多网格具有相同的形状和大小。然而，A、B 和 C 三个区域投影到平面上后产生了明显的差异，投影使得区域在形状和大小上发生了变形。

将地图上的经纬线网与地球仪上的经纬线网进行比较，可以发现地图投影变形有长度变形、面积变形及角度变形。

1）长度变形

地图上的经纬线长度与地球仪上的经纬线长度特点并不完全相同，地图上的经纬线长度并非都是按照同一比例缩小的，这表明地图上具有长度变形。长度变形的情况因投影而异，在同一投影上，长度变形不仅随地点而改变，在同一点上还因方向不同而不同。

在地球仪上经纬线的长度具有下列特点：①纬线长度不等，其中赤道最长，纬度越高，纬线越短，极地的纬线长度为零；②在同一条纬线上，经差相同的纬线弧长相等；③所有的经线长度都相等。

2）面积变形

由于地图上经纬线网格面积与地球仪经纬线网格面积的特点不同，在地图上经纬线网格面积不是按照同一比例缩小的，这表明地图上具有面积变形。面积变形的情况因投影而异，在同一投影上，面积变形因地点的不同而不同。

在地球仪上经纬线网格的面积具有下列特点：（1）在同一纬度带内，经差相同的网格面积相等；（2）在同一经度带内，纬线越高，网格面积越小。然而地图上却并非完全如此，如在图 2-12(a)中，同一纬度带内，纬差相等的网格面积相等，这些面积不是按照同一比例缩小的，纬度越高，面积比例越大。在图 2-12(b)中，同一纬度带内，经差相同的网格面积不等，这表明面积比例随经度的变化而变化了。

3）角度变形

角度变形是指地图上两条线所夹的角度不等于球面上相应的角度，如在图 2-12(b)中和图 2-12(c)中，只有中央经线和各纬线相交成直角，其余的经线和纬线均不呈直角相交，而在地球仪上经线和纬线处处都呈直角相交，这表明地图上有了角度变形。角度变形的情况因投影而异，在同一投影上，角度变形因地点而变。

地图投影的变形随地点的改变而改变，因此在一幅地图上，就很难笼统地说它有什么变形，变形有多大。

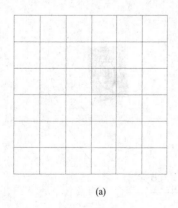
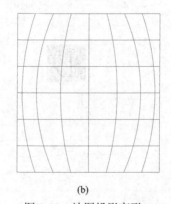
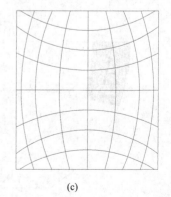

(a)　　　　　　　　　　(b)　　　　　　　　　　(c)

图 2-12　地图投影变形

**2. 变形椭圆**

上述长度、面积和角度等投影变形主要都是通过变形椭圆进行分析，为了更好地理解变形椭圆，可以先做这样一个演示实验：取一用钢丝焊接成的半球经纬网模型，并在经纬网模型的极点及同一条经线上安置几个等大正圆形的小圆环。然后使经纬网模型极点与投影面相切，在模型的球心处放一盏灯照射经纬网模型，如图 2-13 所示。

模型上的小圆投影到平面上，除了极点处的小圆没有变形仍为正圆外，其余的都变成了椭圆。椭圆的长短轴都比模型上的小圆直径长。若将灯沿着与投影平面垂直的方向向后远移，则椭圆逐渐变小，长短轴的差也逐渐缩小。当灯移至模型的另一极点处，模型上小圆的投影变成圆，其直径都较模型上小圆的直径长。若把灯再远移，投影平面上的小圆又变成了椭圆。此试验表明，无论灯光在何处，半球模型与投影平面相切处的小圆投影后均有变形，离切点越远小圆投影的变形越大，有的方向上逐渐伸长，有的方向上逐渐缩短。

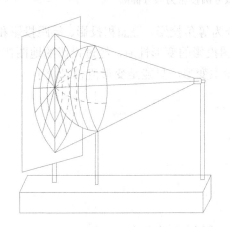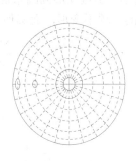

图 2-13　投影变形示意图（右图为左图投影）

由上述演示实验可知：取地面上的一个微分圆（微分圆的面积小到可以忽略地球曲面的影响，即可将它看作平面）将它投影后变为椭圆（除个别为正圆外，一般皆为椭圆），通过研究其在投影平面上的变化，作为地图投影变形的几何解释，这样的椭圆称为变形椭圆。利用变形椭圆的图解及理论能更为科学和准确地阐述地图投影变形的概念、变形的性质及变形大小。

### 2.4.3　地图投影的分类

地图投影的种类很多，从理论上讲，由椭球面上的坐标 $(\varphi, \lambda)$ 向平面坐标 $(x, y)$ 转换可以有无穷多种方式，也就是说可能有无穷多种地图投影。国内外学者提出了许多地图投影的分类方案，但迄今尚无一种分类方案能被一致认同。研究以何种方式将它们进行分类并寻求其投影规律，是很有必要的。通常采用以下两种分类方法：按地图投影的变形性质分类和按地图投影的构成方法分类。

**1. 按投影的变形性质分类**

首先介绍一下变形椭圆主要使用的一些符号的含义。如图 2-14 所示，$m$ 和 $n$ 表示经线长度比和纬线长度比为 $m = \dfrac{x'}{x}$ 和 $n = \dfrac{y'}{y}$；$a$ 和 $b$ 表示沿变形椭圆长半轴和短半轴方向的长度比，因分别具有极大值和极小值，而称为极大和极小长度比；$\gamma$ 和 $\gamma'$ 表示任意点与 $X$ 和 $X'$ 轴的夹角。$\theta$ 为投影后的经纬线夹角。

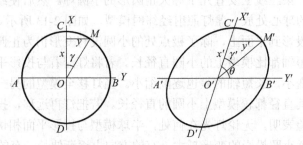

图 2-14　微分圆投影为微分椭圆

　　按投影的变形性质，可将地图投影分为等角投影、等面积投影、等距投影和任意投影，如图 2-15 所示，引进变形椭圆来说明地图投影的变形性质，经过投影的地图在长度、面积和角度之中的一项不变形，而其他几种发生变形，只能是变形值相对较小。

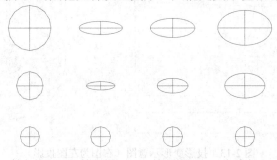

　　　等角投影　　　等积投影　　　等距投影　　　任意投影

图2-15　各种不同变形性质的投影图上变形椭圆示意

　　1）等角投影

　　等角投影是指角度没有变形的投影。椭球面上一点处任意两个方向的夹角投影到平面上保持大小不变，即 $\gamma = \gamma'$。

　　若用变形椭圆解释，保持等角条件必须是，球面上任一处的微分圆投影到平面上之后仍为正圆而不是椭圆。长度比在一点上不因方向改变而改变，永远保持 $a = b$，即经纬线夹角 $\theta = 90°$，$m = n$。因此，等角投影也称相似投影或正形投影。但应该说明一点，在不同点上长度比大小是各不相同的，即具体表现为 $a = b = m = n$ 的值，在有的点上大于 1，有的点上小于 1，个别点上等于 1。如用 $P$ 表示投影的面积比，则可知 $P = a \times b = m \times n$，并且可以得出可：当 $a = b$ 时，$P$ 取得最大值。由此可以得出等角投影面积是变大的。

　　由于等角投影保持角度不变，因此适用于编制风向、洋流、航海及航空等地图和各种比例尺地形图。

　　2）等积投影

　　等积投影是指面积没有变形的投影。投影面上的面积与椭球面上相应的面积保持一致。用变形椭圆解释，保持等积条件必须令 $P = a \times b = m \times n = 1$，即变形椭圆的最大长度比与最小长度比互为倒数关系，$a=1/b$ 或 $m=1/n$。由此看来，在不同点上变形椭圆的形状相差很大，即长轴越长，则短轴越短。也就是说，在等积投影上以破坏图形的相似性来保持面积上的相等。因此，等积投影的角度变形大。

由于这类投影保持面积不变，利于地图上测量面积和对比面积，故适用于编制如政区、人口密度、土地利用、森林和矿藏分布图以及其他自然地图和社会经济地图。

3）任意投影

任意投影是指既不能满足等角条件，又不能满足等积条件，是一种长度变形、面积变形以及角度变形同时存在的投影。

在任意投影中有一种成为特例的投影，其沿特定方向进行投影后没有长度变形，称为等距离投影。所谓等距投影，并不是这类投影不存在长度变形，而是只保持变形椭圆主方向中某一个长度比等于 1，即 $a=1$ 或 $b=1$。

任意投影中长度、角度和面积三种变形都有，但其角度变形没有等面积投影中的角度变形大，面积变形没有等角投影中的面积变形大，是一种变形较适中的投影。该投影既有角度变形又有面积变形，且角度变形和面积变形量值近似相等，其变形介于等角和等积投影之间。

任意投影多用于对面积精度和角度精度没有什么特殊要求的或区域较大的地图，如教学地图、科普地图、世界地图、大样地图等，以及要求在一方向上具有等距性质的地图，如交通地图和时区地图等。

**2. 按地图投影的构成方法分类**

1）几何投影

几何投影源于透视几何学原理，并以几何特征为依据，将地球椭球面上的经纬网投影到平面上或投影到可以展成平面的圆柱表面和圆锥表面等几何面上，从而构成方位投影、圆柱投影和圆锥投影，如表 2-4 所示。

表 2-4　几何投影的类型

| 投影方法 | 正　轴 | 斜　轴 | 横　轴 |
|---|---|---|---|
| 方位投影 | 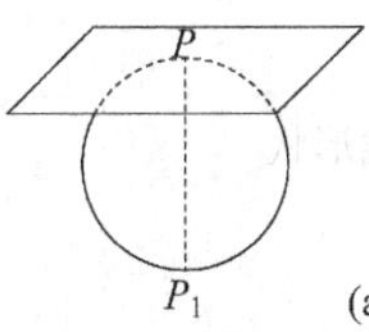 (a) | 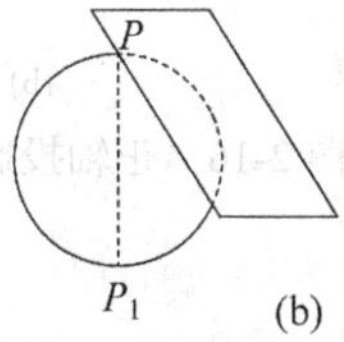 (b) | 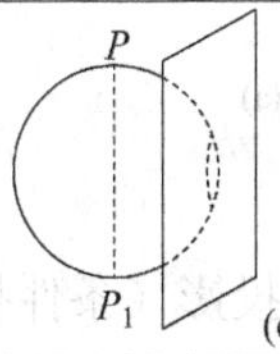 (c) |
| 圆柱投影 | 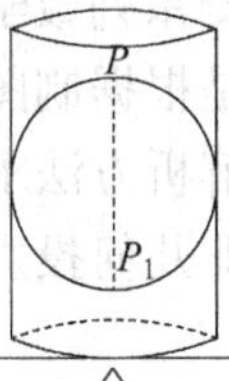 (d) | 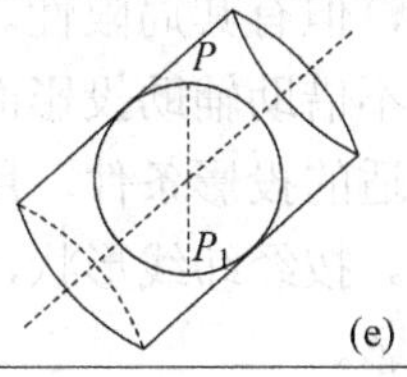 (e) | 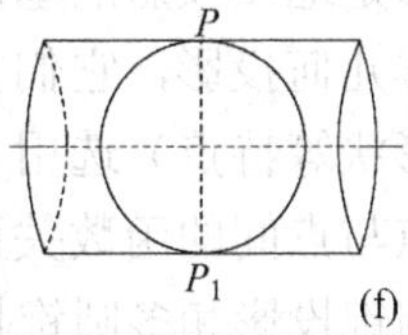 (f) |
| 圆锥投影 | 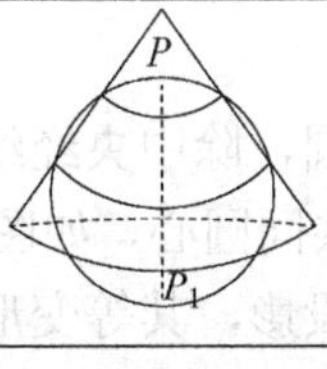 (g) | 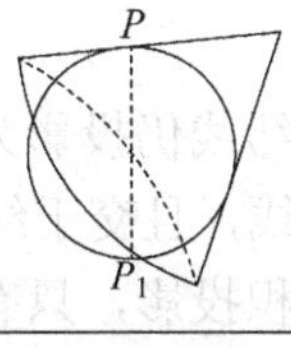 (h) | 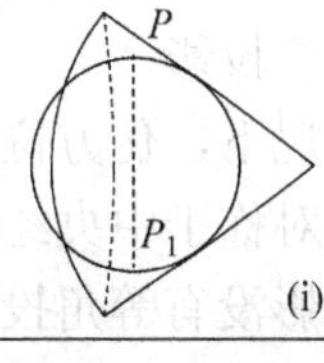 (i) |

（1）方位投影

方位投影是以平面作为辅助投影面，使球体与平面相切或相割，将球体表面上的经纬网投影到平面上构成的一种投影。

（2）圆柱投影

圆柱投影是以圆柱表面作为辅助投影面，使球体与圆柱表面相切或相割，将球体表面上的经纬网投影到圆柱表面上，然后再将圆柱表面展成平面而构成的一种投影。

（3）圆锥投影

圆锥投影是以圆锥表面作为辅助投影面，使球体与圆锥表面相切或相割，将球体表面上的经纬网投影到圆锥表面上，然后再将圆锥表面展成平面而构成的一种投影。

上述投影又可根据球面与投影面的相对部位不同，分为正轴投影、横轴投影、斜轴投影，如表 2-4 所示。

正轴方位投影的投影面与地轴相垂直；横轴方位投影的投影面与地轴相平行；斜轴方位投影的投影面与地轴斜交。正轴圆柱投影和正轴圆锥投影，其圆柱轴和圆锥轴与地轴重合；横轴圆柱投影和横轴圆锥投影，其圆柱轴和圆锥轴与地轴相垂直；斜轴圆柱投影和斜轴圆锥投影，其圆柱轴和圆锥轴与地轴斜交。在圆柱投影中，以正轴和横轴常见，在圆锥投影中以正轴常见。

正轴投影的经纬线形状比较简单。正轴方位投影的经纬线形状，如图 2-16(a)所示，经线为放射状直线，纬线为同心圆；正轴圆柱投影的经纬线形状如图 2-16(b)所示，经纬线均为一组平行且间隔相等的直线，纬线与经线垂直；正轴圆锥投影的经纬线形状如图 2-16(c)所示，经线为放射状直线束，纬线为同心圆弧。

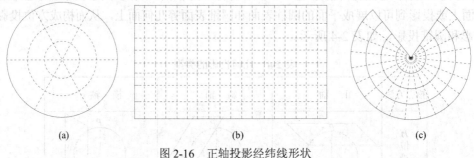

(a)                    (b)                    (c)

图 2-16    正轴投影经纬线形状

2）非几何投影（条件投影）

几何投影是地图投影的基础，但有其局限性。通过一系列数学解析方法，由几何投影演绎产生了非几何投影，它们并不借助辅助投影面，而是根据制图的某些特定要求（如考虑制图区域形状等特点）选用合适的投影条件，用数学解析方法求出投影公式，确定平面与球面之间点与点间的函数关系。按经纬线形状，可将非几何投影分为伪方位投影、伪圆柱投影、伪圆锥投影和多圆锥投影。

（1）伪方位投影

在正轴情况下，伪方位投影的纬线仍投影为同心圆，除中央经线投影成直线外，其余经线均投影成对称于中央经线的曲线，且交于纬线的共同圆心，如图 2-17 所示。按投影性质，伪方位投影没有等角投影和等积投影，只有任意投影，其等变形线形状有卵形、椭圆形和三叶玫瑰形等。因等变形线近似椭圆，故又称椭圆变形投影。用于编绘小比例尺地图如北冰洋与大西洋地图。

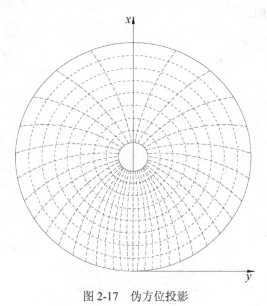

图 2-17　伪方位投影

（2）伪圆柱投影

在正轴圆柱投影基础上，规定纬线仍为一组平行的直线，两极则可表现为点或线的形式，除中央经线投影成直线外，其余经线均投影成对称于中央经线的曲线，如图 2-18 所示。因经纬线不正交，故无等角性质，只有等积和任意两种性质的投影。它用于编制世界地图、大洋图和分洲图，对揭示某种地理现象水平地带分布规律，具有很大优越性。

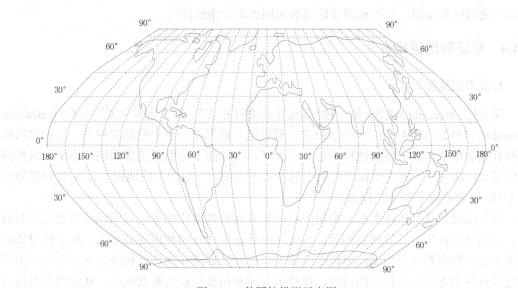

图 2-18　伪圆柱投影示意图

（3）伪圆锥投影

在圆锥投影基础上，保持纬线为同心圆弧而中央经线为直线，将其他经线由辐射直线束改变为对称凹向中央经线的曲线，如图 2-19 所示。因经纬线不正交，故没有等角性质，只有等积和任意两种性质的投影。最常用的伪圆锥投影是等积的伪圆锥投影，适用于编制亚洲等中纬度国家或区域地图。

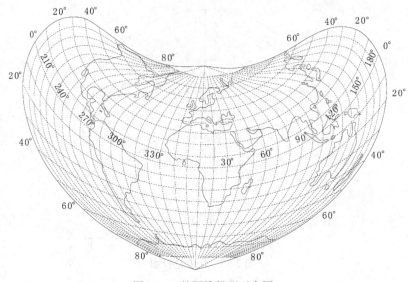

图 2-19　伪圆锥投影示意图

（4）多圆锥投影

多圆锥投影是一种假想借助多个圆锥表面与球体相切设计而成的投影。纬线为同轴圆弧，其圆心位于中央经线的延长线上，除中央经线为直线外，其余经线则投影成对称于中央经线的曲线。多圆锥投影常用于编制中小比例尺地图，尤其适用于编制沿经线方向伸长的国家或地区的地图，如智利国家地图和美国西海岸带地图等。

## 2.4.4　常见的地图投影

### 1. 墨卡托投影

墨卡托（Mercator）投影，是一种"等角正切圆柱投影"，荷兰地图学家墨卡托（Gerhardus Mercator，1512—1594）在 1569 年拟定。假设地球被围在一个中空的圆柱里，其标准纬线与圆柱相切接触，然后假想地球中心有一盏灯，把球面上的图形投影到圆柱体上，再把圆柱体展开，这就是一幅选定标准纬线上的"墨卡托投影"绘制出的地图。高斯-克吕格投影和 UTM 投影都属于墨卡托投影。

墨卡托投影没有角度变形，由每一点向各方向的长度比相等，它的经纬线都是平行直线，且相交成直角，经线间隔相等，纬线间隔从标准纬线向两极逐渐增大。墨卡托投影的地图上长度和面积变形明显，但标准纬线无变形，从标准纬线向两极变形逐渐增大，但因为它具有各个方向均等扩大的特性，保持了方向和相互位置关系的正确。在地图上保持方向和角度的正确是墨卡托投影的优点，墨卡托投影地图常用作航海图和航空图。如果循着墨卡托投影图上两点间的直线航行，方向不变可以一直到达目的地，因此它对船舰在航行中定位和确定航向都具有有利条件，给航海者带来很大方便，如图 2-20 所示。

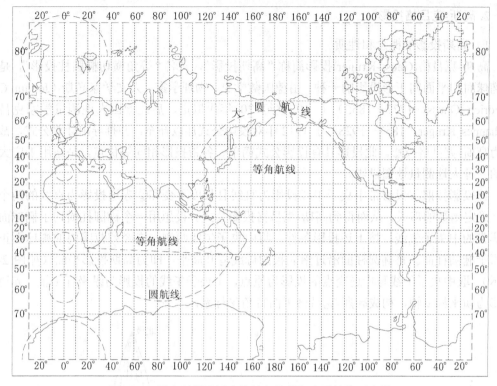

图 2-20　墨卡托投影图中的等角航线与大圆航线示意图

　　等角航线在地球上是一条螺旋曲线，因此不是最短航线。最短航线是在球心投影图上两点间连线即为大圆航线，如图 2-21 所示。求出大圆航线与各经线的交角，转到墨卡托投影图上，并以圆滑曲线连接，即成墨卡托投影图上的大圆航线。再将墨卡托投影图上的大圆航线分成若干段，每段两端点间用直线连接，这样便得到了用若干等角航线连接成的近似于大圆航线的航行线路。虽然大圆航线距离最短，但导航较困难，因此通常采用长距离靠近大圆航线，而短距离走等角航线的做法来实现。

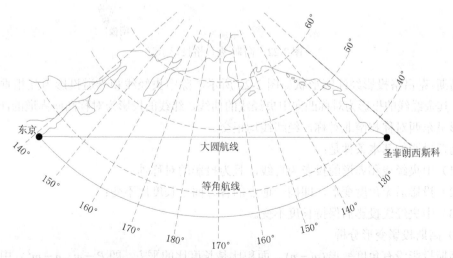

图 2-21　球心投影图中的等角航线和大圆航线

**2. 高斯-克吕格投影**

1）高斯投影的概念和性质

高斯-克吕格(Gauss-Kruger)投影简称"高斯投影"，又名"等角横切椭圆柱投影"，是地球椭球面和平面间正形投影的一种。由德国数学家、物理学家、天文学家高斯（Johann Carl Friedrich Gauss，1777—1855）于 19 世纪 20 年代拟定，后经德国大地测量学家克吕格（Johannes Kruger，1857—1928）于 1912 年对投影公式加以补充，并推导出计算公式，故命名为高斯-克吕格投影。此投影具有投影公式简单、各带投影相同等优点，是适用于广大测区的一种大地测量地图投影。

该投影按照①投影带中央子午线投影为直线且长度不变和②赤道投影为直线的两个条件，确定函数的形式，从而得到高斯-克吕格投影公式。设想用一个椭圆柱横切于椭球面上投影带的中央子午线，按上述投影条件，将中央子午线两侧一定经差范围内的椭球面正形投影于椭圆柱面。将椭圆柱面沿过南北极的母线剪开展平，即为高斯投影平面（如图 2-22 所示）。取中央子午线与赤道交点的投影为原点，中央子午线的投影为纵坐标 $x$ 轴，赤道的投影为横坐标 $y$ 轴，构成高斯-克吕格平面直角坐标系。

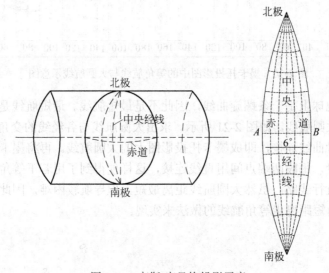

图 2-22  高斯-克吕格投影示意

高斯-克吕格投影经纬网形状如图 2-22 所示，除中央经线和赤道投影为互相垂直的直线外，其余经线的投影为对称凹向中央经线的曲线，纬线的投影为对称凸向赤道的曲线，整个图形呈东西对称和南北对称，经纬线均正交。

高斯投影的基本条件是：

（1）中央经线和赤道的投影为直线，且为投影的对称轴；

（2）投影后无角度变形，即同一地点的各方向上长度比不变；

（3）中央经线投影后保持长度不变。

2）高斯投影变形分析

高斯投影没有角度变形$(m = n)$，面积比是长度比的平方，即 $P = m \times n = m^2$；中央经线投影后无长度变形，$m_0 = 1$；其余经线和全部纬线投影后均有长度变形。长度比均大于 1，即均较实际略有增长。在同一经线上，纬度越低其变形越大；在同一纬线上，长度变形随经差的增大而增大，且与经差的平方成正比，因而最大变形在投影带的赤道两端，在 6° 带范围内，虽赤道两端有 0.138%（约 0.14%）的最大长度变形和 0.27% 的最大面积变形，但该投影的变形仍然是很小的。在采用这种投影的地形图上，因这种变形而产生的误差亦很小，甚至没有超出绘图和量图作业所产生的误差范围，所以高斯投影常被用作大中比例尺地形图。

由变形分布的状况可以看出，该投影在低纬度和中纬度地区，因投影变形产生的误差显得大了一些，因此比较适用于纬度较高地区。为了改善整个投影变形情况，可以采取使椭圆柱体面与椭球体面相割的一种通用墨卡托投影，通过产生一个负变形区，使中央经线缩小 0.04%，中央经线长度比小于 1。

3）高斯投影分带

因高斯投影的最大变形在赤道上，并随经差的增大而增大，故按一定经差将地球椭球面划分成若干投影带，这是高斯投影中限制长度变形的最有效方法。分带时既要控制长度变形使其不大于测图误差，又要使带数不致过多以减少换带计算工作，据此原则将地球椭球面沿子午线划分成经差相等的瓜瓣形地带，以便分带投影。通常按经差 6° 或 3° 度区分为 6° 分带法或 3° 分带法。

（1）6° 分带法

6° 分带法投影是从本初子午线起，由西向东，每 6° 为一带，全球共分 60 带，用阿拉伯数字 1, 2, …, 60 标记，凡是 6° 的整倍数的经线皆为分带子午线，如图 2-23 所示。

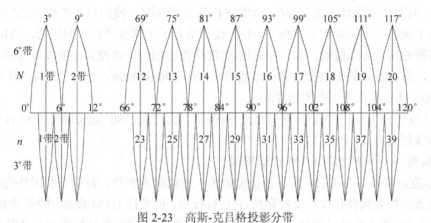

图 2-23　高斯-克吕格投影分带

东半球划分 30 个投影带，从 0° 到 180°，用 1, 2, …, 30 标记。各投影带的中央经线度数 $L_0$ 和带号 $n$ 用下式求出：

$$\begin{cases} L_0 = 6° \times n - 3° \\ n = [L/6°] + 1 \end{cases}$$

其中，$L$ 为某地点的东经经度数；[ ] 表示取整。

西半球亦划分 30 个投影带。从 180° 到 0°，用 31, 32, …, 60 标记；各投影带的中央经线度数 $L_{0w}$ 和带号 $n_w$，用下式求出：

$$\begin{cases} L_{0w} = \left(6° \times n_w - 3°\right) - 360° \\ n_w = \left[\dfrac{360° - L_w}{6°}\right] + 1 \end{cases}$$

$L_w$ 为某地点的西经经度。

我国领土位于东经 72° 至 136° 之间，共含 11 个投影带，即 13～23 带。

（2）3° 分带法

3° 分带投影是从东经 1°30' 起，每 3° 为一带，将全球划分为 120 带，用阿拉伯数字 1，2，…，120 标记。东经 1°30' 至 4°30' 为第 1 带、4°30' 至 7°30' 为第 2 带、……、东经 178°30' 至西经 178°30' 为第 60 带、……、西经 1°30' 至东经 1°30' 为第 120 带。各投影带的中央经线度数 $L_0'$ 和带号 $n'$，用下式求出：

$$\begin{cases} L_0' = 3° \times n \\ n' = \left[\dfrac{L}{3°}\right] \end{cases}$$

其中，$L$ 为某地点的经度数。3° 带中 $L_0'$ 和 $L$ 度数范围为 0° 到 360°。这样分带的目的在于使 6° 带的中央经线全部成为 3° 带的中央经线，即 3° 带中有半数的中央经线同 6° 带的中央经线相重合，以便在由 3° 带转换成 6° 带时，不需任何复杂计算，即可直接转用。

### 3. UTM 投影

1）UTM 的基本概念

通用横轴墨卡托（universal transverse mercator，UTM）投影，是一种"等角横轴割圆柱投影"，椭圆柱割地球于南纬 80°、北纬 84° 两条等高圈，投影后两条相割的经线上没有变形，而中央经线上长度比 0.9996。UTM 投影是为了全球战争需要创建的，美国于 1948 年完成这种通用投影系统的计算。与高斯-克吕格投影相似，该投影角度没有变形，中央经线为直线，且为投影的对称轴，中央经线的比例因子取 0.9996，是为了保证离中央经线左右约 330km 处有两条不失真的标准经线。

UTM 投影分带方法与高斯-克吕格投影相似，是自西经 180° 起每隔经差 6° 自西向东分带，将地球划分为 60 个投影带。

2）高斯-克吕格投影与 UTM 投影异同

高斯-克吕格投影与 UTM 投影都是横轴墨卡托投影的变种，目前一些国外的软件或国外进口仪器的配套软件往往不支持高斯-克吕格投影，但支持 UTM 投影，因此常有把 UTM 投影当作高斯-克吕格投影的现象。从投影几何方式看，高斯-克吕格投影是"等角横切圆柱投影"，投影后中央经线保持长度不变，即比例系数为 1；UTM 投影是"等角横轴割圆柱投影"，圆柱割地球于南纬 80°、北纬 84° 两条等高圈，投影后两条割线上没有变形，中央经线上长度比 0.9996。

从分带方式看，两者的分带起点不同，高斯-克吕格投影自 0° 子午线起每隔经差 6° 自西向东分带，第 1 带的中央经度为 3°；UTM 投影自西经 180° 起每隔经差 6° 自西向东分带，第 1 带的中央经度为 –177°，因此高斯-克吕格投影的第 1 带是 UTM 的第 31 带，可以用表 2-5 表示。

表 2-5　高斯-克吕格投影与 UTM 投影分带

| 高斯-克吕格 | 1 | 2 | 3 | … | 18 | 30 | 31 | … | 60 |
|---|---|---|---|---|---|---|---|---|---|
| UTM | 31 | 32 | 33 | … | 48 | 60 | 1 | … | 30 |

高斯-克吕格投影带号换算为 UTM 投影带号方法为：高斯-克吕格投影带号+30（限东半球）；高斯-克吕格投影带号−30（限西半球）。

**4. 地图投影的选择**

地图投影选择的一般原则：①经纬网形状简单、制图区域内变形较小，且分布均匀；②选择合适的投影中心、中央经线和标准纬线。而影响投影选择的基本因素主要有：地图内容及其用途；制图区形状、地理位置和大小；地图比例尺、出版方式以及资料情况等其他因素。

依据地理位置不同：一般极地附近选择方位投影；中纬度地区选择圆锥投影；赤道附近选择圆柱投影。依据制图区形状不同，在中纬度地区：沿纬线方向东西延伸的长形区域常选择正轴圆锥投影；沿经线方向南北延伸的长形区域常选择横轴圆柱投影；圆形区域常选择斜轴方位投影。在低纬赤道地区：沿东西方向延伸的长条形区域常采用正轴圆柱投影；圆形区域常采用横轴方位投影。依据制图比例尺不同，我国大比例尺地形图常采用高斯-克吕格投影、中小比例尺用兰伯特投影。依据制图内容及用途不同：航海图和航空图采用等角投影；自然和社会经济地图中的分布图、类型图、区划图等常采用等积投影；世界时区图用经线投影成直线的正轴圆柱投影；海洋图采用墨卡托（等角圆柱投影）；地形图选择用等角横切（割）圆柱投影。

世界地图的投影通常采用等差分纬线多圆锥投影、正切差分纬线多圆锥投影、任意伪圆柱投影、正轴等角割圆柱投影。半球地图的常用投影选择为：东半球图常采用横轴等面积方位投影和横轴等角方位投影；西半球图常采用横轴等面积方位投影和横轴等角方位投影；南北半球地图常采用正轴等角方位投影、正轴等面积方位投影和正轴等距离方位投影。

各大洲地图常用投影为：亚洲和北美洲地图投影通常采用斜轴等面积方位投影和彭纳投影；欧洲和澳洲地图投影常采用斜轴等面积方位投影和正轴等角圆锥投影；南美洲地图投影常采用斜轴等面积方位投影和桑逊投影；拉丁美洲地图投影常采用斜轴等面积方位投影。

我国编制地图常用的地图投影，具体如下：中国全图采用的是斜轴等面积方位投影和斜轴等角方位投影；中国分省（区）地图（海南省除外）采用的是正轴等角割圆锥投影、正轴等面积和等距离割圆锥投影；中国分省（区）地图（海南省）采用的是正轴等角圆柱投影；国家基本比例尺地形图系列 1:100 万采用的是正轴等角割圆锥投影；国家基本比例尺地形图系列 1:5 万至 1:50 万采用的是高斯-克吕格投影（6°分带）；国家基本比例尺地形图系列 1:5000 至 1:2.5 万采用的是高斯-克吕格投影（3°分带）；城市图系列 1:500 至 1:5000 采用的是城市平面局域投影或城市局部坐标的高斯投影。

## 2.5　坐标系统和时间系统

由物理学可知，要定量描述质点的位置和时间的变化，必须选定一个参照系，并在参照系上建立一个坐标系统，统一的地理坐标系统是建立 GIS 的基础。根据不同的测量方法、应用目标和计算方法，坐标系统可以分为很多类型，常用的大地坐标系有 150 多个，不同的国家采用的坐标系统往往不同。另外，坐标系统的建立和发展具有一定的历史特性，即使在同一个国家，不同的历史时期由于习惯的改变或经济的发展变化，也会采用不同的坐标系统。时间系统也是在获取质点的位置数据和处理观测数据不可或缺的内容，时空分析是 GIS 的重要内容。

### 2.5.1　坐标系统

在宇宙中，地球有两种不同的运转方式，分别是围绕太阳的公转和围绕地球转轴的自转。通常，坐标系统采用两种方式：天球坐标系和地球坐标系。天球坐标系统是根据牛顿力学的惯性坐标系特点（牛顿第二定律：$F = m \times a$）建立的，且与地球自转无关并在空间固定的坐标系统，主要是用来描述卫星的运动位置和状态。但 GIS 的研究对象是地球上的空间实体，而地球上的点均随地球自转一起运动，所以用天球坐标表示地球上的点很不方便。为了描述地面上的点的位置应建立一个与地球体相关联的坐标系，即地球坐标系。常用的大地坐标系包括以下两种类型：地心坐标系和参心坐标系。

#### 1. 地心坐标系（geocentric coordinate system）

20 世纪 50 年代之前，一个国家或一个地区都是在使所选择的参考椭球与其所在地区的大地水准面最佳拟合的条件下，按弧度测量方法来建立各自的局部大地坐标系的。由于当时除海洋上只有稀疏的重力测量外，大地测量工作只能在各个大陆上进行，而各大陆的局部大地坐标系间几乎没有联系。不过在当时的科学发展水平上，局部大地坐标系已能基本满足各国大地测量和制图工作的要求。但是，为了研究地球形状的整体及其外部重力场以及地球动力现象，特别是 20 世纪 50 年代末，人造地球卫星和远程弹道武器出现后，为了描述它们在空间的位置和运动，以及表示其地面发射站和跟踪站的位置，都必须采用地心坐标系。因此，建立全球地心坐标系（也称为世界坐标系）成为大地测量所面临的迫切任务。

从 20 世纪 70 年代起，我国先后建立和引进了四种地心坐标系统，分别是：1978 地心坐标系（DX–1）、1988 地心坐标系（DX–2）、1984 世界大地坐标系（WGS 84）和国际地球参考系（ITRS）。前两种地心坐标系只在少数部门使用，后两种地心坐标系已广泛用于 GPS 测量。

在地心坐标系中，通常把满足地心定位和双平行定向条件且椭球参数在全球范围内与大地体最密合的地球椭球称为总地球椭球，与之相应的坐标系为地心坐标系。地球坐标系通常分为地心空间直角坐标系 $(X, Y, Z)$ 和地心大地坐标系 $(L, B, H)$ 两种，如图 2-24 所示。

1）地心空间直角坐标系

地心空间直角坐标系的定义是：坐标原点 $O$ 与地球质心 $M$ 重合，$Z$ 轴指向地球北极，$X$ 轴指向

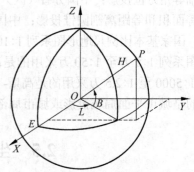

图 2-24　空间直角坐标系与
大地坐标系示意图

格林尼治平子午面与地球赤道的交点 $E$，$Y$ 轴垂直于 $XOZ$ 平面构成的右手直角坐标系。地面上的一点在地心空间直角坐标系中的位置可以表示为 $P(x,y,z)$。

2）地心大地坐标系

地心大地坐标系的定义是：椭球的中心 $O$ 与地球质心 $M$ 重合，椭球短轴与地球自转轴相合，大地经度 $L$ 为过地面点的椭球子午面与格林尼治平子午面之间的夹角，大地纬度 $B$ 为过地面点椭球法线与椭球赤道面的夹角，大地高 $H$ 为过地面点沿椭球法线至椭球面的距离。地面上的一点在大地坐标系中的位置可以表示为 $P(l,b,h)$。

**2. 参心坐标系（reference-ellipsoid-centric coordinate system）**

参心坐标系是我国基本测图和常规大地测量的基础。天文大地网整体平差后，我国形成了三种参心坐标系统，即 1954 北京坐标系（局部平差结果）、1980 西安坐标系和新 1954 北京坐标系（整体平差换算值）。这三种参心坐标系目前都在应用中，预计今后还将并存一段时间。

参心坐标系的最大特点是它与参考椭球的中心有密切的关系，"参心"意指参考椭球的几何中心。参考椭球是指具有一定参数，经过局部定位和定向，同某一地区大地水准面最佳拟合的地球椭球，参考椭球上的坐标系叫做参心坐标系。

建立一个参心大地坐标系，必须解决以下问题：①确定椭球的形状和大小；②确定椭球中心的位置，简称定位；③确定椭球中心为原点的空间直角坐标系的坐标轴方向，简称定向；④确定大地原点。

因此，参心坐标系通过一定的参考椭球和大地原点上的大地水准起算数据 $(L_K,B_K)$ 及大地原点至某一点的大地方位角 $A_K$，来确定一定的坐标系，并作为一个参心大地坐标系建成的标志。参心坐标主要运用于经典大地测量和某一地区的控制网测量等，故参心坐标又称为局部坐标。参心坐标系的地球椭球经过局部定位和定向，只要求同某一地区大地水准面最佳拟合，适合于局地应用。

参心坐标系也分为参心直角坐标系 $(X,Y,Z)$ 和参心大地坐标系 $(L,B,H)$。

1）参心空间直角坐标系

参心空间直角坐标系的定义是：以参考椭球的中心 $O$ 为坐标原点，$Z$ 轴与参考椭球的短轴（旋转轴）相重合，$X$ 轴与起始子午面和赤道交线重合，$Y$ 轴在赤道面上与 $X$ 轴垂直，构成的右手直角坐标系。地面上的一点在参心空间直角坐标系中的位置可以表示为 $P(x,y,z)$。

2）参心大地坐标系

参心大地坐标系的定义是：以参考椭球的中心 $O$ 为坐标原点，参考椭球的短轴与其旋转轴重合，以经过地面点的椭球法线与椭球赤道面的夹角为大地纬度 $B$，以经过地面点的椭球子午面与起始子午面之间的夹角为大地经度 $L$，地面点沿椭球法线至椭球面的距离为大地高 $H$。地面上的一点在参心空间直角坐标系中的位置可以表示为 $P(l,b,h)$。

### 2.5.2　常用坐标系

**1. 高斯平面直角坐标系**

在高斯投影面上，中央子午线和赤道为互相垂直的直线，其他子午线和纬线为曲线。以中央子午线为 $X$ 轴，指北方向为正方向，以赤道为 $Y$ 轴，指东方向为正方向，其交点 $O$ 为坐标原点，即构成了高斯平面直角坐标系。

对于高斯平面直角坐标系，是对每一个带都独立进行投影。于是，在每个投影带内，便构成了一个既和地理坐标有直接关系，又各自独立的平面直角坐标系。每一个投影带都有各自的直角坐标，这种坐标通常称为自然坐标。

我国的地理位置位于北半球，故 $X$ 均为正值，$Y$ 值则有正值也有负值。为了计算方便，避免 $Y$ 坐标出现负值，故规定每带的中央子午线各自西移 500km，这样在某带一点的横坐标均需加 500km。为了区别某一坐标值属于那一带，规定在自然坐标的横坐标值前冠以所在带号，这个坐标值为通用坐标。

如图 2-25 所示，一地面点 $A$ 的坐标值为：自然坐标 $x_A = 3899340.78m$，$y_A = 22543.29m$。则其通用坐标为 $x_A = 3899340.78m$，$y_A = 18522543.29m$。通用坐标值的横坐标前两位 18，表示在 18 号带内，第三位的 5 表示横坐标西移 500km。

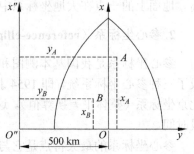

图 2-25　高斯平面直角坐标系示意图

### 2. UTM 坐标系

通用横轴墨卡托格网系统（universal transverse mercartor grid system，UTM）坐标是一种平面直角坐标，这种坐标格网系统及其所依据的投影已经广泛用于地形图、卫星影像、自然资源数据库的参考格网和其他要求精确定位的应用。

UTM 坐标系根据 UTM 投影将地球分割为多个经差为 6° 和纬差为 8° 的四边形。自西经 180° 起每隔经差 6° 划分为 60 个投影带，用数字 1 至 60 依次标记。每个带从南纬80° 到北纬84° 按纬差 8° 分成 12 个南北纵带，每行用字母 C 至 X（不含 I 和 O）依次标记，其中第 M 区交 N 区为赤道，第 X 区包括北纬72° 至 84° 度全部陆地面积。每个四边形可用数字和字母组合标记，参考格网向右向上读取。例如，北京处在东经114°～120° 之间属于第 50 区，北纬32°～40° 之间属于 S 区，所以北京 UTM 坐标前缀为50S。

因此可将 60 个投影带分别划分为多个边长为 1000000m 的四边形，赋予带中心的经线的横坐标值为 500000m，横坐标值从西向东（自左向右）递增；对于北半球而言，将赤道的坐标值标记为 0000000m，对于南半球而言，将赤道标记为 10000000m，纵坐标值从北向南（自上而下）递减。

以广东省云浮市新兴县水源山山顶的 UTM 坐标49Q 632063E 2491399N 为例，其对应于第 49 个投影带（东经108°～114°）上的第 Q 个分区（北纬16°～24°），第 49 个投影带的中央经度为东经111°，则632063E 表示从东经111° 向东 132063m，2491399N 表示从赤道向北 2491399m。

大比例尺地图 UTM 方格主线间距离一般为 1000km，因此 UTM 坐标系也被称作方里格。由于 UTM 坐标系采用了横轴墨卡托投影，因此沿每一条南北格网线（带中心的一条格网线为经线）比例系数为常数，在东西方向则为变数。沿每一 UTM 格网的中心格网线的比例系数应为 0.99960（比例尺较小），在南北纵行最宽部分（赤道）的边缘上，包括带的重叠部分，距离中心点大约 363km，比例系数为 1.00158。

### 3. WGS-84 世界大地坐标系

世界大地坐标系-84（World Geodetic System-84，WGS-84），是一个地心地固坐标系统。其由美国国防部制图局建立，于 1987 年取代了当时 GPS 所采用的坐标系统——WGS-72 坐标系统，而成为现今 GPS 所使用的坐标系统。

WGS-84 坐标系的坐标原点为地球质心，其地心空间直角坐标系的 $Z$ 轴指向国际时间局（International Time Bureau，BIH）1984.0 时元定义的协议地极（CTP）方向，$X$ 轴指向 BIH1984.0 的协议子午面和 CTP 赤道的交点，$Y$ 轴与 $Z$ 轴、$X$ 轴垂直构成右手坐标系。

WGS-84 椭球及有关常数采用国际大地测量协会（International Association of Geodesy，IAG）和国际大地测量学与地球物理学联合会（International Union of Geodesy and Geophysics，IUGG）第 17 届大会大地测量常数推荐值，4 个基本常数为：

（1）椭球长半轴：$a = 6\,378\,137\ \mathrm{m}$；

（2）正常化二阶带谐系数：$\overline{C}_{2.0} = -484.166\,85 \times 10^{-6}$（不用 $J_2$，而用 $\overline{C}_{2.0} = J_2 / \sqrt{5}$ 是为了保持与 WGS-84 的地球物理场模型系数相一致）；

（3）地球的地心引力常数：$GM = 3.986\,005 \times 10^{14}\ \mathrm{m^3 \cdot s^{-2}}$；

（4）地球角自转速度：$\omega = 7.292\,115 \times 10^{-5}\ \mathrm{rad^{-1}}$。

利用以上 4 个基本常数，可以计算出其他的椭球常数，如第一偏心率 $e^2$、第二偏心率 $e'^2$ 和扁率 $f$ 分别为

$$e^2 = 0.006\,694\,379\,990\,13$$

$$e'^2 = 0.006\,739\,496\,742\,27$$

$$f = 1 / 298.257\,223\,563$$

WGS-84 大地水准面高 $N$ 等于由 GPS 定位测定的点的大地高 $H$ 减去该点正高 $H_{正}$。$N$ 值可以利用球谐函数展开式和一套 $n = m = 180$ 阶项的 WGS-84 地球重力场模型系数计算得出；也可以用特殊的数学方法精确计算局部大地水准面高 $N$。一旦大地水准面高 $N$ 确定之后，便可以利用 $H_{正} = H - N$ 计算个 GPS 点的正高 $H_{正}$。

### 4. 国家大地坐标系

随着对测量数据精度的要求日益提高，我国的国家大地坐标系也经历不断的变换。我国目前常用的坐标系有三个，分别是 1954 年北京坐标系、1980 年国家大地坐标系和 2000 年国家大地坐标系。

1）1954 年北京坐标系

20 世纪 50 年代，在我国天文大地网建立初期，鉴于当时的历史条件，采用了克拉索夫斯基椭球元素（长半轴 $a = 6\,378\,245\ \mathrm{m}$，扁率 $f = 1 / 298.3$），并与前苏联 1942 年普尔科沃坐标系进行联测，通过计算建立了我国大地坐标系，定名为 1954 年北京坐标系。

几十年来，我国按 1954 年北京坐标系完成了大量的测绘工作，在该坐标系上实施了天文大地网局部平差，通过高斯-克吕格投影，得到了点的平面坐标，测制了各种比例尺地形图。这一坐标系在国家经济建设和国防建设的各个领域发挥了巨大的作用。

然而，随着科学技术的发展，该坐标系的先天弱点也显得越来越突出，难以适应现代科学研究、经济建设和国防尖端技术的需要。它的缺点主要表现在：①克拉索夫斯基椭球

参数同现代精确的椭球参数相比，误差较大，长半径误差有 $10^5 \sim 10^9$ m，并且该椭球只有两个几何参数，不能满足现今理论研究和实际工作的需要；②椭球定向不明确，既不指向国际通用的 CIO（国际协议原点）极，也不指向目前我国使用的 JYD（地极坐标原点）极，使我国东部的高程异常达 60 余米，而我国东部地势平坦、经济发达，对精度要求反而较高；③该坐标系的大地坐标点是经局部平差逐次得到的，全国天文大地控制点坐标值连不成一个统一的整体，即同一点在不同地区坐标值相差 $1 \sim 2$ m。因此有必要建立新的大地坐标系。

2）1980 年国家大地坐标系

1978 年，我国决定建立新的国家大地坐标系统，采用了新的椭球元素、定位和定向，并且在新的大地坐标系中进行全国天文大地网的整体平差，这个坐标系定名为 1980 年国家大地坐标系统。

1980 年国家大地坐标系的大地原点设在我国的中部，处于陕西省泾阳县永乐镇，高程基准以青岛验潮站 1956 年黄海平均海水面为高程起算基准，水准原点高出黄海平均海水面 72.289 m。其椭球采用 1975 年国际大地测量与地球物理联合会推荐值，4 个基本常数是：

（1）椭球长半轴：$a = 6\,378\,140$ m；

（2）重力场二阶带球谐系数：$J_2 = 1.082\,63 \times 10^{-3}$；

（3）地球的地心引力常数：$GM = 3.986\,005 \times 10^{14}$ m³·s⁻²；

（4）地球角自转速度：$\omega = 7.292\,115 \times 10^{-5}$ rad⁻¹。

由以上 4 个参数可以求出，1980 国家大地坐标系椭球两个最常用几何参数为：椭球长半轴 $a = 6\,378\,140$ m；扁率 $f = 1/298.257$。

1980 年国家大地坐标系建立后，利用该坐标进行了全国天文大地网平差，提供了全国统一的、精度较高的 1980 年国家大地点坐标，据分析，它完全可以满足 1/50\,000 测图的需要。

3）2000 年国家大地坐标系

1980 年的大地坐标系历经多年，对国民经济建设做出了重大的贡献，效益显著。但其成果受技术条件制约，精度偏低，无法满足新技术的要求。随着空间技术的发展成熟与广泛应用，面对空间技术、信息技术及其应用技术的迅猛发展和广泛普及，在创建数字地球和数字中国的过程中，需要一个以全球参考基准框架为背景的、全国统一的、协调一致的坐标系统来处理国家、区域、海洋与全球化的资源、环境、社会和信息等问题。

2008 年 7 月 1 日起，开始启用 2000 年中国大地坐标系（China Geodetic Coordinate System 2000，CGCS2000）。CGCS2000 的参考椭球为一旋转椭球，其几何中心与坐标系的原点重合，旋转轴与坐标系的 Z 轴一致。参考椭球在几何上代表了地球表面的数学形状，又是地球表面上及空间正常重力场的参考面。CGCS2000 的参考椭球体由 4 个独立常数定义：

（1）长半轴：$a = 6\,378\,137.0$ m；

（2）扁率：$f = 1/298.257\,222\,101$；

（3）地球的地心引力常数（包含大气层）：$GM = 3\,986\,004.418 \times 10^8$ m³·s⁻²；

（4）地球角速度：$\omega = 7\,292\,115.0 \times 10^{-11}$ rad⁻¹。

这里的，$a$ 和 $f$ 采用的是 1980 年的国际椭球体的参数，$GM$ 和 $\omega$ 采用的是国际地球参考系（International Terrestrial Reference System，ITRS）推荐值。

我国北斗导航系通采用 2000 年中国大地坐标系。自 2011 年 12 月 27 日起，中国北斗卫星导航系统开始向中国及周边地区提供连续无源定位、导航、授时等试运行服务。目前，北斗卫星导航系统已经发射了 16 颗卫星，建成了基本系统。2020 年左右，北斗卫星导航系统将形成全球覆盖能力，提供"实时分米级"和"事后厘米级"的定位服务。

**5. 地方独立坐标系**

在城市测量和工程测量中，要求投影长度变形不大于一定的值（《城市测量规范》为 2.5cm/km）。然而采用国家坐标系统在许多情况（高海拔地区或离中央子午线较远的地区等）不满足这种条件，这就要求建立地方独立坐标系。

我国许多城市和矿区基于实用、方便和科学的目的，将地方独立测量控制网建立在当地的平均海拔高程面上，并以当地子午线作为中央子午线进行高斯投影求得平面坐标。仔细地分析研究这些地方独立控制网，可以发现这些控制网都有自己的原点和定向，即都是以地方独立坐标系为参考的。地方独立坐标系隐含着一个与当地平均海拔高程对应的参考椭球，这样就构成了地方参考椭球。

该椭球的中心、轴向和扁率与国家参考椭球相同，其长半径 $a$ 则有一改正量 $\Delta a$。由下式可以计算：

$$\Delta a = \frac{a\Delta N}{N}$$

式中，$a$ 为国家参考椭球长半轴；$N$ 为地方独立坐标系原点的卯酉圈曲率半径；$\Delta N$ 为当地平均海拔高程 $h_{平均}$ 与该地的平均大地水准面差距 $\zeta_{平均}$ 之和，即 $\Delta N = h_{平均} + \zeta_{平均}$；地方参考椭球的长半轴 $a_D = a + \Delta a$。

由于各地所建立的独立坐标系的手段和方法各不相同，因此各地的椭球长半径改正量 $\Delta a$ 也不相同，并且同一点的独立坐标系的成果与国家大地坐标有较大差异，但是独立坐标系在某些地方更符合当地的测图需要，在需要与国家大地坐标系衔接时，可以将地方独立坐标系和国家大地坐标系进行转换。

## 2.5.3　时间系统

与坐标系统一样，时间系统也有相应的尺度（时间单位）与原点（历元）。只有把尺度与原点结合起来，才能给出时刻的概念。就理论而言，任何一个周期运动，只要它的运动是连续的，其周期是恒定的，并且是可观测和用实验复现的，都可以作为时间尺度（单位）。实际上，我们所得到的时间尺度只能在一定的精度上满足这一理论要求。随着观测技术的发展和更加稳定的周期运动的发现，时间尺度将不断地接近这一理论要求。在实际工作中，由于所选用的周期运动现象不同，便产生了不同的时间系统。

**1. 恒星时（siderdal time, ST）**

以春分点为参考点，由春分点的周日视运动所定义的时间系统为恒星时系统。其时间尺度为：春分点连续两次经过本地子午圈的时间间隔为一恒星日，一恒星日分为 24 个恒星时。恒星时以春分点通过本地上子午圈时刻为起算原点，所以恒星时在数值上等于春分点相对于本地子午圈的时角。恒星时具有地方性，同一瞬间对不同测站的恒星时是不同的，所以恒星时也称为地方恒星时。

恒星时是以地球自转为基础的。由于岁差、章动的影响，地球自转轴在空间的指向是变化的，春分点在天球上的位置并不固定。对于同一历元所相应的真天极和平天极，有真春分点和平春分点之分。因此，相应的恒星时也有真恒星时和平恒星时之分。恒星时在天文学中有着广泛的应用。

### 2. 太阳时（mean solar time，MT）

由于地球围绕太阳的公转轨道为一椭圆，太阳的视运动速度是不均匀的。假设一个平太阳以真太阳周年运动的平均速度在天球赤道上做周年视运动，其周期与真太阳一致，则以平太阳为参考点，由平太阳的周日视运动所定义的时间系统为平太阳时系统。其时间尺度为：平太阳连续两次经过本地子午圈的时间间隔为一平太阳日，一平太阳日分为 24 平太阳时。平太阳时以平太阳通过本地上子午圈时刻为起算原点，所以平太阳时在数值上等于平太阳相对于本地子午圈的时角。同样，平太阳时也具有地方性，故常称其为地方平太阳时或地方平时。

### 3. 世界时（universal time，UT）

以平子夜为零时起算的格林尼治平太阳时定义为世界时 UT。世界时与平太阳时的尺度相同，但起算点不同。1956 年以前，秒被定义为一个平太阳日的 1 / 86400。这是以地球自转这一周期运动作为基础的时间尺度。随着科学技术的发展和测量精度的提高，人们发现地球自转速度并不均匀。引起地球自转速度不均匀的因素有三：一是地极移动；二是短期的季节性变化；三是地球自转速度的逐年减缓和不规则变化。从 1956 年开始，在世界时中引入了极移改正和季节性变化改正。这样世界时也相应的分为三种：未加改正的世界时用 $UT_0$ 表示；在 $UT_0$ 的基础上加了极移改正的世界时用 $UT_1$ 表示；在 $UT_1$ 基础上加了季节性变化改正的世界时用 $UT_2$ 表示。因 $UT_2$ 未加地球自转速度逐年减缓和不规则变化改正，故 $UT_2$ 仍然是不均匀的时间系统。

### 4. 原子时（atomic time，AT）

随着对时间准确度和稳定度的要求不断提高，以地球自转为基础的世界时系统难以满足要求。20 世纪 50 年代，便开始建立以物质内部原子运动的特征为基础的原子时系统。原子时的秒长被定义为铯原子 $Cs^{133}$ 基态的两个超精细能级间跃迁辐射振荡 9192631170 周所持续的时间。原子时的起点，按国际协定取为 1958 年 1 月 1 日 0 时 0 秒($UT_2$)（事后发现在这一瞬间 AT 与 $UT_2$ 相差 0.0039s），即

$$AT = UT_2 - 0.003\ 9$$

根据原子时秒的定义，任何原子钟在确定起始历元后，都可以提供原子时。由各实验室用足够精确的铯原子钟导出的原子时称为地方原子时。目前，全世界大约有 20 多个国家的不同实验室分别建立了各自独立的地方原子时。国际时间局比较并综合世界各地原子钟数据，最后确定的原子时，称为国际原子时，简称 IAT（international atomic time）。

就目前的观测水平而言这一时间尺度是均匀的（所依据的周期运动具有稳定的周期）。这一时间尺度被广泛地应用于动力学作为时间单位，其中包括卫星动力学。

**5. 协调世界时间（coordinated universal time，UTC）**

协调世界时间是在时刻上尽量接近于世界时，以原子时秒长为基础的一种时间系统。由于原子时比世界时每年快约 1s，两者之差逐年积累，便采用跳秒(闰秒)的方法使协调时与世界时的时刻相接近，其差不超过 1s。这样它既保持时间尺度的均匀性，又能近似地反映地球自转的变化。按国际无线电咨询委员会（CCIR）通过的关于 UTC 的修正案，从 1972 年 1 月 1 日起 UTC 与 $UT_1$ 之间的差值最大可以达到 $\pm 0.9s$，超过或接近时以跳秒补偿，跳秒一般安排在每年 12 月末或 6 月末。具体日期由国际时间局安排并通告。为了使用 $UT_1$ 的用户能得到精度较高的 $UT_1$ 时刻，时间服务部门在发播 UTC 时号的同时，还给出了与 UTC 差值的信息（目前我国的授时部门仍然在直接发播的 $UT_1$ 时号）。这样可以方便地自协调时 UTC 得到世界时 $UT_1$：

$$T_{UT_1} = T_{UTC} + \Delta T$$

式中，$\Delta T = T_{UT_1} - T_{UTC}$ 即为发播的差值。

为了达到既满足高精度要求，又适应各方面的需要而采用这种介于世界时与原子时之间的计时方法，称之为协调世界时，简称为协调时。因此从严格意义来讲，这不是一种时间系统，而是一种使用方法。

**6. GPS 时间（GPS time，GPST）**

GPS 时间系统简称为 GPS 时，GPS 时采用原子时 ATI 秒长作为时间基准，由主控站按照美国海军天文台（USNO）的协调时 UTC 进行调整的，在 1980 年 1 月 6 日 UTC 零时，使两个时间系统对齐。GPS 时与协调时 UTC 相似，都属于原子时，所不同的是协调时在年末（必要时在 6 月 30 日）可能通过跳秒来保持与世界时接近；为了保持导航的持续性，GPS 时不能跳秒。

GPS 时与协调时 UTC 的关系为

$$T_{GPST} = T_{UTC} + 1 \times n - 19$$

式中，$n$ 为调整参数，其值由国际地球自转服务组织（IERS）发布。

GPS 时间系统与各时间系统的关系如图 2-26 所示。

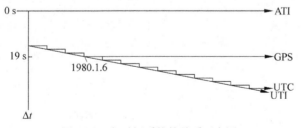

图 2-26　各时间系统的关系示意图

**7. 时区（time zone，TZ）**

地球是自西向东自转，东边比西边先看到太阳，东边的时间也比西边的早。为了克服时间上的混乱，1884 年在华盛顿召开的一次国际经度会议（又称国际子午线会议）上，规定将全球按经度划分为 24 个时区，每个时区的经度为 15°，则相邻时区的时间相差 1 个小时。

将格林尼治所在的西经 7°30′ 到东经 7°30′ 划为中时区（零时区），分别向东向西各划出 12 个时区，其中东 12 区和西 12 区合为一个时区，这样全球就被划分成 24 个时区。各时区都以本区中央经线的地方时间作为本时区的统一时间，也就是本区的"区时"。每隔一个时区，时间相差 1h，东边的时间早于西边的时间。由已知时区的区时求未知区时公式为

$$T_n = T_m - (m - n)d$$

式中，$T_n$ 为所求时区的区时；$T_m$ 为已知时区的区时；其时区序数分别为 $m$ 和 $n$，当在东时区时取正值，在西时区时取负值；$d = 1\text{h}$。

但是，在实际中为了避开国界线，及有些国家和地区所跨时区较多等原因，不少国家和地区并不严格按照时区来计算时间，一般都采用将某一个时区的时间作为全国统一采用的时间。例如中国将北京的东 8 区的时间作为全国统一时间，欧洲部分国家所处的时区也不同但为了时间一致，都采用东 1 区的时间。

# 第 3 章　空间量测与表达变换

空间量测是指对各种空间目标的基本参数量测，常见的空间目标量测包括距离、周长、面积、体积、空间形态以及空间分布。空间表达是基于地理认识理论，对复杂地理客观世界的等级、层次特征及多种性质的地学过程和现象进行科学抽象和描述的方法。空间量测与表达变换是 GIS 空间数据来源，是进行复杂的地学空间分析、模拟以及决策的前提和基础。

## 3.1　空间量测尺度

GIS 空间量测目标分为实体与现象，实体描述空间的静态物体，一般是以点、线、面和体的形式存在，而现象则描述空间物体的发生发展过程，需要标明现象发生的时间，以便更精确地说明问题。在地理信息系统中，比例尺对空间量测结果有很大影响。一定比例尺的空间数据决定了空间数据的密度、空间坐标的精度和影像数据的分辨率，也表达了空间目标的抽象程度，不同的比例尺可以改变空间目标的维度表达。

### 3.1.1　空间维度

对某一空间目标描述所选用的空间维度取决于空间尺度，而空间尺度的最终确定又取决于用户的需求和目的。用户在进行空间分析之前根据自己的需求和使用目的来确定空间量测的尺度，空间尺度一旦确定，就决定了在该尺度下的空间目标物被表达的空间维度。

#### 1. 零维空间量测

在 GIS 空间数据采集中，点是组成线、面和体的基本元素，对点状地物进行空间量测时，不仅要考虑它的空间位置，还需要考虑它的属性特征。有时候对点状物的直接量测没有太大的意义，只需要知道它的属性信息，例如研究全球港口城市间的航线网络，只需要知道航线网络的通达性、密集度以及航线路径，而不需要知道港口城市的大小、面积和形状等属性，研究者可以用点来代替航线所连接的港口城市，不仅减少了研究的复杂度，而且可以突出研究的主体，方便研究者从宏观上把握港口城市间的关联。

#### 2. 一维空间量测

一维实际上指的是一条线，可以理解为点动成线，指没有面积与体积的物体。一维空间中的物体只有长度，没有宽度和高度。线是空间对象之间的边界，GIS 空间数据线状实体包括线段、边界、链、弧段及网络等形式。一维线状要素在表示空间目标时不考虑面积和体积等属性，而是突出地物的长度、弯曲度和走向等特征，用以表示任意曲线，如道路、河流和行政区划界限等。另外，一维线状要素作为组成面状要素或体状要素的构架，没有粗细，渲染时不可见。

### 3. 二维空间量测

面要素在二维欧氏平面上是指由一组闭合弧段所包围的空间区域。面状要素由闭合弧段所界定，因此二维矢量又被称为多边形。面积是物体在二维空间中的一种重要表现形式，面积的量算对于规则的几何形体来说比较容易，对不规则几何形体量测则相对复杂。对二维空间目标的量测除了面积，还包括周长、中心和质心等，而线状要素的倾角和倾向的量测也可以在二维空间中进行。周长本身是一维空间中的线划要素表示，但是由于周长依附空间物体存在，而空间物体可以是面状或体状的，因此周长的量测是在二维或三维空间中进行。中心和质心描述的是点要素在二维空间中的分布与组合情况，点要素在二维平面上组合成不同的空间形态，并通过量测来确定其中心和质心，中心与质心的量测可以突出点在二维平面上的位置特征与空间形态特征，经常应用于空间选址和人口分布状况分析。

### 4. 三维空间量测

体是由一组或多组闭合曲面所包围的三维空间对象，三维空间对象也可以由二维空间对象组合，三维空间对象包括体元、标识体元、三维组合空间目标及体空间等。通过体的空间量测可以获得体积、表面积和表周长等信息。通常情况下，三维指的是立体空间，还可以是二维对象与时间维的组合，例如，利用 GIS 对土地、沙漠或洪水等对象进行演变过程分析，获得空间对象变化的宏观信息，方便管理者依据空间对象变化趋势进行宏观决策。

## 3.1.2 分数维度

分形理论诞生于 20 世纪 70 年代中期，分为线性分形和非线性分形两大类，被科学界列入 20 世纪的 20 项重大科学发现之一，具有极强的解释力和概括力。分形（fractal）这个名词是 Benoît Mandelbrort（1924—2010）在 20 世纪 70 年代为了表征复杂图形和复杂过程首先引入自然科学领域的，它的原意是指不规则的和支离破碎的物体，后来人们用来描述自然界中不规则以及杂乱无章的现象和行为。其具有下面典型性质：

（1）分形集都具有任意小尺度下的比例细节，或者说它具有精细的结构；

（2）分形集不能用传统的几何语言来描述，它既不是满足某些条件的点的轨迹，也不是某些简单方程的解集；

（3）分形集具有某种自相似形式，可能是近似的自相似或者统计的自相似；

（4）分形集的某种定义下的分形维数一般大于它相应的拓扑维数；

（5）分形集由非常简单的方法定义，可以通过变换的迭代产生。

自相似性和分形维数是分形的两个基本特征，也是分形理论中最重要的两个概念。自相似性指的是局部和整体具有相似的性质，一般把具有这种性质的区间段称为无标度区间，即在此区间内，客观对象不具有特征长度。自相似性体现了分形具有跨越不同尺度的对称性。分形维数简称为分维，其变化是连续的，用它可以定量描述分形结构不规则程度、自相似的程度或破碎程度。

纯粹的分形体要具有自相似性（即总起来看局部和整体是相似的）和标度不变性（即改变尺度或标度时，图形是相同的或相似的），但是从数学分形推广到自然界中存在的大量复杂的分形会遇到物理性、可变性和有限性等问题，应用分形理论的前提和关键是深入探讨研究对象的分形特征和分数维计算方法。

分数维在 1～2 之间时表示一条曲折的、不光滑的曲线，分数维越大，曲线就越加弯曲，就具有更大的长度；分数维在 2～3 之间时表示一个粗糙不平的曲面，分数维越大，曲面就越加凸凹不平，就具有更大的比表面积。由此可见，分数维的作用在于可以反映研究对象填充空间的程度。

### 3.1.3　属性数据的量测尺度

空间对象的表象信息是通过几何参数的量测及其相互转换获取的，然而，空间对象信息除了几何量测数据外还存在属性数据。在 GIS 中属性数据是指与空间位置无直接关系的特征数据，它是经过抽象的地理实体变量，通常可将其分为定性和定量两种形式。定性属性数据表述空间实体性质方面的特征，包括名称、类型、种类等，多用字符和符号形式表示；定量属性数据用以表述空间实体数量方面的特性，多用数量和等级等数字形式表示。字符形式的属性类别数据采用逻辑关系处理，而数字形式的属性数据通常采用数学关系处理。属性数据的量测尺度或标准与几何数据不同，按其详细程度可分为命名量、次序量、间隔量及比率量四个层次。

（1）命名量是空间属性数据量测中的一个重要尺度，描述事物名称上的差别，起到区分空间目标的作用，比如 1 路和 2 路等将不同路线公交车区分开来。命名式的量测尺度也称为类型量测尺度，只对特定对象进行标识，赋予一定性质而不定量描述，还可以用不同的数值或代码表示不同的植被类型或道路类型等，在需要的情况下还要给没有名称的空间对象进行命名，以便于对属性数据的统计量测。在用数值或代码表示时，这些数值或代码没有数量关系，对命名数据的逻辑运算只有"等于"或"不等于"两种形式，而其近似均值只能使用众数。

（2）次序量是通过对空间目标进行排列来标识的一种量测尺度，对空间目标的描述是按顺序排列而不是值的大小。不同次序之间的间隔大小可以不同，例如年龄段的划分：童年是 0～6 岁；少年是 7～17 岁；青年是 18～40 岁；中年是 41～65 岁；老年是 66 岁以后。次序数据的逻辑运算除了"等于"和"不等于"之外，还可以比较它们的大小，但是不能进行加、减、乘、除等运算。

（3）间隔量是指不参照某个固定点，按间隔尺度表示相对位置的数据。间隔量测值可以定量地描述事物间的差异，其量测值可以比较大小，当两事物之间的间隔量测值相等时，则表明两事物处于同一水平，否则是相异的。量测值越大，其差异程度也越大，并且它们之间的差值大小是有意义的。

（4）比率量是指那些具有真零值而且量测单位间隔相等的数据，它可以明确描述事物间的比率关系。例如，北京拥有汽车 250 万辆，徐州拥有汽车 10 万辆，则它们的比率关系 250/10=25，表明北京汽车辆数是徐州的 25 倍。在比率尺度系统中，比率量测尺度与使用的量测单位无关，它是通过与某一固定点的比值计算得到的，支持加、减、乘、除等计算操作。

## 3.2　空间几何度量

空间几何度量是对点、线、面和体地理空间目标的位置、中心、重心、长度、面积、体积以及曲率等的量测。这些空间几何参数是了解空间对象特征、进行高级空间分析以及辅助决策支持系统的基本信息。

### 3.2.1 位置

在进行研究分析地球空间事物时，首先要确定空间对象的空间位置，它是所有空间目标共有的描述参数。空间位置包括绝对位置和相对位置，借助空间坐标系统来传递空间物体的个体定位信息，空间分析中所需要的位置信息是关于点、线、面和体目标物的绝对和相对位置信息。

绝对位置是以经纬度和海拔高度参照体现地物与地理现象间的空间关系，通常利用角度量测系统，计算赤道以北或以南的纬度，以及本初子午线以东或以西的经度，就可以确定地球上任意一点的绝对位置，用这种方法比较容易描述任意对象的绝对位置。另外，一个参照点或坐标系中坐标原点确定的位置，也是一种绝对位置，例如，在对一幅图像进行数字化时首先必须确定控制点的位置，并以此作为参照来确定其他点的位置，这样所得到的数字化图形中的各种空间对象才能与实际相符，数字化专题图才有利用价值。

在矢量数据结构中，由于其位置直接由坐标点来表示，所以位置相对明显，但是属性是隐含的；在栅格数据结构中，每一个位置点都表现为一个单位，属性是明显的，空间位置是隐含的。矢量点、线和面三类地理目标的空间位置用其特征点的坐标表达和存储。点目标的位置在欧氏平面内用单独的一对 $(x, y)$ 坐标表达，在三维空间中用 $(x, y, z)$ 坐标表达；线目标的位置用坐标串表达，在二维平面欧氏空间中用一组离散化实数点对表达为 $(x_i, y_i), i = 1, 2, \cdots, n$，在三维空间中表示为 $(x_i, y_i, z_i), i = 1, 2, \cdots, n$，其中 $n$ 是正整数；面状目标的位置由组成它的线状目标的位置表达；体状目标的位置由组成它的线状目标和面状目标的坐标表达。

相对位置是空间目标物与周围地理环境要素和条件的空间方位关系，GIS 空间分析对相对位置进行量测具有重要的实用意义。例如，要在某城市外围的某地区修建一个垃圾处理厂，在考虑现有的交通设施的基础上，还要考虑不干扰周围居民的日常生活，综合多方面因素选择最佳的垃圾处理厂位置，这里把市区的位置看作绝对位置，以市区为参照点来选取垃圾处理厂的相对位置，而不是随意地在郊区选择一个位置。

确定相对位置的方法有很多：（1）方向角和距离，在笛卡儿坐标系中，利用两点间的方向角和距离公式确定一个目标地物相对于另一目标地物的相对位置；（2）有序数对，利用绝对格网坐标系统，在已知两个对象间的实际距离的前提下，通过两对坐标差可确定相对位置。公式如下

$$d = \sqrt{(x_2 - x_1)^2 - (y_2 - y_1)^2}$$

其中，$x_2 - x_1$ 是 $x$ 方向或经线方向上两点间的坐标差；$y_2 - y_1$ 是 $y$ 方向或纬线方向两点间的坐标差；$d$ 是两点间距离。

空间对象位置的量测涉及到数据精度，GIS 数据的位置精度是指空间点位所获取的坐标值与真实坐标值的符合程度，研究对象主要是点、线和面的几何精度，常以坐标数据的精度来表示，它是 GIS 数据质量评价的重要指标之一。目前 GIS 空间量测的位置精度虽然受到多方面因素的影响和制约，但是相对于旧的量测系统已有很大的提高，通过位置精度的优化实验，进而提高 GIS 数据的质量，这将是空间量测重要的研究内容之一。

## 3.2.2　中心

空间量测的中心多指空间目标的几何中心，或由多个点组成的空间目标在空间上的分布中心。几何中心对空间目标的表达和分析具有重要意义，例如要完成一幅小比例尺中国地图绘制，就需要将城市的位置用点来代替表达，但是城市本身是面状对象，而面又由无数个点构成，用不同的内部点来代替面进行表达会有不同的效果。如上海作为我国的经济中心，由于经济发展快速，致使上海市呈显为由不同片区构成的不规则形状，如果随机采用市区的某一点来代表上海市的位置，将会直接影响到地图的精度。在这种以点表示面情况下，一般都是以几何中心来表达面状对象的位置和分布形态特征，常用于选址和人口分布状况等分析，进而保证地图所需的精度要求。

规则的空间目标的中心非常容易确定，比如线状地物的中心是该地物的长度的中点；圆形地物的几何中心是圆心；正方形和长方形以及规则多边形地物，其中心是它们对角线的交点；不规则面状体的几何中心则可以利用公式计算得出，如：

$$C_x = \frac{\sum_{i=1}^{n} x_i}{n}$$

$$C_y = \frac{\sum_{i=1}^{n} y_i}{n}$$

其中，$C_x$、$C_y$ 分别为不规则面状地物几何中心的横坐标和纵坐标；$n$ 是不规则多边形的顶点个数；$x_i$、$y_i$ 是第 $i$ 个顶点的横纵坐标。

多空间目标地物的空间分布形态中心的确定：先确定各个目标地物分布区域的几何中心，再以多个目标地物的几何中心为基础，来确定总体多个目标地物的几何中心。

## 3.2.3　重心

重心是描述地理实体空间形态的一个重要指标。从重心移动的轨迹可以得到空间目标的运动特征，重心量测经常用于宏观经济分析和市场区位选择，还可以监测某些空间分布的变化特征，如土地类型的变化、地震引起地球的局部陆地移动等。

外形规则、质地均匀的面状物体和线状物体的重心和中心是重合的，一般面状物体的重心可以理解为物体内部的平衡点，这个平衡点的查找可以用下面这种方法。比如，将一块密度均匀的木块悬挂起来，并将拉紧的悬线用铅笔画在木块上，再任意选择另外一点，重复同样的动作，两次画线的交点就是所找的平衡点。

面状物体的重心计算方法为：将多边形的各个顶点投影到 $x$ 轴上，得到一系列的平行边梯形，分别计算这些平行边的梯形的重心，然后将所有的梯形重心进行联合，从而确定整个面状多边形物体的重心。

按顺时针方向依次设多边形的顶点为 $(x_i, y_i)$，则多边形的重心计算公式为

$$\begin{cases} X_G = \sum \bar{x}_i A_i \Big/ \sum A_i \\ Y_G = \sum \bar{y}_i A_i \Big/ \sum A_i \end{cases}$$

$$\begin{cases} A_i = (y_{i+1} + y_i)(x_i - x_{i+1})/2 \\ \overline{x_i} A_i = (x_{i+1}^2 + x_{i+1} + x_i^2)(y_i - y_{i+1}) \\ \overline{y_i} A_i = (y_{i+1}^2 + y_{i+1} y_i + y_i^2)(x_i - x_{i+1}) \end{cases}$$

其中，$\overline{x_i}$ 和 $\overline{y_i}$ 为第 $i$ 个平行边梯形的重心坐标；$A_i$ 为第 $i$ 个平行边梯形的面积。

### 3.2.4　距离

距离是空间尺度量测的基本参数，它的数值可以代表点、线、面、体之间的距离，由于空间目标物体分别属于不同的几何形态，因此它们之间的量测会有所差别。

**1. 直线距离**

两点间的直线距离可以利用笛卡儿坐标系中两点间的距离公式求得，设二维平面笛卡儿坐标系中的任意两点 $A$、$B$ 的坐标分别为 $(x_1, y_1)$ 和 $(x_2, y_2)$，则 $A$、$B$ 两点间的距离计算公式为

$$d = |AB| = \sqrt{(x_2 - x_1)^2 + (y_2 - y_1)^2}$$

在三维坐标系中，若任意两点 $A$、$B$ 的坐标分别为 $(x_1, y_1, z_1)$ 和 $(x_2, y_2, z_2)$，则 $A$、$B$ 间的距离为

$$d = |AB| = \sqrt{(x_2 - x_1)^2 + (y_2 - y_1)^2 + (z_2 - z_1)^2}$$

**2. 球面距离**

空间分析处理的数据大多需要投影，根据投影原理可知，空间两点间的距离的投影不能简单的按欧氏距离来计算，不仅要考虑平面坐标两点间距离，还要考虑球面上两点间的球面距离。假设球的半径为 $R$，球心为点 $O$，球面上任意两点 $A$、$B$ 的球面经纬度坐标为 $(\phi_1, \lambda_1)$ 和 $(\phi_2, \lambda_2)$，如图 3-1 所示，则 $A$、$B$ 两点间球面距离计算公式为

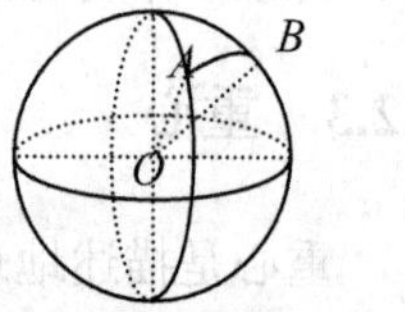

图 3-1　球面距离量测

$$\widehat{AB} = R \cdot \arccos\left[\sin\varphi_1 \sin\varphi_2 + \cos\varphi_1 \cos\varphi_2 \cos(\lambda_1 - \lambda_2)\right]$$

此公式对 $A$、$B$ 两点处于球面上任意位置均成立，公式中的经纬度坐标都是有向角，东经经度为正，西经经度为负，北纬纬度为正，南纬纬度为负，特别地：①若 $A$、$B$ 在同一经线上，则 $\widehat{AB} = R \times \arccos\left[\cos(\lambda_1 - \lambda_2)\right]$；②若 $A$、$B$ 在同一纬线上，则 $\widehat{AB} = R \times \arccos\left[\sin^2\varphi_1 + \cos^2\varphi_2 \cos(\lambda_1 - \lambda_2)\right]$。

大圆劣弧长度是球面上两点间的最短距离，即沿大圆航线航行的里程最短、能耗最小且时间最短，因此球面上两点间距离的量测对于航海、航空领域具有重要的商业价值和意义。

**3. 函数距离**

上述简单距离的量测都是绝对物理距离的量测，没有考虑时间、摩擦、消耗或障碍物等其他因素的影响。然而，在实际量测中，汽车 GPS 导航仪显示的距离要比汽车实际行驶里程要少，这是因为汽车在实际行驶时经过起伏不定的路面，路线受到地面高程以及通达度的影响。函数距离用于描述两点间距离的一种函数关系，如时间、摩擦和消耗等输入值

与唯一输出值间的一种对应关系。如图 3-2 所示，虚线 *MN* 为地图上两个公交站点间的直线距离，实线 *M'N'* 为公交车实际所走的路径距离。如果路径高程的变化是线性的，那么公交车实际所走的路程可用微积分求得，而现实中的地表高程的变化是非线性的，这使得计算变得相对复杂。在矢量 GIS 中，由相对障碍物所引起的里程偏移可以用非欧氏形式公式求得

$$d_{ij} = \sqrt[k]{(x_i - x_j)^k + (y_i - y_j)^k}$$

其中，$k$ 为障碍物影响因子。

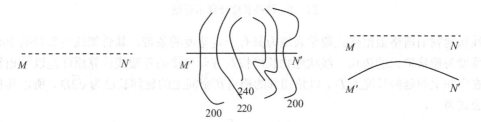

图 3-2　曲线距离量测示意图

## 3.2.5　长度

长度是空间线状物体最基本的参数之一，其数值可代表线状对象的长度，也可代表面状对象和体状对象的周长。在矢量数据下，假设线状物体 $L$ 由坐标串 $(x_i, y_i)$ 或者 $(x_i, y_i, z_i)$ 来表示，每一坐标对之间的距离都能通过勾股定理计算出来，则空间线状物体的长度累计计算公式为

$$L = \sum_{i=2}^{n} \sqrt{(x_i - x_{i-1})^2 + (y_i - y_{i-1})^2 + (z_i - z_{i-1})^2}$$

对于复合线状物体长度的计算，需要先对其分支曲线分别进行长度计算，然后再求总长度。通常情况下，长度计算限制在二维空间中，其计算公式可简化为

$$L = \sum_{i=2}^{n} \sqrt{(x_i - x_{i-1})^2 + (y_i - y_{i-1})^2}$$

上述长度计算公式存在明显缺陷，即其计算出的长度值小于实际曲线长度值，因为其计算原理是用弦长代替弧长来求取曲线长度的，而弦长只有在微分线段的情况下才可视为与弧长相等。针对这种情况，可以通过合理地选择曲线坐标点串来提高精度，一般情况下坐标点应选择在曲线的拐点处，以保持两点之间的曲线段近似直线，使得优化后的计算结果与曲线的长度真值更接近。

对于用栅格数据结构表达的线状物体，其长度可直接利用地物的骨架线延伸所通过的栅格数目来计算，为了保证精度和运算效率，骨架线通常采用四方向和八方向两种连接方式。如图 3-3(a)所示，在栅格数据结构中，栅格 0 与周围的 8 个相邻栅格以不同连接方式为邻，其中以边相邻栅格有 1、3、5、7，而以角相邻栅格有 2、4、6、8。

如果采用四方向连接，其骨架线是以边相邻的栅格相连接；如果采用八方向连接，其骨架线是以边或以角相邻的栅格相连接。同一地物用八方向连接和四方向连接表达的骨架

效果不同。图 3-3(b)是四方向连接的骨架线，其存在较多的冗余栅格；图 3-3(c)是由图 3-3(b)删除带点的栅格而得到的八方向连接的骨架线。

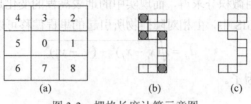

| 4 | 3 | 2 |
| 5 | 0 | 1 |
| 6 | 7 | 8 |

(a)　　　　　　　　(b)　　　　　　　(c)

图 3-3　栅格长度计算示意图

线状地物的栅格数据格式通常表现为具有一定宽度的条带，其骨架线是条带的中心轴线，宽度为栅格单元的边长。线状地物长度按八方向连接的骨架线计算原理是以边相邻的栅格在空间上的延伸长度为 $D$，以角相邻的栅格在空间上的延伸长度为 $\sqrt{2}D$，所以其长度计算公式为

$$l = (N_{\mathrm{d}} + \sqrt{2}N_{\mathrm{i}}) \cdot D$$

其中，$D$ 为栅格单元边长；$N_{\mathrm{d}}$ 为骨架线中以边相邻对数；$N_{\mathrm{i}}$ 为对角相邻的栅格对数。

### 3.2.6　面积

面积的表达在二维欧氏平面上是指一组闭合弧段所包围的空间区域，对于简单的图形，例如三角形、长方形、正方形、圆形以及可以分解成这些简单图形的复合图形，面积量测可以直接由公式计算出来。但是地理空间目标通常都呈不规则的形态，例如蜿蜒不断的丘陵、形状不定的湖泊等，其面积的量测比较复杂。

通常情况下，将不规则多边形边界分解为上下两半，分别求解上半边界下积分值与下半边界下的积分值之差作为其面积，设面状物体的轮廓边界由一个点的序列 $P_1(x_1, y_1)$，$P_2(x_2, y_2), \cdots, P_n(x_n, y_n)$ 表示，如图 3-4 所示，则其面积 $S$ 的计算公式为

$$\begin{aligned}
S &= S_2 - S_1 \\
&= \frac{1}{2}(x_2 - x_1)(y_1 + y_2) + \frac{1}{2}(x_3 - x_2)(y_2 + y_3)\frac{1}{n} + \cdots + \frac{1}{2}(x_1 - x_n)(y_n + y_1) \\
&= \frac{1}{2}\left[\sum_{i=1}^{n-1}(x_i y_{i+1} - x_{i+1} y_i) + (x_n y_1 - x_1 y_n)\right]
\end{aligned}$$

其中，$S$ 是所求不规则多边形的面积，在图 3-4 中以斜线阴影区域表示，该多边形有 $n$ 个点组成，第 $i$ 个点的坐标值为 $(x_i, y_i)$；$S_1$ 是下半边界的面积，在图 3-4 中以点阴影区域表示；$S_2$ 是上半边界的面积，是图 3-4 中图形的全部区域，覆盖了 $S$ 和 $S_1$ 两个区域的面积。

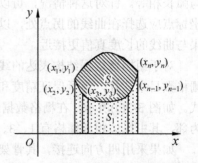

在栅格数据结构中，通过计算具有共同属性的格网单元数量来确定某一区域的面积，在实际运用中只要将覆盖区域内的数据制成表格，从生成的表格中读取具有指定属性的格网单元总数，就可以获得该区域的面积。

图 3-4　不规则多边形面积量测示意图

在矢量数据结构中，图形的面积是分成单个部分进行计算得到的，在进行数字化计算时，一般需要设定一个专用代码标识多边形。通过对每一组线段单元数字化，GIS 软件会表示出该线段所产生的简单几何形状，并计算出这些形状的面积，最后通过累加计算出总的多边形面积。

三维曲面的求解，有以下两种途径：

（1）将三维曲面投影到二维平面上，计算出在平面上的投影面积。例如，地球陆地面积约 1.49 亿 km$^2$，这个面积不是指地球表面地形起伏的表面积，而是指地球陆地这一地理空间目标投影到地球旋转椭球体表面的面积，这个旋转椭球体表面在 Albert 投影系下又可以转化为二维笛卡儿平面直角坐标系，其计算方法与二维平面的二元算法相似。

（2）三维曲面的表面积。空间曲面表面积的计算与空间曲面拟合的方法和实际使用的数据结构类型相关。对于分块曲面拟合，曲面表面积由分块表面积计算得来，计算的关键在于计算出曲面的表面积：①基于三角形格网的曲面插值通常使用一次多项式模型，这里三角形格网上的曲面实质为三角形平面的和；②而对于正方形格网，其理论曲面模型为双线性多项式，无法以简单的公式计算出曲面的面积；③对于全局拟合的曲面，通常是将计算区域分割成若干规则单元，计算出每个单元的面积，再累加计算出总面积。

### 3.2.7　体积

体积通常量测的是空间曲面与一基准平面之间的容积，其计算方法因空间曲面的不同而不同。一般情况下，基准平面为一水平面。形状规则的空间实体体积量测相对容易，形状不规则的空间实体的体积量测相对比较复杂。

通常情况下，工程应用领域中当体积计算结果为正时称之为"挖方"，体积为负时称之为"填方"。复杂空间实体的体积计算可以采用等高线法，将空间高程 $Z$ 值相等的点连接起来组成一维弧段，多组不同的一维曲面划分为一系列按特定方向展布的剖面，多组剖面可以构成对三维曲面的完备描述，如图 3-5 所示，其计算步骤为：

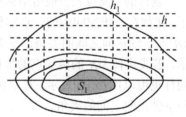

图 3-5　体积量测原理图

（1）等高线的生成；

（2）各条等高线围成面积的量算，设量算的面积分别是 $s_1, s_2, \cdots, s_n$；

（3）设等高线之间的高程差是 $h$，则所量测的体积为：

$$V = \frac{1}{3} s_1 \times h_1 + \left( \frac{1}{2} s_1 + s_2 + \cdots s_{n-1} + \frac{1}{2} s_n \right) \times h$$

其中，$s_1$、$h_1$ 分别为最上层或者最下层等高线围成的面积和相应的等高差。

体积的计算原理是采用微分法求解近似值，通常采用的微分计算模型有三角形格网单元和正方形格网单元，它们的基本原理都是以基底面积乘以格网点曲面高度，总体体积是这些基本格网上体积的总和。

（1）三角体格网单元算法

三角体格网模型的体积算法公式为

$$V = \frac{1}{3} S_A \left( h_1 + h_2 + h_3 \right)$$

（2）正方体格网单元算法

正方体格网模型的体积算法公式为

$$V = \frac{1}{4} S_A \left( h_1 + h_2 + h_3 + h_4 \right)$$

其中，$S_A$ 是基底格网正方形 $A$ 的面积。

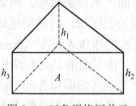

图 3-6　三角形格网单元

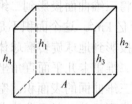

图 3-7　正方体格网单元

## 3.3　空间形态度量

对于空间目标的分析除了空间几何参数量测外，还需要量测其空间形态。点要素作为零维空间量测目标，故不具备任何空间形态，而线、面、体等作为超零维的空间目标，各自具有不同的几何形态，且随着空间维数的增加空间形态愈加复杂。

### 3.3.1　方向

物体的空间位置一般用坐标来表示，也可以用方位（方向和位置）来描述，如图 3-8 所示，比如在三维空间中的一点实体 $P$ 的坐标为 $(x, y, z)$，其方向可以用 $(\theta, \alpha)$ 表示，其中 $\theta$ 为 $OP$ 与 $z$ 轴正向之间的夹角，$\alpha$ 为 $OP$ 在 $xOy$ 面的投影与 $y$ 轴正向之间的夹角。如图 3-9 所示，若线实体 $MN$ 的两端点的坐标分别为 $M(x_1, y_1, z_1)$ 和 $N(x_2, y_2, z_2)$，则线实体 $MN$ 的方位同样也可以用 $(\theta, \alpha)$ 表示，其中 $\theta$ 为 $MN$ 与 $z$ 轴正向之间的夹角，$\alpha$ 为 $MN$ 在 $xOy$ 面的投影与 $y$ 轴正向之间的夹角。

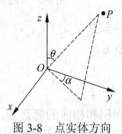

图 3-8　点实体方向

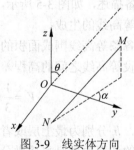

图 3-9　线实体方向

根据点实体的坐标 $(x, y, z)$，其方向计算公式为

$$\theta = \arccos \left( \frac{|z|}{\sqrt{x^2 + y^2 + z^2}} \right)$$

$$\alpha = \arctan \left( \left| \frac{x}{y} \right| \right)$$

设线 $\overrightarrow{MN} = \left(x_2 - x_1, y_2 - y_1, z_2 - z_1\right)$，$z$ 轴正方向单位向量 $\vec{z} = (0,0,1)$，$y$ 轴正方向单位向量 $\vec{y} = (0,1,0)$，线 $MN$ 在 $xy$ 平面上的投影向量为

$$\overrightarrow{M'N'} = \left(x_2 - x_1, y_2 - y_1, 0\right)$$

则线实体方向计算公式为

$$\theta = \arccos\left(\left|\frac{\overrightarrow{MN} \cdot \vec{z}}{\left|\overrightarrow{MN}\right| \cdot \left|\vec{z}\right|}\right|\right)$$

$$\alpha = \arccos\left(\left|\frac{\overrightarrow{M'N'} \cdot \vec{y}}{\left|\overrightarrow{M'N'}\right| \cdot \left|\vec{y}\right|}\right|\right)$$

### 3.3.2　曲率和弯曲度

**1. 曲率**

线状实体的曲率（curvature）是针对线实体上某个点的切线方向角对弧长的转动率。设曲线的表达方程为 $y = f(x)$，则曲线上任意一点的曲率计算公式为

$$K = \frac{f(x)''}{\sqrt{\left(1 + f'(x)^2\right)^3}}$$

对于复合函数 $x = x(t)$，$y = y(t)$，$t \in (a,b)$ 表示的曲线，它的曲率计算公式为

$$K = \frac{x'y'' - x''y'}{\sqrt{(x'^2 + y'^2)^3}}$$

其中，$f(x)$ 是曲线方程，并且具有二阶导数（曲线是连续光滑的），对于用离散点表示的线状地物，必须先进行光滑插值，然后计算曲率。公式所反映的是线实体的某一部分的弯曲程度，对于整个线实体，求取平均曲率则能更好地反映线实体的弯曲程度，根据对弧长曲线积分的定义，光滑曲线 $L$ 的平均曲率公式为

$$\overline{K} = \frac{\int_L K \mathrm{d}s}{\int_L \mathrm{d}s}$$

复合函数表达的曲线平均曲率为

$$\overline{K} = \frac{\int_a^b K\sqrt{(x^2 + y^2)}\mathrm{d}t}{\int_a^b \sqrt{(x^2 + y^2)}\mathrm{d}t}$$

其中，$K$ 代表曲线上某一点处的曲率；$\overline{K}$ 代表曲线总体的弯曲程度。

对于参数方程为 $c(t) = f\left(x(t), y(t), z(t)\right)$ 所表示的空间曲线，其曲率计算公式为

$$K = \frac{\sqrt{(z''y' - y''z')^2 + (x''z' - z''x')^2 + (y''x' - x''y')^2}}{\sqrt{(x'^2 + y'^2 + z'^2)^3}}$$

曲率不仅在理论上应用广泛，在实际的工程中也解决了许多技术问题，例如在公路和

铁路弯角处合理的曲率设计，可以保证行车的安全。

**2. 弯曲度**

由于曲率的计算公式繁琐，运算耗费时间长，难于在 GIS 软件中快速计算，需要引入弯曲度作为线实体的弯曲程度的表达。弯曲度的定义是曲线两端点定义的线段长度与曲线长度的比值，其计算公式为

$$S = l/L$$

其中，如图 3-10 所示，$l$ 表示线实体起点和终点间的直线距离；$L$ 为线实体的实际长度；$S$ 是线实体的弯曲度。$S$ 值越大表明线实体的弯曲程度越小，反之，则线实体的弯曲程度越大。

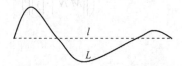

图 3-10　空间物体曲率量测示意图

单独地考虑线状物体的弯曲度是没有意义的，因为其受到曲线两端间直线距离的影响，在实际应用中，弯曲度 $S$ 并不主要用来描述线状物体的弯曲程度，而是用以反映曲线的迂回特性，在公路设计中，山区的公路迂回特性较强，这样既降低施工难度，对行车也有安全保障；而在平原地区公路的迂回性较弱，这样会大大的降低投资额度，并能保证车辆的通畅行驶。

### 3.3.3　破碎度和完整性

**1. 破碎度**

自然界中面实体的形状千奇百怪，需要引入破碎度指标参数来准确的描述其形状。破碎度指标能够体现面实体是紧凑型或者破碎型，及其破碎程度。

在破碎度研究中，利用面积固定时，圆在多边形类别中周长最小这一特征，将圆作为破碎度描述的标准，利用圆的面积和周长公式，定义多边形破碎度系数公式为

$$U = \frac{L}{2\sqrt{\pi}\sqrt{S}}$$

其中，$L$ 为多边形的周长；$S$ 为多边形的面积；$U$ 是多边形的破碎系数，即形状特征描述参数。

破碎度指标参数在描述多边形形状方面十分有效，因此破碎度指标参数在利用 GIS 进行土地利用、景观格局研究中得到广泛应用。除了破碎度公式外，也可以用其他有关周长、面积等指标参数来描述面实体的形状。例如，某多边形面积为 $S$，周长为 $L_1$，与其面积相等的圆的周长为 $L_2$，则 $L_1/L_2$ 也可以反映出面实体的破碎程度。

**2. 完整性**

面实体的复杂性有时候表现在面实体的复合上，对这样的几何形态进行量测时需要考虑两个方面：一是以空洞区域和碎片区域确定该区域的空间完整性；二是多边形边界特征

描述问题。

空间完整性是空间区域内空洞数量的度量，通常使用欧拉函数量测。例如，整个千岛湖的湖区里面小岛屿形成的内岛区域，以及小麦种植区由于套种棉花使得小麦种植区分离为条状的区域小片，一般称它为碎片区域，通过欧拉函数可以对它进行计算，欧拉函数是关于碎片程度和空洞数量的一个数值量测，其公式为

$$欧拉数 = （空洞数） - （碎片数 - 1）$$

在欧拉函数中，空洞数是指多边形自身包含的空洞数量；碎片数是指整个多边形被分为同质多边形的数目。例如图 3-11(a)空洞数为 4，碎片数为 1；图 3-11(b)空洞数为 4，碎片数为 2；图 3-11(c)空洞数为 5，碎片数为 3。

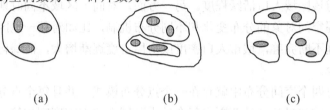

(a)                    (b)                    (c)

图3-11    面实体空间完整性量测示意图

## 3.4    空间分布度量

依据空间分布对象和分布区域的不同组合以及分布对象在区域内的不同分布方式，把空间分布方式概括为表 3-1 所示的几种类型。

表 3-1    空间基本类型的划分

| 分布对象<br>分布方式<br>分布区域 | 点 | | 线 | | 面 | |
|---|---|---|---|---|---|---|
| | 离散 | 连续 | 离散 | 连续 | 离散 | 连续 |
| 线 | 大海里的货船 | 公路两旁的排水沟 | 城市里面的快速公交线 | | | |
| 面 | 城市、村庄的分布 | 降水 | 我国的高速公路网 | 大气污染的扩散 | 岛屿的分布 | 行政区划 |

空间分布反映的是同类空间事物群体的定位信息，特定分布区域中的分布对象是单一性质的，空间对象类型随着研究目标和研究尺度的不同而呈现不同的形态，依据空间实体的几何形态可划分为点、线、面三种，不同的空间分布对象具有各自的空间分布特征，并具有各自独有的空间分布参数，下面分别对点、线、面的不同空间分布及其描述参数进行讨论。

### 3.4.1    点模式的空间分布

点模式的空间分布在生活中比较常见，例如不同区域内的城市、湖泊、高速公路服务站、高压线塔架分布等。通常情况下，描述点模式的参数有分布密度、分布中心、分布轴线、离散度等。

**1. 分布密度**

分布密度是最基本的点模式空间分布描述参数，也适用于描述线、面对象的空间分布。它是反映单位区域内分布对象的数量，其分子为分布对象的计量，分母为分布区域的计量。一般对于分布密度的计算有以下几种情形：①分布对象发生的频数计算；②分布对象几何度量的计算，其中对点要素以频数计量，对线要素以长度计量，对面要素以面积计量；③分布对象的某种属性计算，比如计算沿海岸线的海港城市分布密度。

分布密度可以表达点状空间对象的分布稀疏程度，例如通过考察城市内不同区域百货商场的分布密度，可以知道该市的商业中心位于何处；通过获得某一区域内的人口流动分布密度，可以知道该区域人口活跃程度。另一方面，对同一区域不同时期的点分布密度进行对比，可以掌握空间对象的分布变化和不同分布机制，比如对某一地区进行研究发现随着城市的基础设施不断完善，城市人口密度或房屋密度逐渐增大，而绿化程度将随将随城市扩张而不断减少。

根据统计，每四个空间分布中就存在一个点分布模式，并且每个点分布模式都有自己特定的一套标准。①如果某区域范围内每个较小区域上的点密度都相等，则称这种模式为均一分布；②如果整个研究区范围内的点都分布在等间隔的网格上，并且具有均一模式特征，则称为规则分布；③如果整个研究区内的点呈紧密排布时，则称为簇状分布；④如果点要素呈无规律零乱散布时，则称为随机分布，如图 3-12 所示。

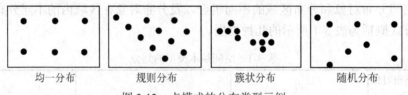

均一分布　　　　规则分布　　　　簇状分布　　　　随机分布

图 3-12　点模式的分布类型示例

在这四种点模式分布类型中，单独进行均一分布的研究意义不大，但是对于不同均一程度的研究却有较大的意义，例如在评估全国各省经济发展程度时，需要统计各省的市级城市、县级城市的数量，以城市密度值作为衡量各省经济发展程度的一个指标，有助于对各省经济发达程度作出合理的评价。

**2. 分布中心**

在进行地理事物空间分布特征研究的过程中不仅要考虑密度、样方等分析方式，还要计算分布中心这一重要参数，因为分布中心可以概略表示点状分布对象的总体分布特征、中心位置、聚集程度等信息。例如在对地区经济特征分析中，分布中心对城镇、工业、商业的位置分析结果具有深刻的影响，它在某种意义上代表了点状对象的平均空间位置。空间分布中心的研究对象可以是几何中心、加权平均中心、极值中心以及中位中心等。

**3. 分布轴线和离散度**

分布轴线是离散点群在其空间上的分布趋势。分布轴线是一条拟合直线，反映了离散点群的总体分布趋势，而点群各点相对于分布轴线的距离则反映了离散点群在分布趋势上的离散程度。点群相对于分布轴线的离散程度可以用三种不同的距离参数来衡量分别为：水平距离 $d_h$、垂直距离 $d_v$ 和直交距离 $d_p$，如图 3-13 所示。

离散度是研究对象在空间分布上聚集程度的参数之一，在遇到具有相同或近似的分布中心和分布密度的情况下，可以利用空间对象的离散度来反应分布情况，离散度可以用平均距离 $\overline{d}$、标准距离 $d_s$、极值距离 $d_e$ 和平均邻近距离 $d_n$ 这四种参数来表达。通常情况下，点群具有集中分布特点，当它的分布类型表现为规则分布或随机分布时，这时离散度就没有分析意义。

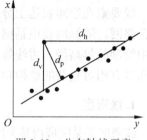

图 3-13　分布轴线示意

#### 4. 最近邻分析

最近邻分析（nearest neighbor analysis，NNA）是一种有关点位置关系的点模式分析法，通常划分为顺序法和区域法两种。这两种方法分析过程的中心思想都是先测出每个点与其最近点要素间的距离，然后计算所有这些最近邻距离的平均值。如果该平均距离小于假设随机分布中的平均距离，则将所分析的点要素视为聚类要素，否则视为分散要素。

平均最近邻距离计算了点要素之间距离的量度或点要素之间的间距指数。当点对象之间距离太近会引起冲突，因此最近邻分析在动物个体与种群的活动习性研究中具有很高的利用价值。例如蚂蚁是一种群居昆虫，每个蚁群都有自己的活动区域，它们的活动空间绝不轻易允许其他蚁群的擅自闯入。最近邻分析现已发展成为一种人文地理特别是城市地理学的空间分析方法。

#### 5. 样方分析

均一模式是依据均一子区域之间的关系而定，这种子区域称为较大区域的样方。如果每个均一的样方含有相同的点对象数量，则整个研究区的分布具有均一性，这种识别空间分布类型特征的方法称为样方分析，即假设每个子区域具有近似相等的对象数量，那么可以计算所有数据点个数与子区域个数的比例，得出子区域内平均对象的个数，只要它具备均一分布的特性，这个数值就是子区域含有对象数的期望分布。用 $\chi^2$ 数学检验法对这些数据进行评估，其公式为

$$\chi^2 = \sum (Q-E)^2 / E$$

其中，$Q$ 为每个样方中实际观测到的点数；$E$ 为每个样方的期望分布值。

把利用此公式计算的实际观测结果与先前制定好的数学用表中的临界值进行对比，如果两者相差在允许误差范围内，则称这种分布具有均一性；若超出差异允许范围，则不具有均一性。简而言之，$\chi^2$ 值越小，点的均一性可能性越大。

方差均值比率是一种根据样方进行分析的特定方法，反映子区域变化频率与每个样方内平均点数之间关系的指数，其值为子区域中点数频率的方差与子区域中的平均点数之比。如果比率较小，则表明每个子区域点数的分布呈均匀分布；比率适中时，则表明子区域为随机分布，样方中的点数与平均值偏差较大；比率较大时，则表明每个子区域点数的分布与整个研究区点数的平均值相差较大。

### 3.4.2 线模式的空间分布

线要素在空间表达上分为具体的线要素和抽象的线要素，具体的线要素如生活中常见的公路网、灌溉网及电话网等；还有一些为了表达方便而设定的抽象线要素，例如地图制作中绘制的等高线、雪线等。由于线要素在表达上不仅有长度，还有方向，因此它的空间分布具有相对复杂的结构和模式。

**1. 线密度**

线密度是某区域内某类线的长度之和与该区域总面积的比值，线密度的单位为 $m/m^2$。利用 GIS 软件进行空间分析时，经常用到线密度这个参数指标，例如对某一城市基础交通的发达程度进行分析时，需要求出城市公交线路、有轨电车以及地铁总的道路网密度；对某一农作物种植区进行雨季排涝状况分析时，需要求出种植区河网的密度。

**2. 线方向**

线要素在一维、二维和三维空间分布上都具有方向性，通常见到的城市排水网、暖气网、天然气网等都有明显的方向性；对城市排水管道规划设计时需要考虑居民区的分布、地势情况、雨季最大雨量等重要参数，还需要精心设计排水的流向，这样才能保证城市具有一定的抗内涝性；三北防护林是逆主要风向排列种植的。在对这些工程要素进行空间分析时，方向成为一个主要的参考量。

线状对象的方向一般用"玫瑰图"分析，其制作方法为：①确定线要素的分布中心；②以线要素的中心为圆心画直线代表要观测的线要素；③进行矢量合成；④获得矢量合成的坐标值与线要素总数的比值。

**3. 最近邻分析**

线模式与点模式的最近邻分析思想相似，通常情况下，线的最近邻分析是以线的中点为特征点代替线，再对各个线的中点进行最近邻分析。但是线要素有别于点要素之处在于其具有长度，如果不考虑长度进行分析，就不能反映线要素的具体分布，因此对线要素可以采用随机抽样进行统计分析线要素的最近邻距离。具体操作步骤为：

（1）在地图中每条线上选一个随机点；

（2）用直线连接最近邻的两点；

（3）量测这些相连线段的长度，算出平均最近邻距离值；

（4）进行检验，判断是否为随机分布。

最近邻分析不适用于十分弯曲和方向不断变化的线要素，而适用于那些线长度超过线间平均距离的 1.5 倍的线要素，当图层中线要素的数量太少时，则需要将最近邻分析中的密度估算值乘以权重系数 $(n-1)/n$（$n$ 是线要素的总数），修正后的公式为

$$密度估算值 = (n-1)L/nA$$

其中，$L$ 为各线要素长度总和；$A$ 为区域面积。

**4. 连通度**

线要素在空间分布中形成网络，因此对线状物体之间连通性的研究极其重要。线状物

体的连通度是指线要素在构成网络时的连接性以及不同地点的连通程度，它是网络复杂性的量测指标。例如在一个风景旅游区中，从一个观景台能直接看到其他观景台，则该风景区景点的连通度比较高；反之，风景旅游区景点之间需要绕行才能欣赏，则该风景旅游区的连通度比较低。通常情况下，使用 $r$ 指数和 $\alpha$ 指数来评价线状物体的连通度。

$r$ 指数定义为给定空间网络中节点连线数 $L$ 与可能存在的所有连线数之比，也是给定连线数与最大连线数之比，表达式为

$$r = \frac{L}{L_{\max}}$$

$r$ 指数的取值范围 $(0,1)$，当没有节点连接时为 0，当可能存在的所有节点连线实际都存在时为 1。最大连接数的求解是该方法的关键之处，在矢量数据中容易实现，在栅格数据中较难实现。

连通性并不是网络的唯一特征，环路能提供节点之间可替代的路径，为路径的选择提供更多参考方案。如果要开车通过一个城市，则应该选择环城高速公路避免交通堵塞。$\alpha$ 指数表示环城高速的性能，其值为当前存在的环路数 $L$ 与可能存在的最大城市环路数 $L_{\max}$ 之比。其表达式为

$$\alpha = \frac{L}{L_{\max}}$$

$\alpha$ 的取值范围也是 $(0,1)$，当网络中不存在环路为 0，当实际环路数与最大环路数量相等时为 1。这两个指数是建立在矢量数据拓扑结构基础上，反映网络模式不同的方面，若将 $r$ 指数和 $\alpha$ 指数结合起来组成一个网络综合评价指标，则这样的评价更具有科学性。

### 3.4.3 区域模式的空间分布

区域模式与点模式的空间分析原理相似，因此我们可以将点模式的一些研究方法应用于区域模式的空间分析。例如计算研究区域中多边形密度的方法有两种：一种是与点密度计算完全类似的多边形密度；另一种是和点密度有差异的面积密度，其方法是求出多边形的面积，然后统计各类多边形的面积与研究区域总面积之比，得到的结果是一个面积的百分比。区域模式的空间分布是二维的，相对于一维空间分布具有更多的信息，它的空间分布可分为两类，分别是离散区域分布和连续区域分布。

**1. 离散区域分布**

离散区域分布经常被应用于地质学的找矿研究，比如有色金属矿、煤田和天然气分布等。离散区域分布按照离散的情况分为簇状、分散状和随机状，离散区域研究的重要方法有扩展邻接法和洛伦兹曲线，本部分着重分析扩展邻接法。

扩展邻接法是一种对接边数的统计方法。主要应用于简单的二进制多边形地图。根据定义，一个连接边是指两个多边形共享的边，通过计算多边形中连接边的数量并刻画每一个图层的连接结构，来确定图形的分布状态。对处于同质类型的区域，按二进制划分多边形以确定多边形的连接边数；对处于异质构造类型的区域，则分别按照同质和异质分别统计连接边数，此种分布称为簇状分布。在矢量数据结构中，相邻多边形的公共边很容易被识别，也比较好统计，所以该方法在矢量数据结构中容易出现。

检验连接边的期望模式和随机模式的观测值方法有两种，一种是自由取样法，另一种是非自由取样法。自由取样法思路是假设能够确定同类中和两类间连接边的期望频率，然后比较这些模式，分析它们的异同之处；非自由取样法的思路则是将连接边数与多边形随机模式连接边数的估算值进行对比分析。

**2. 连续区域分布**

连续区域分布意味着区域模式的分布在空间上与地面有着紧密的关联，连续区域分布通常以等值线形式在地图上表达，目前连续区域分布应用涉及所有类型的等值线，例如土地价值面、降雨量面、降雪量面等。实际应用中有些"面"在空间上并不是连续的，但是进行空间分析时，需要用连续的等值线来代替，以便从随机分布中分析出规律。

# 3.5  空间表达变换

## 3.5.1  空间数据格式转换

GIS 空间分析都是围绕空间数据的采集、加工、存储、分析和表现展开的。而原始空间数据本身通常存在数据结构、数据组织、数据表达上和用户自己的信息系统的不一致。因此，就需要对原始数据进行转换与处理，如投影变换、数据格式转换，以及数据的裁切、拼接等处理。其中，空间数据格式转换是 GIS 数据处理的一项重要任务。

近年来，随着计算机网络技术的发展和地理信息系统应用的逐步推广与深入，信息共享和数据格式转换现已成为不同领域、不同部门所共同处理的日常工作和面临的问题。当大量的空间数据出现在网络上，面对多种多样的数据格式，要有效地利用它们就必须解决信息共享与数据转换的问题。实现数据转换与共享，可以使更多的人更充分地使用已有数据资源，减少资料收集、数据采集等重复劳动和相应费用。由于不同用户提供的数据可能来自不同的途径，其数据内容、数据格式和数据质量千差万别，因而实现数据的共享并非易事，但是数据转换技术却是实现数据共享最有效的方法之一，通过数据格式转换可以实现不同类型数据进行格式的转换，提高数据利用率。

地理信息系统空间数据类型主要有矢量和栅格两种数据结构，矢量数据包含有拓扑信息，通常应用于空间关系的网络分析；栅格数据则易于表示面状要素，主要应用于叠置分析和图像处理。由于栅格和矢量数据在 GIS 应用过程中各有优缺点，因此一般情况下，一个 GIS 系统均能够处理和存储这两种数据，但是对于某一研究区域而言，有时为了分析处理问题的方便，需要实现栅格和矢量数据间的转换。

**1. 栅格数据向矢量数据的转换（raster to vector conversion）**

栅格向矢量数据转换处理的目的，是为了矢量制图或数据压缩的需要，将大量的面状栅格数据转换为由少量数据表示的多边形边界，但是主要目的是为了能将自动扫描仪获取的栅格数据加入矢量形式的数据库。由栅格数据可以转换为三种不同维度的矢量数据，分别为点状、线状和面状的矢量数据。

1）点状栅格的矢量化

点状栅格的矢量化是将栅格点要素的中心换算为矢量坐标，其具体方法为将点栅格的

行列号 $I$、$J$ 换算为矢量数据坐标 $(x, y)$，换算公式如下

$$x = x_0 + (J - 0.5) \cdot D_x$$
$$y = y_0 + (I - 0.5) \cdot D_y$$

其中，$(x_0, y_0)$ 为栅格数据的坐标原点；$D_x$、$D_y$ 分别表示一个栅格单元的宽和高，当栅格单元为正方形时，$\mathrm{D}_x = D_y$。

2）线状栅格的矢量化

线状栅格影像的矢量化一般采用两种算法思想：细化矢量化和非细化矢量化，其是将弧段栅格序列点中心转换为矢量坐标的过程。其中，细化矢量化算法思想首先是将具有一定粗细的线状影像进行细化，提取其中轴线（单像素），然后再沿其中轴线栅格数据进行跟踪矢量化，主要方法有边界重复细化法、距离交换法和适当骨架法；而非细化矢量化的算法思想是不需对线条进行细化，而是从线条上任一点起，先后往线条两端进行跟踪矢量化，其跟踪的判断依据就是起始点处线条的宽度，主要方法有基于轮廓线的方法、基于游码的方法、基于网格模式的方法以及基于稀疏像素的方法。

比较分析两种算法思想，细化方法的优点在于能够保持线段的连续性，缺点是有很高的时间复杂度，丢失线宽信息，在交叉处易产生变形及错误地分支；而非细化的方法的优点在于其矢量化速度快，能够保存线宽信息，不足之处在于不能对所有的交叉区域提供正确的处理。

3）面状栅格的矢量化

面状栅格影像的矢量化过程为提取具有相同属性编码的栅格集合的矢量边界以及边界之间拓扑关系。

（1）传统的面状栅格矢量化

传统的面状栅格矢量化的方法以拓扑关系原理为指导，提取节点信息以生成弧段，其步骤为：

①多边形边界提取：采用高通滤波将栅格图像二值化或者以特殊值标识边界点。

②边界追踪：对每个边界弧段由一个节点向另一个节点搜索，通常对每个已知边界点需沿输入方向的其他 7 个方向搜索下一个边界点，直到连成边界弧段。

③生成拓扑关系：对于矢量表示的边界弧段数据，判断其与原图上各多边形的空间关系，以形成完整的拓扑结构并建立与属性数据的联系。

④去除多余点及曲线圆滑：由于搜索是逐个栅格进行的，必须去除由此造成的多余点记录，以减少数据冗余；另外，曲线由于栅格精度的限制可能不够圆滑，需采用一定的插补算法进行光滑处理，常用的算法有线性迭代法、分段三次多项式插值法、正轴抛物线平均加权法、斜轴抛物线平均加权法和样条函数插值法。

（2）双边界直接搜索算法

双边界直接搜索算法（double boundary direct finding，DBDF）能够较好地解决栅格矢量转换中遇到的边界线搜索、拓扑结构生成和多余点去除问题。DBDF 的基本思想是通过边界提取，将左右多边形信息保存在边界点上，每条边界弧段由两个并行的边界链组成，分别记录该边界弧段的左右多边形编号。边界线搜索采用 $2 \times 2$ 栅格窗口，在每个窗口内的四个栅格数据的模式，可以唯一地确定下一个窗口的搜索方向和该弧段的拓扑关系，这一方法加快了搜索速度，拓扑关系也很容易建立，具体操作步骤如下。

①边界点和节点的提取：采用 2×2 栅格阵列作为窗口顺序沿行、列方向对栅格图像进行全图扫描，如果窗口内 4 个栅格有且仅有两个不同的编号（图 3-14），则该 4 个栅格标识为边界点并保留各栅格所有多边形编号；如果窗口内 4 个栅格有 3 个以上不同编号（图 3-15），则标识为节点（即不同边界弧段的交汇点），保证各栅格原多边形编号信息。对于对角线上栅格两两相同的情况，由于造成了多边形的不连通，也作为节点处理。

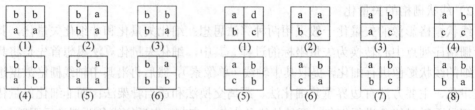

图 3-14　边界点的六种情形　　　　　图 3-15　节点的八种情形

②边界搜索与左右多边形信息记录：边界线搜索是逐个弧段进行的，对每个弧段从一组已标识的 4 个节点开始，选定与之相邻的任意一组 4 个边界点和节点都必须属于某一窗口的 4 个标识点之一。首先记录开始边界点组的两个多边形编号作为该弧段的左右多边形，下一组的搜索方向则由前点组进入的搜索方向和该点的可能走向决定，每个边界点组只能有两个走向：一个是先前的点组进入的方向，另一个则可确定为将要搜索后续点组的方向。如图 3-14(3)所示，边界点组只可能有两个走向，即下方和右方，如果该边界点组由其下方的一点组被搜索到，则其后续点组一定在其右方；反之，如果该点在其右方的点组之后被搜索到（即该弧段的左右多边形编号分别为 a 和 b），对其后续点组的搜索应该定为下方，其他情况依次类推。可见双边界结构可以唯一地确定搜索方向，从而大大地减少搜索时间，同时形成的矢量结构带有左右多边形编号信息，容易建立拓扑结构和属性数据的联系，提高转换的效率。

③多余点去除：多余点的去除基于如下思想，在一个边界弧段上连续的 3 个点，如果在一定程度上可以认为在一条直线上，则这 3 个点的中间一点可以被认为是多余的，给以去除。

判断三点是否共线算法的实现，应尽可能避免出现分母为零的情形，将计算形式转化为以下形式：

$$(x_1 - x_2)(y_1 - y_3) = (x_1 - x_3)(y_1 - y_2) \text{ 或者} (x_1 - x_3)(y_2 - y_3) = (x_2 - x_3)(y_1 - y_3)$$

其中，$(x_1, y_1)$、$(x_2, y_2)$、$(x_3, y_3)$ 为某精度下边界弧段上连续 3 点的坐标。如满足直线方程，则 $(x_2, y_2)$ 为多余点，给予去除。

多余点是由于栅格向矢量转换时逐点搜索边界造成的（当边界为或近似为一直线时），这一算法可大量去除多余点，有效地减少数据冗余。

（3）基于拓扑关系原理的转换方法

从拓扑关系的角度着手，研究出了一种新的由栅格数据转换为矢量数据的方法。与传统转换方法相比，该方法不需对栅格数据进行预处理，它在转换过程中即形成拓扑关系，只需对图像数据逐行处理一次，故适合于大图像的处理。该方法转换效率高、速度快，并在试验中取得了很好的效果。

本转换方法是根据拓扑关系原理，以识别出栅格数据中的结点和坐标点为突破点，然后根据结点和坐标点的信息形成弧段，进而由弧段形成多边形信息，从而完成整个转换过程。本方法的转换过程分 3 个阶段进行，首先进行结点和坐标点的提取，然后由结点和坐标点形成弧段，最后由弧段形成多边形。

①提取结点和坐标点信息

根据图像中相邻 4 个栅格单元值的异同，可判别出它们中间是否存在结点或坐标点。由相邻 4 个单元值的异同的各种排列组合可以判断出坐标点，根据坐标点连接弧段的方向，经归纳，则只可能存在 4 种类型的坐标点（图 3-16(a)）；同样，根据相邻 4 个单元值的异同，就能够判别出结点，且根据该结点上连接的弧段数及连接方向可知，只能存在 5 种类型的结点（图 3-16(b)）。

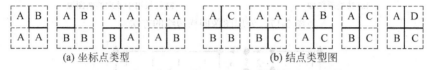

(a) 坐标点类型　　　　　　　　(b) 结点类型图

图 3-16　栅格图像中可能存在的坐标点和结点类型

根据图 3-16，逐行分析栅格单元之间的情况，就能方便快捷地提取出图像中存在的结点和坐标点，并将坐标点的坐标信息、坐标点类型或结点的结点号、坐标和连接的弧段数及连接弧段的方向、相邻 4 个栅格值等信息分别写入坐标点和结点数据库，以供形成弧段时使用。

对于图像第 1 行、第 1 列及最后 1 行、最后 1 列的栅格信息分析，如图 3-17 所示，假如在图像的上下各增加 1 行，左右各增加 1 列单元值为零的栅格，也就无需作特殊的处理了。

②由结点和坐标点形成弧段

由结点数据库中已纪录的搜索出来的结点作为弧段的始结点，根据结点上连接的弧段的方向，搜索该方向上与之相邻的结点或坐标点，如搜索到的是坐标点，则根据该坐标点的类型和弧段与它连接的方向决定下一个搜索的方向；如搜索到的是结点，则此结点即为该弧段的终结点，此弧段的生成工作结束，形成组成该弧段的信息，写入弧段数据库，同时在终结点上与该弧段连接的方向作上标记，以避免重复搜索；选择初始结点上其他未搜索的方向继续进行下一弧段的搜索，直到该结点上连接弧段的方向全部搜索完成；然后开始下一个结点的搜索工作，就这样直到结点数据库中所有的结点都完成搜索，就生成了该图像中所有的弧段，其信息都记录在弧段数据库中，以供生成多边形时使用。

③由弧段形成多边形

根据弧段数据库中记录的弧段信息，选择一条弧段作为起始弧段，根据弧段的起始和终结点号、结点类型以及弧段的左右多边形属性，通过查询弧段数据库，搜索与之相连且属于同一多边形的弧段，如此重复搜索，直到搜索到的弧段与起始弧段连接，则结束此多边形的搜索，形成该多边形的信息，将此多边形的信息写入多边形数据库，并给属于该多边形的弧段作上标记，以免重复搜索；寻找下一条符合条件的弧段作为起始弧段，进行下一个多边形的搜索，直到所有满足条件的弧段均已搜索过，则完成多边形的生成，从而完成整个转换过程。

经过上述的 3 个转换过程，获取了结点、弧段及多边形的信息，从而完成了栅格到矢量的转换过程，且同时也已建立了完整的拓扑关系。图 3-17 中图像的转换结果如图 3-18。

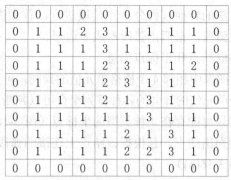

(a) 待处理图像      (b) 假设用于处理的新图像

图 3-17　处理图像四周边缘的方法

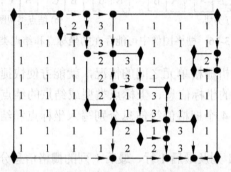

图 3-18　栅格数据转换得到的矢量数据结果

## 2. 矢量数据向栅格数据的转换（vector to raster conversion）

许多数据如行政边界、交通干线、土地利用类型、土壤类型等都是用矢量数字化的方法输入并存储在计算机中，表现为点、线和多边形数据。然而，矢量数据在进行多种数据的复合分析等处理时比较复杂，特别是不同数据要素在位置上一一配准，寻找交点并进行分析，相比之下利用栅格数据模式进行处理则容易得多。加之土地覆盖和土地利用等数据常常从遥感图像中获得，这些数据都是栅格数据，因此矢量数据与它们的叠置复合分析更需要把其从矢量数据的形式转变为栅格数据的形式。矢量数据的基本坐标是直角坐标 $(x, y)$，其坐标原点一般取图的左下角。栅格数据的基本坐标是行和列 $(i, j)$，其坐标原点一般取图的左上角。两种数据变换时，令直角坐标 $x$ 和 $y$ 分别与行和列平行。由于矢量数据的基本要素是点、线、面，因而只要实现点、线、面要素的转换，各种线划图形的变换问题基本上都可以得到解决。

### 1）点对象的栅格化

点对象的矢量数据结构表达是独立的坐标对，而在栅格数据结构中点对象存储的是像元的行列号，并不是点对象的坐标。因此，点对象的栅格化过程是将点的矢量坐标转换为栅格行列号。

如图 3-19 所示，设点 $O$ 为矢量数据的坐标原点，点 $O'$ 为栅格数据的坐标原点 $(x_0, y_0)$。格网的行平行于 $x$ 轴，格网的列平行于 $y$ 轴。点 $P$ 为制图

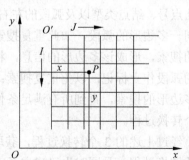

图 3-19　栅格点坐标与矢量点坐标的关系

要素中的任意一点，则该点在矢量和栅格数据中分别表示为 $(x, y)$ 和 $(I, J)$ ，其点的矢量坐标换算成栅格数据结构行列号的计算公式为

$$
\begin{cases}
I = 1 + \left[ \dfrac{y_0 - y}{D_y} \right] \\
J = 1 + \left[ \dfrac{x - x_0}{D_x} \right]
\end{cases}
$$

其中， $D_x$ 、 $D_y$ 分别表示一个栅格单元的宽和高，栅格通常为正方形，故 $D_x = D_y$ ； [ ] 表示取整。

2）线对象的栅格化

曲线在矢量数据结构中的表达是用折线来逼近的，因此只需阐述一条直线段是如何被栅格化的，线的栅格化过程主要有三种方法，分别是全路径栅格化、八方向栅格化和恒密度栅格化。

（1）全路径栅格化

全路径栅格化的原理是按行计算起始列号和终止列号（或按列计算起始行号和终止行号）。如图 3-20 所示，基于矢量的首末点 $P_1(x_1, y_1)$ 和 $P_2(x_2, y_2)$ 的位置以及倾角 $\alpha$ 的大小，可以在带内计算出行号或列号（ $I_a$ 、 $I_e$ 或 $J_a$ 、 $J_e$ ）

当 $|x_2 - x_1| < |y_2 - y_1|$ 时计算起始行号 $I_a$ 和终止行号 $I_e$ ；当 $|x_2 - x_1| \geq |y_2 - y_1|$ 时，计算起始列号 $J_a$ 和终止行号 $J_e$ 。以第二种情况为例，其计算过程如下所述。

首先将矢量线段首点 $P_1(x_1, y_1)$ 所在的栅格列号作为第 1 行的起始列号 $J_a$ ，将段末点 $P_2(x_2, y_2)$ 所在的栅格列号作为最后 1 行的终止列号 $J_e$ 。以此为限制条件，逐行计算列号 $J_a$ 和 $J_e$ 。设当前处理行为第 $i$ 行，像元边长为 $m$ ，转换步骤为如下：

①计算矢量倾角 $\alpha$ 的正切值： $\tan \alpha = (y_2 - y_1) / (x_2 - x_1)$ ；

②计算起始列号 $J_a$ ： $J_a = \left[ \left( \dfrac{y_0 - (i-1) \cdot m - y_1}{\tan \alpha} + x_1 - x_0 \right) \middle/ m \right] + 1$ ；

③计算终止列号 $J_e$ ： $J_e = \left[ \left( \dfrac{y_0 - i \cdot m - y_1}{\tan \alpha} + x_1 - x_0 \right) \middle/ m \right] + 1$ ；

④将第 $i$ 行从 $J_a$ 列开始到 $J_e$ 列为止的所有像元"涂黑"；

⑤如果当前处理行不是终止行，则把本行终止列号 $J_e$ 作为下行的起始列号 $J_a$ ，行号 $i$ 增加 1 ，并转到③，否则本矢量段栅格化过程结束。

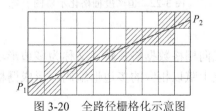
图 3-20　全路径栅格化示意图

（2）八方向栅格化

八方向栅格化是根据矢量的倾角情况，在每行或每列上，只"涂黑"其中的一个像元，其特点是在保持八方向连通的前提下，栅格影像看起来最细，不同线划间最不易"粘连"。

如图 3-21 所示，设 $P_1$ 和 $P_2$ 为一条直线段的两个端点，其坐标分别为 $P_1(x_1, y_1)$ 和 $P_2(x_2, y_2)$。具体转换流程为：首先按照上述点的栅格化方法，确定端点 $P_1$ 和 $P_2$ 所在的行、列号分别为 $(I_1, J_1)$ 和 $(I_2, J_2)$，并将它们"涂黑"。然后求出这两个点位置的行数差和列数差，若行数差大于列数差，则逐行求出本行中心线与过这两点的直线的交点，计算公式为

$$\begin{cases} y = y_{中心线} \\ x = (y - y_1) \cdot m + x_1 \end{cases}$$

其中，$m = (x_2 - x_1)/(y_2 - y_1)$，将其交点所在的栅格"涂黑"。

图 3-21　八方向栅格化示意图

若行数差小于等于列差数，则逐列求出列中心线与过这端点的直线的交点，计算公式为

$$\begin{cases} x = x_{中心线} \\ y = (x - x_1) \cdot m' + y_1 \end{cases}$$

其中，$m' = (y_2 - y_1)/(x_2 - x_1)$，同样将其交点所在的栅格"涂黑"。

用上述方法计算栅格坐标，需要进行浮点乘法和加法运算，计算量比较大。目前运用较多的矢量数据栅格化算法为数字微分分析（digital differential analyzer，DDA）法和 Bresenham 算法，它是经过优化后的算法，仅用整数加法和乘法运算，从而避开小数运算，该算法速度快且效果好，是理论上可证明的最优算法。

（3）恒密度栅格化

恒密度栅格化是在八方向栅格化的基础上，在矢量所经过的路径上适当增加"灰色"像元，使得在任何方向上，栅格化结果的视觉密度基本保持恒定，如图 3-22 所示。

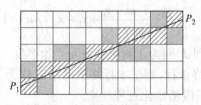

图 3-22　恒密度栅格化示意图

3）面对象的栅格化

面对象由矢量数据格式向栅格数据格式转换又称为多边形填充，也就是在矢量表示的多边形边界内部所有栅格点上赋以相应的多边形编码，形成栅格数据阵列，其算法包括以下五种类型：

（1）射线算法

运用射线算法可以逐个点的判断栅格点位于某多边形之内或外。如图 3-23 所示，其判断的依据为：由待判点向多边形外某点 $P$ 引射线，统计该射线与该多边形所有边界相交的总次数为 $n$，若相交次数为偶数，则待判点位于该多边形外部；若为奇数，则待判点位于

该多边形的内部。采用射线算法可进行点和多边形关系的判断，但需要注意射线与多边形边界可能存在相切或重合等情况，也必须给以判断，排除这些可能影响统计交点数的情况。

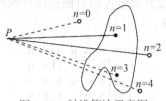

图 3-23　射线算法示意图

（2）扫描算法

扫描算法是由射线算法优化改进而来，它将射线改成沿栅格阵列或行方向的扫描线，判断方式与射线算法相似，只是省去了统计射线与多边形边界交点数。按扫描线顺序，计算扫描线与多边形的相交区间，再用颜色显示区间的像素进行填充。扫描线算法的四个基本步骤为：求交、排序、配对和填充。根据实施情况，扫描算法又划分为行扫描算法、带扫描算法和扫描线算法三种类型。

（3）内部点扩散算法

内部点扩散算法的原理是由每个多边形一个内部点（种子点）开始，向其周围 8 个方向的邻点扩散，并判断各个新加入点是否在该多边形边界上，若新加入点在多边形边界上，则该新加入点不能作为新的种子点；反之，则需要把非边界点的邻点作为新的种子点与原有种子点一起进行新的扩散运算，并将该种子点赋以该多边形的编号，重复上述过程直到所有种子点填满该多边形并遇到边界为止。内部点扩散算法主要应用于在栅格图像上提取特定的区域，但其程序设计比较复杂，对栅格精度有一定的要求，如果复杂图形中的某一多边形的两条边界落在同一个栅格内或相邻的两个栅格内，就会造成该多边形内部点不连通，处于这种情况的种子点不能完成整个多边形的填充。

（4）复数积分算法

复数积分算法的实质是对全部栅格阵列逐个栅格单元地判断每个栅格单元归属的多边形编码，其判断依据是由待判点对每个多边形的封闭边界复数积分计算值决定，如果对某个多边形积分值为 $2\pi r$，则该待判点属于此多边形，赋以此多边形编号；反之，则待判点在此多边形外部，不属于该多边形。此算法涉及许多乘除运算，尽管程序设计并不复杂，但是由于运算时间较长，难以在低频率的计算机上采用。如果进一步优化算法，先根据多边形边界坐标的最大最小值范围组成的矩形来判断是否需要做复数积分运算，则可以在一定程度上减少运算量，进而降低运算时间。

（5）边界代数算法

边界代数算法是一种基于积分思想的矢量格式向栅格格式转换算法，适合于记录拓扑关系的多边形矢量数据转换为栅格结构。它不是逐点判断与边界的关系完成转换，而是根据边界的拓扑信息，通过简单的加减代数运算将边界位置信息动态地赋给各栅格点，实现了矢量格式到栅格格式的高速转换，而不需要考虑边界与搜索轨迹之间的关系，因此算法简单且可靠性好，各边界弧段只被搜索一次，避免了重复计算。

设某多边形编号为 1，其边界代数算法的转换过程如图 3-24 所示。首先初始化栅格阵列的各栅格值为 0，以栅格行和列作为参考坐标轴，由多边形边界上的任意一点开始沿顺时针搜索边界线：当边界上行时，如图 3-24(a)所示，位于该边界左侧的具有相同行坐标的所有栅格被减去 1；当边界下行时，如图 3-24(b)所示，位于该边界左侧的所有栅格值加 1；如图 3-24(c)所示，沿着多边形边界前进方向对栅格进行赋值，直至多边形所有边界点搜索完毕则完成了多边形的栅格转换。

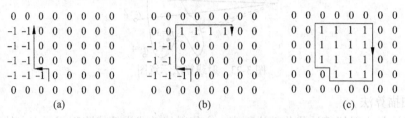

图 3-24　单个多边形的边界代数法示意图

在对多个多边形组成的面域利用边界代数法进行栅格化时，首先需将每条边界弧段所相邻的两个多边形，按弧段的前进方向分别将其称之为左、右多边形。如图 3-25 所示，将不在任何多边形内的区域作为编号 0，则可得到各个弧段与左右多边形号的对应关系。

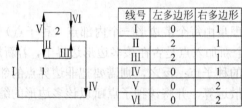

| 线号 | 左多边形 | 右多边形 |
| --- | --- | --- |
| I | 0 | 1 |
| II | 2 | 1 |
| III | 2 | 1 |
| IV | 0 | 1 |
| V | 0 | 2 |
| VI | 0 | 2 |

图 3-25　边界弧段与左右多边形号的对应关系

基于该对应关系表，将所有栅格阵列元素初始化为 0，然后进行转换：当边界弧段上行时，该弧段与左侧的栅格值加上其左多边形编号值再减去右边性编号值；当边界弧段下行时，该弧段左侧栅格加上其右多边形编号值再减去左多边形编号值，具体过程如图 3-26 所示。

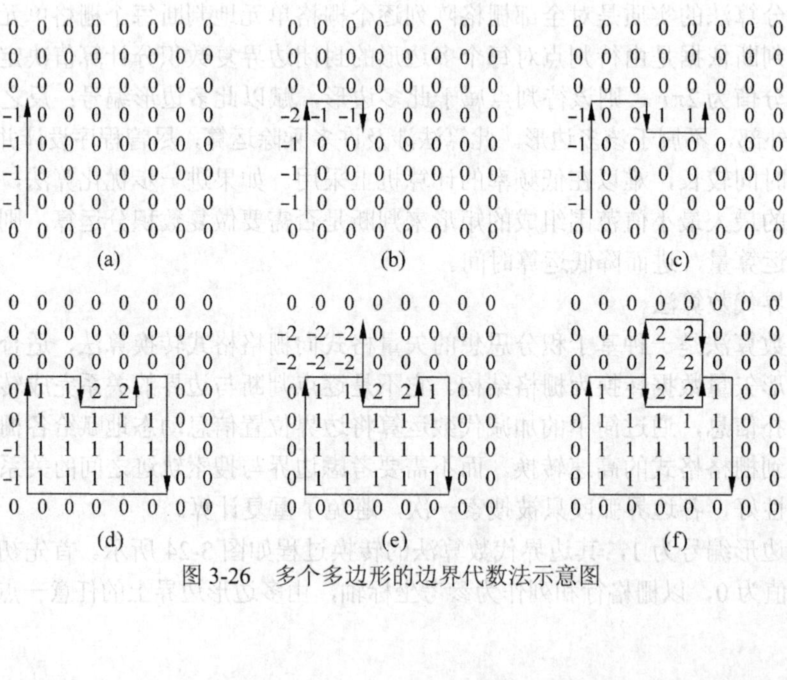

图 3-26　多个多边形的边界代数法示意图

### 3. 空间数据元数据

近些年来，随着计算机技术和 GIS 技术的飞速发展，特别是网络通信技术的发展，空间数据共享需求日益迫切。管理和访问大型数据集的复杂性正成为数据生产者和用户面临的突出问题。在这种情况下，解决这一问题的关键途径就是建立空间元数据。地理信息元数据标准和操作工具已经成为国家空间数据基础设施的一个重要组成部分。

元数据（metadata）的基本定义出自联机计算机图书馆中心（Online Computer Library Center，OCLC）与国家超级计算机应用中心（National Center for Supercomputer Application，NCSA）所主办的 Metadata Workshop 研讨会。它将 metadata 定义为描述数据的数据（data about data），即描述数据及其环境的数据。空间元数据是关于地理空间数据和相关信息的描述性信息，它通过对地理空间数据的内容、质量、条件、位置和其他空间特征进行描述与说明，帮助和促进人们有效地定位、评价、比较、获取和使用地理空间相关数据（杨慧等，2009）。它是实现地理空间信息共享的核心标准之一。

空间数据的元数据主要内容可以归纳为如下几个方面：①对数据集的描述，如数据项、数据来源、数据所有者及数据历史；②数据质量的描述，如数据精度、数据的逻辑一致性、数据完整性和分辨率；③数据处理信息的说明；④数据转换方法的描述；⑤数据更新和集成等说明。

空间元数据的主要作用可以归纳为如下几个方面：①帮助数据生产单位有效地管理和维护空间数据，建立数据文档，并保证即使其主要工作人员离退时，也不会失去对数据情况的了解；②提供有关数据生产单位数据存储、数据分类、数据内容、数据质量、数据交换网络及数据销售等方面的信息，便于用户查询检索地理空间数据；③帮助用户了解数据，以便就数据是否能满足其需求做出正确的判断；④提供有关信息，以便用户处理和转换有用的数据；⑤元数据称为数据共享和有效使用的重要工具。

目前，国际上对空间元数据标准内容进行研究的组织主要有三个，分别是欧洲标准化委员会（CEN/TC287）、美国联邦地理数据委员会（FGDC）和国际标准化组织地理信息/地球信息技术委员会（ISO/TC211）。空间元数据标准内容分两个层次。第一层是目录信息，主要用于对数据集信息进行宏观描述，它适合在数字地球的国家级空间信息交换中心或区域以及全球范围内管理和查询空间信息时使用。第二层是详细信息，用来详细或全面描述地理空间信息的空间元数据标准内容，是数据集生产者在共享空间数据集时必须要提供的信息。

目前，地球空间元数据现已形成了一些国际性、区域性或部门性的标准，如表 3-2 所示。

表 3-2　空间信息元数据标准情况

| 元数据标准名称 | 建立标准的组织 |
| --- | --- |
| 地理空间数据集元数据内容标准 | 美国联邦地球数据空间数据委员会（FGDC） |
| GDDD 数据集描述方法 | 欧洲地图事务组织（MEGRIN） |
| CGSB 地球空间数据集描述 | 加拿大标准委员会（CGSB） |
| 核心元数据元素 | 澳大利亚新西兰土地信息委员会（ANZLIC） |
| 目录交换格式（DIF） | 美国宇航局（NASA） |

| 元数据标准名称 | 建立标准的组织 |
|---|---|
| ISO 地理信息-元数据 | ISO/TC211 |
| Open GIS | Open GIS 协会 |
| NREDIS 信息共享元数据内容标准草案 | 国家信息中心 |
| 中国可持续发展信息共享元数据标准 | 21 世纪议程中心（九五科技攻关成果） |
| 国家基础地理信息系统（NFGIS）元数据标准 | 国家基础地理信息中心 |
| 科学数据库元数据标准（SDBCM） | 中国科学院 |
| NSII 元数据标准 | 国家信息中心 |
| 数字福建元数据标准 | 福建省空间信息工程研究中心 |

### 3.5.2　空间量测尺度转换

　　尺度转换（scaling）是信息在不同层次水平尺度范围之间的变换，将某一尺度上所获得的信息和知识扩展或收缩到其他尺度上，从而实现不同尺度之间辨识、推断、预测或演绎的跨越，其内容包括向上尺度转换和向下尺度转换。尺度转换过程如图 3-27 所示。$S_1$ 表示较小的尺度（空间范围）；$S_2$ 表示较大的尺度（空间范围）；$Z$ 表示不同尺度的信息；$f$ 表示不同尺度间信息联系的方式。

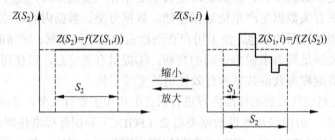

图 3-27　尺度转换过程示意

　　向上尺度转换是从较小尺度 $S_1$ 观测结果获得较大尺度 $S_2$ 信息的向上尺度转换过程，也称为尺度扩展，其本质是一个聚集的过程。较小尺度更容易获得精确地观测结果，而较大的尺度获取的信息相对具有更大的不确定性。尺度扩展的过程所关注的是将信息从精确地尺度（高分辨率）向模糊地尺度转换的过程；向下尺度转换则是把大尺度上的信息分解到更小的尺度转换的过程，因此可以称为尺度收缩，其本质是一个拆分的过程，是将信息从模糊地尺度向精确地尺度转换的过程。

　　在实际工作中，还会遇到发生在同一个尺度的不同分区系统之间的信息转换。很多研究都表明分区对研究结果存在巨大的影响，但尺度转换研究中，所关注的不是如何合理分区，而是更多地关注同一分区系统如何解决信息的转换问题。此时，往往需要综合向上尺度转换和向下尺度转换两方面的知识。因此尺度转换过程中，包含三个层次的内容：①尺度的放大或缩小；②系统要素和结构随尺度变化的重新组合或显现；③根据某一尺度上的信息（要素、结构和特征等），按照一定的规律或方法，推测并研究其他尺度上的问题。

　　尺度转换是信息在不同尺度的表达方式上的变化，如图 3-28 示，从模型构成的角度来看，信息可能是模型的输入、模型的边界条件或模型的输出。由于信息可以具有不同的尺度特征，因此尺度转换可能发生在每一个建模过程中。

图 3-28　尺度转换的模型构成

尺度转换的关键是不同变量或参数的求解。尺度转换可以有两种途径：确定性方法和随机性方法。确定性方法主要适用于尺度扩展的过程，一般通过分配由较小尺度所确定某一时间或空间尺度下的结构或类型，然后再聚集成单个大尺度上的均值；随机性方法则主要适用于尺度收缩，是通过某种分布函数或协方差函数来聚集，通常以矩的形式来表达，它比较适用于时空结构或类型未知情形。

在解决实际问题时，有无辅助变量是选择尺度转换方法的最主要的差异。如果有足够的辅助信息，一般可以提高尺度转换的可靠性。

### 1. 向上尺度转换（up-scaling）方法

向上尺度转换是将较小尺度的信息转换到较大的尺度范围，这一过程与科学研究常用的采样非常相似，即通过对样本的比较精确信息的分析，获取更大范围的一般信息，比如均值和方差等。在地理分析中，点与多边形叠置和地统计分析是常常采用的方法。

点与多边形叠加是最常用的空间叠加过程之一，由于点在空间只有位置属性，而多边形具有面积属性，因而可以将点的信息向面要素的转化过程理解为向上尺度转换，如图 3-29 所示。ArcGIS 中的 PointGrid 模块，就是将属性信息转化为 Grid 单元，Grid 单元根据其覆盖的点进行编码和赋值，当有多个点时用出现次数最多的点来赋值；如果没有点则赋值为"NODATA"。该方法的算法是

$$\widehat{Y}_t = \sum Y_s \quad s \in t$$

其中，$\widehat{Y}_t$ 是待求的属性值；$Y_s$ 是目标在源区域的属性值。该算法的特点是：①选择质点位置具有很大的不确定性；②无法保证源区与目标区的属性值等。

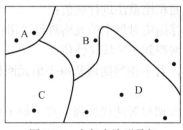

图 3-29　点与多边形叠加

### 2. 向下尺度转换（down-scaling）方法

向下尺度转换是一个将信息从模糊的尺度向精确的尺度拆分的过程。

1）无辅助变量的向下尺度转换

无辅助变量是指没有尺度和研究对象之外的辅助信息。在 GIS 中，多边形叠加（面域加权）是一种常用的方法，在此方法的基础上发展起来的 Pycnophilactic 方法可以提高信息尺度转换的精度。

（1）面域加权（areal weighting）

该方法实际上是将目标区和源区叠加，分别计算各交叉区域的属性值，再按目标区进行计算，也有学者将其称为"比例分配"。虽然面域加权常用于处理向下尺度转换，但从图 3-30 中可以看出，该方法处理的是不同分区系统间的信息转换，也可以解决向上尺度转换问题。

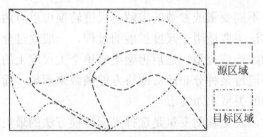

图 3-30　不同分区系统间数据转换

根据属性变量性质不同，可以将属性分为广延量（extensive）和强度量（intensive）。广延量是一类可以累加的变量，比如人口总数、农作物产量等。在面域加权中，目标区中广延量的值一般等于源区域与目标区交叉区域内变量值之和。强度量是表示变量之间比率关系的一类变量，不可以直接累加，比如出生率、百分比数据等。在面域加权中，目标区中强度量的值，一般等于源区域与目标区交叉区域内强度量值的加权平均。其基本算法为如下：

$$广延量属性为\quad V_t = \sum\left(V_s \times A_{st}/A_s\right)$$

$$强度量属性为\quad V_t = \sum\left(V_s \times A_{st}/A_t\right)$$

其中，$V_t$ 为目标区域的属性值；$V_s$ 为源区域的属性值；$A_t$ 为目标区域面积；$A_s$ 为源区域面积；$A_{st}$ 为交叉区域面积。

（2）最大化保留（pycnophilactic）

最大化保留是简单面域加权的扩展，其基本原理就是考虑到地理学第一定律，对面域加权方法计算出的目标区域的属性值采用邻近区域的计算结果进行修正，基本步骤为：

①把研究区域生成标准大小的单元格网；

②对每个单元格利用前述面积比重法进行赋值；

③利用单元格邻域单元计算结构对每个单元格进行平滑；

④汇总整个源区域单元格网得到源区域属性值；

⑤对比两次源区的属性值，若不相等则调整每个单元网格的值，以保证源区域的属性值总数的稳定；

⑥重复③平滑、④汇总和⑤调整等迭代步骤，直至每个单元的平滑和调整数值间无明显差别，则达到预定目标。

2）有辅助变量的向下尺度转换

（1）修正的面域加权

修正的面域加权与简单的面域加权方法最大的差异在于采用了面积以外辅助的信息，该方法还可以分为使用控制区的面域加权法和回归关系的面域加权。当源区和目标区内的属性都不是均匀分布时，可以引入控制区的概念，也就是假设存在一个中间单元区（称为控制区），它的属性分布是均质的，可以利用控制区作为中间步骤获得目标区属性信息的估计。其计算步骤为：先将源区与控制区叠加，在已知源区的属性信息和叠加后的交叉区域面积的情况下，控制区的属性信息和目标区的属性值可以通过计算得出，其计算公式为如下：

$$P_s = \sum d_c a_{cs}$$

$$P_t = \sum d_c b_{ct}$$

其中，$d_c$ 为控制区的属性值；$a_{cs}$ 为控制区和源区的单元叠加面积；$b_{ct}$ 为控制区和目标区的单元叠加面积；$c$ 为控制区的个数；$P_s$ 为源区属性值；$P_t$ 目标区属性值。

当源区和目标区内的属性都不是均匀分布时，也没有所谓的控制区信息时，假设所求目标区的属性值与源区若干要素相关，利用要素间的回归关系，可以计算目标区的属性值，从而实现了属性数据的尺度融合。

（2）小区域统计学（small area statistics）

小区域表面含义是较小的地理区域，但本质上是指区域内样本点较少的地理区域，因此在统计分析过程中，需要从相关区域"借力"来获得可靠地分析结果。其产生和发展与邻居统计学密切相关。

小区域统计学本质上是一种间接估计，其核心问题是建立相关区域的联系模型。由于小区域统计"借力"的区域往往具有不同大小的空间尺度，所以小区域统计方法也是解决属性数据尺度融合的途径之一。小区域统计主要包括综合估计、复合估计和基于模型的估计方法等几大类。综合估计假定较大区域中属性值可以通过直接估计获得；复合估计是一种平衡综合估计和直接估计方法，通过确定两者权重实现；基于模型的方法又可以分为区域模型和单元模型。

### 3.5.3　地理空间坐标转换

地理空间信息数据由于测量手段和计算方法的差异，常常采用不同的坐标系来表达，为了实现多源数据的无缝集成，提高数据的可持续利用，需要进行地理坐标的转换。在 GIS 应用中，地理空间坐标转换包括两方面的内容，分别是坐标系统之间的转换和地球投影之间的转换，用以保持空间数据之间的统一性、兼容性和可转换性。

#### 1. 坐标系统转换

坐标系统之间的转换，即从大地坐标系到地图坐标系、数字化仪坐标系、绘图仪坐标系或显示器坐标系之间的坐标转换。实际的应用中一般都提供仿射变换和相似变换两种方法。

1）仿射变换（affine transformation）模型原理

仿射变换是 GIS 软件用到的一种模型，其变换的原理公式为如下：

$$\begin{cases} X = a_1 x + b_1 y + c_1 \\ Y = a_2 x + b_2 y + c_2 \end{cases}$$

其中，$(X, Y)$ 坐标为地图输出坐标系点对；$(x, y)$ 坐标为输入坐标系的点对；$a_1$、$b_2$ 是点 $(x, y)$

在输出坐标系中 $X$、$Y$ 方向上的缩放系数；$b_1$、$a_2$ 是点 $(x, y)$ 在输出坐标系中 $X$、$Y$ 方向上的的旋转系数，$c_1$、$c_2$ 是点在 $X$ 和 $Y$ 方向上的平移尺寸。

2）相似变换（similarity transformation）模型原理

GIS 地图数字化坐标变换一般采用相似变换模型，这个模型含有四个参数，并经过缩放、旋转、平移步骤将数字化坐标系向地面坐标系进行转换，当仿射变换公式的参数满足 $a_1 = b_2 = S \cdot \cos \alpha$，$b_1 = -a_2 = S \cdot \sin \alpha$，其中 $S = \sqrt{a_1^2 + b_1^2}$，$\alpha = \arctan(b_1 / a_1)$ 时，仿射变换公式变成相似变换公式：

$$\begin{cases} X = a_1 x + b_1 y + c_1 \\ Y = b_1 x + a_1 y + a_2 \end{cases}$$

其中，$(X, Y)$ 坐标为地图输出坐标系点对；$(x, y)$ 坐标为输入坐标系的点对；$c_1$、$a_2$ 分别是坐标在 $X$、$Y$ 轴上的平移尺寸；$S$ 为缩放比例；$\alpha$ 为旋转角度。

**2. 坐标系转换**

由于空间数据具有不同的用途，就出现了各种各样的坐标系，要使坐标数据具有更广的适用性，就需要坐标转换来实现。坐标转换是测绘实践和 GIS 在处理坐标数据中最常遇到的问题之一。

无论是地心坐标系还是参心坐标系，都可以分为空间直角坐标系和大地坐标系，空间直角坐标系是以沿各坐标轴到原点的距离来表示的，用 $(X, Y, Z)$ 来表示；大地坐标系是用大地经度、大地纬度和大地高来表示，用 $(L, B, H)$ 来表示。

空间直角坐标和大地坐标之间的转换关系如下所述。

1）大地坐标系转换为空间直角坐标系

$$\begin{cases} X = (N + H) \times \cos B \times \cos L \\ Y = (N + H) \times \cos B \times \sin L \\ Z = [N \times (1 - e^2) + H] \times \sin B \end{cases}$$

式中：$e$ 为椭球的第一偏心率，即 $e = \dfrac{\sqrt{a^2 - b^2}}{a}$ 或 $e = \dfrac{\sqrt{2 \times f - 1}}{f}$，其中 $a$、$b$ 为椭球半径，$f$ 为椭球扁率；$N$ 为椭球面卯酉圈的曲率半径，即 $N = \dfrac{a}{W}$，$W$ 为第一辅助系数，$W = \sqrt{1 - e^2 \times \sin^2 B}$。

2）空间直角坐标系转换为大地坐标系

$$\begin{cases} B^{i+1} = \arctan \left[ \tan \varPhi \times \left( 1 + \dfrac{a \times e^2}{z} \times \dfrac{\sin B^i}{W} \right) \right] \\ L = \arctan \dfrac{y}{x} \\ H = \sqrt{x^2 + y^2} \sec B - N \end{cases}$$

式中

$$\varPhi = B^0 = \arctan \dfrac{z}{\sqrt{x^2 + y^2}}$$

**2. 地图投影变换**

地图投影是利用一定数学方法则把地球表面的经、纬线转换到平面上的理论和方法。由于地球是一个赤道略宽两极略扁的不规则的梨形球体，故其表面是一个不可展平的曲面，所以运用任何数学方法进行这种转换都会产生误差和变形。为按照不同的需求保证变换的精度，就产生了不同的地图投影变换（map projection transformation）方法，包括解析变换法、数值变换法和数值解析变换法。

1）解析变换法

解析变换法是为了找出两个地图投影间坐标变换的解析计算公式，按计算方法不同可将解析变换法分为解析正解和解析反解。

（1）正解变换法

正解变换是确定原始地图投影和新投影对应的平面坐标的直接联系，常又称为直接变换法。该方法直接建立两种投影点的直角坐标关系式，无需求解出原始地图投影点的地理坐标，即 $\{x,y\} \to \{X,Y\}$。其数学表达式为

$$\begin{cases} X = f_1(x,y) \\ Y = f_2(x,y) \end{cases}$$

其中，$x$、$y$ 为原始地图投影的直角坐标，$X$、$Y$ 是新投影下的直角坐标；式中 $f_1$、$f_2$ 是地图投影的正解变换函数，受到椭球体参数和投影参数的影响。

（2）反解变换法

在难以确切地知道原投影的具体参数时，直接采用正解变换的方法很难实现，此时可以通过数值方法求得原投影过程中所采用的参数，并根据所求参数和原投影坐标反解求得相应点的地理坐标，再将地理坐标代入换算公式变成新投影下的直角坐标，又称间接变换法，即 $\{x,y\} \to \{\varphi,\lambda\} \to \{X,Y\}$。其反解变换过程为

首先，从原始地图投影中反解出

$$\begin{cases} \varphi = f_1(x,y) \\ \lambda = f_2(x,y) \end{cases}$$

再代入新地图投影方程，则有

$$\begin{cases} X = f_3(\varphi,\lambda) \\ Y = f_4(\varphi,\lambda) \end{cases}$$

（3）综合变换法

综合变换法结合了正解变换与反解变换方法，即 $x \to \{\varphi,\lambda\} \to \{x,y\}$。在某些情况下，对某些地图投影间的变换采用综合变换法比单用正解变换法或反解变换法要简便一些。然而，并非所有的投影都能通过地理坐标之一（如纬度）和直角坐标之一（如 $y$）的配合进行投影变换，因而必须对投影的种类进行限制，才能利用综合变换法处理投影变换问题。

综合变换法通常先根据原投影点的坐标 $x$ 反解出地理坐标 $\varphi$、$\lambda$，过程如下：

$$\begin{cases} \varphi = f_1(x) \\ \lambda = f_2(x) \end{cases}$$

然后根据地理坐标求得新投影点的坐标 $X$、$Y$，则有

$$\begin{cases} X = f_3(\varphi, \lambda) \\ Y = f_4(\varphi, \lambda) \end{cases}$$

#### 2）数值变换法

数值变换法根据两投影间的若干离散点或称共同点，运用数值逼近理论和方法建立它们间的函数关系，进行投影点的坐标变换。该方法主要用来解决原投影的解析式未知的情况，其局限在于不能反映投影的数学实质，为了保证变换精度必须对数据进行分块变换，因此存在地图分块、分块大小等诸多问题和困难。数值变换的方法有二元 $n$ 次多项式变换、正型多项式变换、插值法变换、微分法变换和有限元变换等，通常采用的是二元 $n$ 次多项式变换法。

该方法利用控制点坐标与平面坐标的相关性，通过最小二乘拟合建立经纬度坐标与平面坐标的多项式关系，从而达到地图投影反解变换目的。其数学模型公式为

$$F(B, L) = \sum_{i=0, j=0}^{n} a_{ij} x^i y^j, \quad n = 1, 2, \cdots, n$$

其中，$B$、$L$ 为纬度和经度；$x$、$y$ 为直角坐标；$a_{ij}$ 为多项式待定系数；$i$、$j$ 和 $n$ 为点数，取值为正整数，且 $i + j \leqslant n$。各种地图投影数值变换均可采用上述公式来逼近，一般采用二次和三次多项式，该计算模型具有通用性和简单易行的特点。在实际应用中，利用数值变换法进行最小二乘法拟合时每次都需要输入控制点，操作上不方便，且这种方法精度不易控制，解算精度与选取的控制点空间分布有直接关系，在逼近函数、稳定性和精度等方面仍需进一步研究和探讨。

#### 3）数值-解析变换法

数值-解析变换法将数值变换法与解析变换法结合起来，采用数值变换方法求出原地图投影中点的地理坐标，再代入新投影解析式中求得新投影下的直角坐标。该方法适用于原地图投影未知而新投影已知的情况，将原地图上的各经纬线交点的直角坐标代入二元 $n$ 次多项式中反解求得点的地理坐标，再代入新投影方程计算点在新投影下的直角坐标，从而实现两投影间的变换。

根据二元 $n$ 次多项式变换的数学模型进行变换，可得如下逼近多项式：

$$\begin{cases} \varphi = \sum_{i=0}^{s} \sum_{j=0}^{t} a_{ij} x^i y^j \\ \lambda = \sum_{i=0}^{s} \sum_{j=0}^{t} b_{ij} x^i y^j \end{cases}$$

其中，原图投影点的地理坐标为 $(\varphi, \lambda)$；$i = 0, 1, \cdots, s$；$j = 0, 1, 2 \cdots, t$；$i + j = n$；$a_{ij}$ 和 $b_{ij}$ 为多项式的待定系数。该方法类似于数值变换法，为了保证精度，同样应采用分块变换。

# 第4章  空间几何关系分析

空间几何关系分析是与空间目标的位置、形状和分布等基本几何特征相关联的空间关系的分析。空间几何关系分析的基本方法主要包括：叠置分析、邻近度分析、网络分析和栅格分析等。叠置分析常用于提取空间隐含信息，邻近度分析描述了地理空间中地物的邻近度，网络分析研究网络的状态以及模拟和分析资源在网络上的流动和分配情况，栅格分析是指所有对栅格数据所进行的空间分析。

## 4.1  叠 置 分 析

叠置分析（overlay analysis）是地理信息系统中常用的用来提取空间隐含信息的方法之一，该方法来源于传统的透明材料叠加，即将来自不同数据源的图纸绘于透明纸上，在透光桌上将其叠放在一起，然后用笔勾出感兴趣的部分。

叠置分析是将有关主题层组成的各个数据层面进行叠置，产生一个新的数据层面，其结果综合了原来两个或多个层面要素所具有的空间和属性特征，叠置分析不仅生成了新的空间关系，而且还将输入的多个数据层的属性联系起来产生了新的属性关系，即新数据层上的属性是各输入数据层上相应位置处各属性的函数。其中，被叠加的要素层面必须是基于相同坐标系统的相同区域，还必须查验叠加层面之间的基准面是否相同。

### 4.1.1  叠置分析类别

从原理上来说，叠置分析是对新要素的属性按一定的数学模型进行计算分析，其中往往涉及到逻辑交、逻辑并、逻辑差等运算。根据操作要素类型的不同，叠置分析可以分成点与点叠置、点与线叠置、点与多边形叠置、线与线叠置、线与多边形叠置和多边形与多边形叠置；根据操作形式的不同，叠置分析可以分为图层擦除、识别叠加、交集操作、均匀差值、图层合并和修正更新。

#### 1. 几何关系分类

根据所叠置的空间要素的几何类型的不同，可将叠置分析主要分为6种不同的情况：

1）点与点叠置

点与点叠置是将一个图层上的点与另一图层上的点进行叠置，从而为新建图层内的点建立新的属性，同时对点的属性进行统计分析。点与点叠置是通过不同图层间的点的位置和属性关系叠加而得到一个新的属性表，属性表用于表示点与点之间的关系。

如图4-1所示，空心圆表示网吧，实心圆表示学校，将网吧与学校两个图层进行点与点叠置分析，并为叠置后的新图层中的每个点建立属性表，该属性表给出各个网吧点的序号，并进一步统计分析出各网吧点与学校点之间的最短距离信息，从而将输入图层中网吧与学校之间的空间及属性关系传递给输出图层。

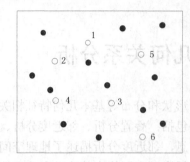

图 4-1　网吧与学校的叠置分析

2）点与线叠置

点与线叠置是将一个图层上的点与另一图层上的线进行叠置，从而为新建图层内的点和线建立新的属性关系。叠置分析结果可以分析点与线的空间关系，例如点与线的最近距离等。

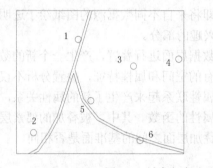

图 4-2　城市与高速公路的叠置分析

如图 4-2 所示，空心圆表示城市，双实线表示公路，将城市与高速公路进行点与线的叠置分析，通过分析建立属性表并给出城市与公路间的距离信息。

3）点与多边形叠置

点与多边形叠置是将一个图层上的点与另一图层上的多边形叠置，从而为图层内的每个点建立新的属性，同时对每个多边形内点的属性进行统计分析，实际上是通过判别多边形对点的包含关系，将多边形属性信息叠加到其中的点上。矢量结构的 GIS 能够通过计算每个点相对于多边形线段的位置，进行点是否在一个多边形中的空间关系判断。

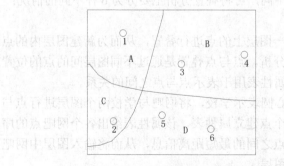

图 4-3　学校与行政区划的叠置分析

如图 4-3 所示，行政区划（多边形）和矿产分布（点）二者经叠置分析后，将与行政区多边形有关的属性信息加到矿产的属性数据表中。通过该属性表可以查询到指定省有多少个矿产，而且可以查询指定类型的矿产在哪些省里有分布等信息。

4）线与线叠置

线与线叠置是将一个图层上的线与另一图层的线进行叠置，通过分析线与线之间的关系，从而为输出图层中的线建立新的属性关系。如图 4-4 所示，双实线表示公路，虚线表示河流，该图层给出了河流与公路叠置分析的结果。

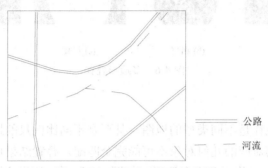

图 4-4　河流与公路的叠置分析

5）线与多边形叠置

线与多边形叠置是将一个图层上的线与另一图层的多边形叠置，判断线是否落在多边形内，以便为图层的每条弧段建立新的属性表。一条线可能会跨越多个多边形，故判断过程通常是计算线与多边形的交点，只要相交就产生一个结点，将原线打断成多条弧段，并将原线和多边形的属性信息一起赋给新弧段。如图 4-5 所示，线状图层为道路网，叠加的结果可以得到每个区域内的道路网密度、内部的交通流量、进入和离开各个多边形的交通量以及相邻多边形之间的相互交通量等。

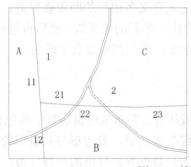

| 线号 | 原线号 | 多边形号 |
|---|---|---|
| 11 | 1 | A |
| 12 | 1 | B |
| 21 | 2 | A |
| 22 | 2 | B |
| 23 | 2 | C |

图 4-5　线与多边形叠加

（6）多边形与多边形叠置

多边形与多边形的叠置是指不同图层多边形要素之间的叠置，将原来多边形要素分割成新要素，新要素综合了原来两层或多层的属性。多边形叠置可以按相并（union）、相交（intersect）、相减（substraction）和判别（identity）等不同运算方式进行，其输出层中多边形分别为输入层的并集、交集、并集被第一个输入层边界裁剪后剩余的部分以及将交集属性叠加到第一输入层后的新图层，如图 4-6 所示。

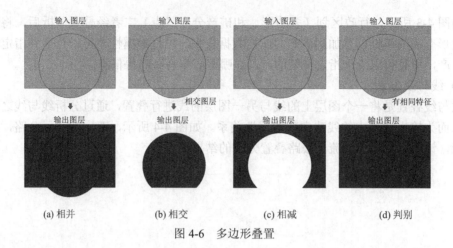

(a) 相并     (b) 相交     (c) 相减     (d) 判别

图 4-6 多边形叠置

### 2. 无意义多边形

进行叠置分析的往往是不同类型的地图，甚至是不同比例尺的地图，因此，同一条边界的数据往往不同，其对应的几何对象不可能完全匹配，叠置结果可能会出现一些碎屑多边形（silver polygon），又称无意义多边形，如图 4-7 所示。边界位置越精确就越容易产生碎屑多边形。

图 4-7 无意义多边形

在处理无意义多边形时，通常可用如下三种方法：①在屏幕上显示多边形叠置的情况，人机交互地将小多边形合并到大多边形中；②确定无意义多边形的面积临界值，将小于临界值的多边形合并到相邻的大多边形中；③先拟合出一条新的边界线，然后再进行叠置操作。然后，无论采用上述何种方法来处理无意义多边形，误差都难以真正避免。

## 4.1.2 矢量叠置分析

矢量数据的属性叠置处理通常使用逻辑叠置运算，即布尔逻辑运算中的包含、交、并、差等。在叠置分析中，需要进行图形重建的是线与多边形、多边形与多边形的叠置，其实质就是多边形求交点或弧段求交点。通常可将矢量数据叠置分析的步骤分为：几何求交、拓扑重构和属性分配。

### 1. 几何求交

矢量线和多边形可被看作是由一系列短小的直线段顺序相连组成的链或弧段围成的区域。首先求出所有几何边界线的交点，再根据这些交点重新进行线和多边形的拓扑运算，对新生成的拓扑多边形图层的每个对象赋予多边形的唯一标识码，再找出弧段之间的所有交点，并在交点处产生一个新的结点，将原来的弧打断从而形成新弧段。

实际上，线与多边形的几何求交是对图层间可构成多边形的链进行求交，其关键问题在于直线段求交，常用的有三角化法、包围盒法以及扫描线法，分别给出了直线段求交点的不同求解方法。

1）三角化法

对平面上大量的直线段求交时，通过直线段的端点，将直线段所在的平面划分为 Delaunay 三角形，然后递归插入直线段中点，再利用 Delaunay 三角形细分平面，直到求出交点为止。该算法稳定但比较复杂，求交的计算速度一般。

2）包围盒法

在进行图形求交计算时，为了减小计算量，经常要在求交之前先进行凸包计算。如果两个图形的凸包不相交，显然它们不可能相交，否则这两个图形有可能相交，需要进一步计算。

包围盒是一种特殊而又十分常用的凸包。在进行直线段求交时，常常先求取它们的一个凸包。假设直线段的起点和终点坐标分别为 $(x_1, y_1)$ 和 $(x_2, y_2)$，那么凸包则为顶点为 $(x_1, y_1)$、$(x_2, y_1)$、$(x_2, y_2)$ 和 $(x_1, y_2)$ 的长方形，通过判定凸多边形求交的算法相对简单，可以节省一定的计算量。

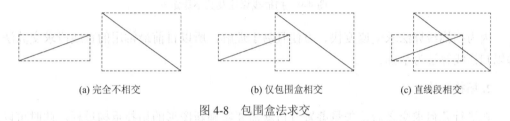

(a) 完全不相交　　　　　　　(b) 仅包围盒相交　　　　　　　(c) 直线段相交

图 4-8　包围盒法求交

图 4-8 表示了包围盒法求交算法的大致过程。如图 4-8(a)所示，通过两条直线段的包围盒不相交，可以直接排除两条直线段相交的可能；而图 4-8(b)中两直线段的包围盒相交，需要更进一步判断两直线段是否相交，通过进一步判断可知两直线段不相交；图 4-8(c)表示两直线段的包围盒相交，通过进一步判断可知两条直线段相交。在对平面上大量的直线段进行求交时，可以通过包围盒法直接排除相距很远且不相交的直线段，从而提高求交速度。

3）扫描线法

在一个平面上给出一系列直线段，通过两两相交判断很容易求出所有交点。然而这种方法存在大量不必要的相交判断，特别是交点相对于直线段很少的情况。扫描线法是一种减少不必要相交检查的方法。在该算法执行过程中，扫描线从左到右对直线段所在区域进行扫描，所有和扫描线相交的直线段，按其和扫描线交点的 $y$ 坐标递增顺序加入到链表 $L$（与当前扫描线相交的直线段列表）中。该算法仅仅检查在链表 $L$ 中相邻直线段的相交情况，从而可以避开链表 $L$ 中不相邻直线段间的相交判断，也可以避开不可能同时出现在同一链表 $L$ 中的直线段的相交判断。

如图 4-9(a)所示，有四条直线段 $a$、$b$、$c$ 和 $d$。当扫描线 $s_1$ 到达线段 $d$ 的左端点时，$d$ 被插入到链表 $L$ 中，即 $L = (a, b, c, d)$。当扫描线 $s_2$ 到达 $a$ 和 $b$ 的交点时，$a$ 和 $b$ 在链表中交换，即 $L = (b, a, c, d)$。当扫描线 $s_3$ 通过线段 $d$ 的右端点时，$d$ 从链表 $L$ 中删除，即 $L = (b, a, c)$。在整个扫描过程中 $d$ 一直在 $c$ 的上方，但是 $a$ 和 $b$ 一直在 $c$ 的下方，$d$ 从不和 $a$ 或 $b$ 相邻，因此不对 $a$ 和 $d$、$b$ 和 $d$ 作相交判断，从而减少了不必要的相交判断。

然而，扫描线算法存在不稳定性，它有可能漏求交点。如图 4-9(b)所示，因为 $a$、$b$ 和 $c$ 三个线段的左端点离得非常近，为这些线段排序时，可能由于计算机的计算精度不够，导致错误的结果。如当扫描线 $s_4$ 扫描到这三个线段的左端点时，假如因为判断错误，导致 $L=(a,c,b)$。当扫描线 $s_5$ 扫描到 $d$ 的左端点时，$d$ 被判断在 $a$ 的上方，$c$ 的下方。因此 $d$ 被插入到 $a$ 和 $c$ 之间，结果为 $L=(a,b,c,d)$。因此误判为 $b$ 在 $L$ 中没有机会和 $d$ 相邻，从而漏求 $b$ 和 $d$ 的交点。

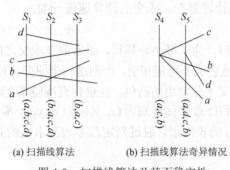

(a) 扫描线算法                    (b) 扫描线算法奇异情况

图 4-9    扫描线算法及其不稳定性

因为扫描线算法求交速度快、方便且易于理解，所以目前最常用的直线段求交算法大都以扫描线算法为基础。

**2. 拓扑重构**

在进行几何求交之后，矢量叠置分析就需要实施新图形的拓扑重构过程。此时可以充分利用原有的拓扑信息，结合线与多边形的拓扑关系自动生成算法，产生叠置分析后新图层的拓扑关系。

然而，对于简单数据结构的矢量叠置分析而言，其原图层中对象间并无拓扑关系，无法在几何求交过程中同时完成拓扑关系的建立。通常将其转换为拓扑数据结构，过程为：①确定公共边并形成弧段；②根据"逢交必断"的规则确定结点；③同一结点上弧-弧拓扑关系的建立；④弧段-多边形拓扑关系的建立；⑤多边形内点和岛等包含关系的确定。

其中，自动求结点和结点匹配是拓扑关系自动生成算法中最耗时的过程，提高该过程的时间效率，可以改善整个拓扑生成过程的时间复杂度。在建立同一结点上弧-弧的拓扑关系时，需要先确定结点上每条弧段的相对 $x$ 轴正方向的夹角 $\alpha$，通过夹角来确定弧段之间的拓扑关系，该夹角可以通过计算 $\arctan(x)$ 获得。点与多边形包含关系的判断算法主要有两种：射线法和转角法。射线法已在面对象栅格化中介绍过，此处重点介绍转角法。

转角法是由所需判断的点与多边形中的任意一顶点的连线开始，逐个遍历多边形中的其他顶点，分别计算两条连线之间的夹角，令顺时针为正向而逆时针为负向，并进行角度叠加，连线旋转直到起点结束。如图 4-10 所示，从某点 $P$ 遍历多边形的各个顶点并引连线，如果角度的总和是 $360°$，则该点在多边形内；若角度总和是 $0°$，则点在多边形外。

**3. 属性分配**

设置多边形标识点后，可将输入图层对象的属性拷贝到新对象的属性表中，或把输入图层对象的标识作为外键，直接关联到输出图层，从而生成与新多边形对象一一对应的属

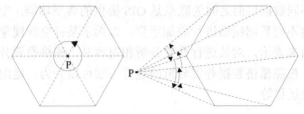

图 4-10　转角法

性表。以线与多边形叠加为例，如图 4-11 所示。

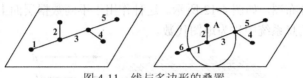

图 4-11　线与多边形的叠置

在判断图 4-11 中的线与多边形的位置关系之后，建立叠置后线段的新属性表，由于原有 5 个线段被新分割成 6 个弧段，所以新分配的属性表与原属性表难以一一对应，但其应包含原来线段的属性和被叠置的多边形的属性。表 4-1 分别给出了线与多边形逻辑并、逻辑交、逻辑差后所分配的属性表。其中，逻辑并后的属性表给出了被分割后所有 6 个弧段（LineID）对应的原线段号（OldID）和其所在的多边形号（PolyID），其既包含了线段的属性也包含了多边形的属性；对于逻辑差和逻辑交后的属性分配，可以从逻辑并后的属性表中直接提取生成。虽然多边形与多边形叠置的几何求交相对复杂，但其属性叠置只需依据运算规则进行各种代数以及逻辑运算即可。

表 4-1　逻辑运算的属性表

| (a) 逻辑并 | | | | | | | (b) 逻辑交 | | | | (c) 逻辑差 | | | |
|---|---|---|---|---|---|---|---|---|---|---|---|---|---|---|
| LineID | 1 | 2 | 3 | 4 | 5 | 6 | LineID | 1 | 2 | 3 | LineID | 4 | 5 | 6 |
| OldID | 1 | 2 | 3 | 4 | 5 | 1 | OldID | 1 | 2 | 3 | OldID | 4 | 5 | 1 |
| PolyID | A | A | A | 0 | 0 | 0 | PolyID | A | A | A | PolyID | 0 | 0 | 0 |

### 4.1.3　栅格叠置分析

栅格数据常被用来进行区域适应性评价、资源开发利用和规划等多因素分析的研究工作。在数字遥感图象处理工作中，利用叠置分析可以实现不同波段遥感信息的自动合成处理，还可以利用不同时间的数据信息进行某类现象动态变化的分析和预测。

GIS 中视觉信息复合是将不同专题的内容叠加显示在结果图件上，以便系统使用者判断不同专题地理实体的相互空间关系，获得更为丰富的信息。地理信息系统中视觉信息复合包括以下几类：①面状图、线状图和点状图之间的叠置；②面状图区域边界之间或一个面状图与其他专题区域边界之间的叠置；③遥感影像与专题地图的叠置；④专题地图与数字高程模型复合生成立体专题图；⑤遥感影像与 DEM 复合生成真三维地物景观。

**1. 栅格叠置分析方法**

栅格数据结构具有空间信息隐含而属性信息明显的特点，可以看作是最典型的数据层面。

通过数学关系建立不同数据层面之间的联系是 GIS 提供的典型功能。空间模拟尤其需要通过各种各样的方程将不同数据层面进行叠加运算，以揭示某种空间现象或空间过程。栅格数据可以用二维数组来表示，对其进行叠置分析相对容易，栅格叠置分析是通过像元之间的各种运算实现的。按照栅格数据叠置分析的运算方法可以分为：地图代数法、布尔逻辑运算、重分类和滤波运算等。

1）地图代数

例如可以根据多年统计的经验方程，把降雨（$R$）、植被覆度（$C$）、坡度（$S$）、坡长（$L$）、土壤可蚀性（SR）作为栅格数据多层面输入，通过算术运算或函数运算 $E = f(R, C, S, L, \text{SR})$ 得到土壤侵蚀强度分布图，如图 4-12 所示。这种作用于不同数据层面上的基于数学运算的叠加运算，在地理信息系统中称为地图代数。

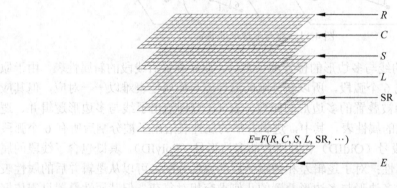

图 4-12　土壤侵蚀多因子函数运算叠置分析示意图

地图代数功能有三种不同的类型：①基于常数对数据层面进行的代数运算；②基于数学变换对数据层面进行的数学变换（指数、对数或三角变换等）；③多个数据层面的代数运算（加、减、乘、除和乘方等）和逻辑运算（与、或、非、异或等）。以栅格数据的代数运算为例，如图 4-13 所示。

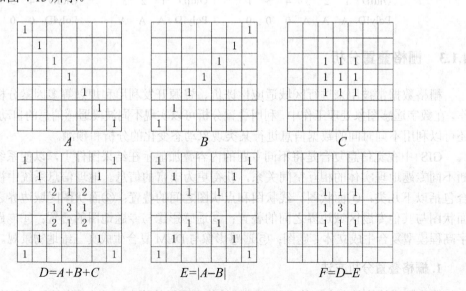

图 4-13　栅格数据的算术运算

栅格复合叠置分析可被广泛应用于地学综合分析、环境质量评价和遥感数字图像处理等领域中，具有十分广阔的应用前景。只要得到对于某项事物关系及发展变化的函数关系式，便可运用以上方法完成各种人工难以完成的极其复杂的分析运算，这也是目前信息叠置分析法受到广泛应用的原因。下面给出一个函数运算的典型例子，假设一个森林地区融雪经验模型为

$$M = (0.19T + 0.17D)$$

式中，$M$ 为融雪速度，cm/d；$T$ 是空气温度；$D$ 是露点温度。根据此方程，使用该地区的气温和露点温度分布图层，就能计算该地区融雪速率分布图。计算过程是先将温度分布图乘以 0.19 和露点温度分布图乘以 0.17，再把得到的结果相加。需要说明的是地图代数在形式和概念上都比较简单，使用起来方便灵活，但其把图层作为代数公式的变量进行计算，实现技术的难度较大。

2）布尔逻辑运算

栅格图层叠加的另一形式是布尔逻辑叠加，该方法通常作为栅格结构的数据库查询工具。例如基于位置信息查询已知地点的土地类型，或者基于属性信息查询地价最高的位置。比较复杂的查询会涉及多种复合条件，如查询所有面积大于 $10\text{km}^2$ 且邻近工业区的湿地。这种数据库查询通常分为两步：①首先进行重分类操作，为每个条件创建一个新图层，通常是二值图层，1 表示符合条件，0 表示不符合条件；②进行二值逻辑叠加操作得到想查询的结果，逻辑操作类型包括与、或、非、异或。

栅格数据可以按其属性数据的布尔逻辑运算来检索，这是一个逻辑选择的过程。利用布尔逻辑的规则对属性及空间特性进行运算操作来检索数据，使 GIS 在检索功能方面有了极大的灵活性，因为它允许用户按属性数据和空间特性形成任意的组合条件来查询数据。布尔逻辑为 AND、OR、XOR、NOT，如图 4-14 所示。布尔逻辑运算可以组合属性作为检索条件，以进行更复杂的逻辑选择运算。

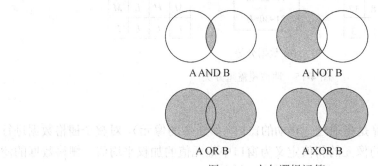

图 4-14　布尔逻辑运算

3）重分类

重分类是将属性数据的类别合并或转换成新类，即对原来数据中的多种属性类型按照一定的原则进行重新分类，以利于空间分析。在多数情况下，重分类都是将复杂的类型合并成简单的类型。重分类时必须保证多个相邻接的同一类别的图形单元获得一个相同的名称，并且将这些图形单元之间的边去掉，从而形成新的图形单元。重分类运算的主要应用包括数据分离、数据简化和数据分等。

如图 4-15 所示，以地被覆盖为例，图 4-15(a)中将 $F$（森林）、$G$（草地）和 $K$（湖泊）进行数据分类，将森林这一类型的地理实体从一幅栅格图层中分离出来，用 1 标识森林，用 0 标识非森林（草地和湖泊）；图 4-15(b)对 $P$（松树）、$A$（杨树）、$W$（小麦）和 $O$（玉米）进行数据简化，将较详细的分类等级简化为较概括的分类等级，通过区分为 $F$（森林）和 $C$（农作物），从而减少分类等级的数目；图 4-15(c)进行数据分等，即将网格值按照 1~10、11~20 和 21~30 进行等级分类，将范围值分等为某一简单值，如分为 $L$（低）、$M$（中）和 $H$（高）三个等级。

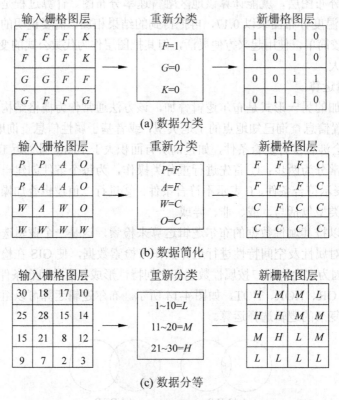

(a) 数据分类

(b) 数据简化

(c) 数据分等

图 4-15　地被覆盖重分类

（4）滤波运算

对栅格数据的滤波运算是指通过一移动的窗口（如 3×3 的像元），对整个栅格数据进行过滤处理，将窗口最中央的像元的新值定义为窗口中像元值的加权平均值。栅格数据的滤波运算可以使破碎的地物合并和光滑化，以显示总的状态和趋势，也可以通过边缘增强和提取，获取区域的边界。

按照分析窗口的形状，可以将其大小与类型划分为以下几种（图 4-16）：①矩形窗口：以目标栅格为中心，分别向周围八个方向扩展一层或多层栅格，从而形成的矩形分析区域；②圆形窗口：以目标栅格为中心，向周围作一等距离搜索区，构成一圆形分析窗口；③环形窗口：以目标栅格为中心，按指定的内外半径构成环形分析窗口；④扇形窗口：以目标栅格为起点，按指定的起始与终止角度构成扇形分析窗口。在实际工作中，为解决某一个具体的地理问题，往往需要综合使用以上 4 种栅格数据的窗口分析模式。

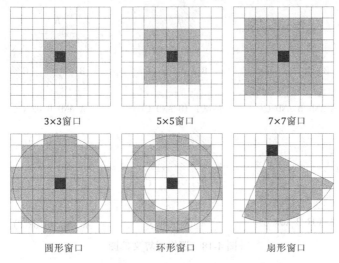

图 4-16　邻域分析窗口的类型

5）特征参数计算

利用栅格数据可计算线的长度、点的坐标以及区域的周长、面积和重心等特征参数。其中，在栅格数据中量算面积时，只要对栅格进行计数再乘以栅格的单位面积即可。在栅格数据中计算距离时，有四方向距离、八方向距离、欧几里德距离等多种距离。四方向距离通过水平或垂直的相邻像元来定义路径，如图 4-17(a)所示；八方向距离根据每个像元的八个相邻像元来定义路径，如图 4-17(b)所示；计算欧几里德距离需要将连续的栅格线离散化，再用平面欧几里德距离公式 $\rho = \mathrm{sqrt}[(x_1 - x_2)^2 + (y_1 - y_2)^2]$ 计算距离，如图 4-17(c)所示，左图采用四方向距离计算值为 6，而右图采用八方向距离计算值为 $2 + \sqrt{2}$ 。

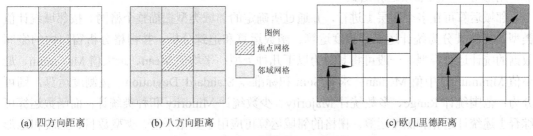

(a) 四方向距离　　　　(b) 八方向距离　　　　　　　　　　　(c) 欧几里德距离

图 4-17　栅格数据距离计算

**3. 多层栅格数据的叠置分析**

叠置分析是指将不同图幅或不同数据层的栅格数据叠置在一起，并在叠置地图的相应位置上产生新的属性的分析方法。新属性值的计算可由下式表示

$$U = f(A, B, C, \cdots)$$

其中，$A$、$B$、$C$ 等表示第一、二、三等各层上的确定的属性值；$f$ 函数取决于叠置的要求。将 $A$、$B$ 和 $C$ 三个层面的栅格数据系统，用布尔逻辑算子以及运算结果的文氏图可表示其运算思路和关系，如图 4-18 所示。

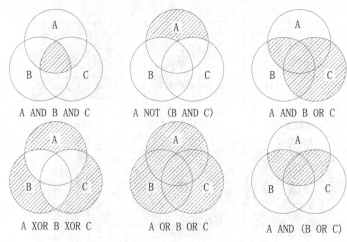

图 4-18　逻辑运算文氏图

多幅图层叠置生成新属性的方式通常有 3 种：①单点变换，通常可由原属性值的简单的加、减、乘、除和乘方等计算出，也可以取原属性值的平均值、最大值、最小值或原属性值之间逻辑运算的结果等，甚至可以由更复杂的方法计算出；②分带变换，新属性的值不仅与对应的原属性值相关，而且与原属性值所在的区域的长度、面积和形状等特性相关，如输出面积大于 $n$ 的图斑；③邻域变换：不仅考虑原始图上对应栅格本身的值，还需要考虑该图元邻域关联的其他图元值的影响，如生成面元边界图时，判断是否为边界点。

其中，邻域变换是涉及到一个焦点像元和一组环绕像元的栅格数据分析技术，其以待计算栅格为中心，向其周围扩展一定范围，基于这些扩展栅格数据进行函数运算，从而得到此栅格的值。进行邻域运算的关键要素有：中心点、邻域大小与类型（矩形、圆形、环形、扇形等）以及邻域运算函数。

邻域运算可在多个图层上进行，并通过所确定的邻域类型扫描整个格网。按邻域统计值类型，可将其分为统计运算、测度运算、函数运算和追踪分析。按栅格分析窗口内的空间数据的统计运算类型，一般可将其分为以下几种类型：平均值 Mean、最大值 Maximum、最小值 Minimum、中值 Median、求和 Sum 和标准差 Standard Deviation；按测度运算，则可分为：范围统计 Range、多数统计 Majority、少数统计 Minority 和种类统计；而函数运算可综合上述统计运算和测度运算。栅格的邻域运算可应用于数据平滑、类型数目、滤波和地形分析中。

以栅格数据的追踪分析为例，其是指对于特定的栅格数据系统，由某一个或多个起点，按照一定的追踪线索进行追踪目标或者追踪轨迹信息提取的空间分析方法。如图 4-19 所示，栅格所记录的是地面点的海拔高程值，根据地面水流必然向最大坡度方向流动的基本规律作为追踪线索，可以得出在 31 和 39 两个点位地面水流的基本轨迹。此外，追踪分析法在扫描图件的矢量化、利用数字高程模型自动提取等高线以及污染源的追踪分析等方面都发挥着十分重要的作用。

| 3 | 2 | 3 | 8 | 12 | 17 | 18 | 17 |
|---|---|---|---|----|----|----|----|
| 4 | 9 | 9 | 12 | 18 | 23 | 23 | 20 |
| 4 | 13 | 16 | 20 | 25 | 28 | 26 | 20 |
| 3 | 12 | 21 | 23 | 33 | 32 | 29 | 20 |
| 7 | 14 | 25 | 32 | 39 | 31 | 25 | 14 |
| 12 | 21 | 27 | 30 | 32 | 24 | 17 | 11 |
| 15 | 22 | 34 | 25 | 21 | 15 | 12 | 8 |
| 16 | 19 | 20 | 25 | 10 | 7 | 4 | 6 |

图 4-19　追踪法提取地面水流路径

#### 4. 栅格叠置的作用

（1）类型叠置，即通过叠置获取新的类型，如土壤图与植被图叠置，以分析土壤与植被的关系。

（2）数量统计，即计算某一区域内的类型和面积，如行政区划图和土壤类型图的叠图，可计算出某一行政区划中的土壤类型数，以及各种类型土壤的面积。

（3）动态分析，即通过对同一地区、相同属性和不同时间的栅格数据的叠置，分析由时间引起的变化。

（4）益本分析，即通过对属性和空间的分析，计算成本和价值等。

（5）几何提取，即通过与所需提取的范围的叠置运算，快速地进行范围内信息的提取。

在进行栅格叠置的具体运算时，可以直接在未压缩的栅格矩阵上进行，也可在压缩编码（游程编码和四叉树编码）后的栅格数据上进行。它们之间的差别主要在于算法的复杂性、算法的速度和所占用的计算机内存等方面。

# 4.2　邻近度分析

邻近度（proximity）描述的是地理空间中两个地物距离相近的程度，是定性描述空间目标距离关系的重要物理量之一，它的确定是空间分析的一个重要手段。交通道路的宽度及沿线地物需要的保护带，公共设施的位置选择及其服务半径，大型水库建设引起的搬迁面积，铁路、公路以及航运河道对其穿过区域经济发展的影响度等，都是一个邻近度的问题。目前，解决这类问题的方法有很多，其中，以缓冲区分析和泰森多边形分析这两种方法最为成熟。

地学信息除了在不同层面的因素之间存在着一定的制约关系之外，还在空间上存在着一定的关联性。对于栅格数据所描述的某项地学要素而言，其中的某栅格 $(I, J)$ 往往会影响其周围栅格的属性特征。如何准确而有效地反映这种事物空间上联系的特点，是利用计算机进行地学分析的重要任务。窗口分析是指对于栅格数据系统中的一个、多个或全部栅格点数据，开辟一个有固定分析半径的分析窗口，并在该窗口内进行诸如极值、均值等一系列统计计算，或与其他层面的信息进行必要的复合分析，从而有效地实现栅格数据水平方向上的扩展分析。

## 4.2.1　缓冲区分析

#### 1. 基本原理

缓冲区是指为了识别某一地理实体或空间物体对其周围地物的影响度，而在其周围建立的具有一定宽度的带状区域，是一个独立的数据层，可以参与叠置分析。缓冲区分析常可应用到道路、河流、居民点和工厂（污染源）等生产生活设施的空间分析，为不同工作需要（如道路修整、河道改建、居民区拆迁、污染范围确定等）提供科学依据。结合不同的专业模型，缓冲区分析能够在景观生态、规划和军事应用等领域发挥更大的作用。

缓冲区分析是对一组或一类地物，根据缓冲的距离条件建立缓冲区多边形图层，然后将这一图层与需要进行缓冲区分析的图层进行叠置分析，从而得到所需结果的一种空间分析方法。用缓冲区分析操作生成的缓冲区多边形将构成新的数据层，该数据层的数据并不是在数据输入时生成的。根据地理实体的性质和属性，规定不同的缓冲区距离是十分重要的。缓冲区分析可以用于点、线或面对象，如点状的居民点、线状的道路和面状的湖泊等，只要地理实体能对周围一定区域形成影响即可使用这种分析方法。

在数学的角度上，缓冲区定义为给定一个空间对象或集合，确定其邻域，邻域的大小由邻域半径 $R$ 决定，因此对象 $O_i$ 的缓冲区定义为 $B_i = \{x|d(x, O_i) \leq R\}$（邬伦等，2001），即对象 $O_i$ 的半径 $R$ 的缓冲区为距 $O_i$ 的距离 $d$ 小于 $R$ 的全部点的集合。$d$ 一般指最小欧氏距离，当然也可以是其他定义的距离，如网络距离，即空间物体间的路径距离。对于对象集合 $O = \{O_i|i = 1, 2, \cdots, n\}$，其半径为 $R$ 的缓冲区是各个对象缓冲区的并集，即

$$B = \bigcup_{i=1}^{n} B_i$$

邻域半径即缓冲距离（宽度），是缓冲区分析的主要数量指标，可以是常数或变量。点状要素根据应用要求的不同可以生成三角形、矩形和圆形等特殊形态的缓冲区；线状要素的缓冲带一般是两侧对称的，但是如果该线有拓扑关系，可以只在左侧或右侧建立缓冲区，或生成两侧不对称缓冲区；面状要素可以生成内侧和外侧缓冲区。例如在某条河流的邻接县城的一侧 100m 范围内建立水文观测站，或调查该县的边界 1km 内是否有边防检查站等，因此线、面要素的缓冲区分析要比点要素的缓冲区分析复杂。值得注意的是，缓冲区是新生成的多边形，所在图层作为一个新图层，不包括原来的点、线和面要素。

根据研究对象影响力的特点，缓冲区可以分为均质与非均质两种。在均质缓冲区内，空间物体与邻近对象只呈现单一的距离关系，缓冲区内各点影响度相等，即不随距离空间物体的远近而有所改变（均质性）；而在非均质的缓冲区内，空间物体对邻近对象的影响度随距离变化而呈不同强度的扩展或衰减（非均质性）。根据均质与非均质的特性，缓冲区可分为静态缓冲区和动态缓冲区。根据所描述地理空间对象的实体对象的不同，缓冲区可以分为点缓冲区、线缓冲区和面缓冲区三种。根据 GIS 数据结构的不同，缓冲区分析可以分为矢量数据的缓冲区分析和栅格数据的缓冲区分析两类。

**2. 缓冲区建立方法**

地理信息系统中的数据结构主要为矢量数据和栅格数据，它们的缓冲区建立的方法有所不同。

1）矢量数据缓冲区的建立方法

（1）点要素的缓冲区

建立点要素的缓冲区是以点要素为圆心，以缓冲距离 $R$ 为半径作圆。通常包括单点要素形成的缓冲区、多点要素形成的缓冲区和分级点要素形成的缓冲区等。

（2）线要素的缓冲区

建立线要素的缓冲区要考虑线的左右方向配置，以线要素为轴线，以缓冲距离 $R$ 向两侧作平行线，在轴线两端处作半圆，最后形成圆头缓冲区。针对一条线所建立的缓冲区有可能重叠，这时需把重叠的部分去除。基本思路是：对缓冲区边界求交，并判断每个交点是出点还是入点，以决定交点之间的线段保留或删除，从而可得到岛状的缓冲区。在对多

条线建立缓冲区时，也可能会出现缓冲区之间的重叠。这时需把缓冲区内部的线段删除，并将多个缓冲区多边形合并成一个连通的缓冲区，如图 4-20 所示。

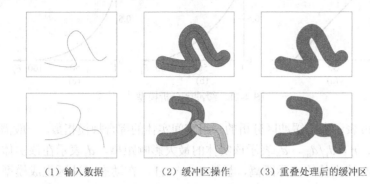

（1）输入数据　　　　　　（2）缓冲区操作　　　　（3）重叠处理后的缓冲区

图 4-20　线要素的缓冲区

（3）面要素的缓冲区

建立面要素的缓冲区要考虑内外方向配置，以面要素的边界线为轴线，以缓冲距离 $R$ 向边界线的外侧或内侧作平行线并闭合，形成面要素的缓冲区多边形。

在建立缓冲区时，有时会根据空间对象的特征和研究目的的需要，对同一实体对象设定不同的缓冲区半径，生成的缓冲多边形往往可以得到更多的隐含空间特征信息，该缓冲区称为多尺度缓冲区。

2）栅格数据缓冲区的建立方法

栅格数据的缓冲区分析通常称为推移或扩散（spread），其实际上是栅格线要素生成缓冲区时模拟主体对邻近对象的作用过程，物体在主体的作用下沿着一定的阻力在表面移动或扩散，距离主体越远所受到的作用力越弱。栅格数据结构的点、线和面缓冲区的建立方法主要是种子扩展算法，即将缓冲区看作是对网格单元（像元）向周围 8 个方向进行一定距离的扩展过程。

对于单线的栅格线要素建立缓冲区时，先对每个网格单元建立缓冲区，再将重叠区域重新赋值，生成线要素的栅格结构缓冲区数据层；对于复杂的栅格线要素建立缓冲区时，该线要素一般在每一行占用超过 2 个网格单元，可以将其视为多边形，只考虑位于边缘的网格单元的缓冲区。

3）动态缓冲区

现实世界中很多空间对象或过程对于周围的影响并不是随着距离的变化而固定不变的，需要建立动态缓冲区，根据空间物体对周围空间影响度变化的性质，可以采用不同的分析模型。

（1）当缓冲区内各处随着距离变化，其影响度变化速度相等时，采用线性模型，如图 4-21(a)所示；

（2）当距离空间物体近的地方比距离空间物体远的地方影响度变化快时，采用二次模型，如图 4-21(b)所示；

（3）当距离空间物体近的地方比距离空间物体远的地方影响度变化更快时，采用指数模型 $\exp(1 - r_i)$，如图 4-21(c)所示。

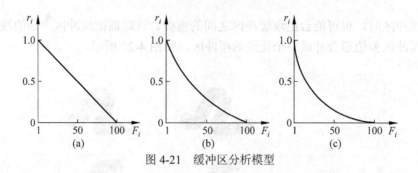

图 4-21　缓冲区分析模型

图 4-21 中，$F_i$ 表示参与缓冲区分析的一组空间实体的综合规模指数，一般需经最大值标准化后参与运算；$r_i = d_i / d_0$，$d_0$ 表示该实体的最大影响距离，$d_i$ 表示在该实体的最大影响距离之内的某点与该实体的实际距离，显然 $0 \leq r_i \leq 1$。在动态缓冲区生成模型中，影响度随距离的变化而连续变化，对每一个 $d_i$ 都有一个不同的 $F_i$ 与之对应，但这些值具有现实不可预测性，故按 $d_i$ 建立缓冲区内的属性值能否满足用户的需求难以控制。因此建议进行如下变换（黄杏元，2001）：

$$d_i = d_0 \left( 1 - \frac{\ln F_i}{\ln f_0} \right)$$

式中，$F_i > 0$ 且 $\ln f_0 \neq 0$，这样便可以根据需求来设定 $F_i$ 的值，此时根据相应的 $d_i$ 建立的缓冲区内的属性值便与事先设定的需求值相一致。

**3. 缓冲区算法**

缓冲区实现有两种基本算法：矢量方法和栅格方法。矢量方法使用较广，产生时间较长，相对比较成熟。具体的几何算法是中心线扩张法，又称加宽线法或图形加粗法，通过以中心轴线为核心做平行曲线，生成缓冲区边线，再对生成边线求交或合并，最终生成缓冲区边界，主要有角分线法和凸角圆弧法。栅格方法基于数学形态学的扩张算子，采用由实体栅格和八方向位移 $L$ 得到的 $n$ 方向栅格像元与原图作布尔运算来完成，该方法原理上比较简单，容易实现，但由于栅格数据量很大，导致上述算法运算量级较大，所处理的数据量受到计算机硬件的限制，且距离精度也有待提高。

1）角分线法

角分线法即"简单平行线法"，其基本思想是：①在轴线两端点处作轴线的垂线，并按两侧缓冲区半径 $R$ 截去超出部分，获得左右边线的起点与终点；②在轴线的其他各转折点处，用偏移量为 $R$ 的左右平行线的交点来确定该转折点处左右平行边线的对应顶点；③最终由端点、转折点和左右平行线形成的多边形就构成了所需要的缓冲区多边形，如图 4-22 所示。

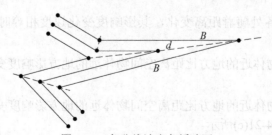

图 4-22　角分线法尖角缓冲区

角分线法简单易行，但算法存在以下 3 点缺陷：

（1）难以最大限度地保证缓冲区左右边线的等宽性。在尖锐转折处，凸角一侧平行线宽度 $d$ 会随着角度的进一步变锐而加大。公式为

$$d = R/\sin(B/2)$$

式中，当缓冲区半径 $R$ 不变时，$d$ 随张角 $B$ 的减小而增大，张角越小则变形越大，张角越大则变形越小。所以在尖角处缓冲区左右平行线的等宽性遭到破坏。

（2）校正过程复杂。当轴线折角偏大或偏小时，因角分线法自身的缺点会造成许多异常情况，校正过程较复杂，实施起来较为困难。

（3）算法模型欠结构化。算法模型应包括平行线的几何生成和异常处理，由于几何生成过程中产生许多异常情况，证明该算法在合理性上有所欠缺，如果采用其他算法，异常情况可能全部消失。异常情况往往导致校正过程的繁杂，模型的逻辑构思很难做到条理清晰，难以实现结构化。

2）凸角圆弧法

凸角圆弧法的算法思想是在轴线两端点处按缓冲区半径作圆弧进行拟合。在轴线的其他各转折点处，首先判断该点的凸凹性，在凸侧用圆弧拟合，在凹侧用与该转折点关联的偏移量为 $R$ 的左右平行线的交点来确定对应顶点。

凸角圆弧法与角分线法都是对轴线两侧作距离为 $R$ 的平行线段，对转折点凹侧都是把上述平行线段延长至该凹部的角平分线，差别在于对端点及转折点凸部的处理不同。角平分线法对凸侧的处理仅将平行线段延长至角平分线，而凸角圆弧法则是对转折点凸侧作一定角度圆弧，角度视转折角大小而定，与平行线密切衔接，端点则一般作半圆弧，由平行线和圆弧线组成的封闭多边形，去掉中间的实体线或多边形的缓冲区。正是由于凸角圆弧法在凸侧用圆弧拟合，使其能最大限度地保证左右平行曲线的等宽性，避免了角分线法所带来的多种异常情况。但是基于凸角圆弧的算法在轴线转角尖锐的转折点的平行线交点会随着缓冲半径的增大迅速远离轴线，会出现尖角和凹陷的失真现象，如图 4-23 所示。

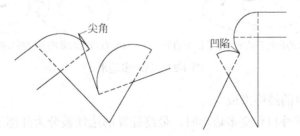

图 4-23　凸角圆弧法尖角缓冲区

凸角圆弧法的算法实施包括以下五个步骤：

（1）直线性判断

为简化计算过程，凸角圆弧法的第一步是进行相邻三点的直线性判断。当相邻三点处于近似共线状态时，用直线代替。常用的直线性判断方法是点到直线距离法，即直接利用解析几何中的距离公式判定。

（2）折点凸凹性的判断

凸角圆弧法的关键在于对凸凹部分的不同处理，因此折线顶点处的凸凹特性的判断是

非常重要的步骤，能确定何处需要用圆弧连接而何处需要用直线求交。这个问题可转化为两个矢量的叉积，把相邻两个线段看成两个矢量，其方向取为坐标点序方向，若前一个矢量以最小的角度扫向第二个矢量时呈逆时针则为凸顶点，反之为凹顶点。

（3）凸顶点圆弧的嵌入

圆弧上布点的多少，取决于计算步长（以角度计）。若把弦线与圆弧的逼近差用半径（偏移量 $R$）来表示，则可按表 4-2 所示参数表选取步长，进行圆弧嵌入。

表 4-2　凸顶点圆弧嵌入参数表

| 要求逼近精度（$\varepsilon$ 或 $R$） | 1/10 | 1/20 | 1/30 | 1/40 | 1/50 | 1/100 | 1/200 |
| --- | --- | --- | --- | --- | --- | --- | --- |
| 宜采用的步长 $\alpha$/（°） | 51.7 | 36.4 | 29.7 | 25.7 | 23.0 | 16.2 | 11.4 |

注：计算公式为 $\alpha = 2\arccos(1 - \delta / R)$。

（4）边线关系的判别和处理

当轴线的弯曲空间不能容许左右平行曲线无压盖地通过时，就产生边线自相交问题，形成若干个自相交多边形。自相交多边形分为两种情况：岛屿多边形与重叠区多边形。矢量数据格式表示的曲线具有方向性，取曲线坐标串的方向为曲线前进的方向。当中心轴线方向取定后，其两侧的平行曲线也就自然地获得了左右属性，称左边线和右边线。对于左边线，岛屿多边形呈逆时针方向；对于右边线，岛屿多边形呈顺时针方向。对于重叠区多边形左边线呈顺时针方向；右边线呈逆时针方向，如图 4-24 所示。值得注意的是，重叠区多边形不是缓冲区边线的有效组成部分，不参与缓冲区有效边线的最终重构。

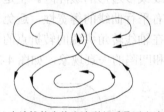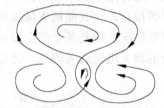

(a) 左边线的岛屿多边形与重叠区多边形　　(b) 右边线的岛屿多边形与重叠区多边形

图 4-24　岛屿多边形

（5）缓冲区边界的最终形成

当存在岛屿和重叠自相交多边形时，最终计算的边线被分为外部边线和若干岛屿。对于缓冲区边线绘制，只要把外围边线和岛屿轮廓绘出即可。将重叠区进行合并绘制出最外围边线，同时绘出岛屿轮廓，就形成了最终的缓冲区边界。要注意的是，利用缓冲区进行检索的时候，按最外围边线所形成的圆头或方头缓冲区检索之后，要去除按所有岛屿进行检索的结果。

3）栅格算法

栅格算法是基于数学形态学的算法，其基本思想是：利用一个结构元素来探测一个图像，看是否能够将此结构元素很好地填放在图像内部，并验证填放结构元素的方法是否有效。设物体图像区域表示为集合 $A$，集合 $B$ 为某种结构元素，则利用结构元素 $B$ 填充物体

区域 $A$ 的过程，即标识出图像内部那些可以将结构元素填入的平移位置，将集合 $A$ 平移距离 $x$，可以表示为 $A+x$，其定义为

$$A+x=\{a+x|a\in A\}$$

形态学的基本运算有腐蚀和膨胀运算。腐蚀是数学形态学最基本的运算，可表示为用某种"探针"对一个图像进行探测。使用 $B$ 对 $A$ 进行腐蚀，是所有 $B$ 中包含 $A$ 中的点的集合用 $Z$ 平移。假设集合 $A$ 被集合 $B$ 腐蚀，定义为

$$A\ominus B=\{a|(a+b)\in A,a\in A,b\in B\}$$

膨胀是腐蚀运算的对偶运算，可通过对补集的腐蚀来定义，假设集合 A 被集合 B 膨胀，定义为

$$A\oplus B=\{a+b|a\in A,b\in B\}$$

该公式是以得到 $B$ 的相对于它自身原点映象并且由 $Z$ 对映象进行位移为基础，$A$ 被 $B$ 膨胀是所有位移 $Z$ 的集合。此外，形态学的基本运算还包括开运算和闭运算：开运算是以腐蚀和膨胀定义的，具有更为直观的几何形式，表示为先做腐蚀然后再做膨胀；闭运算是开运算的对偶运算，表示为先做膨胀后再做腐蚀。数学形态学主要通过选择相应的结构元素采用腐蚀、膨胀、开运算和闭运算等几种基本运算的组合来处理栅格图像。

空间实体对象缓冲区的膨胀生成算法原理如下：对于点目标 $P$、线目标 $L$ 和面目标 $A$ 生成的缓冲区，分别以 $P$、$L$ 和 $A$ 的边界为点、线生成元和轴线，借缓冲半径 $R$ 规定像元加粗的结构元素，然后进行像元的膨胀。

4）缓冲区多边形的重叠

空间物体不可能都是孤立存在的，会出现多个空间物体缓冲区相互重叠的情况，包括多个要素缓冲区之间的重叠和同一要素缓冲区的重叠（如自相交现象），因此必须对重叠缓冲区进行合并。对于栅格数据，要对缓冲区内的栅格赋上一个与其影响度唯一对应的值。如果发生重叠的区域具有相同的影响度，则取任一值；如果发生重叠的区域具有不同影响度等级，则影响度小的服从于影响度大的。对于矢量数据，有以下三种常用的算法。

（1）数学运算法

矢量数据的缓冲区多边形由边界弧段组成，常由于缓冲区重叠而造成缓冲区多边形的边界弧段相交，要得到正确的缓冲区范围就必须对重叠区域进行合并，最直观的方法是在所有多边形的所有边界线段之间两两求交运算，生成所有可能的多边形，再根据多边形之间的拓扑关系和属性关系去除某些多余的多边形。但该方法计算量大，效率低，且由于存在不同的影响度等级，若分开合并，则合并后不同影响度等级之间还可能存在重叠；若统一合并，则不同影响度等级的缓冲区可能被合并在一起，所以这种方法很难解决问题。

（2）矢量-栅格转换法

考虑到合并矢量数据格式的缓冲区相对比较困难，而合并栅格数据格式的缓冲区比较容易，可以先把矢量数据格式转换成栅格数据格式，在合并缓冲区后，再将栅格数据格式的合并结果转换成矢量数据格式。该方法原理简单，但经过两次数据格式转换，会有一定的信息损失，精度降低，造成缓冲区变形大。

（3）矢量-栅格混合法

矢量数据运算结果比较精确，但运算量极大；栅格数据运算较快但精度太低。将这两种算法结合起来，各取所长，就可以得到一种比较合理的算法。首先，把各等级的矢量数

据格式的缓冲区分别转换成栅格数据，合并形成含有多个等级的动态缓冲区；然后对各个等级缓冲区的栅格边界分别进行扫描，提取扫描线上缓冲区边界的矢量数据；再对其求交生成最终的缓冲区边线。此算法既避免了矢量算法的庞大运算量，又克服了栅格算法精度低的缺点，因为是基于矢量的算法，故其结果比较精确。

### 4.2.2　泰森多边形分析

#### 1. 泰森多边形及其特性

荷兰气候学家 Alfred H. Thiessen（1872—1956）提出了一种根据离散分布的气象站的降雨量来计算平均降雨量的方法，即将所有相邻气象站连成三角形，并作这些三角形各边的垂直平分线，于是每个气象站周围的若干垂直平分线便围成一个多边形。用这个多边形内所包含的一个唯一气象站的降雨强度来表示该多边形区域内的降雨强度，并称其为泰森多边形。如图 4-25 所示，其中虚线构成的多边形就是泰森多边形。泰森多边形每个顶点是每个三角形的外接圆圆心。泰森多边形也称为 Voronoi 或 Dirichlet 多边形。

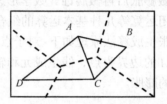

图 4-25　泰森多边形

其几何定义为：设平面上的一个离散点集 $P = \{P_1, P_2, \cdots, P_n\}$，其中任意两个点都不共位，即 $P_i \neq P_j \,(i \neq j, i = 1, 2, \cdots, n; j = 1, 2, \cdots, n)$，且任意四点不共圆，则任意离散点 $P_i$ 的泰森多边形的定义为

$$T_i = \left\{ x \,\middle|\, d(x, P_i) < d(x, P_j) \,\middle|\, P_i, P_j \in P, P_i \neq P_j, d\text{为欧氏距离} \right\}$$

由上述定义可知，任意离散点 $P_i$ 的泰森多边形是一个凸多边形，且在特殊的情况下可以是一个具有无限边界的凸多边形。从空间划分的角度看，泰森多边形实现了对一个平面的划分。泰森多边形 $T_i$ 中，任意一个内点到该泰森多边形的发生点 $P_i$ 的距离都小于该点到其他任何发生点 $P_i$ 的距离。将这些发生点 $P_i$（$i = 1, 2, \cdots, n$）称为泰森多边形的控制点或质心（centroid）。

泰森多边形的特性是：①每个泰森多边形内仅含有一个基站；②泰森多边形区域内的点到相应基站的距离最近；③位于泰森多边形边上的点到其两边的基站的距离相等；④在判断一个控制点与其他哪些控制点相邻时，可直接根据泰森多边形得出结论，即若泰森多边形是 $n$ 边形，则与 $n$ 个离散点相邻。

泰森多边形可用于定性分析、统计分析、邻近分析等。例如，可以用离散点的性质来描述泰森多边形区域的性质；可用离散点的数据来计算泰森多边形区域的数据；判断一个离散点与其他哪些离散点相邻时，可根据泰森多边形直接得出，且若泰森多边形是 $n$ 边形，则就与 $n$ 个离散点相邻；当某一数据点落入某一泰森多边形中时，它与相应的离散点最邻近，无需计算距离。

**2. Delaunay 三角网的构建**

Delaunay 三角网是由与相邻泰森多边形共享一条边的相关点连接而成的三角网，它与泰森多边形是对偶关系。如图 4-26 所示，图中虚线为泰森多边形，实线为 Delaunay 三角网。在泰森多边形的建立过程中，关键的一步就是 Delaunay 三角网的生成。

图 4-26　泰森多边形及其对偶 Delaunay 三角网

1）Delaunay 三角网的生成原则

Delaunay 三角网的生成是将离散的控制点按照一定的原则连接形成三角网的过程，关键是确定三个邻近的控制点来构成一个三角形，该过程也称为三角网的自动连接。即对于平面上的控制点集 $P = \{P_1, P_2, \cdots, P_n\}$，将其中相近的三点 $P_i$、$P_j$ 和 $P_k$ $(i \neq j \neq k, i = 1, 2, \cdots, n; j = 1, 2, \cdots, n; k = 1, 2, \cdots, n)$ 构成最佳三角形，使每个控制点都成为三角形的顶点。

对于给定的点集，三角网的形成可以有多种剖分方式，其中 Delaunay 三角网具有以下特征：①Delaunay 三角网是唯一的；②三角网的外边界构成了给定点集的凸多边形"外壳"；③没有任何点在三角形的外接圆内部；④如果将三角网中的每个三角形的最小角进行升序排列，则 Delaunay 三角网的排列得到的数值最大，从这个意义上讲，Delaunay 三角网是"最接近于规则化"的三角网。

为了在三角网的自动连接过程中获得最佳三角形，建立 Delaunay 三角网时，应尽可能遵循以下两条原则：①任何一个 Delaunay 三角形的外接圆内不能再包含有其他的控制点；②最小角最大原则，即两个相邻的 Delaunay 三角形构成凸四边形，在交换凸四边形的对角线后，六个内角的最小者不再增大。

2）Delaunay 三角网的生成算法

凸包插值算法是在 n 维欧拉空间中构造 Delaunay 三角网的一种通用算法，其包括三个主要步骤。

（1）凸包的生成

凸包的生成过程为：①求出离散点集中满足 $\min(x-y)$、$\min(x+y)$、$\max(x-y)$ 和 $\max(x+y)$ 条件的四个点，如图 4-27(a) 中给出的条件，求出满足该条件的点为 1、3、5 和 6 号点；②求出的四个点是离散点集中与包含该离散点集的外接矩形的 4 个角点最为接近的点，将它们按逆时针方向组成一个链表，构成初始凸包如，如图 4-27(b) 所示；③设一凸包上的点为 $A$，设其后续点为 $B$，计算矢量线段 $AB$ 右侧的所有点到 $AB$ 的距离，找出距离最大的点 $M$，以图 4-27(b) 初始凸包中矢量线段 13 为例，其右侧距离最大的点为 2 号点，即有点 $A$、$M$ 和 $B$ 分别对应于图中的 1、2 和 3 号点；④将 $M$ 插入 $A$ 与 $B$ 之间，并将 $M$ 赋给 $B$，于是形成图中 12、23 两段线段；⑤重复上述两个步骤，直到点集中没有在线段 $AB$ 右侧的点为止；⑥将 $B$ 赋给 $A$，$B$ 取其后续点，重复上述三个步骤，直到凸包中任意相邻两点连线的右侧不存在离散点时，结束点集凸包求取过程。通过上述一系列步骤，获得包含所有离散点的多边形（凸包），如图 4-27(c)所示。

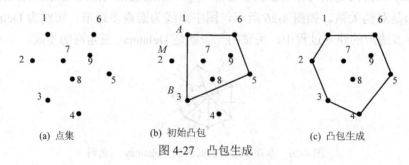

(a) 点集                  (b) 初始凸包                (c) 凸包生成

图 4-27  凸包生成

（2）凸包三角剖分

①在凸包链表中寻找一个由相邻两条凸包边组成的三角形，在该三角形的内部和边界上都不包含凸包上的任何其他点；②将这个点去掉后得到新的凸包链表；③重复上述过程，直到凸包链表中只剩三个离散点为止。将凸包链表中的最后三个离散点构成一个三角形，结束凸包三角剖分过程。通过上述步骤，可将凸包中的点构成若干 Delaunay 三角形，如图 4-28 所示。

（3）离散点内插

在结束对凸包的三角剖分之后，对于那些不在凸包上的离散点，可以采取逐点内插的方法进行二次剖分，离散点内插的基本过程如下：①找出外接圆包含待插入点的所有三角形，构成插入区域；②删除插入区域内的三角形公共边，形成由三角形顶点构成的多边形；③将插入点与多边形所有顶点相连，构成新的 Delaunay 三角形；④重复上述步骤，直到所有非凸壳离散点都插入完为止，结束离散点的内插，如图 4-29 所示。

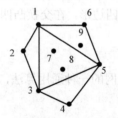
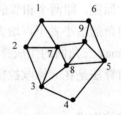

图 4-28  环切边界法构成若干          图 4-29  离散点内插插入三角剖分形成
Delaunay 三角形                            新的三角剖分

**3. 泰森多边形的建立**

1）泰森多边形的建立过程

泰森多边形的建立要基于 Delaunay 三角网，其建立过程如下：①建立 Delaunay 三角网，对离散点和形成的三角形进行编号，并记录每个三角形是由哪三个离散点构成的；②找出与每个离散点相邻的所有三角形的编号，并记录下来；③将与每个离散点相邻的所有三角形按顺时针或逆时针方向进行排序；④计算出每个三角形的外接圆圆心，并记录下来；⑤连接相邻三角形的外接圆圆心，即可得到泰森多边形。对于三角网边缘的泰森多边形，可作垂直平分线与图廓相交，与图廓一起构成泰森多边形。

2）泰森多边形的栅格算法实现过程

一种栅格算法是先将图形栅格化为数字图像，然后对该数字图像进行欧氏距离变换，得到灰度图像，而泰森多边形的边一定处于该灰度图像的脊线上，再通过相应的图像运算，提取灰度图像的这些脊线，就得到最终的泰森多边形。

另外还可采用以发生点为中心点，同时向周围相邻八方向做栅格扩张运算（一种距离变换），两个相邻发生点扩张运算的交线即为泰森多边形的邻接边，三个相邻发生点扩张运算的交点即为泰森多边形的顶点，就得到最终的泰森多边形。

这两种方法获得的泰森多边形都是栅格化的，基于栅格距离的，因而泰森多边形的邻接边表现为折线段。对于用栅格运算获得的泰森多边形图，需要经过附加的处理才能获取它的顶点、发生点和关系信息。

泰森多边形分析产生的结果边界变化突然、内部均质，不符合空间现象的实际分布特征，因而单独的泰森多边形分析应用不多。为弥补泰森多边形分析的不足之处，很多学者采用区域插值法将泰森多边形分析结果平滑化，使得泰森多边形边界模糊、内部分布从均匀向不均匀转换，整个区域属性值呈梯度变化，相邻区域值相差不是太大，符合相邻点或区域有相似强度趋势的空间自相关特性。研究表明，采用该方法进行大气质量评估、污染气体分布等应用研究的误差相对较小。

# 4.3　网　络　分　析

在地学研究过程中，会遇到很多与网络相关的问题，如信息网络、通信网络、运输网络、能源和物资分配网络等，在现实生活中常常需要根据一定的约束条件选择网络中的空间位置或者区域范围，解决这类问题就必须利用基于网络数据的空间分析，即网络分析。网络分析的基本思想是优化理论，就是认为对于网络关系模型中某一期望的目标，人类活动总是根据此目标来判断、选择能实现此目标的最佳方式和最优途径。

## 4.3.1　网络分析概念

网络分析的数学基础是计算机图论和运筹学，它通过研究网络的状态以及模拟和分析资源在网络上的流动和分配情况，对网络结构及其资源等的优化问题进行研究（龚健雅，2001）。在地理信息系统中，网络分析功能依据图论和运筹学原理，在计算机系统软硬件的支持下，将与网络有关的实际问题抽象化、模型化、可操作化，根据网络元素的拓扑关系（线性实体之间、线性实体与节点之间、节点与节点之间的联结和连通关系），通过考察网络元素的空间与属性数据，对网络的性能特征进行多方面的分析计算，从而为制定系统的优化途径和方案提供科学决策的依据，最终达到使系统运行最优的目标。网络模型是对计算机数据结构中图（graph）模型的扩充，因此构成网络模型的各个基本组成部分与图模型的组成部分也基本相同。

网络模型是一个由线或边连接在一起的顶点或结点的集合。可用公式 $NET\text{-}(V, E)$ 表示一个网络模型，其中元素 $V$ 称为结点或顶点（vertices）的集合，元素 $E$ 称为边或弧（edge）

的集合，$E$ 中的每一条边连接 $V$ 中两个不同的结点。用 $(i, j)$ 来表示一条边 $a$，其中 $i$ 和 $j$ 是边 $a$ 所连接的两个结点。在 GIS 中，对于研究的水系网络，各水库、水电站或江河的交接处等都可以认为是结点，而每条河、江则可以认为是边。

网络流量是指网络上从起点到终点的某个函数，如运输价格、运输时间等。网络上任意点都可以是起点或终点，其基本思想在于人类活动总是趋向于按一定目标选择达到最佳效果的空间位置。这类问题在生产、社会和经济活动中不胜枚举，如电子导航、交通旅游、城市规划管理以及电力、通信等各种管网管线的布局设计，因此研究此类问题具有重大意义。

网络分析主要用来解决两大类问题，一类是研究由线状实体以及连接线状实体的点状实体组成的地理网络的结构，其中涉及优化路径的求解、连通分量求解等问题；一类是研究资源在网络系统中的分配与流动，主要包括资源分配范围或服务范围的确定、最大流与最小费用流等问题。常规的分析功能有路径分析、连通分析、资源分配、流分析、动态分段和地址匹配等。

### 4.3.2 路径分析

路径分析是网络分析最基本的功能之一，其核心是对最佳路径的求解。从网络模型的角度看，最佳路径的求解就是在指定网络的两个节点之间找一条阻抗强度最小的路径。一般情况下，可分为如下四种：①静态求最佳路径：由用户确定权值关系后并给定每条弧段的属性，读取出路径的相关属性从而求得最佳路径。②$N$ 条最佳路径分析：确定起点和终点，求代价较小的几条路径，在实践中仅求出最佳路径往往不能满足要求，因为可能由于某种原因不走最佳路径，而走近似最佳路径。③最短路径：确定起点、终点和所要经过的中间连线，求最短路径。④动态最佳路径分析：实际网络分析中权值是随着权值关系式的变化而变化的，而且可能会临时出现一些障碍点，所以往往需要动态地计算最佳路径。

最佳路径分析也称最优路径分析，以最短路径分析为主。最佳路径分析一直是计算机科学、运筹学、交通工程学及地理信息科学等学科的研究热点。解决最佳路径问题的最好的方法是 Dijkstra 发明的贪婪算法（greedy method），在贪婪算法中，采用逐步构造最优解的方法，在每个阶段都做出一个在当前情况下看上去最优的决策，直至得到最后结果，做出贪婪决策的依据称为贪婪准则。这里"最佳"包含很多含义，不仅指一般地理意义上的距离最短，还可以是成本最少、耗费时间最短、资源流量（容量）最大、线路利用率最高等标准。最佳路径问题包括很多网络相关问题，如最可靠路径问题、最大容量路径问题、易达性评价问题和各种路径分配问题。无论判断标准和实际问题中的约束条件如何变化，其核心实现方法都是最短路径算法。

#### 1. 最短路径问题

最短路径问题的表达是比较简单的，从算法研究的角度考虑最短路径问题通常可归纳为两大类：一类是所有点对之间的最短路径，另一类是单源点间的最短路径问题。其中单源最短路径问题更具有普遍意义，且可为所有结点间最短路径问题提供良好的借鉴方案。

最短路径的数据基础是网络（也称为"图"），组成网络的每一条弧段都有一个相应的权值，用来表示此弧段所连接的两节点间的阻抗值。在数学模型中，这些权值可以为正值，也可以为负值。而权值在为正值或有正有负（称为负回路）两种情况下，其最短路径的算法是有本质区别的。由于在 GIS 中一般的最短路径问题都不涉及负回路的情况，因此以下所有的讨论中假定弧的权值都为非负值。

### 2. Dijkstra 算法

戴克斯徒拉（Dijkstra）算法是 Edsger Wybe Dijkstra 于 1959 年提出的一种按路径长度递增的次序产生最短路径的算法，此算法被认为是解决单源点间最短路径问题比较经典而且有效的算法，通常也被称标号法或染色法。

设 $G=(V,E)$ 为一有向图，$V$ 为节点集，$E$ 为边集，边 $a$ 表示为 $(i,j)$，其所连接的两个结点为 $i$ 和 $j$；$c_{ij}$ 是边 $(i,j)$ 的权值，表示结点 $i$ 到结点 $j$ 之间的距离；已求最短路径的结点集合用 $S$ 表示，初始时 $S$ 中只有起始结点；未求最短路径的结点集合用 $U$ 表示，以后每求得一条最短路径，就将 $U$ 中对应的结点加入到集合 $S$ 中。

该算法的基本思路是：假设每个点 $j$ 的 $d_j$ 是从源点 $s$ 到结点 $j$ 的最短路径的长度，是源点沿某一路径到结点 $j$ 的所有链路的长度之和，如果从源点到点 $j$ 最短路径是零路则其长度等于零，并通过 $D$ 累加所有最短路径的长度。以图 4-30 为例，以点 $a$ 为源点，介绍该算法的具体步骤。

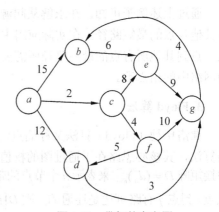

图 4-30　带权的有向图

（1）初始化时，设点 $i$ 为源点，$S$ 只包含源点，$U$ 包含除了源点以外的其他结点，对 $U$ 中与源点存在有边连结的某结点 $j$，将其距离 $d_j$ 均赋值为边上的权 $c_{ij}$。对于图 4-24，即有 $S=\{a\}$；$d_a=0$；$U=\{b,c,d,e,f,g\}$。其中与 $a$ 有边连结的结点有 $b$、$c$ 和 $d$，其距离分别为 $d_b=15$、$d_c=2$ 和 $d_d=12$，则 $D=d_a=0$，见表 4-3 中 $i=1$ 的步骤；

（2）从 $U$ 中选取与源点距离最短的结点 $k$，将点 $k$ 从 $U$ 中取出添加到 $S$ 中，并修改 $U$ 中其他结点 $j$ 到源点 $i$ 的距离 $d_j$，对比经过结点 $k$ 后的路径距离（$d_k+c_{kj}$）和从源点到该点的直接连接距离（$d_j$），并将其中较短者赋给此距离 $d_j$，即有

$$d_j=\min\left[d_j,d_k+c_{kj}\right]$$

图 4-24 中与源点 $a$ 距离最短的是结点 $c$，因此 $i=1$ 的步骤为：$S=\{a,c\}$，$U=\{b,d,e,f,g\}$，$U$ 中结点到源点的距离分别为 $d_b=15$、$d_d=12$、$d_e=d_c+c_{ce}=2+8=10$、$d_f=d_c+c_{cf}=2+4=6$，并累加最短路径长度 $D=d_a+d_c=2$。

（3）重复步骤（2），直到所有的网络结点都在 $S$ 内为止，由此所求得的从源点 $a$ 出发的到图上各个顶点的最短路径是依路径长度递增的序列。表 4-3 给出了图 4-24 根据 Dijkstra 计算最短路径以及运算过程中结点集合 $S$ 和路径距离 $D$ 的变化情况。

表 4-3　从顶点 $a$ 到其他各点的最短路径的求解过程

| 终点<br>Dist | $b$ | $c$ | $d$ | $e$ | $f$ | $g$ | $S$<br>(终点集) |
|---|---|---|---|---|---|---|---|
| $i=1$ | 15<br>$(a,b)$ | 2<br>$(a,c)$ | 12<br>$(a,d)$ | | | | $\{a,c\}$ |
| $i=2$ | 15<br>$(a,b)$ | | 12<br>$(a,d)$ | 10<br>$(a,c,e)$ | 6<br>$(a,c,f)$ | | $\{a,c,f\}$ |
| $i=3$ | 15<br>$(a,b)$ | | 11<br>$(a,c,f,d)$ | 10<br>$(a,c,e)$ | | 16<br>$(a,c,f,g)$ | $\{a,c,f,e\}$ |
| $i=4$ | 15<br>$(a,b)$ | | 11<br>$(a,c,f,d)$ | | | 16<br>$(a,c,f,g)$ | $\{a,c,f,e,d\}$ |
| $i=5$ | 15<br>$(a,b)$ | | | | | 14<br>$(a,c,f,d,g)$ | $\{a,c,f,e,d,g\}$ |
| $i=6$ | 15<br>$(a,b)$ | | | | | | $\{a,c,f,e,d,g,b\}$ |

　　通过上述例子可知，在求解从起源点到某一特定终点的最短路径过程中还可得到源点到其他各点的最短路径。在实际应用中，采用 Dijkstra 算法计算两点之间的最短路径和求从一点到其他所有点的最短路径所需要的时间是一样的，算法时间复杂度为 $O(n^2)$，其中 $n$ 为网络中的结点数。

### 3. Floyd 算法

　　弗洛伊德（Floyd）算法又称插点法，是一种在给定的加权图中寻找顶点间的最短路径的算法，其核心思路在于通过图的权值矩阵求出它的每两点间的最短路径矩阵。用带权的邻接矩阵 $D=(d_{ij})_{n\times n}$ 来表示 $n$ 个节点的带权有向图 $G$，对于矩阵中的每个元素 $D[i,j]$，如果从点 $i$ 到点 $j$ 有路可达是连通的，则 $D[i,j]=d_{ij}$，其中 $d_{ij}$ 是弧 $(i,j)$ 的权值；如果从点 $i$ 到 $j$ 是不连通的，则 $D[i,j]=\infty$。图 4-31 表示一个带权有向图以及其邻接矩阵。

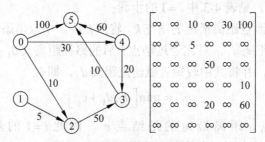

图 4-31　带权的有向图和邻接矩阵

　　Floyd 算法能够求得每一对顶点之间的最短路径，其基本思想是：假设从结点 $i$ 到 $j$ 有弧连通则存在一条长度为 $d_{ij}$ 的路径，然而该路径不一定就是最短路径，而需要进行 $n$ 次试探是否存在另一个节点 $k$ 使得从 $i$ 到 $k$ 再到 $j$ 的距离比已知的 $d_{ij}$ 更短，如果存在则更新邻接

矩阵对应的元素 $D[i,j] = d_{ik} + d_{kj}$，依次类推再在路径中增加更多的中间结点，直至所有 $n$ 个结点都考虑其中，则可求得每对结点之间的最短路径。其具体过程为：首先判别边 $(i,k)$ 和 $(k,j)$ 是否存在，如果存在路径 $(i,k,j)$ 则进一步比较 $d_{ij}$ 和 $d_{ikj} = d_{ik} + d_{kj}$ 的路径长度，并将较短者赋于 $D[i,j]$ 的取值。依次类推，在经过 $n$ 次比较之后，最后求得的必是从 $i$ 到 $j$ 的最短路径。

以图 4-31 所示，以其中结点 0 到 3 的最短路径为例，其本身不存在直接连通路径，故其初始值为 $d_{03} = \infty$，依次判断图中的其他结点，首先判断发现存在点 2 使得 $(d_{02} + d_{23} = 60) < d_{03}$，则将该值赋予 $D[0,3]$ 元素，继续判断又发现图中又存点 4 使得 $(d_{04} + d_{43} = 50) < (D[0,3] = 60)$，则将新发现的更短的路径长度赋予 $D[0,3]$ 元素。又如结点 1 到 5 的最短路径，其依次判断直至其中添加至 2 个中间结点时，方可发现存在 $(1,2,3,5)$ 路径，使得 $D[1,5] = d_{12} + d_{23} + d_{35} = 65$。按此方法，可同时求得上图中各对顶点间的最短路径矩阵，如图 4-32 所示。该算法共需 3 层循环，因此总的时间复杂度是 $O(n^3)$，其中 $n$ 为网络中的结点数。

### 4. 矩阵乘法

矩阵乘法将求最短路径转化为矩阵的运算。假设 $D = (d_{ij})_{n \times n}$ 是带权无向图的邻接矩阵，则 $D^{[2]} = \left(d_{ij}^{[2]}\right)_{n \times n}$，其中 $d_{ij} = \min\left\{d_{i1} + d_{1j}, d_{i2} + d_{2j}, \cdots, d_{ik} + d_{kj}\right\}$，此处的 $d_{ik} + d_{kj}$ 表示从结点 $i$ 经过中间点 $k$ 到结点 $j$ 的路径长度，$d_{ij}$ 取它们中的最小值，其意义就是从结点 $i$ 最多经过一个中间点到结点 $j$ 的所有路径中长度最短的那条路径。同理可知，

$$\begin{bmatrix} \infty & \infty & 10 & 50 & 30 & 70 \\ \infty & \infty & 5 & 55 & \infty & 65 \\ \infty & \infty & \infty & 50 & \infty & \infty \\ \infty & \infty & \infty & \infty & \infty & 10 \\ \infty & \infty & \infty & 20 & \infty & 30 \\ \infty & \infty & \infty & \infty & \infty & \infty \end{bmatrix}$$

图 4-32　Floyd 最短路径矩阵

$D^{[k]} = \left(d_{ij}^{[k]}\right)_{n \times n}$ 中 $d_{ij}^{[k]}$ 表示从结点 $i$ 最多经过 $(k-1)$ 个中间点到结点 $j$ 的所有路径中长度最短的那条路径。图的阶数是 $n$，从 $i$ 到 $j$ 的简单路径最多经过 $n-2$ 个中间结点，故只需要求到 $D^{[n-2]}$ 即可，然后比较 $D, D^{[2]}, \cdots, D^{[n-2]}$，取其中最小的一项就是从结点 $i$ 到结点 $j$ 的所有路径中长度最小的那条路径。

算法的具体步骤可表示为：①已知图的邻接矩阵 $D$；②求出 $D, D^{[2]}, D^{[3]}, \cdots, D^{[n-2]}$；③ $A = (a_{ij})_{n \times n} = DD^{[2]}D^{[3]} \cdots D^{[n-2]}$。

最终得到的 $A$ 为图 $G$ 的最短距离矩阵。求出矩阵中的每个值需要进行 $n$ 次计算，求出矩阵中的所有元素值需要进行 $n^2$ 次计算，最后又需要进行 $n$ 次比较，所以该算法的时间复杂度是 $O(n^4)$。

以上三种算法各有优缺点，综合比较其适用范围、功能、时间复杂度及求解次短路径能力等方面，以便在使用中选择更利于问题解决的方法。①Dijkstra 算法、Floyd 算法都可适用于无向图或有向图，而矩阵算法本身仅适用于无向图，但经改进后也可用于有向图；②Dijkstra 算法每次只能求出一个起源点到其余各点的路径，Floyd 算法和矩阵算法都能够求得所有顶点间的最短路径；③这三种算法的时间复杂度依次为 $O(n^2)$、$O(n^3)$、$O(n^4)$；④矩阵算法还能求出次短路径，其他两种算法则不能。

### 4.3.3 连通性分析

在现实生活中，常有类似在多个城市间建立通信线路的问题，即在地理网络中从某一点出发能够到达的全部节点或边有哪些（连通分量求解），如何选择对于用户来说成本最小的线路（最少费用连通方案求解），这是连通分析所要解决的两大类问题。连通分析的求解过程实质上是对应图的生成树求解过程，其中研究最多的是最小生成树问题。最小生成树问题是带权连通图一个很重要的应用，在解决最优（最小）代价类问题上用途非常广泛。迄今为止，国内外众多学者对赋权无向图中的最小生成树问题进行了许多有价值的研究，提出了若干有效的算法，常见的有避圈法和破圈法。这里主要阐述赋权无向图的最小生成树问题及其算法。

**1. 连通图**

连通性是图论的一个重要概念。在无向图 $G=(V,E)$ 中，如果从顶点 $s$ 到顶点 $t$ 有路径则称其是连通的。如果对于图 $G$ 中的任意两个顶点 $i,j \in V$，$i$ 和 $j$ 都是连通的，则称 $G$ 为连通图。

在网络分析中，当起始点与终止点分别在不连通的子图内时，让计算机去搜索最优路径是没有意义的，而且此时的搜索费用最大，必须从起始点开始在其各个子图内搜索所有的路径，最后才会发现没有通路。如果事先对图进行连通性分析，将其划分为几个子图，各节点、弧段都设定数值记录它所在的子图编号，可以避免以后的网络分析中出现这类无意义的盲目搜索。

**2. 连通图的生成树**

一个连通图的生成树是含有该连通图的全部顶点的一个极小连通子图，包含 3 个条件：①它是连通的；②包含原有连通图的全部节点；③不含任何回路。

依据连通图的生成树的定义可知，若连通图 $G$ 的顶点个数为 $n$，则 $G$ 的生成树的边数为 $n-1$；树无回路，但如果不相邻顶点连成一边，就会得到一个回路；树是连通的，但如果去掉任意一条边，就会变为不连通的。

对于一个连通图而言，通常采用深度优先遍历或广度优先遍历来求解其生成树。从图中某一顶点出发访遍图中其余顶点，且使每一顶点仅被访问一次，这一过程叫做图的遍历。遍历图的基本方法是深度优先搜索和广度优先搜索，两种方法都可以适用于有向图和无向图。

深度优先搜索的基本思想是：从图中的某个顶点出发，然后访问任意一个该点的邻接点，并以该点的邻接点为新的出发点继续访问下一层级的邻接点，从而使整个搜索过程向纵深方向发展，直到图中的所有顶点都被访问过为止。同样可知广度优先搜索是从图中的某个顶点出发，访问该顶点之后依次访问它的所有邻接点，然后分别从这些邻接点出发按深度优先搜索遍历图的其他顶点，直至所有顶点都被访问到为止，这种遍历方法的特点是尽可能优先对横向搜索，故称之为广度优先搜索。两种搜索方法是地理信息系统网络分析中比较常用的搜索方法，许多算法的提出都是基于其基本思想进行改进和优化的。图 4-33(a)是一个具有 8 个结点的网络图，对其分别进行深度优先搜索和广度优先搜索，其搜索过程如图 4-33(b)和(c)所示。

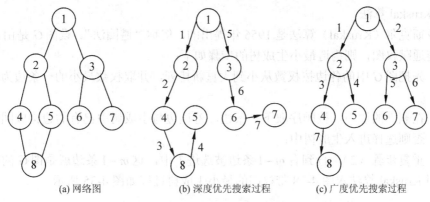

(a) 网络图　　　　　(b) 深度优先搜索过程　　　　(c) 广度优先搜索过程

图 4-33　网络图及其遍历图

设图 $G = (V, E)$ 是一个具有 $n$ 个顶点的连通图，从 $G$ 的任一顶点出发，作一次深度优先搜索或广度优先搜索，就可将 $G$ 中的所有 $n$ 个顶点都访问到。在使用以上两种搜索方法的过程中，从一个已访问过的顶点 $i$ 搜索到一个未曾访问过的邻接点 $j$，必定要经过 $G$ 中的一条边 $(i, j)$，而两种方法对图中的 $n$ 个顶点都仅访问一次，因此除初始出发点外，对其余 $n-1$ 个顶点的访问一共要经过 $G$ 中的 $n-1$ 条边，这 $n-1$ 条边将 $G$ 中的 $n$ 个顶点连接成 $G$ 的极小连通子图，所以它是 $G$ 的一棵生成树。

通常，由深度优先搜索得到的生成树称为深度优先生成树（deep first search，DFS），由广度优先搜索得到的生成树称为广度优先生成树（breadth first search，BFS）。一个连通的赋权图可能有很多的生成树，如图 4-34 所示。设 $T$ 为图 $G$ 的一个生成树，若把 $T$ 中各边的权数相加，则将这个相加的和数称为生成树的权数。在图中的所有生成树中，权数最小的生成树称为图 $G$ 的最小生成树。

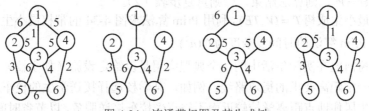

图 4-34　连通带权图及其生成树

### 3. 最小生成树算法

要解决在多个城市间建立通信线路的问题，首先可用图来表示这个问题。图的顶点表示城市，边表示两城市间的线路，边上所赋的权值表示代价。对多个顶点的图可以建立许多生成树，每一棵树可以是一个通信网。如果要求出成本最低的通讯网，就转化为求一个带权连通图的最小生成树问题。

根据前面介绍的最小生成树的概念可知，构造最小生成树有两条依据：①在网中选择 $n-1$ 条边连接网的 $n-1$ 个顶点；②尽可能选取权值为最小的边。已有很多算法求解此问题，其中著名的有 Kruskal 算法和 Prim 算法。从算法思想来看，Kruskal 算法和 Prim 算法本质上是相同的，他们都是从以上两条依据出发设计的求解步骤，只不过在表达和具体步骤设计中有所差异而已。

1）Kruskal 算法

克罗斯克尔（Kruskal）算法是 1956 年提出的，俗称"避圈法"。设图 $G$ 是由 $m$ 个结点构成的连通赋权图，则构造最小生成树的步骤如下：

（1）先把图 $G$ 中的各边按权数从小到大重新排列，并取权数最小的一条边为生成树 $T$ 中的边；

（2）在剩下的边中，按顺序取下一条边，若该边与生成树中已有的边构成回路，则舍去该边，否则选择进入生成树中；

（3）重复步骤（2），直到有 $m-1$ 条边被选进 $T$ 中，这 $m-1$ 条边就是图 $G$ 的最小生成树，利用 Kruskal 算法求图 4-28 带权图的最小生成树过程如图 4-35 所示。

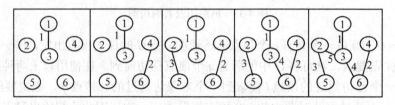

图 4-35    Kruskal 算法求带权图最小生成树

2）Prim 算法

波莱姆（Prim）算法是构造最小生成树的另一个著名的算法，其基本思想是：假设 $G=(V,E)$ 是连通网，生成的最小生成树为 $T=(V,TE)$，求 $T$ 的步骤如下：

（1）初始化设置一个只有结点 $u_0$ 的结点集 $U=\{u_0\}$ 和最小生成树的边集 $TE=\{\varphi\}$；

（2）在所有 $u\in U$ 和 $v\in V-U$ 的边 $(u,v)\in E$ 中，找一条权最小的边 $(u_0,v_0)$，并赋 $TE+\{(u_0,v_0)\}\rightarrow TE$ 和 $\{v_0\}+U\rightarrow U$；

（3）如果 $U=V$，则算法结束，否则重复步骤（2）。

最后得到最小生成树 $T=(V,TE)$，利用 Prim 算法求图 4-34 的带权最小生成树的过程如图 4-36 所示。Prim 算法的时间复杂度为 $O(n^2)$。

最小生成树问题在实际生活中的一个典型应用是以给定设施（如学校）的位置为目的地，识别满足一定距离要求的街道路线。例如，某学校选择接送学生的校车行车路线，需要确定哪些学生居住地点距离学校较近而不需享受校车接送服务，以节省时间和资金投入。

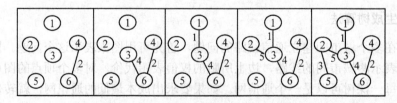

图 4-36    Prim 算法求带权图最小生成树

常见的地理信息系统软件已经能够提供菜单式的命令来完成这项任务，在已知网络中以学校这个目的地构造最小生成树，选出从学校到一定距离内的所有街道路段，再通过学生地址与街道地址相匹配的数据库管理系统识别出因住在选出的街道上而不能享有校车接送待遇的学生。

### 4.3.4　资源分配分析

资源分配也称定位与分配问题，包括目标选址和将需求按最近（这里远近是按加权距离来确定的）原则寻找供应中心（资源发散或汇集地）两个问题。资源分配网络模型由中心点（分配中心）及其状态属性和网络组成。分配有两种方式：一种是由分配中心向四周输出，另一种是由四周向中心集中。这种分配功能可以解决资源的有效流动和合理分配，其在地理网络中的应用与区位论中的中心地理论类似。在资源分配模型中，研究区可以是机能区，也可以是根据网络流的阻力等来研究中心的吸引区，为网络中的每一链接寻找最近的中心，以实现最佳的服务。资源分配模型可用来计算中心地的等时区、等交通距离区、等费用距离区等，用来进行城镇中心、商业中心或港口等地的吸引范围分析，用来寻找区域中最近的商业中心，或进行各种区划和港口腹地的模拟等。

**1. 选址（定位）问题**

选址是指在某一指定区域内选择服务性设施的位置，如确定市郊商店区、消防站、工厂、飞机场、仓库等的最佳位置。网络分析中的选址问题一般限定设施必须位于某个节点或位于某条网线上，或限定在若干候选地点中选择位置。选址问题种类繁多，实现的方法和技巧也多种多样，不同的 GIS 系统在这方面各有特色，主要原因是对"最佳位置"具有不同的解释（即用什么标准来衡量一个位置的优劣），而且定位设施数量的要求不同。

选址问题的数学模型取决于可供选择的范围，以及所选位置的质量判断标准这两个条件。在一个地理网络中，能够从网络的结点和边上找到一些特定的点使它们满足某种优化条件，这些点可用于较简单的定位问题。

给定一个地理网络 $D = (V, E)$，其中 $V$ 表示地理网络结点的集合，$E$ 表示地理网络边的集合。令 $d(p, q)$ 表示从顶点 $p$ 到顶点 $q$ 之间的距离；令 $R$ 表示矩阵，矩阵的第 $R[p, q]$ 个元素取值为 $d_{pq}$，矩阵 $R$ 的元素称为顶点-顶点距离（vertex-vertex distance，VVD）；设 $d(f\_(i, j), q)$ 表示从网络边 $(i, j)$ 上的 $f$ 点到结点 $q$ 之间的距离，这个长度称为点-顶点距离（point-vertex distance，PVD）；假设 $d'(p, (i, j))$ 表示从顶点到网络边 $(i, j)$ 的最大距离，此长度称为顶点-弧距离（vertex-arc distance，VAD）。由此则有：

从顶点 $p$ 到任一顶点的最大距离表示为 $\mathrm{MVV}(p) = \max\{d(p, q)\}$

从顶点 $p$ 到所有顶点的总距离表示为 $\mathrm{SVV}(p) = \sum\limits_{q} d(p, q)$

从顶点 $p$ 到所有弧的最大距离表示为 $\mathrm{MVA}(p) = \max\limits_{(i, j)}\{d'(p, (i, j))\}$

从顶点 $p$ 到所有弧的总距离表示为 $\mathrm{SVA}(p) = \sum\limits_{(i, j)}\{d'(p, (i, j))\}$

从网络边 $(i, j)$ 上的 $f$ 点到任一结点的最大距离表示为

$$\mathrm{MPV}(f\_(i, j)) = \max\limits_{q}\{d(f\_(i, j)), q\}$$

从网络边 $(i, j)$ 上的 $f$ 点到所有各结点的总距离表示为

$$\mathrm{SPV}(f\_(i, j)) = \sum\limits_{q} d(f\_(i, j), q)$$

同样可以定义 $\mathrm{MPA}(f\_(i, j))$，$\mathrm{SPA}(f\_(i, j))$ 为从各网络边到所有各条网络边的最大距离或总距离。

基于以上变量的定义，给出有关中心点和中位点的概念。使最大距离达到最小的位置称为网络的中心点，使最大距离总和达到最小的位置称为网络的中位点。一个地理网络的中心点主要有中心、一般中心、绝对中心和一般绝对中心等；一个地理网络的中位点主要有中位点、一般中位点、绝对中位点和一般绝对中位点等。各类地理网络的中心点的数学表达如下：

地理网络的中心点是网络中距最远结点最近的一个结点 $x$，即

$$MVV(x) = \min_i \{MVV(i)\}$$

地理网络的一般中心是距最远点最近的一个结点 $x$，即

$$MVA(x) = \min_i \{MVA(i)\}$$

地理网络的绝对中心是距最远结点最近的任意一点 $x$，即

$$MPV(f\_(i,j)) = \min \{MPV(f\_(r,s))\}$$

地理网络的一般绝对中心是距最远点最近的任意一点 $x$，即

$$MPA(f\_(i,j)) = \min \{MPA(f\_(r,s))\}$$

类似地，各类中位点的数学表达如下：

地理网络的中位点是从该点到其他各结点有最小总距离的一个结点 $x$，即

$$SVV(x) = \min_i \{SVV(i)\}$$

地理网络的一般中位点是从该点到其他各结点有最小总距离的一个结点 $x$，即

$$SVA(x) = \min_i \{SVA(i)\}$$

地理网络的绝对中位点是从该点到所有各结点有最小总距离的任意一点，即

$$SPV(f\_(i,j)) = \min \{SPV(f\_(r,s))\}$$

地理网络的一般绝对中位点是从该点到所有各条网络边有最小的总距离的任意一点，即

$$SPA(f\_(i,j)) = \min \{SPA(f\_(r,s))\}$$

### 2. 分配问题

分配问题在现实生活中体现为设施的服务范围及其资源的分配范围的确定等一类问题，例如通过资源的分配能为城市中的每一条街道上的学生确定最近的学校，为水库提供其供水区等。

资源分配是模拟资源如何在中心（学校、消防站、水库等）和周围的网线（街道、水路等）、结点（交叉路口、汽车中转站等）间流动的。在计算设施的服务范围及其资源的分配范围时，网络各元素的属性也会对资源的实际分配有很大影响，主要属性包括中心的供应量和最大阻值，网络边和网络结点的需求量及最大阻值等，有时也用到拐角的属性。根据中心容量以及网线和结点的需求将网线和结点分配给中心，分配沿最佳路径进行。当网络元素被分配给某个中心时，该中心拥有的资源量就依据网络元素的需求而缩减，随中心的资源耗尽而分配停止，用户可以通过赋值给中心的阻碍强度来控制分配的范围。

1）确定中心服务范围

实际生活中，许多行业和部门都涉及到利用服务设施提供相关服务的问题，常见的服

务范围有：①到服务设施或中心的最短距离不超过一定范围的覆盖区域，如一个供水站 50km 以内的区域，构成该供水站的供水区；②到服务设施或中心的最短时间不超过一定限制的覆盖区域，如一个消防站 10min 所能到达的范围是该消防站在 10min 的服务范围。中心服务范围分析作为基本网络分析功能，为评价服务中心的位置及其通达性提供了有利的工具。

地理网络的中心服务范围是指一个服务中心在给定的时间或范围内能够到达的区域。严格定义可表述如下：设 $D = (V, E, c)$ 为一给定的带中心的地理网络，$V$ 表示地理网络结点的集合，$E$ 表示地理网络边的集合，$c$ 表示地理网络的一个中心。设中心的阻值为 $c_w$，$w_{ij}$ 表示网络边 $e_{ij}$ 即边 $(i, j)$ 的费用，$r_{ic}$ 表示地理网络上任何结点到中心 $(i, c)$ 间路径的费用。在不考虑货源量和需求量的情况下，中心的服务范围定义为满足下列条件的网络边和网络结点的集合 $F$：

$$F = \left\{ i \mid r_{ic} \leqslant c_w, i \in V \right\} \bigcup \left\{ e_{ij} \mid r_{ic} + w_{ij} \leqslant c_w, e_{ij} \in E \right\}$$

其中，中心的阻值 $c_w$ 可理解为资源从中心沿某一路径分配的总费用的最大值，在中心服务范围内从中心出发的任意路径费用不能超过中心的阻值。例如要求学生到校的时间不超过 15min，则学校的阻值是 15min，中心的阻值针对不同的应用具有不同的含义。

确定中心服务范围的基本思想是依次求出服务费用不超过中心阻值的路径，组成这些路径的网络结点和边的集合构成了该中心的服务范围。具体处理时是运用广度优先搜索算法，将地理网络从中心开始，根据中心的阻值和网络边的费用，由近及远，依次访问和中心有路径相通且路径费用不超过中心阻值的结点，确定达到的最短路径。主要步骤为：①根据拓扑关系，计算地理网络的最大邻接结点数；②构造邻接结点矩阵和初始判断矩阵描述地理网络结构；③应用广度优先搜索算法确定地理网络中心的服务范围。

2）确定中心资源分配范围

资源分配反映了现实世界网络中资源的供需关系，"供"代表一定数量的资源或货物，位于中心的设施内，"需"指对资源的利用。通常用地理网络的中心模拟提供服务的设施如学校或消防站，被服务的一方用网络边和结点模拟，如沿街道居住的学生等。供需关系导致在网络中必然存在资源的运输和流动，资源或者从供方送到需方，或者由需方到供方索取。供方和需方之间是多对多的关系，比如一个学生可以到许多学校去上学，多个电站可以为同一区域的多个客户提供服务，都存在优化配置的问题。优选的目的在于：一方面，要求供方能够提供足够的资源给需方，例如，电站要有足够的电能提供给客户；另一方面，对于已建立供需关系的双方，要实现供需成本的最低，例如，在学生从家到学校时间最短的情况下，确定哪个学生到哪个学校上学。

资源分配是将地理网络的边或网络结点，按照中心的供应量及网络边和网络结点的需求量，分配给一个中心的过程。确定中心资源的分配范围就是确定地理网络中由哪些网络边和网络结点所组成的区域接受该中心的资源分配，处理时既要考虑到网络边和网络结点的需求量，又要考虑中心的总需求量，即求出到中心费用不超过中心最大阻值，同时网络的总需求量不超过中心的货源量的路径，组成这些路径的网络结点和边的集合就构成了该中心资源分配的范围。

资源的分配范围定义可以表述如下：设 $D = (V, E, c)$ 为一给定的带中心的地理网络，设

中心的货源量为 $c_s$，中心的阻值为 $c_w$，$d_{ij}$ 和 $w_{ij}$ 分别表示网络边 $e_{ij}$ 的需求量和费用。$r_{ic}$ 表示地理网络上任何结点到中心 $(i,c)$ 间的最短路径的费用，$m$ 是网络当前的总需求量。则资源的分配范围为满足下列条件的网络边和网络结点的集合 $P$

$$P = \{i \mid r_{ic} \leq c_w, m \leq c_s, i \in V\} \bigcup \{e_{ij} \mid r_{ic} + w_{ij} \leq c_w, m + w_{ij} \leq c_s, e_{ij} \in E\}$$

具体求解中心资源的分配范围与服务范围的搜索方法类似，算法的主要步骤如下：

（1）将中心结点 $c$ 放入已标记结点集 $S$ 中，并初始化有关变量；

（2）如果整个网络都已被分配，则停止；否则，执行步骤（4）；

（3）如果总货源量都被分配，则停止；否则，执行步骤（4）；

（4）在尚未分配的结点集 $\overline{S}$ 中，寻找距离中心 $c$ 路径最短的结点 $n$，假设 $n$ 的前一点是 $m$，将 $(m,n)$ 作为当前处理的边；

（5）判断网络流在边 $(m,n)$ 上的运行情况：①边接受到的来自 $m$ 点的流量：$\text{LR}_{mn} = \min\{\text{LL}_{mn}, \text{PO}_m\}$；②边消耗掉的流量：$\text{LF}_{mn} = \min\{\text{LD}_{mn}, \text{LR}_{mn}\}$；③由该边流向 $n$ 的流量：$\text{LO}_{mn} = \text{LR}_{mn} - \text{LF}_{mn}$。其中，$\text{LD}_{mn}$、$\text{LL}_{mn}$ 分别为 $(m,n)$ 边的需求量和通行能力，$\text{PO}_m$ 为 $m$ 发出的流量；

（6）如果 $(m,n)$ 边流向 $n$ 点的流量为 0，则该边停止运输；如果 $(m,n)$ 边流向 $n$ 点的流量小于该边的需求量，则将该边的一部分分配给中心后，停止运输；如果 $(m,n)$ 边流向 $n$ 点的流量大于该边的需求量，则考察网络流在 $n$ 点上的接受量 $\text{PR}_n$、消耗量 $\text{PF}_n$ 和发出量 $\text{PO}_n$；

（7）判断网络流在结点上的运行情况，与网络流在边上的运行情况类似：①结点 $n$ 接受到的来自 $(m,n)$ 的流量：$\text{PR}_n = \min\{\text{PL}_n, \text{LO}_{mn}\}$；②结点 $n$ 消耗掉的流量：$\text{PF}_n = \min\{\text{PD}_n, \text{PR}_n\}$；③由结点 $n$ 流向相邻边的流量：$\text{PO}_n = \text{PR}_n - \text{PF}_n$。其中，$\text{PD}_n$、$\text{PL}_n$ 分别为结点 $n$ 的需求量和通行能力；

（8）如果 $\text{PO}_n < 0$，则该点停止运输；如果 $\text{PO}_n > 0$，则考察与结点 $n$ 相邻的边；

（9）如果存在与 $n$ 点相邻的边 $(n,l)$，该边尚未分配而该边的点 $n$ 已经分配，则给该边分配它所需要的量 $\text{LD}_{nl}$，此时，从 $n$ 点流向其他相邻的且另一端点尚未分配的边的流量为 $\text{PO}_n = \text{PO}_n - \text{LD}_{nl}$；

（10）记录已分配的结点 $m$、边 $(m,n)$ 或边 $(n,l)$，并从未分配的点、边集合 $\overline{S}$ 和 $\overline{Q}$ 中减去这些元素，将点 $n$ 作为当前结点，转去执行步骤（2）。

最后，计算全网络点或边的总消耗量 LET、PET，点或边的分配数 LNT、PNT 以及总的消耗量 TF。

### 3. $P$ 中心定位与分配问题

许多资源分配问题的供应点布设要求满足多种组合条件，比如在选择供应点时不仅要求使总的加权距离最小，有时还要使总服务范围最大，有时又限定服务范围最大距离不能超过一定的限值等，这些问题都可以分解为多个单目标问题，利用多个单目标方程即最小目标值合作求解。所谓目标方程是用数学方式表达满足所有需求点到供应点的加权距离最小的条件方程，也称 $P$ 中心定位问题（$P$-median location problem），是定位与分配问题的基础。

$P$ 中心定位与分配模型最初由 S. L. Hakimi 于 1964 年提出，在该模型中，供应点和候选点都位于网络的节点上，弧段表示可到达供应点的通路或连接，使用的距离是网络上的路径长度，特定的优化条件可以是总距离最小、总时间最少或者总费用最少等。根据不同的优化条件，$P$ 中心问题可分为不同的类型，其中总的加权距离最小的 $P$ 中心问题是最基本的问题，其他问题可通过修改目标方程或约束条件进行扩展。

$P$ 中心定位与分配问题的目标是在 $m$ 个候选点中选择 $p$ 个供应点为 $n$ 个需求点服务，使从服务中心到需求点的总距离（或时间、费用）最少。假设 $w_i$ 为需求点 $i$ 的需求量，$d_{ij}$ 为从候选点 $j$ 到需求点 $i$ 的最短距离，则 $P$ 中心问题可以表述为

$$\min\left(\sum_{i=1}^{n}\sum_{j=1}^{m} w_i \cdot d_{ij} \cdot a_{ij}\right)$$

并满足以下条件：

$$\sum_{j=1}^{m} a_{ij} = 1, i = 1, 2, \cdots, n ; \quad \sum_{j=1}^{m}\left(\prod_{i=1}^{n} a_{ij}\right) = p, p < m \leqslant n$$

其中，$a_{ij}$ 是分配的指数，如果需求点 $i$ 受供应点 $j$ 的服务，则 $a_{ij}$ 的值为 1，否则为 0。即有

$$a_{ij} = \begin{cases} 1 & i \text{ 由 } j \text{ 服务} \\ 0 & \text{其他} \end{cases}$$

上述约束条件是为了保证每个需求点仅受一个供应点的服务，且只有 $p$ 个供应点。因此，所有 $P$ 中心问题都具有如下基本特点：①从一组候选点中选取特定个点 $P$；②所有需求点都分配给与之最近的供应点；③供应点的供应量是一定的，每个供应点都位于其所服务的需求点的中央。

将上述 $P$-中心模型目标方程进行相应修改，可以引申求解其他类型的 $P$ 中心定位与分配问题。要求距离最小时，令 $M_{ij} = w_i \cdot d_{ij}$，则原目标方程转化为

$$\min\left(\sum_{i=1}^{n}\sum_{j=1}^{m} M_{ij} \cdot a_{ij}\right)$$

（1）若希望所有的需求点在一给定的理想范围 $S$ 内，则对 $M_{ij}$ 修改如下：

$$M_{ij} = \begin{cases} w_i d_{ij} & d_{ij} \leqslant S \\ +\infty & d_{ij} > S \end{cases}$$

（2）若要求所选的中心具有最大服务范围并且需求点在一给定的服务范围 $S$ 内，则对 $M_{ij}$ 作如下修改：

$$M_{ij} = \begin{cases} 0 & d_{ij} \leqslant S \\ w_i & d_{ij} > S \end{cases}$$

（3）若需要限制服务范围在一给定的最远距离 $L$ 内，则对 $M_{ij}$ 作如下修改：

$$M_{ij} = \begin{cases} 0 & d_{ij} \leqslant S \\ w_i & S < d_{ij} \leqslant L \\ +\infty & d_{ij} > L \end{cases}$$

图 4-37 显示了上述三个模型的特征，其中图 4-37(a) 表示总距离最短时中心的位置；

图 4-37(b)表示总距离最短且需求点不超过一定距离时,中心从原来的位置移到当前的位置;图 4-37(c)表示中心位置移动后, 中心最大的服务范围从 4 个需求点扩大到 9 个需求点;图 4-37(d)表示中心位置移动后, 中心的最远服务范围可以覆盖所有的需求点。

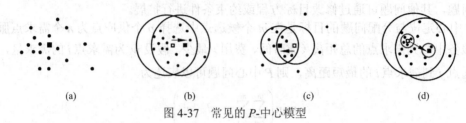

$$\text{(a)} \qquad \text{(b)} \qquad \text{(c)} \qquad \text{(d)}$$

图 4-37　常见的 $P$-中心模型

### 4.3.5　流分析

地理网络中不断地进行着物质和能量的流动,形成了各种各样的流。人流、物流和能量流等在网络中的流动是有方向的,由流入点进入网络的流量和最终到达流出点的流量是相等的,且这些资源的流量不能超过网络的最大流量。流分析就是根据网络元素的性质选择将目标经输送系统由一个地点运送至另一个地点的优化方案,网络元素的性质决定了优化的规则。寻找网络中从固定的出发点到终点的最大流量或费用最小流量及流向,对于交通运输方案的制定、物资紧急调运以及管网路线的布设等具有重要意义。

流分析问题可以采用线性规划法来求解,但网络的线性规划方程一般都相当复杂,因此常用的求解方法是根据实际的网络,利用图的方法来解决问题,网络流理论为其基础理论。根据地理网络的特点,可以给出网络流的相关概念。

**1. 网络流**

1956 年, L. R. Ford Jr 和 D. R. Fulkson 等人给出了解决网络上寻求两点间最大运输量一类问题的算法,从而建立了网络流理论。给定一个网络 $G(V,E)$ , $c_j$ 表示点 $j$ 的结点容量; $w_{ij}$ 表示网络边 $(i,j)$ 上输送单位流量所需费用; $s$ 、 $t$ 分别表示网络的发点(源)和收点(汇),网络中各边的方向表示允许的流向。

网络上的流是定义在弧集合上的一个非负函数 $f = \{f(i,j)\}$ , 弧 $(i,j) \in E$ 的流量 $f_{ij} = f(e)$ , 表示弧 $(i,j)$ 上单位时间内的实际通过能力;弧的容量 $c_{ij}$ 表示弧 $(i,j)$ 上单位时间内的最大通过能力;通过网络结点 $j \in V$ 的流量表示为 $f_j = f(j)$ 。如果函数满足下列两个条件,那么就称 $f$ 是网络上的一个可行流。

(1)容量限制:对应网络边的流量不超过网络边的容量,即 $0 \leqslant f_{ij} \leqslant c_{ij}$ , 对应网络结点的流量不超过结点容量,即 $0 \leqslant f_j \leqslant c_j$ ;

(2)流守恒性:发点 $s$ 的净输出量 $v(f)$ 等于收点 $t$ 的净输入量 $-v(f)$ ,而发点 $s$ 到收点 $t$ 之间的任意中间结点 $i$ , 其流入量与流出量的代数和等于零,即有

$$\sum f(i,j) - \sum f(j,i) = \begin{cases} v(f) & i = s \\ 0 & i \neq s,t \\ -v(f) & i = t \end{cases}$$

若网络所有边和结点的流量 $f$ 均取值为 0，即对所有的点 $i$ 和 $j$ 有 $f_{ij}=0$ 和 $f_j=0$，则将其称之为网络的零流，其也是一个可行流。

对于 $f$ 在弧 $(i, j)$ 上的流量 $f_{ij}$，若 $f_{ij}=c_{ij}$ 称之为饱和弧；若 $f_{ij}<c_{ij}$ 称之为非饱和弧；若 $f_{ij}>0$ 称之为非零流弧；若 $f_{ij}=0$ 称之为零流弧。

网络流的最优化问题一直是地理网络研究的一个重要问题，主要涉及两方面内容：网络最大流问题和最小费用流问题。最大流问题指的是在一个网络中怎样安排网络上的流，使从发点到收点的流量达到最大。在实际应用中，不仅要使网络上的流量达到最大，或达到要求的预定值，而且要使运送流的费用或代价最小，即最小费用流问题。

### 2. 网络最大流

网络最大流问题是一类经典的组合优化问题，也可以看作是特殊的线性规划问题，在电力、交通、通信及计算机网络等工程领域和物理、化学等科学领域有着广泛的应用，许多组合优化问题都可以通过最大流问题求解。

给定网络的一个可行流 $f$，若 $\mu$ 是联结发点 $s$ 和收点 $t$ 的一条链，定义链的方向是从 $s$ 到 $t$，则 $\mu$ 上的弧分为两类：凡与 $\mu$ 方向相同的称之为前向弧，凡与 $\mu$ 方向相反的称之为后向弧，其集合分别用 $\mu^+$ 和 $\mu^-$ 表示。基于此定义增广链为：若 $f$ 是一个可行流，如果满足：

$$\begin{cases} 0 \leqslant f_{ij} < c_{ij} & (i, j) \in \mu^+ \\ 0 < f_{ij} \leqslant c_{ij} & (i, j) \in \mu^- \end{cases}$$

即 $\mu^+$ 中的每一条弧都是非饱和弧，$\mu^-$ 中的每一条弧都是非零流弧，则称 $\mu$ 为从 $s$ 到 $t$ 的关于 $f$ 的一条增广链。

将该网络从发点 $s$ 至收点 $t$ 的一条全部由正向弧构成的路称为正向路。当正向路上每条弧中的流量 $f_{ij}$ 小于其容量 $c_{ij}$ 时，称其为正向增广路。当网络中不存在对于某可行流 $f$ 的正向增广路时，则称可行流 $f$ 为网络的饱和流。如图 4-38 所示，图 4-38(a) 和 4-38(b) 中的流动为饱和流，而图 4-38(c) 中的流动为非饱和流，因为在 $s-a-t$ 路上还有可能增加两个单位流量。

因此，网络的最大流就是在满足容量限制和平衡条件的条件下，使 $v(f)$ 值达到最大的可行流。求解最大流的基本思想是：从待发点和收点的容量网络中的任何一个可行流开始，用流的增广算法寻找流的增广链。如果网络 $G$ 中存在一条从发点 $s$ 到收点 $s'$ 的增广链 $f_1$，则对 $f_1$ 进行增广得到一个流值增大的可行流 $f_2$，然后在网络中继续寻找 $f_2$ 的增广链，对 $f_2$ 进行增广，直到找不到流的增广链为止，此时的可行流就是 $G$ 的最大流。

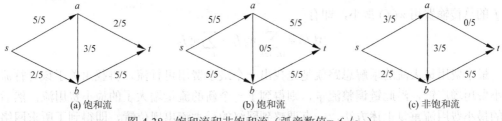

图 4-38　饱和流和非饱和流（弧旁数值 $=f_{ij}/c_{ij}$）

最大流理论是由 Ford-Fulkson 标号算法，利用图的深度优先搜索在剩余网络中寻找增广路，可分为标号过程和增流过程。

（1）标号过程利用深度优先搜索通过标记结点来寻找一条可增扩路。其具体过程为：①给发点 $s$ 标号为 $(s^+, \infty)$；②若顶点 $i$ 已经标号，则对 $i$ 的所有未标号的邻接顶点 $j$ 按以下规则标号：若 $(i, j) \in E$，且 $f_{ij} < c_{ij}$ 时，令 $\delta_j = \min\left\{c_{ij} - f_{ij}, \delta_i\right\}$，则给顶点 $j$ 标号为 $(i^+, \delta_j)$，若 $f_{ij} = c_{ij}$，则不给顶点 $j$ 标号；若 $(j, i) \in E$，且 $f_{ji} > 0$ 时，令 $\delta_j = \min\left\{f_{ji}, \delta_i\right\}$，则给顶点 $j$ 标号为 $(i^-, \delta_j)$，若 $f_{ji} = 0$，则不给顶点 $j$ 标号；③不断重复步骤②直至收点 $t$ 被标号，或不再有顶点可以标号为止，当 $t$ 被标号时，表明存在一条从 $s$ 到 $t$ 的可增广路。

（2）增流过程沿着可增广路增加网络的流量。其具体过程为：①令 $u = t$；②若 $u$ 的标号为 $(v^+, \delta_t)$，则 $f_{uv} = f_{uv} + \delta_t$；若 $u$ 的标号为 $(v^-, \delta_t)$，则 $f_{uv} = f_{uv} - \delta_t$；③若 $u = s$，将全部标号去掉并回到标号过程（1），否则令 $u = v$ 并回到增流过程步骤②。

Ford-Fulkson 算法的运行时间为 $O(mf^*)$，其中 $f^*$ 为最大流的流量。该算法不足之处在于：如果每一次找到的增广链只能增加一个单位的流量时，则从零流开始计算需要进行增广过程的迭代次数将等于网络边的容量，而与网络的大小无关，实际应用中网络边的容量大小可以是任意的数字，运行时间将受此限制；另一方面，当网络边的容量不是整数时则不能保证该算法在有限步结束。选取增广链的任意性造成了这些不足，为实现应用中高效率搜索必须改进增广链的选取方法。

### 3. 最小费用最大流

在实际网络问题中，不仅要考虑从 $s$ 到 $t$ 的流量最大，而且还要考虑可行流在网络传送过程中的费用问题，这就是网络的最小费用最大流问题。

最小费用流问题可以描述为在网络中求出一个流值费用最小的可行流，也可以理解为如何制定运输方案使得从发点到收点恰好运送值为总费用最小的流。在网络中沿着最短路增广得到的可行流的费用最小，确定最小费用流的过程实际上是一个多次迭代的过程，其基本思想是从零流为初始可行流开始，在每次迭代过程中对每条边赋予与容量、费用、现有流的流量有关的权数，形成一个赋权有向图，再用求最短路径的方法确定从发点到收点费用最小的非饱和路径，沿着此路径增加流量，得到相应的新流。经过多次迭代，直至达到指定流值的新流为止。

假设 $D = (V, E, c, w)$ 是一个带发点 $s$ 和收点 $t$ 的容量-费用网络，对于任意弧 $(i, j) \in E$，$c_{ij}$ 表示弧 $(i, j)$ 上的容量，$w_{ij}$ 表示弧 $(i, j)$ 上单位流量的传输费用，$w_i$ 和 $w_j$ 分别表示结点 $i$ 和 $j$ 上单位流量的传输费用。要在容量-费用网络 $D$ 中寻找 $s \rightarrow t$ 的最大流 $f = \left\{f_{ij}\right\}$，且使得流 $f$ 的总传输费用 $w(f)$ 最小，即有

$$w(f) = \sum_{(i, j) \in E} w_{ij} f_{ij} + \sum_{i \in v} w_i f_i$$

最小费用最大流的求解思路就是先找出一个最小费用可行流，再找出关于该可行流的最小费用增广链，沿此链调整流量，则得到了一个新的流量增大了的最小费用流，然后对新的最小费用流重复上述方法，一直调整到网络的最大流出现位置，即得到了所求网络的最小费用最大流。

如果已知 $f$ 是流量为 $v(f)$ 的最小费用流，则需求解关于 $f$ 的最小费用增广链。为此，构造一个有向费用网络 $W(f)$，它的顶点与原网络完全相同，把原网络中的每一条弧 $(i,j)$ 分解成方向相反的两条弧，即 $(i,j)$ 和 $(j,i)$。并按如下规则定义 $w(f)$ 中弧的权数：

（1）当弧 $(i,j) \in E$ 时，令权数

$$W_{ij} = \begin{cases} w_{ij} & f_{ij} < c_{ij} \\ +\infty & f_{ij} = c_{ij} \end{cases}$$

（2）若弧 $(j,i)$ 是原网络中弧 $(i,j)$ 的反向弧时，令权数

$$W_{ij} = \begin{cases} -w_{ij} & f_{ij} > 0 \\ +\infty & f_{ij} = 0 \end{cases}$$

即，在增广链的前向弧上，当 $f_{ij} < c_{ij}$ 时可以增加流量，其单位费用为 $w_{ij}$；当 $f_{ij} = c_{ij}$ 时不能再增加流量，否则要花费高昂的代价，因此单位费用为 $+\infty$。在增广链的后向弧上，当 $f_{ij} > 0$ 时，减少一个单位流量可节约的费用为 $w_{ij}$；当 $f_{ij} = 0$ 时，由于无法减少流量，因此单位费用亦为 $+\infty$。经上述处理后，在容量-费用网络中寻找关于 $f$ 的最小费用增广链问题，就转化为在有向费用网络 $W(f)$ 中寻找从 $s \to t$ 以费用表示的最短路。因是求最短路，故 $W_{ij} = +\infty$ 的弧可以从网络中省略。

在网络中沿着最短路增广得到的可行流的费用为最小，确定最小费用流的过程实际上是一个多次迭代的过程，其基本思想是从零流为初始可行流开始，在每次迭代过程中对每条边赋予与容量、费用及现有流的流量有关的权数，形成一个赋权有向图，再用求最短路径的方法确定由发点到收点的费用最小的非饱和路径，沿着该路增加流量，得到相应的新流。经过多次迭代，直至达到指定流值的新流为止。该算法主要步骤如下：

（1）取零流作为初始最小费用可行流 $f^0$，即 $v(f^0) = 0$；

（2）若在 $k-1$（$k = 1,2,\cdots,n$）步求得最小费用流 $f^{k-1}$，则构造关于 $f^{k-1}$ 的有向费用网络 $W(f^{k-1})$；

（3）在网络 $W(f^{k-1})$ 中寻找一条从 $s \to t$ 的最短路，若不存在最短路，则 $f^{k-1}$ 已是最小费用最大流，计算停止，否则转到步骤（4）；

（4）在原网络图中与这条最短路相应的增广链上，对流量 $v(f^{k-1})$ 进行调整，调整量为：$\theta = \min\left\{ \min(c_{ij} - f_{ij}^{k-1}), \min f_{ij}^{k-1} \right\}$，调整后得到新的最小费用流 $f^k$，其流量为 $v(f^{k-1}) + \theta$，用 $f^k$ 代替 $f^{k-1}$，返回步骤（2）。

### 4.3.6　动态分段技术

动态分段技术是用于实现将地理线性要素与现实交通网络中的道路状况、事故等链接起来的动态分析、显示和绘图技术。动态分段可以有效地解决多重属性线性要素的表达问题，将属性从点-线的拓扑结构中分离出来，通过线性要素的量度（如里程标志）来利用现实世界的坐标，把线性参考数据（如道路质量、河流水质、事故等）链接到一个有地理坐标参考的网络中，也可称为一种建立在线性特征基础上的数据模型。

### 1. "弧段-节点"模型

在现有的地理信息系统中,线状特征多数是用"弧段-节点"模型来模拟。该模型主要由弧段组成,弧段有两个节点,一组坐标串和属性信息,但该模型局限于模拟描述线性系统的静态特征。在这种模型中,一条弧段只与属性表中的一条记录对应,容易产生严重的数据冗余。有时一条弧段的属性在某一段发生变化,就必须在属性变化处打断弧段增加节点来反映属性的变化,如果多处发生变化,要增加的节点就会很多,管理和更新整个线性系统很困难,且在属性段有重叠的情况下,将会变得更加复杂。"弧段-节点"数据模型采用 $X$、$Y$ 坐标来定位点、线、多边形和高级对象,但地理网络所要模拟的客观事物通常是采用线性系统的相对定位方法,即采用与某个参考点的相对距离来定位。

### 2. 动态分段模型

动态分段模型用路径、量度和事件把平面坐标系统与线性参照系统有机地组合在一起,既保留网络图层的原始几何特征,同时利用相对位置的信息将地理网络与现实世界连接起来,能够有效地解决线性要素多重属性的表达问题,尽可能地减少数据冗余。动态分段是对现实世界中的线性要素及其相关属性进行抽象描述的数据模型和技术手段,可以根据不同的属性按照某种度量标准(如距离、时间等)对线性要素进行相对位置的划分。对同一个线性要素,可以根据不同的度量标准得到不同的相对位置划分方案,相对位置信息存储在线性要素的某个属性字段中,用它可以确定线性要素上的不同分段。在动态分段中,线性要素的定位不是使用 $X$、$Y$ 坐标,而是使用相对位置的信息来实现的。例如,说明一个站点的位置,可以用(2341,5657)来定位,也可以用"距学校 5.1km"来表示,其中后者便是动态分段的定位方法。

动态分段是可以用相互关联的量测尺度来表示线性要素的多种属性级的技术,主要特点为:

(1)无需重复数字化就可以进行多个属性集的动态显示和分析,减少了数据冗余;

(2)不需要按属性集对线性要素进行真正的分段,仅在需要分析、查询时,动态地完成各种属性数据集的分段显示;

(3)所有属性数据集都建立在同一线性要素位置描述的基础上,即属性数据组织独立于线性要素位置描述,易于进行数据更新和维护;

(4)可进行多个属性数据集的综合查询与分析。

动态分段模型在"弧段-节点"模型基础上进行了扩展,引入段(section)、路径(route)、事件(event)、路径系统(route system)等用来模拟线性系统中的不同特征。弧段、段和路径都可以用来表示线性特征。

(1)弧段(arc)是线状目标数据采集、存储的基本单元,一部分弧段作为边参与网络的生成。段是一条弧段或者弧段中的一部分,段与段之间反映了沿路径方向线性特征属性的变化,段的属性记录在段属性表中,可以是反映段与路径、弧段之间的图形和位置关系,也可以是用户定义的属性。

(2)路径(route)是一个定义了属性的有序弧段的集合,可以代表线性特征,如高速公路、城市街道、河流等。每条路径应该至少包括一条弧段的一部分,它可以表示具有环、分又和间断点的复杂线状特征。一条路径通常由一些段组成，每个段有一个起始和终止位置以定义其在弧上的位置，根据段在路径中的位置，采用相对定位的方法，给定路径起始位置一个度量值（通常为 0），路径上其余位置则相对于该起始位置来度量，单位可以是距离、时间等。一个段将定义路径的起始和终止度量，起始和终止度量将决定路径沿弧的方向，但它的起止点并不一定与原始的线性要素相一致。段和路径分别有各自的属性表，用户可以给路径中的每个段添加属性，生成路径的优点就在于用户在路径上定义线性特征的属性，完全不会影响下面的弧段。每个路径都与一个度量系统相关，如前所述，段的属性（或称事件）等是根据这一度量标准来定位的。

（3）事件（event）是路径的一个部分或某个点上的属性，如道路质量、河流水质、交通事故等。事件包括点事件（point events）、线事件（linear events）和连续事件（continuous events）。

①点事件：描述路径系统中具体点（如加油站、交通事故等）的属性；

②线事件：描述路径系统的不连续部分的属性；

③连续事件：描述覆盖整个路径的不同部分的属性。

（4）路径系统（route system）是具有共同度量体系的路径和段的集合，是动态分段的基础，只有在建立路径系统的基础上，才能够将外部属性数据库以事件的形式生成事件主题，从而进行动态的查询、管理与分析。

动态分段实质是通过在线性空间数据上建立段属性表，再在段属性表上建立路径属性表，并基于路径属性表建立关联来完成段、路径和事件的联系。动态分段的核心是如何生成动态段。由前面介绍的相关定义可知，动态分段模型的基础仍然是"弧段-节点"模型，动态段在此基础上生成，主要有三个步骤：首先确定动态节点的插入位置；其次更新弧段表和节点表，生成动态段表和动态节点表；最后更新动态段的属性数据。

### 4.3.7　地址匹配

地址匹配是一种基于空间定位的技术，是地理编码的核心技术，提供了一种把描述成地址的地理位置信息转换成可以被用于 GIS 系统的地理坐标的方式，将只有属性数据的源表中记录的某个字段的值与地址数据库中的地理实体对应字段的属性值进行匹配尝试，如果匹配成功，就将地理实体的地理坐标赋给源表中的记录，从而实现源表记录的地理编码。利用地址匹配技术可以在地理空间参考范围中确定数据资源的位置，建立空间信息与非空间信息之间的联系，实现各种地址空间范围（即行政区、人口普查区或街道）内的信息整合。因此，地址匹配在城市空间定位和分析领域内具有非常广泛的应用，如商业上的区位分析、选址分析、资源环境管理、城市规划建设以及公安部门 110、119 报警系统等。

#### 1. 地址匹配的数据类型

在地址匹配过程中，涉及两种数据：一种是只包含地理实体位置信息，而没有相关地图定位信息（空间坐标）的地址数据（如街道地址、邮政编码或行政区划等）；另一种是已经包含了相关地图定位信息（空间坐标）的地理参考数据（包括街道地图数据、邮政编码地图数据、行政区划地图数据等），这些数据集合或者数据库在地址匹配过程中起到空间参考的作用。地址匹配是确定具有地址事件的空间位置并且将其绘制在地图上，其目标是为任何输入的地址数据返回最准确的匹配结果。地址匹配的过程是先对含地址的每个记录和带有地址属性的参考数据进行比较，如果找到匹配，参考数据上的地理坐标就被分配给相应的记录，这样，完成匹配的地址数据被赋予了空间坐标，从而能够在地图上表示出此地址数据所代表的空间位置。

### 2. 地址匹配的过程

地址匹配过程可分为基于道路的匹配和基于地块的匹配两种类型。基于道路的匹配是通过道路名和门牌号码进行匹配，在地址数据库中，每一个路段都具有道路名和起止门牌号码信息，在地理编码时，首先根据地址信息中的道路名找到在地理参考数据中相同名称的路段，然后根据地址信息中的门牌号及每个路段的起止门牌号码信息找到门牌号所在路段，最后根据门牌号及该路段的起止门牌号码信息进行内插确定该记录在该路段上的位置。基于地块的匹配是通过标识地块唯一性的信息进行匹配，在参考图层中每一地块都具有唯一的标识信息，这里的地块可以是行政区、邮政编码区、街坊等等，根据地址中的标识信息，查找参考图层中具有相同标识的记录（地块），并定位到该地块中，从而实现地址匹配。

在对地址数据进行地理编码之前，充分了解数据库中的数据以及如何利用这些数据是非常重要的。

（1）了解数据库中保存的地址数据的具体类型。明确这些数据所表达的空间范围大小，是街道地址级别、城镇级别还是邮递区级别。尽量消除地址数据中包含的歧义信息，例如，有的地址数据的地址名称相同，但所在的地理区域不同，就不能只按街道地址进行地址匹配，需要对地址数据加上空间区域或者范围的限制，否则地理编码软件难以区分这些记录。

（2）有目的地选择在地理编码过程中所使用的、用于地址匹配的地理参考数据的类型。

（3）考虑数据库中地址数据所表达的地理准确度。如果试图定位到电缆、犯罪现场或者消防龙头，就要求较高的准确度，应该按最小、最基本的地址单元进行地址匹配。

### 3. 地址匹配的不足及改善

地址匹配不能被成功应用的主要原因包括：

（1）地址数据不完整或者有歧义；

（2）地址数据中包含的某些字符或者是地址数据的格式不能被地理编码软件正常处理；

（3）地址数据符合要求，但是作为地理参考的街道地图数据不完整或者没有及时更新。

针对地址匹配中存在的问题，提高地理编码的方法和策略主要包括：

（1）对地址数据进行标准化处理，其目的是清除地址数据中不符合地理编码要求的成分，如统一地址名称、地址数据包含的数据成分以及各个数据成分所具有的数据类型等。

（2）选择一种比较好的可作为地理参考的数据库系统，其中包含街道地图数据、邮政编码地图数据和行政区划地图数据等。

（3）需要基于多种地理参考数据库进行地理编码。不同版本的 TIGER 基础文件进行地理编码，得到的结果有很大的区别，一般较新文件包含的信息会更加综合和详细，且包含更新过的街道地址数据，这样结合旧版本的数据文件，可以应用地理编码来及时和准确地反映这一区域在时间和空间上的具体变化，进行空间分析。

（4）可以对地址匹配软件的功能参数进行设置，使其可以接受"非标准化"的地址数据，调整地理编码软件或模块进行地址匹配的精度。需要明确地理编码的目标或者期望值，以决定在地理编码过程中能接受的不精确数据的程度。

（5）按照一定的顺序进行地址匹配，一般先执行准确性要求较高的地理编码，再根据需要调整参数，执行准确性要求较低的地理编码。另外，预先将地理参考数据库中的地址数据按照邮政编码或行政区划进行分类处理，可以显著地提高地理编码的速度。

# 第 5 章　空间统计分析

空间统计学是空间数据资料的统计学分析方法。空间统计分析是以区域化变量理论为基础，以变异函数为主要工具，研究具有地理空间信息特性的事物或现象的空间相互作用和变化规律的学科。其核心在于认识与地理位置相关的数据间的空间依赖、空间关联或空间自相关，通过空间位置建立数据间的统计关系。

## 5.1　空间统计分析的理论基础

### 5.1.1　空间统计分析

20 世纪 60 年代，法国著名统计学家 Georges Matheron 教授进行大量理论研究并出版其专著《应用地质统计学》，由此标志着地质统计学作为一门新兴的统计学分支成立。后经过各国数学家、气象学家、经济学家等的拓展应用于不同的领域，最终形成了空间统计学。

随着空间统计学的发展，空间统计学在不断扩展。现在的空间统计分析可包括"空间数据的统计分析"及"数据的空间统计分析"。前者主要是对空间物体和现象的非空间特性进行统计分析，就是用数学统计模型来描述和模拟空间现象和过程，以便于定量描述和计算机处理，着重于常规的统计分析方法。后者是直接从空间物体的空间位置、联系等方面出发，研究既具有随机性又具有结构性，或具有空间相关性和依赖性的自然现象，它是在传统的统计学理论和方法的基础上发展起来的。

GIS 所研究的空间统计分析侧重于数据的空间统计分析，其是以区域化变量理论为基础，以变异函数为主要工具，研究地理空间信息特性的事物或现象的空间相互作用及变化规律的学科。它主要研究空间分布数据的结构性和随机性，或空间相关性和依赖性，或空间格局与变异，并对这些数据进行最优无偏内插估计，或模拟这些数据的离散性和波动性。

空间统计分析包括两个显著的任务，一是揭示空间数据的相关规律，二是利用相关规律进行未知点预测。因为空间统计分析所研究的区域中的所有的值都是非独立的，相互之间存在相关性。在空间和时间范畴内，这种相关性被称为自相关。根据空间数据的相关性，可以利用已知样点值对任意未知点进行预测。在空间统计分析中，共有两次使用样点数据，其中一次是用于估计空间自相关，另一次则用于未知点预测。

### 5.1.2　理论假设

空间统计学是以区域化变量理论为基础，以变异函数为主要工具，研究分布于空间并显示出一定结构性和随机性的自然现象。

#### 1. 空间随机场与区域化变量

当一个变量呈空间分布时称之为区域化，区域化变量具有随机性和结构性两个性质：①在局部的某一点，区域化变量的取值是随机的；②对于整个区域而言，存在一个总体或平均的结构。要了解空间随机场与区域化变量，应该先来了解几个基本概念，包括随机变量、分布函数和随机过程。

随机变量是在一定范围内以一定的概率分布随机取值的变量，按照随机变量可能取得的值，可区分为离散型随机变量和连续型随机变量两种基本类型。

分布函数是指对于随机变量以多大的概率进行取值，主要用来研究随机变量在某一区间内取值的概率情况。

随机过程（stochastic process）是一连串随机事件动态关系的定量描述，是任意一个受概率支配的过程。

当随机函数依赖于多个自变量，尤其是空间坐标时，则称该随机函数为随机场。随机过程和随机场都可以视为随机函数的特例。

以空间点 $x$ 的三个直角坐标 $(x_u, x_v, x_w)$ 为自变量的随机场 $Z(x_u, x_v, x_w)$ 称为区域化变量，如图 5-1 所示。观测前 $x_u$、$x_v$、$x_w$ 为自变量，观测后 $x_u$、$x_v$、$x_w$ 均为任意固定值时，则函数 $Z(x_u, x_v, x_w)$ 为一随机变量。由随机变量所确定的函数，这些函数的集合就构成了随机函数 $Z(x_u, x_v, x_w, \omega)$，其中 $\omega$ 为观测次数。

在地质、采矿领域中许多变量都可看成是区域化变量。如矿石品位、矿体厚度、累积量（品位乘厚度）、地形标高、顶（底）板标高、地下水水头高度、各种物（化）探测量值、矿石内有害组分含量、岩石破碎程度、围岩蚀变程度、海底深度、大气污染量、孔隙度和渗透率等均可看成是区域化变量，只不过有些是三维的，有些是二维的罢了。区域化变量正是地质统计学的研究对象。

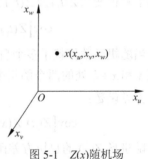

图 5-1　$Z(x)$ 随机场

**2. 变异函数与协方差函数**

1）变异函数

变异函数是 Georges Matheron 提出的用以研究区域化变量空间变化特征和强度的手段和工具，它被定义为区域化变量增量平方的数学期望，即区域化变量增量的方差。在一维条件下变异函数定义如下：当空间点 $x$ 在一维 $x$ 轴方向上变化时，把区域变量 $Z(x)$ 在点 $x$ 和 $x+h$ 处的值 $Z(x)$ 与 $Z(x+h)$ 差的方差的一半定义为区域变量 $Z(x)$ 在 $x$ 轴方向上的变异函数，并记 $\gamma(x, h)$ 为

$$\gamma(x, h) = \frac{1}{2}\text{var}\left[Z(x) - Z(x+h)\right]^2$$
$$= \frac{1}{2}E\left[Z(x) - Z(x+h)\right]^2 - \frac{1}{2}\left\{E\left[Z(x)\right] - E\left[Z(x+h)\right]\right\}^2$$

在二阶平稳假设条件下，对任意 $h$ 有

$$E\left[Z(x+h)\right] = E\left[Z(X)\right], \ \forall h$$

于是上式可计算为

$$\gamma(x, h) = \frac{1}{2}E\left[Z(x) - Z(x+h)\right]^2$$

从上述公式可知，变异函数依赖于两个自变量 $x$ 和 $h$，当变异函数 $\gamma(x, h)$ 与位置 $x$ 无关，

而只依赖于分隔两个样品点之间的距离 $h$ 时，$\gamma(x,h)$ 就可以改写成 $\gamma(h)$，则有

$$\gamma(h) = \frac{1}{2} E\left[Z(x) - Z(x+h)\right]^2$$

即 $Z(x) - Z(x+h)$ 只依赖于在某方向上的分隔向量 $h$，而与其具体位置无关。每对预测数据 $[Z(x), Z(x+h)]$ 都可看成是 $[Z(x) - Z(x+h)]$ 的一个取样，从而可用样本方差估计总体方差，得到半变异函数的表达式

$$\gamma*(h) = \frac{1}{2N(h)} \sum_{i=1}^{N(h)} \left[Z(x_i) - Z(x_i + h)\right]^2$$

其中，$N(h)$ 是分隔距离为 $h$ 的样本量。半变异函数实际上是变异函数的一半，有时把 $2\gamma(x,h)$ 定义为变异函数，则 $\gamma(x,h)$ 就是半变异函数了，而把 $\gamma(x,h)$ 直接定义为变异函数时，绝不会影响它的性质。

2）协方差函数

在随机函数中，当只有一个自变量 $x$ 时称为随机过程，随机过程 $Z(t)$ 在时刻 $t_1$ 及 $t_2$ 处的两个随机变量 $Z(t_1)$ 及 $Z(t_2)$ 的二阶混合中心矩定义为随机过程的协方差：

$$\mathrm{cov}\left[Z(t_1), Z(t_2)\right] = E\left[Z(t_1)Z(t_2)\right] - E\left[Z(t_1)\right]E\left[Z(t_2)\right]$$

当随机函数依赖于多个自变量时，$Z(x) = Z(x_u, x_v, x_w)$ 称为随机场。而随机场 $Z(x)$ 在空间点 $x$ 和 $x+h$ 处的两个随机变量 $Z(x)$ 和 $Z(x+h)$ 的二阶混合中心矩定义为随机场 $Z(x)$ 的自协方差函数：

$$\mathrm{cov}\left[Z(x), Z(x+h)\right] = E\left[Z(x)Z(x+h)\right] - E\left[Z(x)\right]E\left[Z(x+h)\right]$$

随机场 $Z(x)$ 的自协方差函数亦称为协方差函数，一般而言协方差函数依赖于空间点 $x$ 和向量 $h$。当上述公式中 $h=0$ 时，则协方差函数变为

$$\mathrm{cov}\left[Z(x), Z(x+0)\right] = E\left[Z(x)\right]^2 - \left\{E\left[Z(x)\right]\right\}^2$$

即等于先验方差函数 $\mathrm{var}\left[Z(x)\right]$，当其不依赖于 $x$ 时，简称方差，从而有

$$\mathrm{var}\left[Z(x)\right] = E\left[Z(x)\right]^2 - \left\{E\left[Z(x)\right]\right\}^2$$

### 3. 平稳性假设及内蕴假设

空间统计学研究是用变异函数表示一定范围内区域化变量的空间结构性的，用 $Z(x)$ 的自协方差函数计算变异函数时，必须要有 $Z(x)$ 和 $Z(x+h)$ 这一对区域化变量的若干实现，而在实际工作中只有一对这样的实现，即在 $x$ 和 $x+h$ 点只能测得一对数据（因为不可能恰在同一样点上取得第二个样品），也就是说，区域化变量的取值是唯一的，不能重复的。为了克服这个困难，提出了如下的平稳假设及内蕴假设。

1）平稳假设

平稳假设是指区域化变量 $Z(x)$ 的任意维分布函数不因空间点 $x$ 的位置的位移 $h$ 而发生改变，关系式为

$$F_{x_1, x_2, \cdots, x_n}(z_1, z_2, \cdots, z_n) = F_{x_1+h, x_2+h, \cdots, x_n+h}(z_1, z_2, \cdots, z_n), \forall n, \forall h, \forall x_1, x_2, \cdots, x_n$$

若上式成立，则等价于随机函数（区域化变量、随机场）$Z(x)$ 的各阶矩都存在平稳。

而在实际的工作中这很难满足，但是在线性地质学中，只需假设 $Z(x)$ 存在一、二阶平稳就够了。

若区域化变量 $Z(x)$ 满足二阶平稳假设，则需要满足下列两个条件。

（1）在整个研究区内，区域化变量 $Z(x)$ 的数学期望对任意 $x$ 存在且平稳：

$$E[Z(x)] = E[Z(x)+h] = m, m为常数, \forall x$$

（2）在整个研究区内，区域化变量 $Z(x)$ 的空间协方差函数对任意 $x$ 和 $h$ 存在且平稳：

$$\text{cov}[Z(x), Z(x+h)] = E[Z(x)Z(x+h)] - m^2 = \text{cov}(h), \forall x, \forall h$$

由上式可知，在二阶平稳假设下协方差函数及随机变量平方的期望与空间位置 $x$ 无关，只与距离 $h$ 有关。当 $h = 0$ 时，上式变为

$$\text{var}[Z(x)] = \text{cov}[Z(x), Z[x+0]] = \text{cov}(0), \forall x$$

协方差平稳意味着方差及变异函数平稳，由此可以得出方差（随机变量平方的期望）变异函数只与距离 $h$ 有关，与空间位置 $x$ 无关。由于在二阶平稳假设下随机变量平方的期望也只与距离 $h$ 有关，可得到下列式子：

$$E[Z(x+h)]^2 = E[Z(x)^2], \forall x, \forall h$$

$\gamma(x,h)$ 就可以改写成 $\gamma(h)$

$$\gamma(h) = \frac{1}{2} E[Z(x) - Z(x+h)]^2, \forall x, \forall h$$

由上列式子可以得到关系式

$$\text{cov}(h) = \text{cov}(0) - \gamma(h)$$

2）内蕴假设

在实际工作中，二阶平稳假设并不容易满足，因为有时协方差函数并不存在，导致没有有限先验方差。例如一些随机函数和自然现象具有无限离散性，即无协方差和先验方差，但有半变异函数，这时区域化变量 $Z(x)$ 的增量 $Z(x) - Z(x+h)$ 满足下列两个条件时，就称该区域化变量满足内蕴假设：

（1）在整个研究区内，随机函数 $Z(x)$ 的增量 $Z(x) - Z(x+h)$ 的数学期望为零，即

$$E[Z(x) - Z(x+h)] = 0, \forall x, \forall h$$

（2）对于所有矢量的增量 $Z(x) - Z(x+h)$ 的方差函数存在且平稳，即

$$\text{var}[Z(x) - Z(x+h)] = E[Z(x) - Z(x+h)]^2 = 2\gamma(x,h) = 2\gamma(h), \forall x, \forall h$$

即要求 $Z(x)$ 的半变异函数 $\gamma(h)$ 存在且平稳。

内蕴假设可以理解为：随机函数 $Z(x)$ 的增量 $Z(x) - Z(x+h)$ 只依赖于分隔它们的向量 $h$（模和向量）而不依赖于具体位置 $x$，这样被向量 $h$ 分隔的每一对数据 $[Z(x), Z(x+h)]$ 可以看成是一对随机变量 $\{Z(x_1), Z(x_2)\}$ 的一个不同实现，而半变异函数 $\gamma(h)$ 的估计量 $\gamma^*(h)$ 为

$$\gamma^*(h) = \frac{1}{2N(h)} \sum_{i=1}^{N(h)} [Z(x_i) - Z(x_i + h)]^2$$

其中，$N(h)$ 是被向量 $h$ 相分隔的实验数据对的数目。

### 5.1.3　常用统计量

#### 1. 数据集中趋势的统计量

数据集中趋势的统计量包括平均数、中位数、众数，它们都可以用来表示数据的分布位置和一般水平。

1）平均数

平均数是最常用的表示数据集中趋势的指标，平均数可分为三种：算术平均数、几何平均数、调和平均数。其中，前两者在 GIS 分析中最常用到。

算术平均数又包括简单算术平均数和加权算术平均数。

简单算术平均值：

$$\bar{x} = \frac{1}{n}\sum_{i=1}^{n} x_i$$

加权平均数（权重 $f_i$ 为 $x_i$ 出现的频数）：

$$\bar{x} = \frac{1}{n}\sum_{i=1}^{n} f_i x_i \quad 且 \quad n = \sum f_i$$

几何平均数是指 $n$ 个数据的连乘积再开 $n$ 次方所得的方根数：

$$\bar{x}_g = \sqrt[n]{\prod_{i=1}^{n} x_i}$$

对于平均数，在求取离差、平均离差、离差平方和、方差、标准差、变差系数、偏度系数和峰度系数等时，要先求得算术平均数；算术平均数也可用于图像处理中的平滑运算。加权平均数与算术平均数的应用大致相同，但加权平均数要考虑各数据点的贡献作用。几何平均数用于分析和研究平均改变率、平均增长率、平均定比等，还在偏相关系数中有应用。

2）中位数和众数

中位数是指将数据值按大小顺序排列，位于中间的那个值。当数据集中有奇数个数据时，数据按大小顺序排列，那么第 $(n+1)/2$ 项就是中位数；当有偶数个数据时，中位数为第 $n/2$ 项与第 $(n+1)/2$ 项的平均数。

众数是指数据集中出现频数（次数）最多的某个（或某几个）数。

中位数不受极端数值的影响，如果数据集的分布形状是左右对称的，则中位数等于平均数；当数据集的分布形状呈左偏或右偏，以中位数表示它们的集中趋势比算术平均数更合理。

众数是数据集中最常出现的，因此一定是数据集中的某个值，代表了数据的一般水平，不受极端值的影响，在频数分布曲线上位居最高点，即曲线的峰值。

#### 2. 数据离散程度的统计量

离散程度越大，数据波动性越大，以小样本数据代表数据总体的可靠性越低；离散程度越小，则数据波动性小，以小样本数据代表数据总体的可靠性越高。

数据离散程度的统计量包括最大值、最小值、极差、分位数、离差、平均离差、离差平方和、方差、标准差、变差系数等。

1）最大值、最小值、极差和分位数

把数据从小到大排列，最前端的值就是最小值，最后一个就是最大值。通过最大、最小值和极差，可以了解数据的取值范围和分散程度，易于计算且容易理解，但它们都易受极端数值的影响，漠视了其他值的存在，无法精确地反映所有数据的分散情形，因此可能会有误导作用。

极差是指一个数据集的最大值与最小值的差值，它表示这个数据集的取值范围。在地形分析中，极差主要用于求取一定区域内的高差。对于两个不同地区，虽然它们的平均高程相同，但最高点、最低点及高差不同，说明了这两个地区的高程分布状况有差异。

分位数是指将数列按大小排列，把数列划分为相等个数的分段，处于分段点上的值。分位数剔除了数据集中极端值的影响，但计算麻烦，且没有用到数据集中的所有数据点。分位数在数据分级中应用较多。

2）离差、平均离差和离差平方和

离差是指各数值与其平均值的离散程度，其值等于某个数值与该数据集的平均值之差 $d_i = x_i - \overline{x}$。平均离差是指把离差取绝对值，然后求和，再除以变量个数，即

$$\overline{d_i} = \frac{\sum\limits_{i=1}^{n}\left|x_i - \overline{x}\right|}{n}$$

离差平方和是把离差求平方，然后求和，即

$$d_i^2 = \sum_{i=1}^{n}\left(x_i - \overline{x}\right)^2$$

离差可以说明两个数据集与各自平均值的离散程度不同。即两个数据集的均值相同，但其离差可以有很大的差别。

平均离差和离差平方和可以克服 $\sum\limits_{i=1}^{n}(x_i - \overline{x})$ 恒等于零的缺点，还可以把负数消除，只剩正值，这样更易于描述离散程度，而且离差平方和得到的结果较大，使离散程度更明显。离差平方和用于相关分析中求取相关系数。

在回归分析中，对回归方程进行显著性检验时，需要对原始数据进行离差平方和的分解，即把离差平方和分解为剩余平方和与回归平方和两部分，这两部分的比值可以反映回归方程的显著性。

在趋势面分析中，对于趋势面的拟合程度可以用离差平方和来检验，其方法也是将原始数据的离差平方和分解为剩余平方和与回归平方和两部分，回归平方和的值越大，表明拟合程度越高。

3）方差、标准差和变差系数

方差也称均方差，它是以离差平方和除以变量个数而得到的。表示为

$$\sigma^2 = \frac{1}{n}\sum_{i=1}^{n}\left(x_i - \overline{x}\right)^2$$

为了应用上的方便，对方差进行开方，即标准差，表示为

$$\sigma = \sqrt{\frac{1}{n}\sum_{i=1}^{n}\left(x_i - \overline{x}\right)^2}$$

它们是表示一组数据对于平均值的离散程度的很重要的指标。方差和标准差都可应用于相关分析、回归分析、正态分布检验等，还可用于误差分析、评价数据精度、求取变差系数、偏度系数和峰度系数等。标准差还可用于数据分级。

变差系数也称为离差系数或变异系数，是标准差与均值的比值，以 $C_v$ 表示：

$$C_v = \frac{\sigma}{\bar{x}}$$

式中 $C_v$ 为变差系数，其值为百分率。

变差系数是用相对数的形式来刻画数据离散程度的指标，它可以用来衡量数据在时间与空间上的相对变化（波动）的程度。变差系数可用来求算地形高程变异系数。

## 5.2　确定性插值法

确定性插值法是在研究区域内，基于未知点周围已知点和特定公式，来直接产生平滑的曲面。通常，确定性插值方法分为两种：全局性插值法和局部性插值法。全局性插值法以整个研究区的样点数据集为基础来计算预测值，局部性插值法则使用一个大研究区域中较小的空间区域内的已知样点来计算预测值。根据是否能保证创建的表面经过所有的采样点，确定性插值法又可分为两类：精确性插值方法和非精确性插值方法。对某个数值已知的点，精确插值法在该点位置的估算值与该点已知值相同。换句话说，精确插值所生成的面通过所有控制点。相反，非精确插值或叫做近似插值，估算的点值与该点已知值不同。

具体的确定性插值方法包括反距离加权法、全局多项式法、局部多项式法以及径向基函数法等。其中，反距离加权法和径向基函数法属于精确性插值方法，而全局多项式法和局部多项式法则属于非精确性插值方法。

### 5.2.1　反距离加权插值法

反距离加权（inverse distance weighted，IDW）插值法是基于相近相似的原理：两个物体离得越近，它们的性质就越相似；反之，离得越远则相似性越小。它以插值点与样本点间的距离为权重进行加权平均，离插值点越近的样本点赋予的权重越大。

反距离加权法主要依赖于反距离的幂值，幂参数可基于距输出点的距离来控制已知点对内插值的影响。幂参数是一个正实数，默认值为 2，一般 0.5～3 的值可获得最合理的结果。通过定义更高的幂值，可进一步强调最近点。因此，邻近数据将受到更大影响，表面会变得更加详细（更不平滑）。随着幂数的增大，内插值将逐渐接近最近采样点的值。指定较小的幂值将对距离较远的周围点产生更大的影响，从而导致平面更加平滑。

由于反距离加权公式与任何实际的物理过程都不关联，因此无法确定特定幂值是否过大。作为常规准则，认为值为 30 的幂是超大幂，如果距离或幂值较大，则可能生成错误结果，因此不建议使用。IDW 插值方法的应用条件为研究区域内的采样点分布均匀且采样点不聚集，其假设前提为各已知点对预测点的预测值都有局部性的影响，其影响随着距离的增加而减少。利用获取到的离散点子集计算插值的权重，通常计算步骤如下：

（1）计算未知点到所有点的距离 $d_i$；

（2）计算每个点的权重为

$$w_i = \frac{d_i^{-p}}{\sum\limits_{i=1}^{n} d_i^{-p}}$$

式中，权重是距离倒数的函数，且 $\sum\limits_{i=1}^{n} w_i = 1$，即所有点的权重之和为 1。

（3）计算结果为

$$\hat{Z}(x,y) = \sum_{i=1}^{n} w_i Z(x_i, y_i)$$

其中，$d_i = \sqrt{(x-x_i)^2 + (y-y_i)^2}$ 是离散预测点 $(x,y)$ 与各已知样点 $(x_i, y_i)$ 之间的距离；$p$ 为参数值，是一个任意正实数，通常 $p=2$，可以通过求均方根预测误差的最小值确定其最佳值；$n$ 为预测计算过程中要使用的预测点周围样点的总数；$\hat{Z}(x,y)$ 为点 $(x,y)$ 处的预测值；$w_i$ 为预测计算过程中使用的各样点的权重，该值随着样点与预测点之间距离的增加而减少；$Z(S_i)$ 是在 $S_i$ 处获得的测量值。

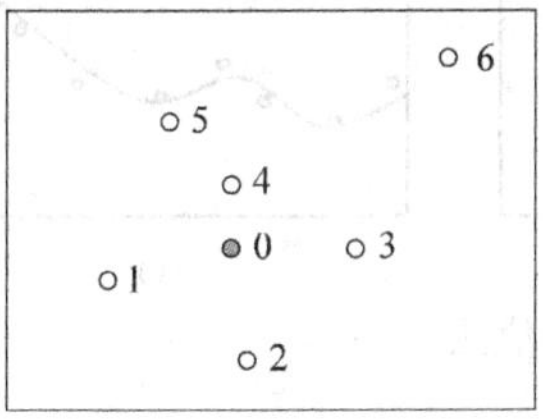

| 点号 | $x_i$ | $y_i$ | 高程 |
|------|-------|-------|------|
| 0 | 110.0 | 150.0 | ? |
| 1 | 70.0 | 140.0 | 115.4 |
| 2 | 115.0 | 115.0 | 123.1 |
| 3 | 150.0 | 150.0 | 113.8 |
| 4 | 110.0 | 170.0 | 110.5 |
| 5 | 90.0 | 190.0 | 107.2 |
| 6 | 180.0 | 210.0 | 131.8 |

| 点对 | 距离 |
|------|------|
| 0,1 | 41.23 |
| 0,2 | 35.35 |
| 0,3 | 40.00 |
| 0,4 | 20.00 |
| 0,5 | 44.72 |
| 0,6 | 92.19 |

(a)　　　　　　　　　(b)　　　　　　　　　(c)

图 5-2  反距离加权插值法

如图 5-2(a)所示，假设已知 6 个采样点（$P_1 \sim P_6$）的位置和高程和某插值点 $P_0$ 的位置（见图 5-2(b)），计算可得预测插值点到各个已知样点的距离 $d_i$ 如图 5-2(c)所示，则根据已知样点利用反距离加权插值法预测该插值点 $P_0$ 的高程值 $z_0$ 的过程如下：取 $p=1$ 并计算

$$\sum_{i=1}^{n} \frac{1}{d_i} = \frac{1}{41.23} + \frac{1}{35.35} + \frac{1}{40.00} + \frac{1}{20.00} + \frac{1}{44.72} + \frac{1}{92.19} = 0.16，以样点 P_1 的权重计算为例$$

$$w_1 = \frac{\dfrac{1}{41.23}}{0.16} = \frac{1}{41.23 \times 0.16} = 0.15$$

依次计算各个样点的权重，分别求得 $w_2 = 0.18$、$w_3 = 0.15$、$w_4 = 0.31$、$w_5 = 0.14$、$w_6 = 0.07$。根据 $\hat{Z}(x_0, y_0) = \sum\limits_{i=1}^{n} w_i \hat{Z}(x_i, y_i)$ 且满足 $\sum\limits_{i=1}^{n} w_i = 1$，则可求得 $\hat{Z}_0 = 0.15 \times 115.4 + 0.18 \times 123.1 + 0.15 \times 113.8 + 0.31 \times 110.5 + 0.14 \times 107.2 + 0.07 \times 131.8$。因此，利用 IDW 插值法可求得预测点的高程值为 $\hat{Z}_0(110, 150) = 105.8$。

样点在预测点值的计算过程中所占权重的大小受参数 $p$ 的影响，即随着采样点与预测值之间距离的增加，标准样点对预测点影响的权重按指数规律减少。在预测过程中，各样点值对预测点值作用的权重大小是成比例的，这些权重值的总和为 1。

IDW 插值方法的优点是计算简单和操作便利，缺点是需要多少样本点估计是未知的。当存在各向异性时，邻域的大小、方向和形状都会对估计产生影响，结果受点布局和离群值的影响。

### 5.2.2　全局多项式插值法

全局多项式插值法（global polynomial interpolation，GPI）以整个研究区的样点数据集为基础，用一个多项式来计算预测值，即用一个平面或曲面进行全局特征拟合。进行全局多项式插值的结果是一个平滑表面，这个表面是由采样点值拟合的多项式数学方程生成的，全局多项式表面起伏变化平缓，它能够捕捉到数据集中潜在的粗糙数据。全局多项式插值就像把一张纸插入到那些取值大小不同的样点之间（见图 5-3(a)）。对于全局多项式来说，一阶全局多项式可以根据数据对单平面进行拟合；二阶全局多项式可以对包含一个弯曲的表面进行拟合，该表面可以表示山谷（见图 5-3(b)）；三阶全局多项可以对包含两个弯曲的表面进行拟合（见图 5-3(c)）。

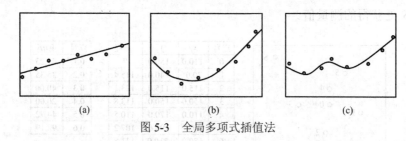

(a) (b) (c)

图 5-3　全局多项式插值法

使用全局多项式插值法得到的是一个平滑的数学表面，这个表面代表了研究区域范围内表面逐渐变化的趋势。全局多项式插值法适用的情况有：

（1）当一个研究区域的表面变化缓慢，即这个表面上的样点值由一个区域向另一个区域的变化平缓时，可以采用全局多项式插值法对该研究区进行表面插值。

（2）检验长期变化的、全局性趋势的影响时一般采用全局多项式插值法，在这种情况下采用的方法通常被称为趋势面分析。

全局多项式内插表示为

$$\hat{Z}(x,y) = \sum_{r+s\leqslant p}(b_{rs}\cdot x^r\cdot y^s)$$

其中，$\hat{Z}(x,y)$ 为属性值；$b_{rs}$ 为系数；$x$ 和 $y$ 为坐标值；$r$、$s$ 为次数；$p$ 为多项式次数。

实际应用中，$p$ 值一般取 $1\sim3$，分别有：

$$\hat{Z}(x,y) = b_0 + b_1x + b_2y$$
$$\hat{Z}(x,y) = b_0 + b_1x + b_2y + b_3x^2 + b_4xy + b_5y^2$$
$$\hat{Z}(x,y) = b_0 + b_1x + b_2y + b_3x^2 + b_4xy + b_5y^2 + b_6x^3 + b_7x^2y + b_8xy^2 + b_9y^3$$

对于全局多项式插值法来说，其原理容易理解，并且整个区域上函数唯一，能得到全局光滑连续的表面，充分反映宏观趋势。但全局多项式插值所得的表面很少能与实际的已知样点完全重合，这个预测表面可能高于某些实际点值，也可能低于某些实际点值。可以利用最小二乘拟合法来度量其误差，即用已知样点的真值减去由这个预测表面得到该点的值，将所得的结果平方，对所有已知样点均按此方法计算并将结果进行累加，这个过程就是一次全局多项式内插。所以全局插值法是非精确的插值法。

利用低阶多项式插值法建立一个变化平缓的表面来描述某些物理过程，如污染、风向等逐渐变化的趋势。然而，多项式越复杂，它的物理意义就越难描述，并且利用全局性插值法生成的表面容易受极高或极低样点值等离群点的影响，尤其在研究区的边沿地带其影响更明显，因此用于模拟的有关属性在研究区域内最好是变化平缓的。

### 5.2.3　局部多项式插值法

当表面具有多种复杂形状时，如延绵起伏的地表，单个全局多项式将无法很好地拟合，而多个多项式平面则能够更加准确地体现真实表面，如图 5-4 所示。全局多项式插值法用一个多项式来拟合整个表面。局部多项式插值法（local polynomial interpolation，LPI）采用多个多项式，每个多项式都处在特定重叠的邻近区域内，并用每个邻近区域的中心值来预测待估点的值，从而拟合出更为准确、真实的表面的一种插值方法。

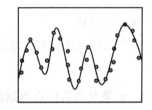

邻近区域是空间自相关性的阈值范围，可通过设定搜索半径和方向来定义一个以待估点为中心的邻近区域，当然还可以通过限制参与某待估点值预测的最多样点数和最少样点数来定义邻近区域。由此可知，局部多项式插值法产生的表面更适合用来解释局部的变异。

图 5-4　局部多项式插值法

局部多项式插值法依赖于以下假设：①在格网上采样，即样本的间距相等；②搜索邻近区域内的数据值呈正态分布。然而，大多数数据集都不符合上述假设，在此类情况下，预测值将受到影响，但误差不会像预测标准误差那样大。因此，局部多项式插值法并非精确的插值方法，虽然它能生成一个最适合于表现出数据局部变化的平滑的表面，但该表面仍然不能通过所有的数据点。建立平滑表面和确定变量的小范围的变异可以使用局部多项式插值法，特别是数据集中含有短程变异时，局部多项式插值法生成的表面就能描述这种短程变异。

如上所说，局部多项式插值法实质上就是一种局部加权最小二乘方法，它的算法原理，可归结为以下 3 个主要步骤：

（1）选择插值函数

最简单的插值函数是多项式，一般常用的一次、二次和三次多项式等几种，一般情况下二次多项式已能够满足研究需要，定义如下：

$$\hat{Z}(x, y) = a + bx + cy + dxy + ex^2 + fy^2$$

（2）确定权重

邻近区域内各样点的权重是由搜索邻域范围、权重系数和实际样点数据的几何分布（距离）等因素决定的，在实际计算中可以综合考虑其中几种因素。

①邻域范围

首先，可以通过定义搜索半径和方向来确定一个以待估点为中心的邻域范围（圆或椭圆），它是局部多项式在短程特点上的体现。搜索范围可定义为

$$T_{xx} = \frac{\cos \varPhi}{r_1}, \quad T_{xy} = \frac{\sin \varPhi}{r_1}, \quad T_{yx} = \frac{-\sin \varPhi}{r_2}, \quad T_{yy} = \frac{\cos \varPhi}{r_2}$$

其中，$\varPhi$ 为搜索椭圆的搜索方向角度；$r_1$ 和 $r_2$ 为搜索椭圆的长、短半径；搜索方向和半径决定了搜索范围。将 $T_{xx}$、$T_{xy}$、$T_{yx}$ 和 $T_{yy}$ 4 参数可综合定义为以下 3 个参数：

$$A_{xx} = T_{xx}^2 + T_{yx}^2, \quad A_{xy} = \left(T_{xx}T_{xy} + T_{yx}T_{yy}\right), \quad A_{yy} = T_{yy}^2 + T_{xx}^2$$

其所定义的搜索椭圆的参数 $A_{xx}$、$A_{xy}$ 和 $A_{yy}$ 确定了搜索椭圆的范围，这 3 个参数对于每个数据和网格节点来说都是定值。

②分布距离

其次，每个数据的几何分布是局部多项式方法在"距离权重"特点上的体现。假设某个散点数据位置为 $(x_i, y_i)$，一个待求网格节点的位置为 $(x_0, y_0)$，可求得出两点在 $x$ 和 $y$ 方向上的距离为

$$d_x = x_i - x_0, \quad d_y = y_i - y_0$$

③权重系数

最后根据所选择权重系数来确定权重：

$$w_i = \left(1 - D_i\right)^p$$

其中，$w_i$ 就是离散样点数据 $(x_i, y_i)$ 的权重；$p$ 是权重系数。

（3）确定相应节点值

根据以上离散样点求权重的过程，将其推广到定义的搜索邻域范围内的所有散点集合 $\{(x_i, y_i, z_i)\}$，其中 $i = 1, 2, \cdots, n$，是邻域范围内散点总数。然后根据最小二乘原理解出多项式的系数 $a$、$b$、$c$、$d$、$e$ 和 $f$，并确定多项式从而求得待估点上的属性值为

$$\hat{Z}(x, y) = \min \sum_{i=1}^{n} w_i \left[ Z\left(x_i, y_i\right) - Z_i \right]^2$$

局部多项式插值法适于使用特定的多项式方程（如零阶、一阶、二阶和三阶方程式）对指定的邻近区域内的所有点进行插值，邻近区域之间相互重叠，预测值是拟合的多项式在区域内中心点的值。在生成预测表面的过程中，通过对不同参数计算出来的输出表面进行重复交叉验证，可以使模型最优化。与反距离加权法中的 $p$ 值的选择相同，经过优化的参数能减小均方根预测误差。

通常局部多项式插值法适用于以下两种情况：

（1）全局多项式插值法适用于在数据集中创建平滑表面及标识长期趋势。然而，在研究中，除了长期趋势之外，感兴趣的变量通常还具有短程变化。当数据集显示出短程变化时，局部多项式插值法可捕获这种局部变化。

（2）局部多项式插值法对邻域距离很敏感，较小的搜索邻域可能会在预测表面内创建空区域。因此，可以在生成输出图层之前预览表面。

### 5.2.4 径向基函数插值法

径向基函数插值法（radial basis function，RBF）是一系列精确插值方法的统称，即表面必须通过每一个测得的采样值。并要求其每种插值法均满足以下两个条件：①生成的表面

经过每个采样点；②表面有最小曲率。RBF 方法作为精确插值器，与全局和局部多项式插值法完全不同，其可预测大于最大测量值和小于最小测量值的值，如图 5-5 所示。

径向基函数表达式为

$$\hat{S}(x,y) = \hat{T}(x,y) + \sum_{i=1}^{n} \lambda_j R(d_i)$$

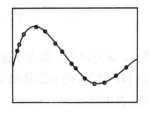

图 5-5　径向基函数插值法

其中，$\hat{S}(x,y)$ 为待插点的预测值；$x$、$y$ 为待插点的 $x$ 和 $y$ 坐标；$n$ 为采样点数量；$\lambda_i$ 为需要求解的系数；$d_i$ 为从待插点 $(x,y)$ 到第 $i$ 个采样点的距离；$\hat{T}(x,y)$ 为局部趋势函数；$R(d)$ 基函数，用来获取最小的曲率表面。$\hat{T}(x,y)$ 和 $R(d)$ 表达式的不同，决定了不同的径向基函数。

径向基函数包括五种不同的基本函数：薄板样条函数、薄板张力样条函数、规则样条函数、高次曲面函数和反高次曲面样条函数。选择何种基本函数意味着将以何种方式使径向基表面穿过一系列已知样点。

1）薄板样条（thin plate spline）函数

薄板样条函数建立一个通过控制点的面，并使所有点的坡度变化最小。换句话，薄板样条函数以最小曲率面拟合控制点。薄板样条函数的估计值由下式计算：

$$\hat{S}(x,y) = \sum_{i=1}^{n} \lambda_i d_i^2 \log d_i + a + bx + cy$$

式中，$x$ 和 $y$ 为要被插值的点的 $x$、$y$ 坐标；$d_i^2$ 是 $(x,y)$ 和 $(x_i,y_i)$ 的距离平方；$x_i$、$y_i$ 分别为控制点 $i$ 的 $x$、$y$ 坐标。

薄板样条函数包括两个部分：前半部分 $\sum_{i=1}^{n} \lambda_i d_i^2 \log d_i$ 表示基本函数，可获得最小曲率的面；后半部分 $(a + bx + cy)$ 表示局部趋势函数，它与线性或一阶趋势面具有相同的形式。相关系数 $\lambda_i$，$a$、$b$、$c$ 由以下线性方程组决定

$$\sum_{i=1}^{n} \lambda_i d_i^2 \log d_i + a + bx + cy = f_i$$

$$\sum_{i=1}^{n} \lambda_i = 0$$

$$\sum_{i=1}^{n} \lambda_i x_i = 0$$

$$\sum_{i=1}^{n} \lambda_i y_i = 0$$

式中，$n$ 为控制点的数目；$f_i$ 为控制点 $i$ 的已知值；系数的计算要求 $n+3$ 个联立方程。薄板样条插值函数及其变异函数一般应用在平滑和连续的面，如高程或水平面。薄板样条法也被用于对气候数据（如平均降水量）的插值。

2）薄板张力样条（thin plate spline with tension）函数

薄板张力样条法有如下表达式：

$$\hat{S}(x, y) = a + \sum_{i=1}^{n} \lambda_i R(d_i)$$

式中，$a$ 为趋势函数。基本函数 $R(d)$ 为

$$R(d) = -\frac{1}{2\pi\phi^2}\left(\ln\frac{d\phi}{2} + c + K_0(d\phi)\right)$$

式中，$\phi$ 为权重。如果 $\phi$ 权重被设为接近于 0，则张力法与基本薄板样条插值法得到的估计差相似。较大的 $\phi$ 值降低了薄板的刚度，结果插值的值域使得插值成的面与通过控制点的模形态相似。

3）规则样条（regularized spline)函数

规则样条函数的近似值与薄板样条函数有相同的局部趋势函数，但是基函数取不同形式：

$$R(d) = \frac{1}{2\pi}\left(\frac{d^2}{4}\left(\ln\left(\frac{d}{2\tau}\right) + c - 1\right) + \tau^2\left(K_0\left(\frac{d}{\tau}\right) + c + \ln\left(\frac{d}{2\pi}\right)\right)\right)$$

式中，$\tau$ 为权重；$d$ 为待定值的点和控制点 $i$ 之间的距离；$c$ 为常数 0.577215；$K_0\left(\dfrac{d}{\tau}\right)$ 为修正的零次贝塞尔函数，它可由一个多项式方程估计。$\tau$ 通常被设为 $[0, 0.5]$ 之间，因为更大的值会导致数据少的区域趋于过伸。

4）高次曲面（multi-quadric spline）函数

高次曲面（multi-quadric，MQ）是由 Hardy Rolland Lee 于 1968 年提出来的一种径向基函数。目前，已在大地球物理学、地测量学、测绘学、遥感与信号处理、地理学、地质学与采矿、数字地形模型及水文等领域得到广泛应用。就精度（accuracy）、稳定性（stability）、有效性（efficiency）、内存需要（memory requirement）和易于实现（ease toimplementation）而言，MQ 在所有多种离散数据插值法中首屈一指。

$2k$ 阶的 MQ 函数可定义为

$$R(d) = (d^2 + c^2)^{(2k-1)/2}$$

其中，$k$ 为正整数；形状参数 $c > 0$。$c$ 对插值误差影响较大，需要通过数值试验来确定 $c$ 的取值，以使误差尽可能的小。

5）反高次曲面样条（inverse multi-quadric spline）函数

反高次曲面样条函数（inverse multi-quadric spline，IMQ）也是由 Hardy Rolland Lee 提出，与高次曲面样条函数类似，其表达式为

$$R(d) = (d^2 + c^2)^{-(2k-1)/2}$$

式中，$k$ 和 $c$ 的定义与高次曲面样条一致。除反高次曲面样条函数以外的所有方法，都是参数取值越高，插值就越平滑；而对于反高次曲面则正好相反。

径向基函数插值法适用于对大量点数据进行插值计算，并且可以获得平滑表面。将径向基函数应用于表面变化平缓的表面，如表面上平缓的点高程插值，可以计算出高于或低于样点的预测值，且表面平滑。径向基函数插值的方法不适于在一段较短的水平距离内，表面值发生较大的变化，或无法确定采样点数据的准确性，或采样点数据具有很大的不确定性的情况。

# 5.3　地统计插值法

地统计插值法是空间统计分析的一个分支，其与确定性插值的最大区别在于，地统计插值法引入了概率模型，认为从一个统计模型不可能完全精确地得出预测值，所以在进行预测时应同时给出预测的误差，即预测值在一定概率内合理。通常所说的地统计插值就是指克里格插值法（Kriging），克里格插值方法是由南非矿产工程师 Danie Gerhardus Krige（1951 年）首次提出的，随后由法国著名统计学家 Georges Matheron 将该方法理论化、系统化，并命名为 Kriging，即克里格方法。克里格方法是地统计的核心，是一种最优、线性、无偏的内插估计量。

## 5.3.1　克里格法

对于任何一种插值方法，都不能要求所计算的估计值和它的实际值完全一样，偏差是不可避免的。在实际应用中，通常要求插值方法满足以下两点：

（1）所有估计块段的实际值与其估计值之间的偏差平均为 0，即估计误差的期望等于 0，则称这种估计是无偏的，无偏是指应该避免任何过高或过低的估计。

（2）待估块段的估计值与实际值之间的单个偏差应该尽可能小，即误差平方的期望值（估计误差）应该尽可能小。因此，最合理的插值法应提供一个无偏估计且估计方差为最小的估计值。

与其他确定性插值法一样，克里格法也是从预测点周围的观测值中生成权重系数进行预测。但克里格法又与它们不完全相同，克里格法中观测点的权系数更为复杂，是通过计算反映数据空间结构的半变异图得到的。运用克里格法可以在研究邻域中观测值的半变异图和空间分布的基础上对研究区中未知点的值进行预测。

通常，克里格插值法的主要步骤一般分为两步：①生成变异函数和协方差函数，用于估算单元值间的统计相关（空间自相关），量化分析样点的空间结构并拟合一个空间独立模型；②利用步骤①所生成的半变异函数、样点数据的空间分布及样点数据值对某一区域的未知点进行预测。

克里格法是在区域化变量存在空间相关性基础上（通过变异函数和结构分析的结果所得），在有限区域内对区域化变量的取值进行无偏、最优估计的一种方法。基于这种方法进行插值时，不仅考虑了待预测点与邻近样点数据的空间距离关系，还考虑了各参与预测的样点之间的位置关系，充分利用了各样点数据的空间分布结构特征，使其估计结果比传统方法更精确，更符合实际，更有效地避免了系统误差的出现。

其实质是利用区域化变量的原始数据和变异函数的结构特点，对未知样点进行线性无偏和最优估计。无偏是指偏差的数学期望为 0，最优是指估计值与实际值之差的平方和最小，也就是说克里格方法是格局未知样点有限邻域内的若干已知样本点数据，在考虑了样本点的形状、大小和空间方位，与未知点的相互空间位置关系，以及变异函数提供的结构信息之后，对未知样点的一种线性无偏最优估计。

在使用克里格方法解决各种实际问题中，逐渐地产生了各种各样的克里格方法，主要包括普通克里格法、简单克里格法、泛克里格法、协同克里格法、对数正态克里格法、指示克里格法及析取克里格法。当然它们都有不同的适用条件，如当区域化变量满足二阶平稳假设且其期望值是未知的，可以使用普通克里格法；当区域化变量满足正态分布且其期望值是未知的，可以使用简单克里格法；当区域化变量处于非平稳条件下（数据存在主导趋势），可以使用泛克里格法；当只需了解属性值是否超过某一阈值时，可以使用指示克里格法；当区域化变量不服从简单分布时或要计算局部可回采储量，可以使用析取克里格法；当同一事物的两种属性存在相关关系，且一种属性不易获取时可以使用协同克里格方法。

### 5.3.2　普通克里格法

普通克里格（ordinary Kriging）是区域化变量的线性估计，它假设数据变化成正态分布，认为区域化变量 $Z$ 的期望值是未知的常数。插值过程类似于加权滑动平均，权重值的确定来自于空间数据分析。普通克里格模型为

$$\hat{Z}(x) = \mu + \varepsilon(x)$$

其中，$\mu$ 是未知的常量；$\varepsilon(x)$ 为随机误差；$Z(x)$ 为已知的样点数据值；$\hat{Z}(x)$ 为通过普通克里格拟合得到的估计值。普通克里格分布模型如图 5-6 所示，未知常量 $\mu$ 用虚线表示。

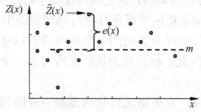

图 5-6　普通克里格模型示意图

在运用普通克里格法进行局部估计时，设待估区段为 $V$，其中有 $n$ 个已知样本，$Z(x_i)$ 为测量真值（ $i = 1, 2, \cdots, n$ ），$\hat{Z}_V$ 为待估区段邻域内的待估点的估计值，并可以表示为

$$\hat{Z}_V = \sum_{i=1}^{n} \lambda_i Z(x_i)$$

建立克里格模型的目标就是根据求出权重系数 $\lambda_i$ 的值，进一步求出待估区段 $V$ 的平均值 $Z_V$ 的线性、无偏最优估计量 $\hat{Z}_V$，即克里格估计量，须满足无偏性和最优性两个条件。

1）无偏性

在二阶平稳条件下，要使 $\hat{Z}_V$ 成为 $Z_V$ 的无偏估计量，即估计量的均值或者期望值 $\hat{Z}_V$ 等于实际测量值 $Z_V$，则应满足 $E(\hat{Z}_V) = E(Z_V)$，当 $E(Z_V) = m$ 时，公式为

$$E(\hat{Z}_V) = E\left[\sum_{i=1}^{n} \lambda_i Z(x_i)\right] = \sum_{i=1}^{n} \lambda_i E\left[Z(x_i)\right] = m \sum_{i=1}^{n} \lambda_i = m \text{ 且 } \sum_{i=1}^{n} \lambda_i = 1$$

当 $\hat{Z}_V$ 和 $Z_V$ 满足上述公式关系时说明 $\hat{Z}_V$ 是 $Z_V$ 的无偏估计量。

2）最优性

在满足无偏性条件下，计算估计方差的公式为

$$\sigma_E^2 = \overline{\mathrm{cov}(x, x)} + \sum_{i=1}^{n} \sum_{j=1}^{n} \lambda_i \lambda_j \overline{\mathrm{cov}(x_i, x_j)} - 2 \sum_{i=1}^{n} \overline{\mathrm{cov}(x, x_i)}$$

为使估计方差 $\sigma_E^2$ 最小，根据拉格朗日乘数原理，令

$$F = \sigma_E^2 - 2\mu\left(\sum_{i=1}^{n}\lambda_i - 1\right)$$

式中，$F$ 为 $n$ 个权系数 $\lambda_i$ 和 $\mu$ 的 $(n+1)$ 元函数；$\mu$ 为拉格朗日乘数。求出 $F$ 对 $n$ 个 $\lambda_i$ 和 $\mu$ 的偏导数，令其为 0，可得到普通克里格方程组：

$$\begin{cases} \dfrac{\partial F}{\partial \lambda_i} = 2\sum_{i=1}^{n}\lambda_i\overline{\mathrm{cov}}(x_i, x_j) - 2\overline{\mathrm{cov}}(x_i, x) - 2\mu = 0 \\ \dfrac{\partial F}{\partial \mu} = -2\left(\sum_{i=1}^{n}(\lambda_i - 1)\right) = 0 \end{cases}$$

整理后得

$$\begin{cases} \sum_{j=1}^{n}\lambda_j\overline{\mathrm{cov}}(x_i, x_j) - \mu = \overline{\mathrm{cov}}(x_i, x) \\ \sum_{j=1}^{n}\lambda_j = 1 \end{cases}$$

解上述 $(n+1)$ 阶线性方程组，求出权重系数 $\lambda_i$ 和拉格朗日乘数 $\mu$，并代入公式，经过计算可以求得克里格估计方差 $\sigma_E^2$，即

$$\sigma_E^2 = \overline{\mathrm{cov}}(x, x) - \sum_{i=1}^{n}\lambda_i\overline{\mathrm{cov}}(x_i, x) + \mu$$

上述过程也可用矩阵形式表示，令

$$\boldsymbol{K} = \begin{bmatrix} c_{11} & c_{12} & \cdots & c_{1n} & 1 \\ c & c & \cdots & c_{2n} & 1 \\ \vdots & \vdots & & \vdots & \vdots \\ c_{n1} & c_{n2} & \cdots & c_{nn} & 1 \\ 1 & 1 & 1 & 1 & 1 \end{bmatrix}, \quad \boldsymbol{\lambda} = \begin{bmatrix} \lambda_1 \\ \lambda_2 \\ \vdots \\ \lambda_n \\ -\mu \end{bmatrix}, \quad \boldsymbol{D} = \begin{bmatrix} c(x_1, x) \\ c(x_2, x) \\ \vdots \\ c(x_n, x) \\ -\mu \end{bmatrix}$$

则普通克里格方程组为

$$\boldsymbol{K}\boldsymbol{\lambda} = \boldsymbol{D}$$

解普通克里格方程组可得

$$\boldsymbol{\lambda} = \boldsymbol{K}^{-1}\boldsymbol{D}$$

其估计方差为

$$\sigma_K^2 = \overline{\mathrm{cov}}(x, x) - \boldsymbol{\lambda}^{\mathrm{T}}\boldsymbol{D}$$

普通克里格法可用于估计那些看起来有某种趋势的数据，但仅根据数据本身无法肯定观测数据是否真实地具有分析的自相关性，可使用半变异函数或协方差函数分析，进行变换和趋势剔除，并可进行测量误差分析。

### 5.3.3　其他克里格法

在普通克里格法的基础上，根据不同模拟状况，发展出一些其他的克里格方法，包括

简单克里格法、泛克里格法、指示克里格法、析取克里格法和协同克里格法等，下面对几种有代表性的进行简单介绍。

1）简单克里格模型（simple Kriging）

简单克里格是区域化变量的线性估计，它假设数据变化成正态分布，认为区域化变量 $Z$ 的期望值 $E(Z)$ 为已知的某一常数。简单克里格模型可表达为

$$\hat{Z}(x) = m + \varepsilon(x)$$

其中，常数 $m = E(Z)$ ；$\varepsilon(x)$ 为随机误差。数据分布情况如图 5-7 所示，已知常量 $m$ 用实线表示，如图 5-7 所示。

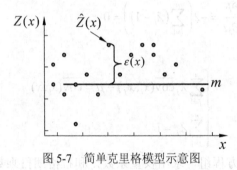

图 5-7  简单克里格模型示意图

与普通克里格法相比较，简单克里格法已知区域化变量 $Z$ 的期望值 $E(Z)$ ，所以能精确的知道各数据点的方差值 $\sigma^2$ ，对于普通克里格法，$E(Z)$ 值是经过估计的，$\sigma^2$ 也是经过估计的。在已知 $\sigma^2$ 值的情况下进行的空间自相关与 $\sigma^2$ 值未知的情况下进行的空间自相关，还是前者的效果比较好。

尽管 $E(Z)$ 已知的假设太不现实，但是在对物理模型的趋势进行预测，然后对预测值和实测值（又称为残余值）进行比较，并在假设残余值的趋势为零的情况下应用简单克里格法对残余值进行分析。简单克里格法可以使用半变异函数或协方差函数进行分析，可以进行变换和剔除趋势，也可进行测量误差分析。

2）泛克里格法（universal Kriging）

简单克里格法中 $E(Z)$ 是常量，但是在实际研究中，经常遇到 $E(Z)$ 是沿着某一趋势变化，泛克里格法就是假设数据中存在主导趋势（处于非平稳条件下），用一个确定的函数或多项式来拟合数据变化。模型可表达为

$$\hat{Z}(x) = m(x) + \varepsilon(x)$$

其中，$m(x)$ 为 $E(Z)$ 所符合的趋势表达；$\varepsilon(x)$ 为随机误差。如图 5-8 所示，图中虚线表示一个二阶多项式 $m(x)$ 。

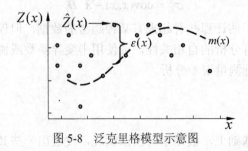

图 5-8  泛克里格模型示意图

　　在进行泛克里格分析时，首先分析数据中存在的变化趋势，获得拟合模型 $m(s)$；其次，对残差数据（即原始数据减去趋势数据）进行克里格分析得到模型 $\varepsilon(s)$；最后，将趋势面分析和残差分析的克里格结果加和，得到最终结果。

　　由此可见，克里格方法明显优于趋势面分析，泛克里格的结果也要优于普通克里格的结果。泛克里格方法分析过程中既能使用半变异函数也能使用协方差函数。其可以进行数学变换以消除趋势，同时它也可以进行测量误差分析。

　　3）指示克里格（indicator Kriging）

　　多数情况下，并不需要了解区域内每一个点的属性值，而只需了解属性值是否超过某一阈值，则可将原始数据转换为二进制变量，即用 $(0,1)$ 值表示，此时可以选用指示克里格法进行分析。指示克里格法的模型可表示为

$$I(x) = m + \varepsilon(x)$$

其中，$m$ 是一个未知常量；$\varepsilon(x)$ 是随机误差；$I(x)$ 是一个二进制变量。如图 5-9(a)所示为原样点的分布形态，图中实线表示阈值，高于阈值的点定义为 1，低于阈值的点定义为 0，经过如此转换后，得到如图 5-9(b)所示的分布形式。图 5-9(b)中的虚直线表示所有指示变量值的平均值 $\mu$，由于分布结果未知，$\mu$ 的值也未知。

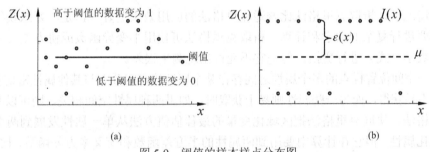

图 5-9　阈值的样本样点分布图

　　应用二进制变量后，指示克里格法的预测精度超过了普通克里格法。因为指示变量值是 0 或 1，所以未知点的插值结果在 0～1 之间，因此由指示克里格法获得的预测结果可以解释成变量的预测值为 1 的概率，或者是属于 1 所指示的类别的概率。另外，如果创建指示变量时使用了阈值，则生成的插值地图会显示超出（或低于）阈值的概率。并且，通过选择多个阈值可以为同一数据集创建多个指示变量。

　　指示克里格法可使用半变异函数或协方差，它们都是用于表达自相关的数学形式。

　　4）析取克里格法（disjunctive Kriging）

　　析取克里格法可以提供非线性估值方法，即它面对的数据是指原始数据不服从简单分布（高斯或对数正态等）。它是在不必去掉实际存在且重要的高值数据的条件下来处理各种不同的现象，并给出在一定风险条件下未知 $Z(x)$ 的估计量及概率。析取克里格法的模型表达为

$$f(Z(x)) = \mu_1 + \varepsilon(x)$$

其中，$\mu$ 是一个未知的常量；$\varepsilon(x)$ 是随机误差；$f(Z(x))$ 是 $Z(x)$ 的一个随机函数，如图 5-10 所示。

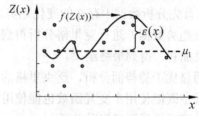

图 5-10　析取克里格模型示意图

可将指示克里格法可以看成是析取克里格法的一个特例，应用指示克里格函数将 $f(Z(x))$ 表达式为

$$f(Z(x)) = \hat{I}(Z(x) > c_t) = \sum_{i=1}^{n} \lambda_i I(Z(x_i) > c_t)$$

应用指示克里格法需要确定权重的最佳值 $\{\lambda_i\}$，可以找到更具有普遍意义的函数来估计预测区域内变量的值。将指示克里格法的指示函数进行一般化处理便得到析取克里格法的指示函数表达式为

$$\hat{g}(Z(x_0)) = \sum_{i=1}^{n} f_i(Z(x_i))$$

一般情况下，析取克里格法比普通克里格法的应用效果更好，但是，要想获得更好的结果，都要进行复杂的数学和计算。析取克里格法可使用半变异函数或协方差（用于表达自相关的数学公式）进行变换，但是它不允许出现测量误差。

当同一空间位置样点的多个属性之间存在某个属性的空间分布与其他属性密切相关，且某些属性不易获得，而另一些属性则易于获取时，如果两种属性空间相关，则可以考虑选用协同克里格法。协同克里格法把区域化变量的最佳估值方法从单一属性发展到两个以上的协同区域化属性。但它在计算中要用到两属性的半方差函数和交叉半方差函数，比较复杂。

5）协同克里格法（CoKriging）

协同克里格法在理论上与普通克里格法相同，可以用推导普通克里格法的过程推导协同克里格法。

协同克里格法利用了多种变量类型。其中主变量为 $Z_1$，变量 $Z_1$ 的自相关性及变量 $Z_1$ 和其他类变量之间的交叉相关性有助于对结果做出更好的预测。尽管在理论上，应用协同克里格法会比克里格法效果更好。但实际上协同克里格法需要更多的预测和估计，其中除了对各变量自相关性的预测外，还包括对所有变量之间交叉相关性的估计，计算较繁琐。

普通协同克里格法的模型如下式所示

$$\hat{Z}_1(x) = \mu_1 + \varepsilon_1(x)$$
$$\hat{Z}_2(x) = \mu_2 + \varepsilon_2(x)$$

其中，$\mu_1$ 和 $\mu_2$ 是未知常量；$\varepsilon_1(x)$ 和 $\varepsilon_2(x)$ 为随机误差，这两种误差除了各自具有自相关性外，它们之间还具有交叉相关性。普通协同克里格法的目标是对 $Z_1(x)$ 处的值做出预测，这一点与普通克里格法相同，不同的是协同克里格法应用过程中引用了协同变量 $\{Z_2(x)\}$，以求预测的结果更好。

以图 5-11 中样点分布为例，该模型中有两个协同变量。从图中可以看出，$\hat{Z}_1$ 和 $\hat{Z}_2$ 是自相关的。而且，当 $\hat{Z}_1$ 小于平均值 $\mu_1$ 时，$\hat{Z}_2$ 通常位于平均值 $\mu_2$ 的上方，反之亦然。所以，$\hat{Z}_1$ 和 $\hat{Z}_2$ 之间具有负的交叉相关性。各变量的自相关性以及各变量之间的交叉相关性都有助于获得更好的预测结果。

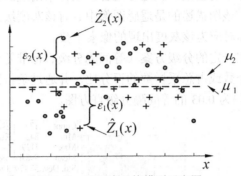

图 5-11　协同克里格模型示意图

协同克里格法可以使用半变异函数或协方差（用于表示自相关性的数学形式）、互协方差（用于表示互相关性的数学形式）和变换以及趋势移除；并在执行普通协同克里格法、简单协同克里格法或泛协同克里格法时允许存在测量误差。

# 5.4　探索性空间数据分析

越来越多的空间数据的生成，造成了 GIS 领域数据丰富而理论薄弱的局面，使得在分析上需要一种让数据说明其本身的分析技术，即空间数据探索分析（exploratory spatial data analysis，ESDA）。ESDA 是利用统计学原理和图形图表相结合对空间数据的性质进行分析和鉴别，用以引导确定性模型的结构和解法的一种技术，其本质上是一种数据驱动的分析方法。该技术以空间关联测度为核心，注重研究数据的空间相关性与空间异质性，在知识发现中用于选取感兴趣的数据子集，通过对事物或现象空间分布格局的描述与可视化，以发现隐含在数据中的空间聚集和空间异常，从而揭示研究对象之间的某些空间特征、相互作用机制和规律。

相对于传统的统计分析而言，ESDA 技术不是预设数据具有某种分布或某种规律，而是一步步地试探性地分析数据，逐步地认识和理解数据。探索性数据分析能让用户更深入了解数据和认识研究对象，从而对与其数据相关的问题做出更好的决策。探索性数据分析主要包括确定统计数据属性、探测数据分布、全局和局部异常值（过大值或过小值）、寻求全局的变化趋势、研究空间自相关和理解多种数据集之间相关性。总之，探索性空间数据分析是一系列数据分析方法的总称，主要包括可视化探索数据分析和计算 EDA，计算 EDA 是从简单的统计计算到高级的用于探索分析多变量数据集中模式的多元统计分析方法，包括：空间数据常规统计、空间数据关联分析（空间自相关）和空间变异描述。

## 5.4.1　可视化探索分析

可视化的探索数据分析即图像 EDA 方法。常用的图形方法有直方图（histogram）、茎叶图（stem leaf）、箱线图（box plot）、散点图（scatter plot）、平行坐标图（parallel coordinator plot）、QQPlot 图和趋势分析图等。

## 1. 直方图（histogram）

直方图是一种二维统计图表，它的两个坐标分别是统计样本和该样本对应的某个属性的度量。横坐标通常为样本的级别，纵坐标是各级别样本出现的频率。以遥感图像处理中常用的灰度直方图为例，该图描述的是遥感图像中具有该灰度级的像素的个数，横坐标对应为灰度级别，而纵坐标对应为该灰度出现的像素个数。

直方图对采样数据按一定的分级方案（等间隔分级、标准差分等）进行分级，统计采样点落入各个级别中的个数或占总采样数的百分比，并通过条带图或柱状图表现出来，如图 5-12 所示，是一个间隔为 0.03 的等间隔分级直方图。

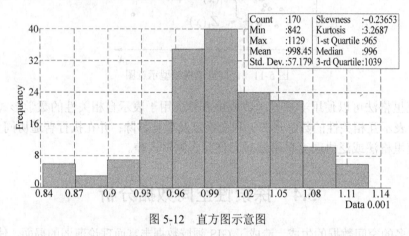

| Count | :170 | Skewness | :−0.23653 |
|---|---|---|---|
| Min | :842 | Kurtosis | :3.2687 |
| Max | :1129 | 1-st Quartile | :965 |
| Mean | :998.45 | Median | :996 |
| Std. Dev. | :57.179 | 3-rd Quartile | :1039 |

图 5-12　直方图示意图

直方图可以直观的反映采样数据分布特征及总体规律，可以用来检验数据是否符合正态分布和寻找数据离群值，直观显示数据的分布特征。在直方图右上方的小视窗中，显示了一些基本统计信息，包括个数（Count）、最小值（Min）、最大值（Max）、平均值（Mean）、标准差（Std. Dev.）、峰度（Kurtosis）、偏态（Skewness）、1/4 分位数（1-st Quartile）、中数（Median）和 3/4 分位数（3-rd Quartile），通过这些信息可以对数据有个初步的了解。

## 2. 茎叶图（stem and leaf diagrams）

由统计学家 John Toch 设计的茎叶图（stem and leaf diagrams）常又称为枝叶图，它的思路是将数组中的数按位数进行比较，将数的大小基本不变或较高位上的数作为一个主干（茎），将较低位位上的数作为分枝（叶），列在主干的后面，这样就可以清楚地看到每个主干后面的几个数，每个数具体是多少。如图 5-13 所示，十位上的数被作为"茎"，个位上的数被作为"叶"。

| 样本数据 | 茎(十位) | 叶(个位) | 频数 |
|---|---|---|---|
| {41,52,6,19,92,10,40,55, | 0 | 1 5 6 9 | 4 |
| 60,75,22,15,31,61,9,70, | 1 | 0 5 6 9 | 4 |
| 91,65,69,16,94,85,89,79, | 2 | 2 4 | 2 |
| 57,46,1,24,71,5} | 3 | 1 | 1 |
| | 4 | 0 1 6 | 3 |
| | 5 | 2 5 7 | 3 |
| | 6 | 0 1 5 9 | 4 |
| | 7 | 0 1 5 9 | 4 |
| | 8 | 5 9 | 2 |
| | 9 | 1 2 4 | 3 |

图 5-13　茎叶图示意图

茎叶图是一个与直方图类似的工具，茎叶图保留了原始资料的信息，直方图则失去原始数据的信息。用茎叶图表示数据有两个优点：①统计图上没有原始数据信息的损失，所有数据信息都可以从茎叶图中得到；②茎叶图中的数据可以随时记录、随时添加，方便记录与表示。

### 3. 箱线图（box plot）

箱线图亦称箱须图（box whisker plot）或骨架图（schematic plot）。该图能够直观明了地识别数据集中的异常值，利用数据中的五个统计量：最小值、1/4 分位数 $Q_1$、中位数 $F$、3/4 分位数 $Q_3$、最大值来描述数据。其中，1/4 分位数 $Q_1$ 又称下四分位数，等于该样本中所有数值由小到大排列后第 25%的数字；中位数 $F$ 又称第二四分位数 $Q_2$，等于该样本中所有数值由小到大排列后第 50%的数字；3/4 分位数 $Q_3$ 又称上四分位数，等于该样本中所有数值由小到大排列后第 75%的数字；四分位距（quartile range，QR）是上四分位数与下四分位数之间的间距，即上四分位数减去下四分位数 $QR = Q_3 - Q_1$。

箱线图的结构如图 5-14 所示，首先画一个矩形盒，两端边的位置分别对应数据集的上下四分位数，在矩形盒内部的中位数位置画一条线段为中位线。在 $Q_3 + 1.5QR$（四分位距）和 $Q_3 - 1.5QR$ 处画两条与中位线一样的线段，这两条线段为异常值截断点，称其为内限；在 $Q_3 + 3QR$ 和 $Q_3 - 3QR$ 处画两条线段，称其为外限。内限以外位置的点表示的数据都是异常值（$x < Q_1 - 1.5QR$ 或 $x > Q_3 + 1.5QR$）；在内限与外限之间的异常值为温和异常值（$Q_1 - 3QR < x < Q_1 - 1.5QR$ 或 $Q_3 + 1.5QR < x < Q_3 + 3QR$），在外限以外的为极端异常值（$x < Q_1 - 3QR$ 或 $x > Q_3 + 3QR$）。一般的统计软件中表示外限的线并不画出，这里用虚线表示。

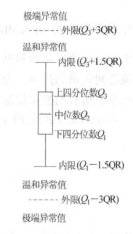

图 5-14　箱线图结构示意图

箱线图的绘制依靠实际数据，不需要事先假定数据服从特定的分布形式，没有对数据作任何限制性要求，它只是真实直观地表现数据形状的本来面貌，因此其识别异常值的结果比较客观，在识别异常值方面有一定的优越性。

### 4. 散点图（scatter diagram）

散点图用于初步图示两个数据之间的关系，是分析两个要素或变量之间关系时常用的方法和技术。它表示因变量随自变量而变化的大致趋势，据此可以选择合适的函数对数据点进行拟合。散点图将序列显示为一组点，值由点在图表中的位置表示，类别由图表中的不同标记表示。散点图通常用于比较跨类别的聚合数据。其作法为：将两个变量的坐标点对画在 $(X, Y)$ 坐标平面上，如图 5-15 所示。

散点图通常用于显示和比较数值，例如科学数据、统计数据和工程数据。当要在不考虑时间的情况下比较大量数据点时可使用散点图。散点图中包含的数据越多，比较的效果就越好。对于处理值的分布和数据点的分簇，散点图都很理想。如果数据集中包含非常多的点（例如几千个点），那么散点图便是最佳图表类型。在点状图中显示多个序列看上去非常混乱，这种情况下，应避免使用点状图，而应考虑使用折线图。

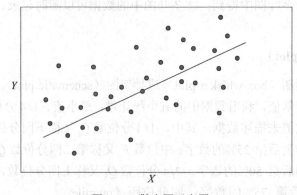

图 5-15　散点图示意图

### 5. 平行坐标图（parallel coordinate plot）

平行坐标图将高维数据在二维空间上表示，其提供的是一种在二维平面上表示高维空间中变量之间关系的技术，为可视化地探索分析高维数据空间中的关系建立可行的途径。传统的坐标系中所有的变量轴都是交叉的，而平行坐标系中所有的变量轴都是平行的。如图 5-16 所示，表示六维空间的两个点 $A(-5,3,4,-2,0,3)$、$B(4,-1,3,3,0,-1)$。

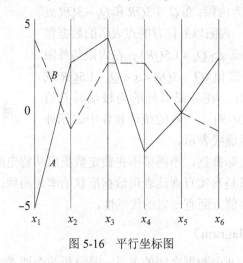

图 5-16　平行坐标图

平行坐标图的优点是其可以在二维空间上考察分析 $n$ 维变量的相关性。但是为了表示 $n$ 维数据，所有的变量都以折线的形式画在平行坐标图上，对于非常大的数据集，平行坐标图容易引起视觉上的混淆。平行坐标图更为重要的作用在于：①可用于突出显示异常数据；②根据某一变量选择数据子集；③与其他可视化技术结合探索数据中的模式。

### 6. QQplot 图

#### 1）正态 QQPlot 分布图

正态 QQPlot（normal QQPlot）分布图主要用来评估具有 $n$ 个值的单变量样本数据是否

服从正态分布。构建正态 QQPlot 分布图的通用过程（如图 5-17 所示）为：①对采样值进行排序；②计算出每个排序后的数据的累积值（低于该值的数据的百分比）；③绘制累积值分布图；④在累积值之间使用线性内插技术，构建一个与其具有相同累积分布的理论正态分布图，求出对应的正态分布值；⑤以横轴为理论正态分布值，竖轴为采样点值，绘制样本数据相对于其标准正态分布值的散点图。

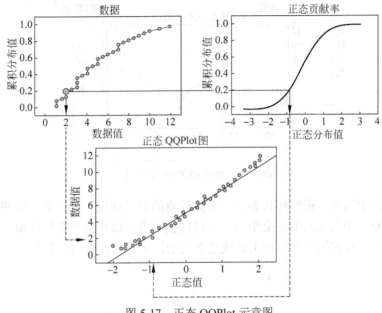

图 5-17　正态 QQPlot 示意图

如果采样数据服从正态分布，其正态 QQPlot 分布图中采样点分布应该是一条直线。如果有个别采样点偏离直线太多，那么这些采样点可能是一些异常点，应对其进行检验。此外，如果在正态 QQ 图中数据没有显示出正态分布，那么就有必要在应用某种克里格插值法之前将数据进行转换，使之服从正态分布。

2）普通 QQPlot 分布图

普通 QQPlot（general QQPlot）分布图用来评估两个数据集的分布的相似性。普通 QQPlot 分布图通过两个数据集中具有相同累积分布值作图来生成，如图 5-18 所示。累积分布值的作法参阅正态 QQPlot 分布图内容。

普通 QQPlot 图揭示了两个物体（变量）之间的相关关系，如果在 QQPlot 图中曲线呈直线，说明两物体呈一种线性关系，可以用一个一元一次方程式来拟合。如果 QQPlot 图中曲线呈抛物线，说明两物体的关系可以用个二元多项式来拟合。

**7. 空间趋势分析**

空间趋势反映了空间物体在空间区域上变化的主体特征，它主要揭示了空间物体的总体规律，而忽略局部的变异。趋势面分析是根据空间抽样数据，拟合一个数学曲面，用该数学曲面来反映空间分布的变化情况。它可分为趋势面和偏差两大部分，其中趋势面反映了空间数据总体的变化趋势，受全局性、大范围的因素影响。

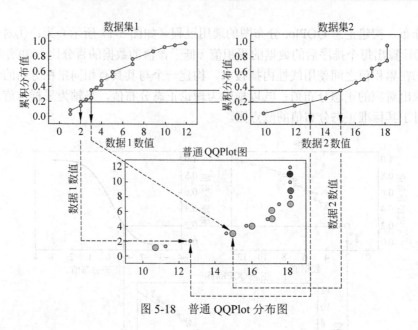

图 5-18　普通 QQPlot 分布图

　　趋势分析图中的每一根竖棒代表了一个数据点的值（高度）和位置。这些点被投影到一个东西向的和一个南北向的正交平面上。通过投影点可以作出一条最佳拟合线，并用它来模拟特定方向上存在的趋势。如果该线是平直的，则表明没有趋势存在。

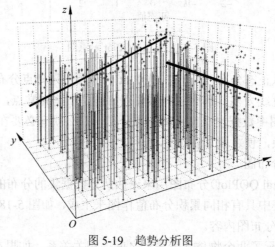

图 5-19　趋势分析图

　　如图 5-19 所示，可以看到投影到东西向上的较细的趋势线，从东向西呈阶梯状平滑下降过渡；而南北方向上，趋势线（较粗的黑色线条）从北向南呈 U 形。可以得知，此区域的地势为从东向西逐渐下降，南北方向上两边高、中间低的地形。分析出的结果和此区域的真实地形基本吻合。可见趋势分析工具对观察一个物体的空间分布具有简单、直观的优势，还可以找出拟合最好的多项式对区域中的散点进行内插，得到趋势面。

### 5.4.2　空间自相关

　　地理研究对象普遍存在的变量间的关系中，确定性的是函数关系，非确定性的是相关关系。空间自相关反映的是一个区域单元上的某种地理现象或某一属性值与邻近区域单元上同一现象或属性值的相关程度，它是一种检测与量化从多个标定点中取样值变异的空间依赖性的空间统计方法，通过检测一个位置上的变异是否依赖于邻近位置的变异来判断该变异是否存在空间自相关性，即是否存在空间结构关系。空间自相关分析可以分为以下 3 个过程：①建立空间权值矩阵，以明确研究对象在空间位置上的相互关系；②进行全局空间自相关分析，判断研究区域空间自相关现象的存在性；③进行局部空间自相关分析，找出空间自相关现象存在的局部区域。

**1. 空间权重矩阵**

空间自相关概念源于时间自相关，但比后者复杂。主要是因为时间是一维函数，而空间是多维函数，因此在度量空间自相关时，还需要解决地理空间结构的数学表达，定义空间对象相互关系，这时便引入了空间权重矩阵。如何合适的选择空间权重矩阵一直以来是探索性空间数据分析的重点和难点。

通常定义一个二元对称空间权重矩阵 $W$ 来表达 $n$ 个空间对象的空间邻近关系，空间权重矩阵的表达形式为

$$W = \begin{bmatrix} w_{11} & w_{12} & \cdots & w_{1n} \\ w_{21} & w_{22} & \cdots & w_{2n} \\ \vdots & \vdots & & \vdots \\ w_{n1} & w_{n2} & \cdots & w_{nn} \end{bmatrix}$$

其中，$W_{ij}$ 为区域 $i$ 与 $j$ 的邻近关系。空间权重矩阵有多种规则，下面介绍几种常见的空间权重矩阵设定规则：

（1）根据邻接标准。当空间对象 $i$ 和空间对象 $j$ 相邻时，空间权重矩阵的元素 $w_{ij}$ 为 1，其他情况为 0，表达式如下

$$w_{ij} = \begin{cases} 1 & i 与 j 相邻 \\ 0 & i = j 或 i 与 j 不相邻 \end{cases}$$

（2）根据距离标准。当空间对象 $i$ 和空间对象 $j$ 在给定距离 $d$ 之内时，空间权重矩阵的元素 $w_{ij}$ 为 1，否则为 0，表达式为

$$w_{ij} = \begin{cases} 1 & i 与 j 相邻距离小于 d 时 \\ 0 & 其他 \end{cases}$$

（3）如果采用属性值 $x_j$ 和二元空间权重矩阵来定义一个加权空间邻近度量方法，则对应的空间权重矩阵可以定义如下：

$$w_{ij}^* = \frac{w_{ij} x_j}{\sum_{j=1}^{n} w_{ij} x_j}$$

**2. 全局空间自相关**

全局空间自相关主要描述整个研究区域上空间对象之间的关联程度，以表明空间对象之间是否存在显著的空间分布模式。Moran 指数和 Geary 系数是两个用来度量空间自相关

的全局指标。其中，Moran 指数反映的是空间邻接或空间邻近的区域单元属性值的相似程度，而 Geary 系数与 Moran 指数存在负相关关系。

1）Moran 指数

对于全程空间自相关，Moran 指数计算公式为

$$I = \frac{\sum_{i=1}^{n}\sum_{j=1}^{n} w_{ij}(x_i - \overline{x})(x_j - \overline{x})}{S^2 \sum_{i=1}^{n}\sum_{j=1}^{n} w_{ij}}$$

式中：$I$ 为 Moran 指数，其中

$$S^2 = \frac{1}{n}\sum_{i=1}^{n}(x_i - \overline{x})^2$$

$$\overline{x} = \frac{1}{n}\sum_{i=1}^{n} x_i$$

其中，$n$ 是观察值的数目；$x_i$ 是在位置 $i$ 的观察值；$w_{ij}$ 是对称的空间权重矩阵元素，如果 $i$ 与 $j$ 相邻取值为 1，否则取值为 0。$w_{ij}$ 按照行和归一化（每行的和为 1）建立的权重矩阵为非对称的空间权重矩阵。

Moran 指数 $I$ 的取值一般介于-1～1 之间。当 $I$ 值大于 0 时，表明存在正的空间自相关，数值越大表示空间分布的相关性越大，即空间上聚集分布的现象越明显；当 $I$ 值小于 0 时，表明存在负的空间自相关，数值越小代表示相关性小；$I$ 值为 0 时，表明不存在空间自相关，代表空间分布呈现随机分布的情形。

对于 Moran 指数，还可以进行显著性检验，检验统计量为标准化 Z 值：

$$Z = \frac{I - E(I)}{\sqrt{\mathrm{var}(I)}}$$

当 $Z$ 值为正且显著时，表明存在正的空间自相关；当 $Z$ 值为负且显著时， 表明存在负的空间自相关；当 $Z$ 值为零时，观测值呈独立随机分布。

2）Geray 系数

对于全局空间自相关，Geray 系数计算公式为

$$C(d) = \frac{(n-1)\sum_{i=1}^{n}\sum_{j=1}^{n} w_{ij}(x_i - x_j)^2}{2nS^2 \sum_{i=1}^{n}\sum_{j=1}^{n} w_{ij}}$$

Geary 系数 $C$ 总是正值，取值范围一般在[0,2]之间，且服从渐近正态分布。当 $C$ 值小于 1 时，表明存在正的空间自相关；也就是说相似的观测值（高值或低值）趋于空间聚集；当 $C$ 值大于 1 时，表明存在负的空间自相关，表明存在负的空间自相关，相似的观测值趋于空间分散分布；当 $C$ 值为 1 时，表明不存在空间自相关，即观测值在空间上随机分布。

**3. 局部空间自相关**

当需要进一步考查是否存在观测值的高值或低值的局部空间聚集，哪个区域单元对于

全局空间自相关的贡献更大，以及在多大程度上空间自相关的全局评估掩盖了反常的局部状况或小范围的局部不稳定性时，就必须应用局部空间自相关分析。局部空间自相关分析方法包括三种分析方法。

1）空间联系的局部指标

空间联系的局部指标（local indicators of spatial association，LISA）满足下列两个条件：①每个区域单元的 LISA，是描述该区域单元周围显著的相似值区域单元之间空间聚集程度的指标；②所有区域单元 LISA 的总和与全局的空间联系成正比。LISA 包括局部 Moran 指数（local Moran）和局部 Geary 系数（local Geary）。

对于局部空间自相关，Moran 指数计算公式为

$$I_i = \frac{(x_i - \bar{x})}{S^2} \sum_{j=1}^{n} w_{ij}(x_j - \bar{x})$$

与计算全局空间自相关的 $I$ 值类似，检验统计量为标准化 $Z(I_i)$ 值，可以用公式来检验 $n$ 个区域是否存在局部空间自相关关系：

$$Z(I_i) = \frac{I_i - E(I_i)}{\sqrt{Var(I_i)}}$$

用标准化 $Z(I_i)$ 和局部 Moran 指数判断局部空间相关性参见全局空间自相关中 Moran 指数。

每个区域单元 $i$ 的局部 Moran 指数是描述该区域单元周围显著的相似值区域单元之间空间集聚程度的指标，$I_i$ 表示位置 $i$ 上的观测值与周围邻居观测平均值的乘积。这样，全局 Moran 指数和局部指数统计量之间的关系是

$$I = \frac{\sum_{i=1}^{n} \sum_{j \neq i}^{n} w_{ij} z_i z_j}{S^2 \sum_{i=1}^{n} \sum_{j \neq i}^{n} w_{ij}} = \frac{1}{n} \sum_{i=1}^{n} \left(z_i \sum_{j \neq i}^{n} w_{ij} z_j\right) = \frac{1}{n} \sum_{i=1}^{n} I_i$$

2）$G$ 统计量

Arthur Getis 和 J. K. Ord（1992，1995）建议使用局部 $G$ 统计量来检测小范围内的局部空间依赖性，因为此空间联系很可能是采用全局统计量所体现不出来的。值得注意的是，当全局统计量并不足以证明存在空间联系时，一般建议使用局部 $G$ 统计来探测空间单元的观测值在局部水平上的空间聚集程度。全局 $G$ 统计量公式如下：

$$G = \frac{\sum_{i=1}^{n} \sum_{j=i}^{n} w_{ij} x_i x_j}{\sum_{i=1}^{n} \sum_{j \neq i}^{n} x_i x_j}$$

对于每一个空间单元 $i$ 的 $G_i$ 统计量为

$$G_i = \frac{\sum_{j=i}^{n} w_{ij} x_i}{\sum_{j \neq i}^{n} x_j}$$

对统计量的检验与局部 Moran 指数相似，其检验值为

$$Z(G_i) = \frac{G_i - E(G_i)}{\sqrt{\text{var}(G_i)}}$$

显著的正值表示在该空间单元周围，高观测值的空间单元趋于空间聚集，而显著的负值表示低观测值的空间单元趋于空间聚集，与 Moran 指数只能发现相似值（正关联）或非相似性观测值（负关联）的空间聚集模式相比，$G_i$ 能够测度出空间单元属于高值聚集还是低值聚集的空间分布模式。

3）Moran 散点图

局部空间自相关分析的第 3 种方法是 Moran 散点图，可以对空间滞后因子 $W_z$ 和 $z$ 数据进行可视化的二维图示。Moran 散点图用散点图的形式描述变量 $z$ 与空间滞后（即该观测值周围邻居的加权平均）向量 $W_z$ 间的相互关系。该图的横轴对应变量 $z$，纵轴对应空间滞后向量 $W_z$，它被分为四个象限，分别识别一个地区及其邻近地区的关系。

Moran 散点图的四个象限分别对应于空间单元与其邻居之间四种类型的局部空间联系形式：第一象限（HH）代表了高观测值的空间单元，其为同是高值的区域所包围的空间联系形式；第二象限（HL）代表了低观测值的空间单元，其为高值的区域所包围的空间联系形式；第三象限（LL）代表了低观测值的空间单元，其为同是低值的区域所包围的空间联系形式；第四象限（LH）代表了高观测值的区域单元，其为低值的区域所包围的空间联系形式。

以图 5-20 为例，多数点位于第一和第三象限内，即 HH 集聚和 LL 集聚，表现为正相关，说明观测点高值与高值关系紧密，低值与低值关系紧密。

与局部 Moran 指数相比，虽然 Moran 散点图不能获得局部空间聚集的显著性指标，但是其形象的二维图像非常易于理解，其重要的优势还在于能够进一步具体区分空间单元和其邻居之间属于高值和高值、低值和低值、高值和低值、低值和高值之中的哪种空间联系形式。并且，对应于 Moran 散点图的不同象限，可识别出空间分布中存在着哪几种不同的实体。将 Moran 散点图与 LISA 显著性水平相结合，也可以得到所谓的"Moran 显著性水平图"，如图 5-21 所示，图中显示出显著的 LISA 区域，并分别标识出对应于 Moran 散点图中不同象限的相应区域。

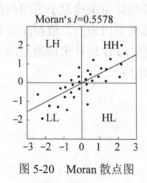

图 5-20　Moran 散点图

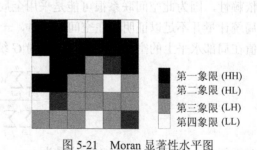

图 5-21　Moran 显著性水平图

### 5.4.3　空间变异描述

**1. 半变异函数及其性质**

半变异函数也称半方差函数，是由变异函数演算而来，它是描述区域化变量随机性

和结构性特有的基本手段。其和协方差函数将统计相关系数的大小作为一个距离的函数，是地理学相近相似定理的定量化。图 5-22 为一典型的半变异函数图和其对应的协方差函数图。

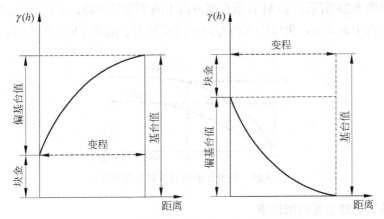

图 5-22 半变异函数与协方差函数示意图

如图 5-22 所示，半变异值的变化随着距离的加大而增加，协方差随着距离的加大而减小。这主要是由于半变异函数和协方差函数都是事物空间相关系数的表现，当两事物彼此距离较小时，它们是相似的，因此协方差值较大，而半变异值较小；反之，协方差值较小，而半变异值较大。

半变异函数曲线图和协方差函数曲线反映了一个采样点与其相邻采样点的空间关系。它们对异常采样点具有很好的探测作用，在空间分析的地统计分析中可以使用两者中的任意一个，一般采用半变异函数。在半变异曲线图中有两个非常重要的点——间隔为 0 时的点和半变异函数趋近平稳时的拐点，由这两个点产生四个相应的参数：块金值（nugget）、变程（range）、基台值（sill）和偏基台值（partial sill）。

块金值（nugget）：理论上，当采样点间的距离为 0 时，半变异函数值应为 0；但由于存在测量误差和空间变异，使得两采样点非常接近时，它们的半变异函数值不为 0，即存在块金值。测量误差是仪器内在误差引起的，空间变异是自然现象在一定空间范围内的变化。它们任意一方或两者共同作用产生了块金值。

基台值（sill）：当采样点间的距离 $h$ 增大时，半变异函数 $\gamma(h)$ 从初始的块金值达到一个相对稳定的常数时，该常数值称为基台值。当半变异函数值超过基台值时，即函数值不随采样点间隔距离而改变时，空间相关性不存在。

偏基台值（partial sill）：基台值与块金值的差值。

变程（range）：当半变异函数的取值由初始的块金值达到基台值时，采样点的间隔距离称为变程。变程表示在某种观测尺度下，空间相关性的作用范围，其大小受观测尺度的限定。在变程范围内，样点间的距离越小，其相似性，即空间相关性越大。当 $h > R$ 时，区域化变量 $Z(x)$ 的空间相关性不存在，即当某点与已知点的距离大于变程时，该点数据不能用于内插或外推。

$Z(x)$ 能通过半变异函数 $\gamma(h)$ 反映区域化变量的随机性和结构性，因此 $Z(x)$ 在每一个方向上呈现相同或不同的性质，即各向同性或各向异性。如果在各个方向上 $Z(x)$ 的变异性相同或相近，则称 $Z(x)$ 为各向同性。反之，称为各向异性。各向异性是绝对的，各向同性只是各向异性的特例。

在结构分析中，各向同性或各向异性主要通过半变异函数的变程 $a$ 在不同方向上的大小来反映，如图 5-23 所示，$\gamma_1(h)$ 表示东西方向上的半变异函数，$\gamma_2(h)$ 表示南北方向上的半变异函数，由于 $a_2 > a_1$，所以在东西方向上的变异大于南北方向上的变异。

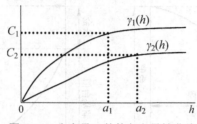

图 5-23 半变异函数的各向异性曲线

### 2. 半变异函数的主要影响因素

（1）样本的数量

样本数量在地统计学中主要指计算实际半变异函数值时的点对数目。每一距离上计算出的实际半变异函数值随着点对数目增加而精确，因此，样本的数量越大越好。但由于工作量的关系，实际取样工作中样本数目是有限的。通常，在变程以内各距离上的点对数目不应小于 20 对至 30 对。在小尺度距离上相对要多一些，在大尺度距离上相对少一些。这样才能保证在变程范围内的半变异函数值能准确地反映区域化变量的空间变异性。

（2）样点间的距离

样点间的距离对实际半变异函数有重要的影响。样点间的半变异函数值的随机成分随着样点间的距离增大而增大，因此，小尺度结构特征将被掩盖。为了使建立的半变异函数模型能准确地反映各种尺度上的变化特征，样点间最小的距离，即采样的最小尺度需要被确定。所以，在采样之前首先需要在满足精度的前提下确定最佳的采样尺度，以减轻工作强度及分析样品的成本。

（3）异常值的影响

异常值也称特异值，其对半变异函数有着重要的影响。对于半变异函数的模型来讲，块金效应值越小越好。而在变程范围内，异常值主要是影响块金值，如果异常值比较多，块金值要增大，随机成分的影响加强，而空间自相关的影响削弱，这对半变异函数理论模型的精度会产生影响。如果在原点附近的实际半变异函数值出现异常值，唯一的解决方法就是剔除这些异常值并重新计算实际半变异函数值。剔除异常值后，尽管样本的数量会相对减少，但半变异函数模型的精度却能提高。

（4）比例效应的影响

判断比例效应是否存在主要是分析平均值和方差或标准差之间的关系。如果平均值和标准差之间存在明显的线性关系，则比例效应存在；如果平均值和标准差之间的线性关系不存在或不明显，则比例效应不存在。当样品方差随着平均值的增加而增加时，称正比例效应；反之，当样品的方差随着平均值增加而减少时，称反比例效应。比例效应的存在会使实际半变异函数值产生畸变，使基台值和块金值增大，并使估计精度降低，导致某些结构不明显。通常需要通过对原始数据取对数，或者通过相对半变异函数的求解来消除比例效应。

（5）漂移的影响

由区域化变量理论可知，实际半变异函数值是理论半变异函数的无偏估计，当漂移存在时，半变异函数值就不再是半变异函数的无偏估计，随着漂移形式的不同，对半变异函数的影响也不同。消除漂移对半变异函数的影响，需要建立合适的漂移形式，即 $E\left[Z(x)\right] = m(x)$ 中 $m(x)$ 的函数式，它能够使半变异函数曲线真实地符合实际半变异函数值。

### 3. 半变异函数模型的分类

为了根据半变异函数散点图来预测未知区域的值，则需要一种合适的函数或模型来描述。随着人们实践积累，现有的模型有数十种之多。按照是否有基台值或可以线性化处理将模型可以分为：有基台模型、无基台模型、线性模型、非线性模型和孔穴效应模型，具体分类如图 5-24 所示，其中以非线性模型为例，其又可细分为球状模型、指数模型、高斯模型、幂函数模型和对数模型。

| | 线性 | 非线性 | 孔穴效应模型 |
|---|---|---|---|
| 有基台值 | 线性有基台模型<br>纯块金模型 | 球状模型<br>指数模型<br>高斯模型 | |
| 无基台值 | 线性无基台模型 | 幂模型<br>对数模型 | |
| 孔穴效应模型 | | | |

图 5-24　半变异函数分类图

（1）球状模型

球状模型的一般公式为

$$\gamma(h) = \begin{cases} C_0 & h = 0 \\ C_0 + C\left(\dfrac{3h}{2a} - \dfrac{h^3}{2a^3}\right) & 0 < h \leqslant a \\ C_0 + C & h > a \end{cases}$$

其中，$C_0$ 是块金值；$C$ 是偏基台；$a$ 是变程；$h$ 是滞后距。

（2）指数模型

指数模型的一般公式为

$$\gamma(h) = \begin{cases} C_0 & h = 0 \\ C_0 + C\left(1 - e^{-\frac{h}{a}}\right) & 0 < h \leqslant 3a \\ C_0 + C & h > 3a \end{cases}$$

（3）高斯模型

高斯模型的一般公式为

$$\gamma(h) = \begin{cases} C_0 & h = 0 \\ C_0 + C\left(1 - e^{-\frac{h^2}{a^2}}\right) & 0 < h \leqslant \sqrt{3}a \\ C_0 + C & h > \sqrt{3}a \end{cases}$$

（4）幂函数模型

幂函数模型的一般公式为

$$\gamma(h) = h^\theta \qquad 0 < \theta < 2$$

（5）对数模型

对数模型的一般公式为

$$\gamma(h) = \log h$$

（6）线性有基台值模型

线性有基台值模型的一般公式为

$$\gamma(h) = \begin{cases} C_0 & h = 0 \\ C_0 + kh & 0 < h \leqslant a \\ C_0 + C & h > a \end{cases}$$

其中，$k$ 为直线斜率。

（7）线性无基台值模型

线性无基台值模型的一般公式为

$$\gamma(h) = \begin{cases} C_0 & h = 0 \\ C_0 + kh & h > 0 \end{cases}$$

（8）一维常见孔穴效应模型

一维常见孔穴效应模型的一般公式为

$$\gamma(h) = C_0 + C\left[1 - e^{-\frac{h}{a}}\cos\left(2\pi\frac{h}{b}\right)\right]$$

其中，$b$ 为两孔间的平均距离。

## 5.5  空间回归分析

对于要研究的一切客观事物，它们之间都存在相互联系和具有内部规律，而这些事物的变量之间主要有两种关系：一类是变量之间存在着完全确定性的关系，可称其为函数关系；另一类是具有非确定关系，可称为统计关系。空间回归分析是研究两个或两个以上的变量之间的相关关系，用数学方程式来表达变量 $y$ 和 $X$ 的这种不十分确定的共变关系，这一统计过程称为空间回归分析。其用意在于通过后者的已知或设定值，去估计和（或）预测前者的（总体）均值。

由于空间变量的诸多特殊性质，在很多情况下不能直接用回归分析方法研究空间问题，否则将会带来错误的结论。因此研究空间变量之间的关系需要在回归分析模型的基础上发展能够描述空间变量特征的回归分析模型。本节主要介绍回归分析模型、空间自回归模型和地理加权回归模型。

## 5.5.1　回归分析模型

回归分析是研究因变量 $y$ 和自变量 $x$ 之间存在某种相关关系的方法，其中要求自变量 $x$ 是可以控制或可以精确观察的变量，因此当 $x$ 取每一个确定值后，$y$ 就有一定的概率分布。若 $y$ 的数学期望存在，则其值是 $x$ 的函数，即 $y = \mu(x)$，这个 $\mu(x)$ 称为 $y$ 对 $x$ 的回归函数，或称 $y$ 关于 $x$ 的回归。

### 1. 相关概念

与回归分析统计模型相关的基本概念解释如下。

因变量（$y$）：该变量表示了尝试预测或了解的过程。在回归方程中，因变量位于等号的左侧。尽管可使用回归法来预测因变量，但必须先给定一组已知的 $y$ 值，然后可利用这些值来构建（或定标）回归模型，这些已知的 $y$ 值通常称为观测值。

自变量/解释变量（$x$）：这些变量用于对因变量的值进行建模或预测。在回归方程中，自变量位于等号的右侧，通常称为解释变量。因变量是解释变量的函数。

回归系数（$\beta$）：可使用回归工具来计算系数，其是一些数值，表示解释变量与因变量之间的关系强度和类型，而且，每个解释变量都有一个对应的回归系数。通常回归系数的估计采用两种方法，一种是用最小二乘法，第二种使用最大似然函数的方法。

回归截距（$\beta_0$）：表示所有解释变量均为零时因变量的预期值。

残差（$\varepsilon$）：这些是因变量无法解释的部分，该部分在回归方程中被表示为随机误差项 $\varepsilon$。将使用因变量的已知值来构建和校准回归模型。$y$ 的观测值与预测值之差称为残差。回归方程中的残差可用于确定模型的拟合程度，残差较大表明模型拟合效果较差。

回归函数可以是一元函数，也可以是多元函数，可以是线性的，也可以是非线性的。下面我们主要介绍一元线性回归和多元线性回归模型。

### 2. 一元线性回归模型

一元线性回归模型用于估计 $y$ 与 $x$ 之间存在线性关系，该模型为

$$y = \beta_0 + \beta_1 x$$

假设一组观测数据 $(x_i, y_i)$，其中 $i = 1, 2, ..., n$。实际观测中由于随机因素的干扰，因变量 $y$ 的取值不仅与自变量 $x$ 的取值有关，而且与可以评价回归模型的有效性的残差 $\varepsilon$ 有关，从而利用观测数据建立如下方程：

$$y_i = \beta_0 + \beta_1 x_i + \varepsilon_i, i = 1, 2, ..., n$$

其中，$y_i$ 是可观测的（即能给出样本值的）独立的随机变量，$y_i \sim N(\beta_0 + \beta_1 x_i, \sigma^2)$；$x_i$ 可以是一般变量，也可以是随机变量；$\varepsilon_i$ 表示观测过程中随机因素对 $y_i$ 的影响误差，存在 $\varepsilon_i \sim N(0, \sigma^2)$。

通常采用最小二乘法估计 $\beta_0$ 与 $\beta_1$，其原理是选取两者的估计量 $\hat{\beta}_0$ 与 $\hat{\beta}_1$，使残差平方和 $Q$ 最小。即使得

$$Q = \sum_{i}^{n} e_i^2 = \sum_{i=1}^{n} (y_i - \hat{\beta}_0 - \hat{\beta}_1 x_i)^2$$

达到最小，按照最小二乘标准求得的总体回归函数的参数估计即样本回归函数的截距项 $\hat{\beta}_0$ 与斜率项 $\hat{\beta}_1$ 的方法，叫做普通最小二乘法。

利用拉格朗日乘子法，可从上式求出

$$
\begin{cases}
\hat{\beta}_1 = \dfrac{\sum\limits_{i=1}^{n} x_i y_i}{\sum\limits_{i=1}^{n} x_i^2} \\[2mm]
\hat{\beta}_0 = \overline{y} - \hat{\beta}_1 \overline{x}
\end{cases}
$$

其中 $\overline{x} = \dfrac{1}{n}\sum\limits_{i=1}^{n} x_i$ ；$\overline{y} = \dfrac{1}{n}\sum\limits_{i=1}^{n} y_i$ 把解得的 $\hat{\beta}_0$ 与 $\hat{\beta}_1$ 代入一元线性回归模型，求得 $n$ 个观测点上的回归预测值为 $y = \hat{\beta}_0 + \hat{\beta}_1 x$ 。

### 3. 多元线性回归模型

一元线性回归分析讨论的回归问题只涉及了一个自变量，但在实际问题中，影响因变量的因素往往有多个，还需要就一个因变量与多个自变量的联系来进行考察，才能获得比较满意的结果。这就产生了测定多因素之间相关关系的问题。

研究在线性相关条件下，两个或两个以上自变量对一个因变量的数量变化关系，称为多元线性回归分析，表现这一数量关系的数学公式，称为多元线性回归模型。多元线性回归模型是一元线性回归模型的扩展，其基本原理与一元线性回归模型类似。

设因变量 是一个可观测的随机变量，它受到 $n$ 个非随机因素 $x_1, x_2, \cdots, x_n$ 和随机因素的影响，则 $y$ 与 $x_1, x_2, \cdots, x_n$ 的多元线性回归模型为

$$
y = \beta_0 + \beta_1 x_1 + \cdots + \beta_n x_n + \varepsilon
$$

其中，$\beta_0, \beta_1, \cdots, \beta_n$ 是 $n+1$ 个未知参数；$\varepsilon$ 是不可测的随机误差，且通常假定 $\varepsilon \sim N(0, \ \sigma^2)$ ；$x_j (j = 1, 2, \cdots, n)$ 是自变量。

对于一个实际问题，要建立多元回归方程，首先要估计出未知参数 $\beta_0, \beta_1, \cdots, \beta_n$ ，为此要进行 $m$ 次独立观测，得到 $m$ 组样本数据为 $(x_{i1}, x_{i2}, \cdots, x_{in}; y_i)$ ，$i = 1, 2, \cdots, m$ ，满足多元线性回归模型，即有

$$
y_i = \beta_0 + \beta_1 x_{i1} + \beta_2 x_{i2} + \cdots + \beta_n x_{in} + \varepsilon_i
$$

其中，$\varepsilon_1, \varepsilon_2, \cdots, \varepsilon_m$ 相互独立且都服从 $N(0, \sigma^2)$ 。上式又可表示成矩阵形式为

$$
\boldsymbol{Y} = \boldsymbol{X}\boldsymbol{\beta} + \boldsymbol{\varepsilon}
$$

其中，$\boldsymbol{Y} = (y_1, y_2, \cdots, y_m)^{\mathrm{T}}$ ；$\boldsymbol{\beta} = (\beta_0, \beta_1, \cdots, \beta_n)^{\mathrm{T}}$ ；$\boldsymbol{\varepsilon} = (\varepsilon_1, \varepsilon_2, \cdots, \varepsilon_m)^{\mathrm{T}}$ ；$\boldsymbol{\varepsilon} \sim N_n(0, \sigma^2 \boldsymbol{I}_n)$ ；$\boldsymbol{I}_n$ 为 $n$ 阶单位矩阵；而 $m$ 组 $n$ 维样本数据矩阵 $\boldsymbol{X}(x_{ij})_{m \times (n+1)}$ 表示为

$$
\boldsymbol{X} = \begin{bmatrix}
1 & x_{11} & x_{12} & \cdots & x_{1n} \\
1 & x_{21} & x_{22} & \cdots & x_{2n} \\
\vdots & \vdots & \vdots & & \vdots \\
1 & x_{m1} & x_{m2} & \cdots & x_{mn}
\end{bmatrix}
$$

　　由多元回归模型以及多元正态分布的性质可知，$Y$ 仍服从 $n$ 维正态分布，它的期望向量为 $X\beta$，方差和协方差阵为 $\sigma^2 I_n$，即 $Y \sim N_n(X\beta, \sigma^2 I_n)$。

**4. 参数的最小二乘估计**

　　与一元线性回归一样，多元线性回归方程中的未知参数 $\beta_0, \beta_1, \cdots, \beta_n$ 仍然可用最小二乘法来估计，即选择 $\beta = (\beta_0, \beta_1, \cdots, \beta_n)^T$ 使误差平方和达到最小。

$$Q(\beta) \triangleq \sum_{i=1}^{n} \varepsilon_i^2 = \varepsilon^T \varepsilon = (Y - X\beta)^T (Y - X\beta)$$

$$= \sum_{i=1}^{n} (y_i - \beta_0 - \beta_1 x_{i1} - \beta_2 x_{i2} - \cdots - \beta_n x_{in})^2$$

　　由于 $Q(\beta)$ 是关于 $\beta_0, \beta_1, \cdots, \beta_n$ 的非负二次函数，因而必定存在最小值，利用微积分的极值求法，得

$$\frac{\partial Q(\hat{\beta})}{\partial \beta_j} = -2\sum_{i=1}^{n} (y_i - \hat{\beta}_0 - \hat{\beta}_1 x_{i1} - \hat{\beta}_2 x_{i2} - \cdots - \hat{\beta}_n x_{in}) x_{ij} = 0$$

　　其中，$\hat{\beta}_j (j = 0, 1, \cdots, n)$ 是 $\beta_j (i = 0, 1, \cdots, n)$ 的最小二乘估计。上述对 $Q(\beta)$ 求偏导，求得正规方程组的过程可用矩阵代数运算进行，得到正规方程组的矩阵表示

$$X^T(Y - X\hat{\beta}) = 0$$

移项得正规方程组

$$X^T X \hat{\beta} = X^T Y$$

　　假定 $R(X) = n+1$，所以 $R(X^T X) = R(X) = n+1$．故 $(X^T X)^{-1}$ 存在。解正规方程组得

$$\hat{\beta} = (X^T X)^{-1} X^T Y$$

称 $\hat{y} = \hat{\beta}_0 + \hat{\beta}_1 x_1 + \hat{\beta}_2 x_2 + \cdots + \hat{\beta}_n x_n$ 为经验回归方程。

## 5.5.2　空间自回归模型

　　由于传统的空间分析方法忽略了地理问题的空间性质，不能给出空间模式的有效描述，因此在传统回归模型的基础上引入能够描述空间自相关和空间非平稳性的项就能有效地克服传统回归模型的缺陷。为此引入能够描述空间自相关的模型。

　　空间自回归模型的一般形式可以写成：

$$\begin{cases} y = \rho W_1 y + X\beta + \mu \\ \mu = \lambda W_2 \mu + \varepsilon \\ \varepsilon \sim N(0, \sigma^2 I) \end{cases}$$

其中，$y$ 是因变量，为 $n \times 1$ 向量；$X$ 表示解释变量的 $n \times p$ 矩阵；$\mu$ 是一个空间自相关干扰向量矩阵；$\varepsilon$ 是随机干扰项或残差；$W_1$ 和 $W_2$ 是已知的空间加权矩阵；$I$ 是单位矩阵；$\lambda$ 是空间误差参数；$\rho$ 是空间自相关参数，表示空间自相关性对模型的影响程度。$\lambda$ 和 $\rho$ 的值越高，表明空间自相关对模型的影响越大。

如果对空间自相关模型中的元素施加某些限定，可导出多种不同形式的空间自相关模型。

（1）设 $X = 0$，$W_2 = 0$，则可以由上式推导出一阶空间自回归模型如下：

$$\begin{cases} y = \rho W_1 y + \varepsilon \\ \varepsilon \sim N(0, \sigma^2 I) \end{cases}$$

该式所示的空间自回归模型的意义是 $y$ 的变化是邻接空间单元的因变量线性组合，解释变量 $X$ 对于 $y$ 的变化没有贡献。即因变量 $y$ 是因变量的空间延迟（$y$ 邻近值的加权平均）和随机误差的函数。

该模型在实际工作中很少使用，但它反映了地理空间关系的本质特征，是解释空间自回归模型的基础。经常用该模型来检验误差的空间自相关性。

（2）设 $W_2 = 0$，则可以由空间自回归模型公式推导出空间混合自回归组合模型如下

$$\begin{cases} y = \rho W_1 y + X\beta + \varepsilon \\ \varepsilon \sim N(0, \sigma^2 I) \end{cases}$$

该式所示，$y$ 的变化不仅和邻接空间单元的因变量有关，而且解释变量 $X$ 对于 $y$ 的变化也有贡献。与一阶空间自回归相比，空间混合自回归模型加入了解释变量的影响。该模型的系数需要使用极大似然估计函数的方法确定。

（3）设 $W_1 = 0$，则可以由空间自回归模型公式推导出误差项空间自相关的回归模型如下：

$$\begin{cases} y = X\beta + u \\ u = \lambda W_2 u + \varepsilon \\ \varepsilon \sim N(0, \sigma^2 I) \end{cases}$$

这一模型假设是空间自回归模型的残差项 $\varepsilon$ 存在空间自相关性。因此在使用该式时，需要检验多元回归模型的残差的空间自相关性。若检验结果表明误差存在空间自相关性，则使用该式是合适的。

将因变量的空间延迟项和解释变量的空间延迟加在模型中便得到空间 Durbin 模型如下：

$$\begin{cases} y = \rho W_1 y + X\beta_1 + WX\beta_2 + \varepsilon \\ \varepsilon \sim N(0, \sigma^2 I) \end{cases}$$

其中，$WX$ 表示解释变量的空间延迟，对于因变量的空间延迟也产生影响，其贡献的情况通过系数 $\beta_2$ 表示。

对于该模型可以得到 $\beta_1$ 与 $\beta_2$ 的一个限定关系：

$$\beta_2 = -\rho\beta_1$$

### 5.5.3 地理加权回归模型

空间自回归模型用于处理空间依赖性，且其中的参数不随空间位置而变化，因此本质上空间自回归模型属于全局模型。由于空间异质性的存在，不同的空间子区域上解释变量和因变量的关系可能不同，因此就产生了这种空间建模技术直接使用与空间数据观测相关联的坐标位置数据建立参数的空间变化关系，也就是地理加权回归模型（geographically weighted regression，GWR），其本质也是局部模型。

地理加权回归模型是一种相对简单的回归估计技术，它扩展了普通线性回归模型，是由英国 Newcastle 大学地理统计学家 A. Stewart Fortheringham 及其同事基于空间变系数回归模型并利用局部多项式光滑的思想提出的模型。在 GWR 模型中，特定区位的回归系数不再是利用全部信息获取的假定常数，而是利用邻近观测值的子样本数据信息进行局域回归估计得到的、随着空间上局域地理位置变化而变化的变数。GWR 模型可以表示为

$$y_i = \beta_0(u_i, v_i) + \sum_{j=1}^{n} \beta_j(u_i, v_i) x_{ij} + \varepsilon_i, i = 1, 2, \cdots, m; \quad j = 1, 2, \cdots, n$$

其中，$(y_i; x_{i1}, x_{i2}, \cdots, x_{ij})$ 为因变量 $y$ 和自变量 $x_j$ 在地理位置 $(u_i, v_i)$ 处的观测值；系数 $\beta_j(u_i, v_i)$ 是观测点 $(u_i, v_i)$ 处的未知参数，也可理解为是关于空间位置 $(u_i, v_i)$ 的 $n$ 个未知函数；$\varepsilon_i$ 为第 $i$ 个区域的独立同分布的随机误差，即要满足均值为 0、方差均为 $\sigma^2$ 的误差项，相互独立等球形扰动假设，通常假定其服从 $N(0, \sigma^2)$ 分布。

对于 $\beta_j (j = 1, 2, \cdots, n)$ 的 GWR 估计值，其通常是随着空间权矩阵的变化而变化的，其不能用最小二乘方法（OLS）估计参数，因此需引入加权最小二乘方法（WLS）估计参数，依据参数的最小二乘参数估计过程可得回归点 $j$ 的参数估计向量如下：

$$\hat{\boldsymbol{\beta}}_j = (\boldsymbol{X}^T \boldsymbol{W}_j \boldsymbol{X})^{-1} \boldsymbol{X}^T \boldsymbol{W}_j \boldsymbol{Y}$$

其中，$\boldsymbol{W}_j$ 是 $m \times m$ 阶的加权矩阵，其对角线上的每个元素都是关于观测值所在位置 $i$（$i = 1, 2, \cdots, m$）与回归点 $j$（$j = 1, 2, \cdots, n$）的位置之间距离的函数，其作用是权衡不同的空间位置 $i$ 的观测值对于回归点 $j$ 参数估计的应用程度。加权矩阵 $\boldsymbol{W}_j$ 可表示如下：

$$\boldsymbol{W}_j = \begin{bmatrix} w_{j1} & 0 & 0 & 0 \\ 0 & w_{j2} & 0 & 0 \\ 0 & 0 & 0 & 0 \\ 0 & 0 & 0 & w_{jm} \end{bmatrix}$$

因此加权矩阵 $\boldsymbol{W}_j$ 中的每个元素 $w_{ji}$ 的选择至关重要，一般由观测值的空间坐标决定。实际研究中常用的空间距离权值计算公式有三种。

（1）高斯距离权值

$$w_{ji} = \Phi(d_{ij} / \sigma\theta)$$

（2）指数距离权值

$$w_{ji} = \sqrt{\exp(-d_{ij} / q)}$$

（3）三次方距离权值

$$w_{ji} = \left[ 1 - (\theta / d_{ij})^3 \right]^3$$

其中，$d_{ij}$ 为第 $i$ 个观测值位置与第 $j$ 个回归点位置间的地理距离；$\Phi$ 为标准正态分布密度函数；$q$ 为观测值 $i$ 到第 $q$ 个最近邻居之间的距离；$\sigma$ 为距离向量的标准差；$\theta$ 为衰减参数。

地理加权回归模型扩展了传统的回归框架，容许局部而不是全局的参数估计，通过在线性回归模型中假定回归系数是观测点地理位置的位置函数，将数据的空间特性纳入模型中，为分析回归关系的空间特征创造了条件。

　　但在有些情况下，并不是所有参数都随地理空间变化而变化，有些参数在空间上是不变的，或者其变化非常小，可以忽略不计。因此对于一个地理问题进行完整的空间建模，需要模型中不仅要包含局部变量而且要包含全局变量。Brunsdon 提出了混合地理加权回归模型（mixed GWR model，MGWR）。在 MGWR 中，有些系数被假设在研究区域内是常数，另外一些则随着研究区域的变化而变化。按照先全局变量后局部变量的排列方式，MGWR 模型表示为

$$y_i = \sum_{j=0}^{k} \beta_j x_{ij} + \sum_{j=k+1}^{n} \beta_j(u_i, v_i) x_{ij} + \varepsilon_i, \quad i = 1, 2, \cdots, m, \quad j = 1, 2, \cdots, n$$

其中，$\beta_j(j = 1, 2, \cdots, k)$ 是变量 $x_{ij}$ 的全局系数，且为未知的常数，$\sum_{j=0}^{k} \beta_j x_{ij}$ 表示了一个线性回归模型；$\beta_j(j = k+1, k+2, \cdots, n)$ 是变量 $x_{ij}$ 的局域系数，且为第 $i$ 个观测点 $(u_i, v_i)$ 处的未知参数，也可理解为是关于空间位置 $(u_i, v_i)$ 的未知函数，$\sum_{j=k+1}^{n} \beta_j(u_i, v_i) x_{ij}$ 表示了一个地理加权回归模型。MGWR 模型实际上组合了一个地理加权回归模型（GWR 模型）和一个线性回归模型，很明显混合地理加权回归模型能够提供更多的关于空间数据关系的特定信息。

　　利用矩阵法表示混合地理加权回归模型，令 $\boldsymbol{\beta} = \boldsymbol{\beta}_a + \boldsymbol{\beta}_b$，$\boldsymbol{X} = \boldsymbol{X}_a + \boldsymbol{X}_b$，则有

$$\boldsymbol{Y} = \begin{bmatrix} y_1 \\ y_2 \\ \vdots \\ y_n \end{bmatrix}, \quad \boldsymbol{\beta}_a = \begin{bmatrix} \beta_1 \\ \beta_2 \\ \vdots \\ \beta_k \end{bmatrix}, \quad \boldsymbol{\beta}_b = \begin{bmatrix} \beta_{k+1}(u_i, v_i) \\ \beta_{k+2}(u_i, v_i) \\ \vdots \\ \beta_n(u_i, v_i) \end{bmatrix}, \quad \boldsymbol{\varepsilon} = \begin{bmatrix} \varepsilon_1 \\ \varepsilon_2 \\ \vdots \\ \varepsilon_n \end{bmatrix}$$

$$\boldsymbol{X}_a = \begin{pmatrix} 1 & x_{11} & \cdots & x_{1n} \\ 1 & x_{21} & \cdots & x_{2n} \\ \cdots & \cdots & \cdots & \cdots \\ 1 & x_{k1} & \cdots & x_{kn} \end{pmatrix}, \quad \boldsymbol{X}_b = \begin{bmatrix} x_{11} & x_{12} & \cdots & x_{1n} \\ x_{21} & x_{22} & \cdots & x_{2n} \\ \cdots & \cdots & \cdots & \cdots \\ x_{n1} & x_{n2} & \cdots & x_{mn} \end{bmatrix}$$

　　将其写成矩阵形式为 $\boldsymbol{Y} = \boldsymbol{\beta}_a \boldsymbol{X}_a + \boldsymbol{\beta}_b \boldsymbol{X}_b + \boldsymbol{\varepsilon}$。不难看出，若保留 $\boldsymbol{\beta}_a \boldsymbol{X}_a$ 而将 $\boldsymbol{\beta}_b \boldsymbol{X}_b$ 去掉，则混合地理加权回归模型就将变为普通线性回归方程，可用最小二乘法估计参数；若保留 $\boldsymbol{\beta}_b \boldsymbol{X}_b$ 而将 $\boldsymbol{\beta}_a \boldsymbol{X}_a$ 去掉，则混合地理加权回归模型则变为地理加权回归模型，可用加权最小二乘法估计参数。由此可见，普通线性回归模型和地理加权回归模型都可以看成是混和地理加权回归模型的特殊形式。

# 第6章　地形可视化分析

地形可视化分析在研究地理空间信息中起着重要的作用。数字地形分析可用以进行基本地形因子的计算，并实现地形特征识别及分析。地形可视化是研究地形特征的可视化表达和信息增强的三维实体构造技术。数字地形分析技术可增强地形可视化的表达，而各种地形可视化表达技术又可辅助挖掘所隐藏的各种与地形相关的信息，可为各行各业提供空间决策支持。

## 6.1　数字地形模型

数字地形模型（digital terrain model，DTM）是地形表面形态属性信息的数字表达，是带有空间位置特征和地形属性特征的数字描述。其主要应用于描述地面起伏状况，可用于提取各种地形参数，如坡度、坡向、粗糙度等，并进行剖面分析、通视分析、流域结构生成等应用分析。

当数字地形模型中地形属性为高程时，将其称之为数字高程模型（digital elevation model，DEM）。DEM 是对地球表面地形地貌的一种离散的数字表达，数字高程模型通用的定义是描述地表高程信息空间分布的三维向量有限序列。DEM 通常用地表规则网格单元构成的高程矩阵表示，广义的 DEM 还包括等高线、三角网等所有表达地面高程的数字表示。将高程作为地理空间中的第三维坐标，则 DEM 表面是高程 $z$ 关于平面坐标 $x$、$y$ 两个自变量的连续函数，其数学表达为

$$z = f(x, y)$$

数字高程模型是地理信息系统在概念和方法上的萌芽，其作为地表地形信息的集合，是 GIS 空间数据库的核心和各种地学分析的基础数据，也成为 GIS 的基本空间分析方法。DEM 是 DTM 的一个子集，是建立 DTM 的基础数据，也是其核心部分，可以从中直接或间接地提取出其他的各种地形要素，如坡度、坡向、粗糙度等"派生数据"。图 6-1 是由中国国土资源航空物探遥感中心所提供的我国数字高程模型 GTOPO 30 阴影图，图中使用不同阴影代替等高线来显示海拔高度并描绘地球表面的地形。

### 6.1.1　DEM 的表示方法

DEM 是针对二维地理空间上具有连续变化特征的地理现象，通过有限的地形高程数据实现对地形曲面的数字化模拟，即模型化表达和过程模拟。其主要用来描述区域地貌的起伏形态和空间分布，是通过等高线或相似立体模型进行数据采集（包括采样和量测），然后进行数据内插而形成的。其数学意义是定义在二维地理空间上的连续曲面函数，表示为区域 $D$ 的采样点或内插点 $P_j$ 按某种规则连接成的面片 $M_i$ 的集合：

$$\text{DEM} = \left\{ M_i = \zeta(P_i) \mid P_j(x_j, y_j, H_j) \in D, j = 1, 2, \cdots, n; i = 1, 2, \cdots, m \right\}$$

其中，$i$ 表示面片 $M$ 的个数；$j$ 表示采样点或内插点 $P$ 的个数；$i$、$j$ 均为正整数；$x_j$、$y_j$ 和 $H_j$ 分别用以表示采样点 $P_j$ 的坐标及高程信息。

图 6-1　数字高程模型 GTOPO 30 图（中国）

**1. DEM 的表示方法分类**

数字高程模型是将地面高程数据在计算机上用一组有序的二进制数值阵列来表达的实体地面模型，其遵循一定的函数关系对地貌形态的数字化模拟，因此数学法和图形法是重要的 DEM 表示方法，可将 DEM 表示方法进行如下分类，如图 6-2 所示。

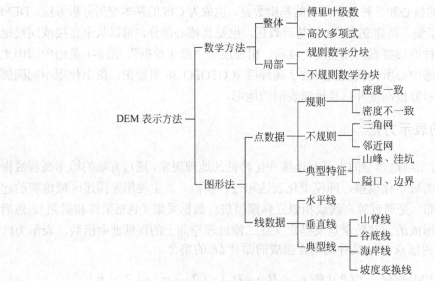

图 6-2　数字高程模型的表示方法

1）数学方法

数学方法拟合表面时需依靠连续三维函数以高平滑度来表示复杂表面。高程拟合作为数学方法的主要思想，其可以分为整体拟合与局部拟合。整体拟合即根据区域所有的高程点数据，用傅里叶级数或高次多项式拟合统一的地面高程曲面。然而对于复杂的表面，进行整体拟合是不可行的。因此，通常可采用局部拟合将地形表面分块，即将复杂表面分成正方形规则小块，或分成面积大致相等的不规则的小块，用三维数学函数对每个小块进行拟合，使得块内的点观测值与表面匹配，然后进行分块搜索，依据有限个点进行拟合形成高程曲面。对于小块边缘表面坡度的不连续变化，应使用加权函数来保证小块接边处的匹配。

2）图形方法

图形方法按高程值的表现形式将其划分为点数据和线数据，点数据又进一步分为规则点分布、不规则点分布和一些典型的特征点，其中主要是不规则点的分布模型。线数据有水平线、垂直线与典型线，其中最需要讨论的是典型线。

（1）线模式

最常见的表示地形的线模式是一系列描述高程测量曲线的等高线（见图 6-3）。其他的地形特征线模式，如山脊线、谷底线、海岸线及坡度变换线等也是表达地面高程的重要信息源。

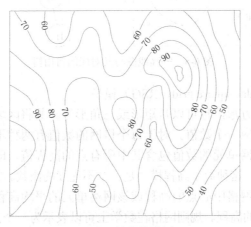

图 6-3　等高线模型

（2）点模式

离散采样数据点是常用的 DEM 表示方法之一。数据采样可以按规则格网采样，其采样密度可以一致也可以不一致；也可以是不规则采样，如不规则三角网、邻近网模型等；也可以是有选择性地采样，如只采集山峰、洼坑、隘口、边界等重要特征点。图 6-4 为常见的不规则点的分布模型示意图。

图 6-4　不规则点的分布模型

## 2. DEM 主要表示模型

### 1）等高线（contour）模型

等高线模型是由一系列的等高线集合和它们的高程值一起构成的一种地面高程模型。等高线模型通常被存储成一个有序的坐标点对序列，可以认为是一条带有高程值属性的简单多边形或多边形弧段。由于等高线模型只是表达了区域的部分高程值，往往需要一种插值方法来计算落在等高线以外的其他点的高程，又因为这些点是落在两条等高线包围的区域内，所以通常只要使用外包的两条等高线的高程进行插值。

等高线模型可以用一个二维的链表来存储，此外，也可用图来表示等高线的拓扑关系。将等高线之间的区域表示成图的节点，用边表示等高线本身。此方法满足两条拓扑约束：①等高线闭合或与边界闭合；②等高线互不相交，这类图可以改造成一种无圈的自由树，图 6-5 为一个等高线图和它相应的自由树。

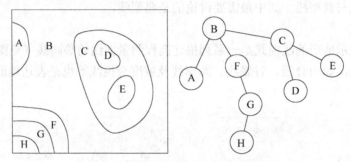

图 6-5　等高线图与其对应的自由树

### 2）规则格网（regular square grid，RSG）模型

规则网格通常是正方形，也可以是矩形或三角形等。其将区域空间切分为规则的格网单元，每个格网单元对应一个数值。对于每个格网的数值有两种不同的理解。第一种是格网栅格观点，认为该格网单元的数值包含其中所有点的高程值，即格网单元对应的地面面积内高程是均一的高度，这种数字高程模型是一个不连续的函数。第二种为点栅格观点，认为该网格单元的数值是网格中心点的高程或该网格单元的平均高程值，这样就需要用一种插值方法来计算每个点的高程。规则网格在数学上可以表示为一个高程矩阵，在计算机实现中则是一个二维数组，每个格网单元或数组的一个元素对应于一个高程值，如图 6-6 所示。

| 91 | 78 | 63 | 50 | 53 | 63 | 44 | 55 | 43 | 25 |
|----|----|----|----|----|----|----|----|----|----|
| 94 | 81 | 64 | 51 | 57 | 62 | 50 | 60 | 50 | 35 |
| 100 | 84 | 66 | 55 | 64 | 66 | 54 | 65 | 57 | 42 |
| 103 | 84 | 66 | 56 | 72 | 71 | 58 | 74 | 65 | 47 |
| 96 | 82 | 66 | 63 | 80 | 78 | 60 | 84 | 72 | 49 |
| 91 | 79 | 66 | 66 | 80 | 80 | 62 | 86 | 77 | 56 |
| 86 | 78 | 68 | 69 | 74 | 75 | 70 | 93 | 82 | 57 |
| 80 | 75 | 73 | 72 | 68 | 75 | 86 | 100 | 81 | 56 |
| 74 | 67 | 69 | 74 | 62 | 66 | 83 | 88 | 73 | 53 |
| 70 | 56 | 62 | 74 | 57 | 58 | 71 | 74 | 63 | 45 |

图 6-6　高程矩阵

由于规则格网法结构简单且计算机对矩阵的处理比较方便，高程矩阵已成为 DEM 最通用的形式，有利于各种应用。但 Grid 系统也有下列缺点：

（1）由于规则格网记录所有区域的属性值，其在地形平坦的地区（如平原）存在大量数据冗余；

（2）格网的大小必须根据实际情形进行调整，以适用于起伏程度不同的地区，如高原和平原等高程变化不大的地区，格网单元面积可以大一点，而高程变化较大的山区和丘陵格网单元面积就要小一点；

（3）在进行某些特殊计算（如视线计算）时，格网的轴线方向会被夸大；

（4）尽管可以调整栅格的大小，还是难以精确表示某些地形（如山峰、洼坑和山脊等）的关键特征，使得栅格显得过于粗略。

3）不规则三角网（triangulated irregular network，TIN）模型

不规则三角网是另外一种表示数字高程模型的方法（Peuker 等，1977），根据区域有限个点集将区域划分为相连的三角面网络，三角面的形状和大小取决于不规则分布的测点或节点的位置和密度。区域中任意点落在三角面的顶点、边上或三角形内：①如果点在顶点上，则用顶点的高程；②如果点在边上则用边的两个顶点的高程插值；③如果点在三角形内，该点的高程值通常通过线性插值的方法得到。所以 TIN 是一个三维空间的分段线性模型，在整个区域内连续但不可微。图 6-7 为常见的不规则三角网模型示意图。

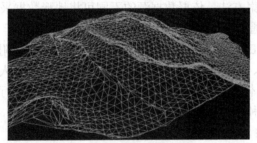

图 6-7　不规则三角网模型

TIN 的数据存储方式比格网 DEM 复杂，它不仅要存储每个点的高程，还要存储其平面坐标和节点连接的拓扑关系及三角形和邻接三角形等关系信息。有许多种表达 TIN 拓扑结构的存储方式，一个简单的记录方式是对于每一个三角形、边和节点都对应一个记录，三角形的记录包括 3 个指向它三条边的记录的指针；边的记录有 4 个指针字段，包括两个指向相邻三角形记录的指针和两个顶点记录的指针。也可以直接对每个三角形记录其顶点和邻接三角形（图 6-8）。TIN 模型在概念上类似于多边形网络的矢量拓扑结构，只是 TIN 模型不需要定义"岛"和"洞"的拓扑关系。

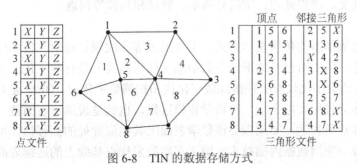

图 6-8　TIN 的数据存储方式

不规则三角网与高程矩阵方法不同之处是其可随地形起伏变化的复杂性而改变采样点的密度和决定采样点的位置，利用所有采样点取得的离散数据，按照优化组合的原则，把这些离散点（各三角形的顶点）连接成相互连续的三角面，在连接时尽可能地确保每个三角形都是锐角三角形或是三边的长度近似相等，形成 Delaunay 三角网。因为 TIN 允许在地形复杂地区收集较多的信息，而在简单的地区收集少量信息，所以它能够避免数据冗余，又能按地形特征（如山脊、山谷线、地形变化线等）表示数字高程特征。

尽管 TIN 表示法克服了高程矩阵中冗余数据的问题，对于某些类型的运算（如坡度、坡向等）比建立在数字等高线基础上的系统更有效，同时在计算效率方面又优于纯粹基于等高线的方法，但其缺点是结构过于复杂，且数据存储量大。

### 6.1.2  DEM 的构建

#### 1. 地形数据采集

地形高程数据是建立 DEM 的基础，因此高精度、高效率地获取地形数据是数字高程模型建立的首要环节。地形数据的分布、密度和精度对数字高程模型的质量有着非常重要的影响，因此数据采样策略与高精度快速数据采样技术等一直是 DEM 数据采样的研究重点。数据源决定数据采集方法，依据数据源的不同可将地形数据采集方法分为以下几种。

1）数字摄影测量/遥感影像数据

数字摄影测量是 DEM 数据采集最常用的方法之一，其利用附有的自动记录装置的立体测图仪或立体坐标仪、解析测图仪及数字摄影测量系统，进行人工、半自动或全自动的量测来获取数据，其基本原理是在摄影图的基础上利用测图仪进行测量。数字摄影测量采样点的选取包含以下几种：

（1）沿等高线采样：主要用于山区采样；

（2）规则格网采样：可直接生成规则矩形格网的 DEM 数据；

（3）渐进采样：根据地形使采样点合理分布，即平坦地区采样点少，地形复杂区采样点多；

（4）选择采样：根据地形特征进行采样，如沿山脊线、山谷线等进行采集；

（5）混合采样：在实际应用中，上述 4 种采样方法应有机混合使用，所有采集的数据都要按一定的空间插值方法转换成点模式格式数据。

遥感影像数据是地表信息到遥感信息的表达、概化和综合，具有范围大和速度快的优势，需纠正与植被覆盖地区的高程校正，是 DEM 数据采集的主要发展方向。然而，遥感影像存在几何畸变、增强处理、空间分辨率、解译和判读等问题。

2）地形图

地形图是地貌形态的传统表达方式，主要通过等高线表达地物高度和地形起伏。以地形图作为数据源，需要对已有地形图上的信息（如等高线）进行数字化，主要是利用数字化仪，目前常用的数字化仪有手扶跟踪数字化仪和扫描数字化仪。DEM 是对地形表面的数字化表示，其建立过程实际上是一种数学建模过程，也就是说地形表面被一组相互组织在一起的地形采样点所表达，如果需要该数学表面上其他位置处的高程值，可应用一种内插方法来进行处理。空间数据内插技术实现了在离散采样点基础上的连续表面建模，同时也可对未采样点处的属性值进行估计，是分析地理数据空间变化规律和趋势的有力工具。地形图覆盖面广，可获取性强，具有现势性。然而，数字化现有等高线地图产生的 DEM 存在比例尺和综合程度的问题，比直接利用航空摄影测量方法产生的 DEM 质量要差，而且数字化的等高线对于计算坡度或生成着色地形图不十分适用。

3）地面实测数据

地面实测记录主要指地面测量数据，利用 GPS、全站仪、电子速测经纬仪、电子平板仪等自动记录的测距经纬仪在野外实测目标点的三维坐标，以作为 DEM 的数据源。这种速测经纬仪一般都有微处理器，可以自动记录和显示有关数据，还能进行多种测站上的计算工作，其记录的数据可以通过串行通讯输入计算机内存中进行处理。地面测量数据是小范围的数据采集与更新，虽然其所获取的数据精度高，但具有工作量大、周期长、成本较高和更新困难的特点，一般不适合大规模的数据采集，仅适用于精度要求较高的工程项目。

4）既有 DEM 数据

我国现有的 DEM 数据主要有覆盖全国范围的 1:100 万、1:25 万、1:5 万数字高程模型以及七大江河重点防洪区的 1:1 万 DEM，另外省级 1:1 万数字高程模型的建库工作也已全面展开。对已存在的各种分辨率的 DEM 数据，应用时要考虑自身的研究目的以及 DEM 分辨率、存储格式、数据精度和可信度等因素。

此外，无论是地理信息系统还是数字高程模型，首先要对地理对象进行离散化表示。采样时失去的精度通过模型内插可能永远得不到弥补，因此应结合多种数据采样策略与采样方法如随机分布采样、规则分布采样、串采样、渐进采样及选择性采样，即充分考虑 DEM 数据源的数据分布、密度和精度的三大属性来提高采样精度。同时还应注意 DEM 数据采样的基本原则是通过最少的采样点来恢复和重建地形表面。

**2. DEM 建立方法**

利用采样得来的数据生成 DEM 的方法有很多种，根据实际应用的需要，可以采用不同的生成方法，主要有人工格网法、三角网法、立体像对法、曲面拟合法以及等高线插值法。

1）人工格网法

人工格网法是最简单的 DEM 生成方法，其做法就是在地形图上蒙上格网，逐格读取中心点或交点的高程值，直到全部读完整个地形图。

2）三角网法

三角网法是最常用的 DEM 生成方法，其主要针对有限个离散点，将每 3 个邻近点联结成三角形，每个三角形代表一个局部平面，再根据每个平面方程，可计算各格网点高程，最后生成 DEM。在构建三角网时，应尽可能保证每个三角形是锐角三角形或三边的长度近似相等，避免出现过大的钝角和过小的锐角。利用角度判断法建立 TIN 的过程如下：

（1）按照要求，选取一定距离的两点的连线作为三角形的一边，这两点即是三角形的两个已知顶点；

（2）当已知三角形的两个顶点后，利用余弦定理计算备选第 3 顶点的三角形内角的大小，选择最大者对应的点为该三角形的第 3 顶点，生成第一个三角形；

（3）对每一个已生成的三角形的新增加的两边，按角度最大的原则向外进行三角形的扩展，并进行是否重复的检测。

其中，向外扩展的处理为：若从顶点为 $P_1(x_1, y_1)$，$P_2(x_2, y_2)$，$P_3(x_3, y_3)$ 的三角形之 $P_1P_2$ 边向外扩展，应取位于直线 $P_1P_2$ 与 $P_3$ 异侧的点（见图6-9），并构造异侧判断函数 $F(x, y)$ 为

$$F(x, y) = (y - y_1)(x - x_1) - (x_2 - x_1)(y_2 - y_1) = 0$$

若备选点 $P$ 之坐标为 $(x, y)$，则保证 $F(x, y) \cdot F(x_3, y_3) < 0$，重复与交叉的检测是确保任意一边最多只能是两个三角形的公共边。

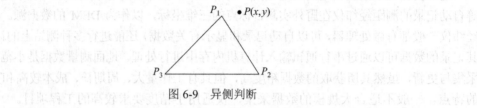

图 6-9　异侧判断

### 3）立体像对法

立体像对法是根据视差模型，通过遥感立体像对自动匹配左右影像的同名点，建立 DEM。如利用全数字摄影测量系统 Virtuozo 中的影像匹配模块（v-matching）进行立体像对分析，可生成地面高程模型。用立体像对法生成 DEM 时，注意在地形复杂的地区增加网格数量以提高分辨率，在地形起伏不大的地区可以适当减少网格数。立体像对法的缺点是技术条件特殊，要求有立体像对影像和特殊的软件，且运算时间较长。

### 4）曲面拟合法

曲面拟合法根据有限个离散点的高程，采用多项式或样条函数求得拟合公式，再逐个计算各点的高程，得到拟合的 DEM。曲面拟合可分为整体拟合和局部拟合：整体拟合是根据研究区域内所有采样点的观测值建立趋势面模型，其特点是不能反映内插区域内的局部特征；局部拟合是利用邻近的数据点估计未知点的值，特点是能反映局部特征。虽然曲面拟合可反映出总的地势，但局部误差较大。

### 5）等高线插值法

等高线插值法是比较常用的 DEM 生成方法，其是根据各局部等高线上的高程点，通过插值公式计算各点的高程，从而得到 DEM。通常输入等高线后，可在矢量格式的等高线数据基础上进行插值，效果较好。内插是根据参考点上的高程求出其他待定点上的高程，在数学上属于插值问题，由于所采集的原始数据排列一般是不规则的，因此内插是获取规则格网的必不可少的步骤。DEM 内插有多种算法，常用的有距离加权法、移动拟合法、最小二乘配置法、有限元法、双线性多项式内插、样条函数内插以及分形插值法等，不同的内插方法得到不同精度的 DEM。

## 6.1.3　DEM 的分类

依据不同的分类方法，DEM 有不同的分类体系。

### 1. 按结构分类

根据 DEM 的结构类型不同，可依据点、线和面单元将其分为以下三种类型。图6-10 展示了几种不同结构类型的 DEM 模型。

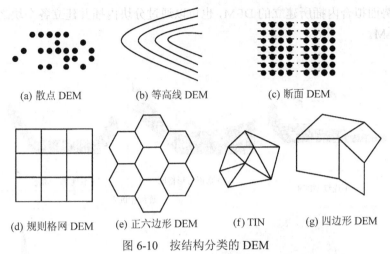

(a) 散点 DEM　　　　(b) 等高线 DEM　　　　(c) 断面 DEM

(d) 规则格网 DEM　　(e) 正六边形 DEM　　(f) TIN　　(g) 四边形 DEM

图 6-10　按结构分类的 DEM

1）基于点单元的 DEM

基于点的 DEM 实际上就是采样点的集合，如图 6-10(a)所示，点与点之间没有建立任何关系，称之为散点 DEM，该种结构由于点之间没有任何关系而应用不多。

2）基于线单元的 DEM

是将采样点按线串组织在一起的 DEM，与数据采样方式联系在一起，如沿等高线采样的数据可组织成基于等高线的 DEM（图 6-10(b)）和断面 DEM（图 6-10(c)）等。

3）基于面单元的 DEM

其是将采样点按某种规则剖分成一系列的规则或不规则的格网单元，并用这些格网单元组成的网络逼近原始曲面。规则剖分如正方形格网 DEM（图 6-10(d)）、六边形格网 DEM（图 6-10(e)）等，不规则剖分单元如 TIN（图 6-10(f)）、四边形 DEM（图 6-10(g)）等。

**2. 按连续性分类**

这种分类从数学角度考察 DEM 模型、一阶导数及高阶导数等的连续情况，如图 6-11 所示。

1）不连续型 DEM

每一个观测点的高程都代表了其领域范围内的值，常用来模拟地形表面分布不具备渐变特征的地理对象，如土壤、植被、土地利用等。DEM 单元内部是同质的，变化发生在单元边界。不连续 DEM 的典型特征是 DEM 模型呈阶梯状分布，即每一高程单元在立体空间中是阶跃的。

2）连续不光滑 DEM

每个数据点代表的只是连续表面上的一个采样值，连续 DEM 认为 DEM 中的数据点仅仅代表连续表面上的一个采样值，整个曲面通过相互连接在一起的曲面片来逼近，格网单元在局部是连续光滑的，整体上呈连续分布但一阶导数不连续，即构成不光滑的表面，如基于点栅格的 DEM 和 TIN 模型。

3）光滑 DEM

光滑 DEM 是指一阶导数或高阶导数连续的表面，一般在区域或全局尺度上实现。光滑 DEM 可以使用数学函数表达地形曲面，或在整个区域上通过全局内插函数形成 DEM，例如通过趋势面拟合内插所建立的 DEM，也可以通过分块内插并建立各个块之间的光滑条件来生成 DEM。

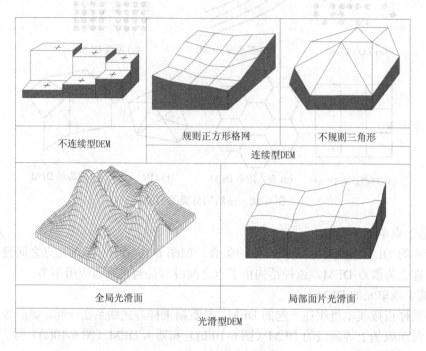

图 6-11　　按连续性分类的 DEM

### 3. 按范围分类

1）局部 DEM

一般用于小范围内的工程或研究区域的 DEM。在实际应用中，经常因为研究区域曲面变化比较复杂而将曲面划分成具有单一结构的一个个曲面块，并在该曲面块上所建立的数字高程模型。建立局部 DEM 的模型往往源于这样的前提，即待模拟的区域非常复杂，只能对一个局部的范围进行处理。

2）地区 DEM

地区 DEM 的规模介于局部和全局模型之间的 DEM，多用于城市、地区、省级等大范围的高程模拟。

3）全局 DEM

全局性 DEM 一般包含大量的数据并覆盖一个很大的区域，多用于地形起伏相对平缓的地区，即该区域通常具有简单而规则的地形特征，或者为了一些特殊的目的仅需使用地形表面的一般信息。

不论是哪种类型的数字高程模型，与传统的模拟数据（如等高线地形图）相比，DEM 作为地形表面的一种数字表达形式都有如下特点。

（1）表达的多样性：容易以多种形式显示地形信息，地形数据经过计算机软件处理过后，可产生多种比例尺的地形图、纵横断面图和立体图等，而常规地形图一经制作完成后，比例尺不容易改变或需要人工处理。

（2）精度的恒定性：精度不会损失主要表现在两个方面，一是地图的存储过程，常规的地形图随着时间的推移，图纸将会变形，失掉原有的精度，而 DEM 采用数字媒介，因而能保持精度不变；二是地图输出过程，由于常规的地图用人工的方法制作其他种类的地图，精度不可避免地会受到损失，而 DEM 是由计算机直接输出的，精度可得到控制。

（3）更新的实时性：DEM 容易实现自动化、实时化，常规地图要增加和修改都必须重复相同的工序，劳动强度大而且周期长，而 DEM 由于是数字形式的，所以增加和修改地形信息只需将修改信息直接输入计算机，经相关软件处理后即可得各种地形图。

### 6.1.4　DEM 之间的转换

#### 1. 不规则点集生成 TIN

对于不规则分布的高程点，可以形式化地描述为平面的一个无序的点集 $P$，点集内的每个点 $p$ 对应于自身的高程值。将该点集转成 TIN，最常用的方法是 Delaunay 三角剖分方法。生成 TIN 的关键是 Delaunay 三角网的产生算法，根据 Delaunay 三角网的特性以及 Delaunay 三角形产生的基本准则（Delaunay，1934），不规则点集生成 TIN 分为以下几步。

1）凸包生成

（1）求出点集中满足 $\min(x-y)$、$\min(x+y)$、$\max(x-y)$、$\max(x+y)$ 的 4 个点，并按逆时针方向组成一个点的链表。则这 4 个点是离散点中与包含离散点的外接矩形顶点最近的点，定义这 4 个点构成的多边形作为初始凸包，如图 6-12(a)所示；

（2）对于每个凸包上的点 $I$，设它的后续点为 $J$，计算矢量线段 $IJ$ 右侧的所有的点到 $IJ$ 的距离，求出距离最大的点 $K$，并将 $K$ 插入 $I$、$J$ 之间，而后将 $K$ 赋给 $J$；

（3）重复上一步，直到点集中没有在线段 $IJ$ 右侧的点为止；

（4）将 $J$ 赋给 $I$，$J$ 取其后续点，重复（2）、（3）步；

（5）当凸包中任意相邻两点连线的右侧不存在离散点时，则结束点集凸包求取过程，此时形成了包含所有离散点的多边形即凸包，如图 6-12(b)所示。

2）环切边界法凸包三角剖分

在凸包链表中每次寻找一个由相邻两条凸包边组成的三角形，在该三角形的内部和边界上都不包含凸包上的任何其他点。将这个点去掉后得到新的凸包链表，重复这个过程，直到凸包链表中只剩 3 个离散点为止。将凸包链表中的最后 3 个离散点构成一个三角形，结束凸包三角剖分过程。将凸包中的点构成了若干 Delaunay 三角形，如图 6-12(c)所示。

3）离散点内插

离散点内插遵循 Delaunay 三角形的局部优化准则，在对凸包进行三角剖分之后，不在凸包上的其余离散点，可采用逐点内插的方法进行剖分。基本过程如下：

（1）找出外接圆包含待插入点的所有三角形，构成插入区域；

（2）删除插入区域内的三角形公共边，形成由外层三角形顶点构成的多边形；

（3）将插入点与多边形所有顶点相连，构成新的 Delaunay 三角形；

（4）重复前 3 步，直到所有非凸壳离散点都插入完为止。此时，就完成了 Delaunay 三角网的构建，如图 6-12(d)所示。

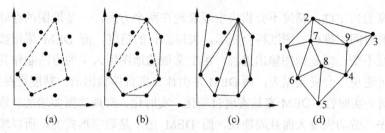

图 6-12 用 Delaunay 三角形法生成 TIN

## 2. 格网 DEM 转成 TIN

格网 DEM 转成 TIN 可以看作是一种规则分布的采样点生成 TIN 的特例，其目的是尽量减少 TIN 的顶点数目，同时尽可能多地保留地形信息（如山峰、山脊、谷底和坡度突变处等）。规则格网 DEM 可以简单地生成一个精细的规则三角网，绝大多数实现算法都有两个重要的特征，一是筛选要保留或丢弃的格网点，二是判断停止筛选的条件。下面介绍其中有代表性的两个算法。

1）保留重要点法（very important point, VIP）

通过比较计算格网点的重要性，保留重要的格网点。重要点是通过 3×3 的模板来确定的，根据 8 个邻点的高程值决定模板中心是否为重要点。格网点的重要性是通过它的高程值与 8 个邻点高程的内插值进行比较，将差分超过某个阈值的格网点保留下来（见图 6-13）。被保留的点作为三角网顶点生成 Delaunay 三角网。

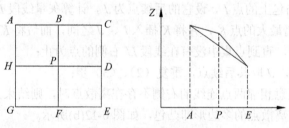

图 6-13 保留点法算法

如图 6-13 所示，由 3×3 的模板得到中心点 $P$ 和 8 个邻点的高程值，计算中心点 $P$ 到直线 $AE$、$CG$、$BF$、$DH$ 的距离，再计算 4 个距离的平均值。如果平均值超过阈值，确定 $P$ 点为重要点并保留，否则去除 $P$ 点。

2）启发丢弃法（drop heuristic，DH）

DH 将重要点的选择作为一个优化问题进行处理，算法是给定一个格网 DEM 和转换后 TIN 中节点的数量限制，寻求一个 TIN 与规则格网 DEM 的最佳拟合。首先输入整个格网 DEM，迭代进行计算，逐渐将那些不太重要的点删除，直到满足数量限制条件或满足一定精度为止。具体过程如下：

（1）可以将格网 DEM 作为输入，此时所有格网点视为 TIN 的节点，将格网中 4 个节点中的两个对角点相连，将每个格网剖分成两个三角形。

（2）取 TIN 的一个节点 $O$ 及与其相邻的其他节点，$O$ 的邻点（称为 Delaunay 邻接点）为 $A$、$B$、$C$、$D$ 和 $E$，如图 6-14 所示。使用 Delaunay 三角构造算法，将 $O$ 的邻点进行

Delaunay 三角形重构，图 6-14(a) 虚线为以 $O$ 为中心的 Delaunay 三角形，实线为新生成的 Delaunay 三角形，图 6-14(b) 为高差的计算。

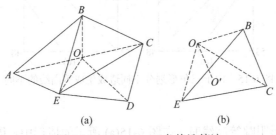

图 6-14　Delaunay 三角构造算法

（3）判断该节点 $O$ 位于哪个新生成的 Delaunay 三角形中，经判断图 6-14(a) 中点 $O$ 位于三角形 $BCE$ 中。计算 $O$ 点的高程和过 $O$ 点与三角形 $BCE$ 交点 $O'$ 的高程差 $d$（图 6-14（b））。若高程差 $d$ 大于给定的阈值 $d_e$，则 $O$ 点为重要点，保留；否则 $O$ 可删除。

（4）对 TIN 中所有的节点，重复进行上述判断过程，直到 TIN 中所有的节点满足条件 $d > d_e$ 时结束。

对以上两种方法进行比较，VIP 方法在保留关键网格点方面（顶点、凹点）结果最好，DH 方法在每次丢弃数据点时确保信息丢失最少，但要求计算量大（Lee，1991）。各种方法各有利弊，实际应用中根据不同的需要（如检测极值点、高效存储或最小误差等），可以选择使用不同的方法。

**3. 等高线转成格网 DEM**

由于等高线不适合进行坡度计算，难以制作地貌渲染图等地形分析，需要根据各局部等高线上的高程点，通过局部插值算法计算各其他待定点的高程，从而得到适合进行地形分析的 DEM。等高线内插 DEM 算法包括距离倒数加权平均、双线性多项式内插、样条函数内插、有限元法和克里金插值算法等。然而，由等高线转成的格网 DEM 会存在一定的问题，如果搜索到的局部等高线上点都具有相同的高程，那待插值点的高程也同为此高程值，导致在每条等高线周围的狭长区域内具有与等高线相同的高程，出现了"阶梯"地形。如果以带"阶梯"地形的 DEM 为基础，则计算坡度往往会出现不自然的条斑状分布模式。

**4. 利用格网 DEM 提取等高线**

在格网 DEM 上自动绘制等高线主要包括两个步骤：①等高线追踪，利用 DEM 矩形格网点的高程内插出格网边上的等高线点，并将这些等高线点排序；②等高线光滑，即进一步加密等高线点并绘制光滑曲线。在利用格网 DEM 生成等高线时，需要将其中的每个点视为一个几何点，而不是一个矩形区域，这样可以根据格网 DEM 中相邻四个点组成四边形进行等高线跟踪，主要有两种方法。

1）三角形划分法

将每个矩形分割成为两个三角形，并应用 TIN 提取等高线算法，但是由于矩形有两种划分三角形的方法，在某些情况下，会生成不同的等高线（图 6-15），这时需要根据周围的情况进行判断并决定取舍。

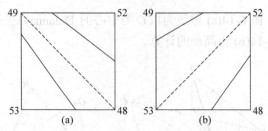

图 6-15　由于三角形划分不同造成生成等高线的不同

2）四边形跟踪法

在直接使用四边形跟踪等高线时，在图 6-15(a) 所示的情形中，仍会出现等高线跟踪的二义性，即对于每个四边形，有两条等高线的离去边。进行取舍判断的方法一般是计算距离，距离近的连线方式优于距离远的连线方式，即采用图 6-15(b) 所示的跟踪方式。

在利用 DEM 提取等高线时需注意，如果一些网格点的数值恰好等于要提取的等高线的数值，会使判断过程变得复杂，并且会生成不闭合的等高线，解决办法是将这些网格点的数值增加一个小的偏移量。

## 6.2　数字地形分析

数字地形分析（digital terrain analysis，DTA）是在 DTM 上进行各类地形信息提取的过程，由于 20 世纪 40 年代计算机技术的出现以及相关技术如计算机图形学、计算机辅助制图、现代数学理论等的完善和实用，使得各种数字地形的表达方式得到迅速发展。借助于地形的数字化表达，现实世界的数字地形特征以及可量测性能够得到充分而真实地再现。

数字地形分析大致可分为两部分：①基本地形因子的计算，主要包括坡度、坡向计算，地表粗糙度、地形起伏度、剖面曲率和平面曲率等地形描述因子计算以及地表面积、体积的计算；②地形特征识别及分析，点有山顶点、山脊点和山谷点等，线有山脊线、山谷线或等高线等，并通过分析等高线之间的关系识别山脊或山谷等地貌特征。

目前，市场上实现三维地形分析的常用软件有 ArcView 中的 Spatial Analyst、3DAnalyst 扩展模块，ARC/INFO 中的基于格网和不规则三角网的 Spatial Modelling 模块，MGE 中的 Terrain Analyst 分析模块，SPANS 中的 Topographer 模块以及 PAMAP 中的 TOPOGRAPHER 模块等。

### 6.2.1　地形因子分析

地形因子是为定量表达地貌形态特征而设定的具有一定意义的数学参数或指标，由于 DEM 是一个数学模型，其是基于一定的数学函数构造而成。因此，可以参照数学上求函数导数来反映函数变化特征的方式，利用构造 DEM 函数的一阶、二阶导数来反映地形坡面的变化特征，这些结果一般表现为坡度、坡向、面积和曲率等等。

#### 1. 坡度（slope）和坡度变率

严格地讲，地形表面任一点的坡度是指过该点的切平面与水平地面的夹角，其表示了局部地表坡面的倾斜程度，坡度大小直接影响着地表物质流动与能量转换的规模与强度，是制约生产力空间布局的重要因子。实际应用中,坡度有两种表示方法:坡度(degree of slope)指水平面与地形面夹角;坡度百分比(percent of slope)指高程增量与水平增量之比的百分数。

以坡度和坡向对植物的生长发育的影响为例,如葡萄栽培的适宜坡度是 $5°\sim20°$ 的斜坡地为好,其中 $15°$ 坡最为合适。因为同一坡向不同坡度的温度和含水量都有差异,以南坡为例,太阳直接辐射量 $10°$ 坡为平地的 116%,$20°$ 坡为 130%;表土的含水量 $5°$ 坡为 52.38%,$20°$ 坡为 34.78%,随坡度增大而降低;土壤冻结深度 $5°$ 坡在 20cm 以上,15 度坡则为 5cm;同时坡下低洼地会形成冷空气沉积,而坡顶则过于寒冷,均不易栽培。

地面坡度实质是一个微分的概念,地面上每一点都有坡度,它是一个微分点上的概念,是地表曲面函数 $z=f(x,y)$ 在东西、南北方向上的高程变化率的函数,在数值上等于过该点的地表微分单元的法矢量 $n$ 与 $z$ 轴的夹角(见图 6-16),即

$$slope=\arccos\left(\frac{z\cdot n}{|z|\cdot|n|}\right)$$

当具体进行坡度提取时,常采用简化的差分公式,完整的数学表示为

$$slope=\arctan\sqrt{f_x^2+f_y^2}$$

式中,$f_x$ 是 $x$ 方向高程变化率;$f_x$ 是 $y$ 方向高程变化率。

在计算出各地表单元的坡度后,可对不同的坡度设定不同的灰度级,可得到坡度图。

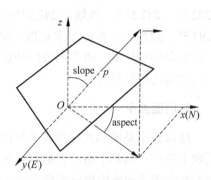

图 6-16　地表单元坡度坡向示意图

坡度变率是地面坡度在微分空间的变化率,是依据坡度的求算原理,在所提取的坡度值的基础上对地面每一点再求一次坡度。坡度是地面高程的变化率的求解,因此,坡度变率表征了地表面高程相对于水平面变化的二阶导数,坡度变率在一定程度上可以很好地反映剖面曲率信息。

### 2. 坡向(aspect)和坡向变率

坡向是决定地表面局部地面接收阳光和重新分配太阳辐射量的重要地形因子之一,其直接造成局部地区气候特征的差异,同时也直接影响到诸如土壤水分、地面无霜期和作物生长适宜性程度等多项重要的农业生产指标,坡向不同,其对应的光照、湿度、热量和风量也不同。一般南坡、东南坡和西南坡所获得太阳光热量大,北坡、东北坡和西北坡则较冷凉。南坡与北坡近地面 20cm 处气温平均相差 0.4℃,80cm 深土层,南坡比北坡地温高 4~5℃。

如葡萄喜光且喜温,以选择南坡为宜。但南坡温、湿度变化较大,水分蒸发量大,融雪、解冻比北坡早,因此必须加强水土保持工程。由于山地地势非常复杂,南、北方气候差异悬殊,但在中纬度的低山区,北坡水分蒸发量少,土壤墒情好,植被密生,土质较肥沃,土层较深厚,也能栽培葡萄树。

坡向定义为地表面上一点的切平面的法线矢量 $n$ 在水平面的投影 $n_{xOy}$ 与过该点的正北方向的夹角。其数学表达公式为

$$aspect=\arctan\left(\frac{f_y}{f_x}\right)$$

对于地面任何一点来说，坡向表征了该点高程值改变量的最大变化方向。坡向值有如下规定：正北方向为 0°，顺时针方向计算，取值范围为 0°~360°。坡向可在 DEM 数据中用上式直接提取。但应注意，由于上式求出坡向有与 x 轴正向和 x 轴负向夹角之分，此时就要根据 $f_x$ 和 $f_y$ 的符号来进一步确定坡向值，在计算出每个地表单元的坡向后，可制作坡向图，通常把坡向分为东、南、西、北、东北、西北、东南和西南 8 类，再加上平地，共 9 类，用不同的色彩显示，即可得到坡向图。

在 ArcView 和 ArcGIS 软件中，通常把坡向综合成 9 种：平缓坡（−1）、北坡（0°~22.5°，337.5°~360°）、东北坡（22.5°~67.5°）、东坡（67.5°~112.5°）、东南坡（112.5°~157.5°）、南坡（157.5°~202.5°）、西南坡（202.5°~247.5°）、西坡（247.5°~292.5°）、西北坡（292.5°~337.5°）。坡向变率是指在提取坡向基础上，提取坡向的变化率，即获得坡向的坡度，可以很好地反映等高线弯曲程度。

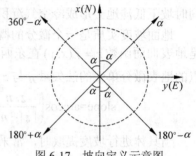

图 6-17　坡向定义示意图

### 3. 地面曲率

地面曲率是地形曲面在各个界面方向上的形状凹凸变化的反映，是平面点位的函数，反映了地形结构和形态，影响着土壤有机物含量的分布，在地表过程模拟、水文、土壤等领域有着重要的应用价值和意义。曲率是对地形表面一定扭曲变化程度的定量化度量因子，地面曲率在垂直和水平方向上分量分别称为剖面曲率和平面曲率。

平面曲率指在地形表面上，具体到任何一点，过该点水平面沿水平方向切地形表面所得的曲线在该点的曲率，描述的是地表曲面沿水平方向的弯曲变化情况，也就是该点所在的地面等高线的弯曲程度。数学表达式为

$$K_h = -\frac{q^2 r - 2pqs + p^2 t}{(p^2 + q^2)\sqrt{1 + p^2 + q^2}}$$

剖面曲率是对地面坡度的沿最大坡降方向地面高程变化率的度量。数学表达式为

$$K_v = -\frac{p^2 r + 2pqs + q^2 t}{(p^2 + q^2)\sqrt{1 + p^2 + q^2}}$$

曲率数学表达式中，利用离散的 DEM 数据把地表曲面数学模拟为一个连续的函数曲面 $H(x, y)$，$x$ 和 $y$ 是地面点的平面坐标值，$H(x, y)$ 为地面点高程值。式中其他符号所表示的意义为：

$p = \dfrac{\partial H}{\partial x}$ 是 $x$ 方向高程变化率；$q = \dfrac{\partial H}{\partial y}$ 是 $y$ 方向高程变化率；$r = \dfrac{\partial^2 H}{\partial x^2}$ 是对高程值在 $x$ 方向上的变化率进行同方向求算变化率，即 $x$ 方向高程变化率的变化率；$s = \dfrac{\partial^2 H}{\partial x \partial y}$ 是对高程值在 $x$ 方向上的变化率进行 $y$ 方向上求算变化率，即 $x$ 方向高程变化率在 $y$ 方向的变化率；

$t = \dfrac{\partial^2 H}{\partial y^2}$ 是对高程值在 $y$ 方向上的变化率同方向上求算变化率，即 $y$ 方向高程变化率的变化率。

#### 4. 地表粗糙度（roughness of ground surfare）

地表粗糙度又叫破碎度，是反映地表的起伏变化和侵蚀程度的宏观地形因子，是衡量地表侵蚀程度的重要量化指标，一般定义为地表单元的曲面面积与其水平面上的投影面积之比。在研究水土保持及环境监测时研究地表粗糙度也有很重要的意义。

粗糙度计算定义：

$$R = \frac{S_{曲面}}{S_{水平}}$$

实际应用时，基于规则格网的粗糙度计算，当分析窗口为 $3 \times 3$ 时，可采用分为两步近似计算，第一步根据 DEM 提取坡度因子 $S$，第二步计算粗糙度 $R = 1/\cos S$。

#### 5. 地表面积

由于基于不规则格网的地表面积计算较为简单，可以将格网 DEM 的每个格网分解为三角形，从而简化规则格网地表面积计算。计算三角形的表面积使用海伦公式：

$$S = \sqrt{P(P-D_1)(P-D_2)(P-D_3)}$$

$$P = \frac{1}{2}(D_1 + D_2 + D_3)$$

$$D_i = \sqrt{\Delta X^2 + \Delta Y^2 + \Delta Z^2}, 1 \leqslant i \leqslant 3$$

式中，$S$ 表示三角形的表面积；$D_i$ 表示三角形第 $i$ $(1 \leqslant i \leqslant 3)$ 对顶点之间的表面距离，即 $D_i = \sqrt{\Delta x^2 + \Delta y^2 + \Delta z^2}$，其中 $\Delta x$、$\Delta y$ 和 $\Delta z$ 是两个顶点间的坐标差值；$P$ 表示三角形周长的一半，即 $P = \dfrac{1}{2}(D_1 + D_2 + D_3)$。整个 DEM 的表面积则是每个三角形表面积的累加。

#### 6. 投影面积

投影面积指的是任意多边形在水平面上的面积，主要有两类计算方法。

（1）直接采用海伦公式进行计算，只要将表面积计算公式中的距离改为平面上两点的距离即可；

（2）根据梯形法则，如果一个多边形由顺序排列的 $N$ 个点 $(X_i, Y_i, i = 1, 2, \cdots, N)$ 组成，并且第 $N$ 点与第 1 点相同，则水平投影面积计算公式为

$$S = \frac{1}{2} \sum_{i=1}^{N-1} (X_i \times Y_{i+1} - X_{i+1} \times Y_i)$$

如果多边形顶点按顺时针方向排列，则计算的面积值为负，反之为正。

#### 7. 体积

基于数字地面模型的体积计算实质上是计算地形表面和给定参考面之差，在实际应用中，这种差值计算往往被归类于土方计算，应用在工程施工、水利工程规划等方面，是 DEM 的最早应用领域（Miller，1957）。对 DEM 进行挖或填后，土方量可由原始 DEM 体积 $V_0$ 减

去新的 DEM 体积 $V_1$，再乘以相应的物质密度求得。

$$V = V_0 - V_1$$

当 $V > 0$ 时，表示挖方；当 $V < 0$ 时，表示填方；当 $V = 0$ 时，表示既不挖方也不填方。

1）基于规则格网的体积计算

基于规则格网的体积计算可以将格网单元视为平面，计算多个立方体的体积总和：

$$V = \sum_{i=1}^{N} V_i$$

基于规则格网点数据的体积计算是针对大比例尺且高精度的地形图来进行的。其主要原理为：

（1）计算每个网格点与设计高程的高程差，就是这个格点的挖、填方高度；

（2）确定挖、填方分界的施工零线，计算每个格网的挖、填方量；

（3）累加所有格网的挖方和填方，不断调整设计高程进行计算，直到该地块挖、填方总量的差不超过预定阈值为止。

2）基于不规则三角网的体积计算

由于每一个空间三角形与其在指定计算高程平面上的投影都形成一个三棱柱和一个三棱锥，所以基于不规则三角网的体积计算最终归结为若干三棱柱和三棱锥的体积运算，对每个三棱柱计算其填、挖方量并加以累积，就可以得到最终结果。

3）基于等高线数据的土方计算

利用已有等高线对区域进行分割，整个区域体积就表现为若干个分割台柱体体积的累加和，基本原理如图 6-18 所示。

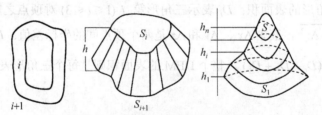

图 6-18    基于等高线的土方计算

计算公式为

$$V = \sum_{i=1}^{n} V_i = \sum_{i=1}^{n} \frac{1}{2}\left(S_i + S_{i+1}\right) \cdot h_i$$

式中，$S_i$ 为某台柱体的上表面面积；$S_{i+1}$ 为其下表面面积；$h_i$ 为该台柱体的高。

## 8. 山体阴影（hill shade）

山体阴影主要是分析或模拟地面的光照情况，产生地形表面的阴影图。它可测定研究区域中给定位置的太阳光强度和光照时间，并且对实际地面进行逼真的立体显示，增强地面的起伏感。

山体阴影分析主要应用于对地形起伏进行生动的表示，从而显示不同土地利用类型在地形上的分布情况，研究阳光的照射位置与公路上发生的车祸事件发生率之间的相关性以及分析农作物与太阳光照的关系。

由于地面的起伏，地面各点所接受的太阳辐照度是不相同的，其计算方法为

$$\text{Radiation} = \text{Dim}(\sin(\text{el}) \cdot \cos\alpha + \cos(\text{el})\sin\alpha \cdot \cos(\text{az} - \beta))$$

式中，el 为太阳高度角；az 为太阳方位角；$\alpha$ 为当前点的坡角；$\beta$ 为当前点的坡向；其中 $\text{Dim}(x)$ 为

$$\text{Dim}(x) = \begin{cases} x & \text{当 } x > 0 \\ 0 & \text{其他} \end{cases}$$

## 6.2.2　地形特征提取

特征地形要素构成地表地形与起伏变化的基本框架，一般从表现形式上将地形特征要素分为特征点和特征线。地形特征点能够清晰地反映不同地形的典型特征，为人类识别和计算机处理提供了很好的切入点。很多时候为了减少计算量和提高效率，不需要将地形的全部信息输入计算机进行数字化处理，只需分析这种地形的特征点即可达到应用目的。地形特征线是特征点的连线，特征线也是再现地形特征形象表示。目前，研究者们主要涉及的地形特征点有山顶点、山脊点、山谷点以及凹陷点等，特征线包括等高线、山脊线及山谷线等，下面简单介绍几种特征点和特征线的提取方法。

### 1. 点特征提取

下面介绍的特征点包括山顶点（peak）、脊点（ridge）、谷点（channel）、鞍点（pass）、凹陷点（pit）、平地点（plane）等。以格网 DEM 数据为例，假设 DEM 表面为 $z = f(x,y)$ 的函数，提取特征点时可通过一个 $3 \times 3$ 或更大的栅格窗口，通过中心格网点与 8 个邻域格网点的高程关系来确定特征点类型，即在一个局部区域内，用 $x$ 方向和 $y$ 方向上关于高程 $z$ 的二阶导数的正负组合关系来判断。

1）山顶点

山顶点指那些在特定领域范围内比周围点都高的点。山顶点是地形的重要特征点，它的分布和密度反映了地貌的发育特征同时也制约地貌发育。因为山顶点是局部区域内海拔高程的最大值，所以其表现为在各方向上都为凸起。

在函数关系上表现为：$\dfrac{\partial^2 z}{\partial x^2} < 0$ 并且 $\dfrac{\partial^2 z}{\partial y^2} < 0$。

2）脊点

山脊点是指在两个相互正交的方向上，一个方向凸起，而另一个方向没有凹凸性变化的点。

在函数关系上表现为：$\dfrac{\partial^2 z}{\partial x^2} < 0$，$\dfrac{\partial^2 z}{\partial y^2} = 0$ 或者 $\dfrac{\partial^2 z}{\partial x^2} = 0$，$\dfrac{\partial^2 z}{\partial y^2} < 0$。

3）谷点

山谷点是指在两个相互正交的方向上，一个方向凹陷，而另一个方向没有凹凸性变化的点。

在函数关系上表现为：$\dfrac{\partial^2 z}{\partial x^2} > 0$，$\dfrac{\partial^2 z}{\partial y^2} = 0$ 或者 $\dfrac{\partial^2 z}{\partial x^2} = 0$，$\dfrac{\partial^2 z}{\partial y^2} > 0$。

4）鞍点

鞍点是指在两个相互正交的方向上，一个方向凸起，而另一个方向凹陷的点。

在函数关系上表现为：$\dfrac{\partial^2 z}{\partial x^2} < 0$，$\dfrac{\partial^2 z}{\partial y^2} > 0$ 或者 $\dfrac{\partial^2 z}{\partial x^2} > 0$，$\dfrac{\partial^2 z}{\partial y^2} < 0$。

5）凹陷点

凹陷点是指在局部区域内海拔高程的极小值点，表现为在各方向上都为凹陷。

在函数关系上表现为：$\dfrac{\partial^2 z}{\partial x^2} > 0$ 并且 $\dfrac{\partial^2 z}{\partial y^2} > 0$。

6）平地点

平地点是指在局部区域内各方向上都没有凹凸性变化的点。

在函数关系上表现为：$\dfrac{\partial^2 z}{\partial x^2} = 0$ 并且 $\dfrac{\partial^2 z}{\partial y^2} = 0$。

需要指出的是，由于采用的拟合函数不同，真实地表与数学表面不可避免地会有一定的差别，无论采用哪种拟合函数，都不可能完全真实地再现地理表面形态，误差是永远存在的，因此，利用该方法在 DEM 上提取特征点，也会相应地产生伪特征点。此时，根据具体的应用需求，可以采取其他的一些计算方法。

**2. 线特征提取**

反映地形的线特征有山脊线和山谷线，它们共同构成了地形起伏变化的分界线，因此它对于地形地貌研究具有重要的意义。此外，山脊线和山谷线对某些专题（尤其是水文）分析具有特殊意义。因为山脊和山谷分别表示分水性与汇水性，所以山脊线和山谷线的提取实质上也是分水线与汇水线的提取，这一特性又使得山脊线和山谷线在许多工程应用方面有着特殊的用途。实际上，在用于地形分析的线特征中，等高线发挥着最广泛也最基础的作用。以下将等高线作为一种特征线进行介绍，并给出常用的等高线提取方法。

1）山脊线与山谷线的提取

仍然以规则格网 DEM 数据为例，在对山脊线、山谷线的提取方法中，如果从原理上来分，主要分为以下几种。

（1）基于图像处理技术

利用数字图像处理中的技术来提取特征线，是基于规则格网 DEM 数据的一种栅格形式的数据，采用各种滤波算子进行边缘提取是数字图像处理技术设计的算法的基本原理。以此可以设计一种简单移动窗口的算法，基本过程是：首先以一个 2×2 窗口为单位对 DEM 格网阵列进行扫描，在第一次扫描中标记出窗口中的具有最低高程值的点，逐行扫描后自始至终未被标记的点即为山脊线上的点；第二次扫描中，标记出窗口中的具有最高高程值的点，扫描后自始至终未被标记的点即为山谷线上的点。不过，该方法存在两个缺点：①算法的前提是必须排除 DEM 中噪声的影响；②不易设计特征点连接成线时的算法。

（2）基于地形表面几何形态分析

断面极值法是基于地形表面几何形态分析原理的典型算法，断面极值法的假设前提是地形断面曲线上高程的极大值点就是分水点，而高程的极小值点就是汇水点。该方法的基本过程分为以下两步。

①找极值：运用已知函数，计算出 DEM 的纵向与横向的两个断面上的极大、极小值点，作为地形特征线上的备选点；

② 划类型：根据实际应用情况，按照给定的条件或准则将这些备选点划归各自所属的地形特征线。

基于地形表面几何形态分析的算法有两个明显的缺点：

① 算法忽略了每条地形特征线必然存在的曲率变化现象。这种现象会造成阈值选择较大时丢失许多地形特征线上的点，导致后续跟踪的地形特征线间断且较短，而如果选择过小会产生地形特征线上点的误判，给后续地形特征线的跟踪带来困难。原因是这种方法对地形特征线上的点的判定与其所属的地形特征线的判定是分开进行的，在确定地形特征线时，全区域采用一个相同的曲率阈值作为判定地形特征线上点的条件。

② 与实际的地形特征线有一定的差异。原因是该方法只选择纵、横两个断面来去确定高程变化的极值点，因此它所确定的地形特征线只是一个近似性的值，还会出现遗漏的现象。

（3）基于地形表面流水物理模拟分析

基于地形表面流水物理模拟分析算法采用了 DEM 的整体追踪分析的思路与方法，分析结果具有较好的系统性，还便于进行相应的径流成因分析。按照流水从高至低的自然规律，顺序计算每一栅格点上的汇水量，然后按汇水量单调增加的顺序，由高到低找出区域中的每一条汇水线。根据得到的汇水线，通过计算找出各自汇水区域的边界线，就得到了分水线。

基于地形表面流水物理模拟分析算法有两个缺点：

① 汇水线的两端效果很差。原因是该算法所计算的汇水量与高程有关，计算的结果必然是高程值大的地形特征线上的点的汇水量小，高程值小的地形特征线上的点的汇水量大。结果就可能导致在地形低凹处非地形特征线上的点的汇水量也较大而被误认为地形特征线上的点，而位于高处的地形特征线上的点会因为汇水量小而被排除。

② 分水线均为闭合曲线。由于该算法降格汇水区域的公共边界视为分水线，因此它所确定的分水线均为闭合曲线，这不同于实际的山脊线。

上述几种算法，每种算法都有自己的优缺点，也有本身的适用范围，因此在具体的使用过程中，应根据实际情况进行选择，可以单独使用，也可以互相结合使用。

2）等高线的提取

前面简单介绍了四边形法提取等高线，这里以 TIN 为例，等高线在 TIN 上的提取就是等高线追踪，主要目的是将高程值在阈值范围内相等的点连接成线。对于记录了三角形表的 TIN，按记录的三角形顺序搜索，其基本过程如下：

（1）对给定的等高线高程 $h$，与所有网点高程 $z_i (i = 1, 2, \cdots, n)$ 进行比较，若 $z_i = h$，则将 $z_i$ 加上（或减）一个微小正数 $\varepsilon > 0$（如 $\varepsilon = 10^{-4}$），以使程序设计简单而又不影响等高线的精度。

（2）设立三角形标志数组，其初始值为零，每一元素与一个三角形对应，凡处理过的三角形将标志为 1，以后不再处理，直至等高线高程改变。

（3）按顺序判断每一个三角形的三边中的两条边是否有等高线穿过。若三角形一边的两端点为 $P_1(x_1, y_1, z_1)$ 和 $P_2(x_2, y_2, z_2)$，则此时 $(z_1 - h)(z_2 - h) < 0$ 表明该边有等高线点，$(z_1 - h)(z_2 - h) > 0$ 表明该边无等高线点。直至搜索到等高线与网边的第一个交点，称该点

为搜索起点，也是当前三角形的等高线进入边，线性内插该点的平面坐标 $(x, y)$ 为

$$\begin{cases} x = x_1 + \dfrac{x_2 - x_1}{z_2 - z_1}(z - z_1) \\ y = y_1 + \dfrac{y_2 - y_1}{z_2 - z_1}(z - z_1) \end{cases}$$

（4）搜索该等高线在该三角形的离去边，也就是相邻三角形的进入边，并内插其平面坐标。搜索与内插方法与上面的搜索起点相同，不同的只是仅对该三角形的另两边作处理。

（5）进入相邻三角形，重复第（4）步，直至离去边没有相邻三角形（此时等高线为开曲线）或相邻三角形即搜索起点所在的三角形（此时等高线为闭曲线）时为止。

（6）对于开曲线，将已搜索到的等高线点顺序倒过来，并回到搜索起点向另一方向搜索，直至到达边界（即离去边没有相邻三角形）。

（7）当一条等高线全部跟踪完后，将其光滑输出，方法与前面所述矩形格网等高线的绘制相同。然后继续三角形的搜索，直至全部三角形处理完，再改变等高线高程，重复以上过程，直到完成全部等高线的绘制为止，图 6-19 描述了利用三角网生成数值为 50 的等高线的过程。

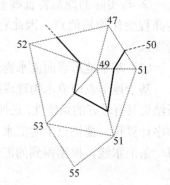

图 6-19　基于 TIN 提取等高线

### 6.2.3　地形统计分析

地形统计分析是指应用统计方法对描述地形特征的各种可量化的因子或参数进行相关、回归、趋势面、聚类等统计分析，找出各因子或参数的变化规律和内在联系，并选择合适的因子或参数建立地学模型，从更深层次探讨地形演化及其空间变异规律（邹豹君，1985）。

1）相关分析

相关分析即依据空间自相关现象，可以研究两个或多个地形因子以及地形因子与其他因子之间是否存在关系及关系的密切程度。相关分析可用于评价不同 DEM 坡度计算模型的精度、地形因子的多尺度变异格局、地形对植被、土壤水分等自然地理要素空间分布的影响等方面。

2）回归分析

回归分析主要研究变量之间的相互关系，旨在通过已知的或设定值，去估计或预测前者的总体均值，并确定描述这种关系的回归方程来确定一个因变量和一个或多个自变量的关系，可用于对 DEM 数据的位置、高程、地形因子及其他地学特征的预测和估算。许多回归模型如 Logistic 回归模型、多元回归模型以及多元逐步回归模型等都被运用到了地形分析中，为地形因子的关联性、地形因子与 DEM 分辨率关系、地形因子与其他地理要素的关联性模型建立提供了方法支持。

3）趋势面分析

趋势面分析描述离散的空间数据的分布规律及其发展趋向。趋势面分析把地形要素的

数值视为空间坐标的近似函数，用一次到高次多项式或周期函数（傅里叶函数）对要素数值与地理坐标间的关系进行最优拟合。通过趋势值与实际观测值的离差的分析，对要素的分布规律作预测或分析。通过趋势面分析，可以对地形特征、自然地理要素（如土壤含水量、地下水位等）的空间分布展开定量分析。

4）聚类分析

空间聚类是按照某种既定准则，对数据根据一定算法进行集群或分类。聚类分析一般可包括数据转换、计算相似性系数矩阵和分类等几个步骤。空间聚类分析可应用于 DEM 的地貌类型划分中，根据地形因子间的相似程度，逐步将其合并为若干类别，使得类内的相似度尽量大于类间的相似度，并且使这种差别保持在某一种程度，以最大限度地发现地形数据中隐含的知识。

## 6.2.4　地学模型分析

DEM 模型分析是以 DEM 为对象的模型构建，一般是表达连续分布地表现象的空间分布特征。利用 DEM 所具有的高程和位置信息直接建模，包括 DEM 工程土方计算、水库库容计算以及洪水淹没分析等主要用 DEM 的高程信息进行的建模；综合使用 DEM 高程和位置信息进行的建模，如利用 DEM 进行的气温、降水及湿度等气候资源模拟；此外，还有些地学模型的完善需依赖于 DEM 数据，如感影像的大气校正、辐射校正和地形校正等。DEM 的引入为此类地学模型的完善、模型计算方法的简化以及模拟结果精度的提高带来了新的手段和方法。

根据 DEM 在地学模型中的应用的层次和深度的不同，可分为两种类型：DEM 的直接应用分析和 DEM 的扩展应用分析。

（1）基于 DEM 的直接应用分析

此类地学模型直接将 DEM 带入模型中计算，DEM 本身不需要进行任何复杂的操作与变换，只是简单地使用其自身的数据特征，即 $(x, y, z)$ 所蕴含的位置和高程信息，其计算结果可直接用于空间分析和显示，DEM 直接应用分析流程如图 6-20 所示。

常见的地学模型有气候资源空间推算模型、辅助 RS 影响纠正、土方计算模型、实际库容量的计算模型等。例如 DEM 辅助于遥感图像的几何纠正和气候资源的空间分布计算模型就属于 DEM 直接应用分析。

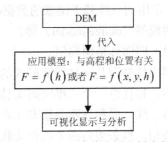

图 6-20　DEM 直接应用分析流程

（2）基于 DEM 扩展应用分析是指 DEM 经过变换处理，以其提取地形因子的形式作为模型的数据源，或是模型分析的手段，参与模型的计算和实现。这里包含 DEM 提取的单地形因子、多地形因子以及多地形因子的组合等三种方式。DEM 并不参与模型的构建，只是为模型的实现提供各种条件和分析手段，也可称其为 DEM 二级应用。这类模型应用非常多，涵盖气候、土壤、水文、地貌、地质灾害等多种领域，如图 6-21 所示。

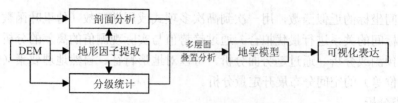

图 6-21　DEM 扩展应用分析流程

# 6.3　三维可视化

地球上丰富多彩的地形地貌，包含各种奇特瑰丽的自然景观，为人类带来了极大的视觉享受，也具有极高的文学艺术价值。在三维分析的概念产生之前，这种奇异多姿的地形特征往往停留在文学作品或者平面照片中，不能给科研工作者分析地形的内部结构提供方便，三维景观分析的产生使这种状况发生改变。三维可视化是为了将客观世界尽量真实的再现，可以为使用部门提供一种直观、形象的可视化产品，为管理人员提供直观的三维可视化管理环境。产生三维图像可视化对于理解和想象地理空间世界及其变化十分重要，是实现三维 GIS 数字地球的的基础。

## 6.3.1　三维数据模型

三维空间数据模型是研究三维空间的几何对象的数据组织、操作方法以及规则约束条件等内容的集合。根据对现实世界的提取方式的不同，目前三维空间数据模型主要有：基于镶嵌的数据模型（tessellating model）、基于矢量的数据模型（vector model）、分析型数据模型（analytical model）和混合数据模型（hybrid model）4 种类型。

1）基于镶嵌的数据模型

基于镶嵌的数据模型是将三维空间划分成一系列连通但不重叠的几何体素，它可以看成是二维栅格模型的扩展。该模型具有结构简单、便于空间分析的特点，但表达空间位置的几何精度低，也不适合于表达和分析实体之间的空间关系，同时，数据量较大、处理速度慢。常用的三维基于镶嵌的数据模型方法有四面体格网模型（tetrahedral network，TEN）、八叉树模型（octree model）等。

（1）四面体格网模型

四面体格网是一种特殊形式的栅格模型，该模型以四面体作为描述空间实体的基本几何元素，将任意一个三维空间实体划分为一系列邻接但不重叠的不规则四面体。四面体格网由点、线、面和体四类基本元素组合而成。每个四面体包含 4 个三角形，每个三角形包括 3 条边，每条边与两个点相关联。

（2）八叉树模型

八叉树数据结构是三维栅格数据的压缩形式，是二维栅格数据中的四叉树在三维空间的推广，该数据结构是将所要表示的三维空间 $V$ 按 $X$、$Y$、$Z$ 三个方向从中间进行分割，把 $V$ 分割成八个立方体，然后根据每个立方体中所含的目标来决定是否对各立方体继续进行八等分的划分，一直划分到每个立方体被一个目标所充满，或没有目标，或其大小已成为预先定义的不可再分的体素为止。

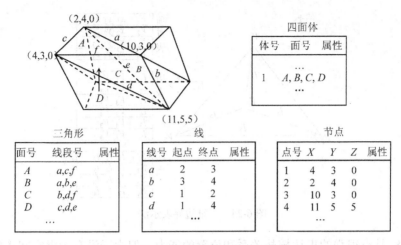

图 6-22　四面体格网及其数据结构

如图 6-23(a) 所示的空间物体，其八叉树的逻辑结构可按图 6-23(b) 表示。小圆圈表示该立方体未被某目标填满，或者说它含有多个目标在其中，需要继续划分，有阴影线的小矩形表示该立方体被某个目标填满，空白的小矩形表示该立方体中没有目标，这两种情况都不需继续划分。

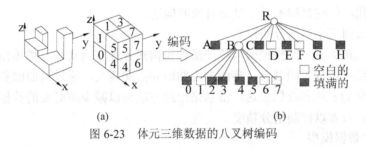

图 6-23　体元三维数据的八叉树编码

2）基于矢量的数据模型

基于矢量的数据模型以物体边界为基础定义和描述几何形体，并能给出完整和显式界面描述的方法。其具有三维模型描述精细、图形输出美观等优点，但是存在数据结构、管理不方便等不足。常用的矢量模型主要有三维边界表示法、3DFDS（3D formal data structure）模型和基于表面三角形剖分的模型等。

（1）三维边界表示法

通过指定顶点位置、构成边的顶点以及构成面的边来表示三维物体的方法被称为三维边界表示法。比较常用的三维边界表示法是采用 3 张表来提供点、边及面的信息，如图 6-24 中的 3 张表分别是：①顶点表，用来表示多面体各顶点的坐标；②边表，指出构成多面体某边的两个顶点；③面表，给出围成多面体某个面的各条边。对于后两个表，一般使用指针的方法来指出有关的边、点存放的位置。

（2）3D FDS 模型

3D FDS 模型基于二维拓扑数据结构，定义了结点（node）、弧段（arc）、边（edge）和面（face）4 种基本的几何元素以及基本元素与点（point）、线（line）、面（surfaee）和体（solid）4 种几何目标之间的拓扑关系。

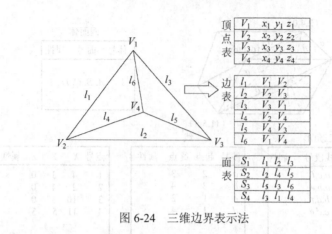

图 6-24　三维边界表示法

3D FDS 具有很强的表达拓扑关系和位置的能力，但由于没有考虑空间实体的内部结构，仅适用于表达形状规则的简单空间实体，难以表达没有规则边界的复杂实体。一些学者对 3D FDS 进行了扩展，发展了新的模型，如 SSM（simplified model）。SSM 对 3D FDS 进行了一定的简化，定义了两类基本的构造元素面（face）、结点（point）以及 4 类抽象的几何对象点（point）、线（line）、面（surfaee）和体（body），并给出了点面、面线和面面之间拓扑关系的严格定义。该模型去掉了 3D FDS 中的弧段元素，结构更简单，有利于三维对象的可视化，但同时却不利于复杂对象的构造。

（3）基于表面三角形剖分的模型

基于表面三角形剖分的模型引入单纯形作为构建各种空间实体及描述拓扑关系的基本要素，对地物模型进行表面剖分，将面分为曲面和折面两类，通过对曲面和折面进三角形剖分实现对表面的表达和近似表达。虽然采用此方法可以减少不必要的数据冗余，但剖分操作较为复杂，且难以控制剖分精度。

3）分析型数据模型

分析型数据模型又称参数函数表示法，它可以描述三维空间中的线、面和体目标，其指导思想就是利用有限的空间数据，来寻求一个函数的解析式，用这个解析式来生成新的空间点，用以逼近原有物体。具体过程为：

（1）用参数函数来表示三维空间的曲线，其思想类似于"GIS 数据处理"中的"曲线拟合"，只不过是将二维空间向三维空间进行扩展。

（2）用参数函数来表示三维空间的曲面，其实质就是"数字高程模型"中的数字方法，数字高程模型的解析式是 $V = f(x, y)$，其中 $V$ 为在空间 $(x, y)$ 点上的高程值或特征值，这个解析式只能表示或获取地表信息。

（3）用三维（立体）数据模型 $V = f(x, y, z)$ 可以描述地表内部的信息（如矿体、水体、地质状况等），其中 $x$、$y$、$z$ 是三维空间连续自由变化的点坐标，$V$ 是对应于坐标点的属性值（特征值）。

4）混合型数据模型

基于混合结构的数据模型是将两种或两种以上的数据模型加以综合，形成一种具有一体化结构的数据模型。以适应不同分辨率、不同背景条件和不同应用的要求。它采取一种折衷的方法，减少了镶嵌型和矢量模型的不足，同时也降低了他们各自的优越性。比较有代表性的方法有几何体素构造法（constructive solid geometry，CSG）、基于八叉树和四面体格网的混合模型（octress+TEN）、面向对象的三维空间数据模型、基于多种表示的CSG+octress 数据模型、基于 TIN+octress 的混合型数据模型等。

为了集成栅格模型和矢量模型的优点，可将矢量和栅格两种数据模型加以综合，形成具有矢栅一体化结构的模型，即矢栅混合结构数据模型。矢量栅格混合的三维空间数据模型更具有一般性。在该模型中，用矢量与栅格混合的数据结构以及面向对象的数据模型来表达各类三维空间目标，用以满足对空间各类目标的表示。

## 6.3.2 可视化工具及平台

1）可视化工具

三维数据模型构建完成之后，需要在三维场景中将其显示出来，实现三维数据的可视化表达。对三维数据进行可视化表达包括三维场景的显示、多角度观察、放大、漫游、旋转、任意选定路线的飞行以及可见点的判别等。

创建三维可视化场景显示的工具常见的有 OpenGL、Direct 3D、Java 3D、IDL 和VRML 等。

（1）OpenGL

OpenGL（open graphics library）是以 SGI 公司的 GL 三维图形库为基础制定的一个通用共享的开放式三维图形标准。从软件的角度讲，它就是一个开放的针对于图形硬件的三维图形软件包。其执行模式是客户机/服务器模式，运行和发出 OpenGL 绘图命令的计算机为客户机（client），而接收和执行这些绘图命令的计算机称为服务器（server）。OpenGL 结构如图 6-25 所示。

OpenGL 的优点：①可以大大降低了开发高质量图形软件对软、硬件的依赖程度；②跨平台，符号基本上的工业标准；③学习容易，上手快。

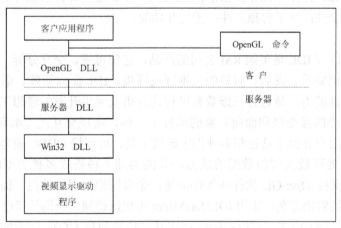

图 6-25 OpenGL 结构图

（2）Direct 3D

Microsoft Direct X 提供了一套非常优秀的应用程序接口，包含了设计并实现高性能、实时应用程序的源代码。Direct X 技术将帮助建构下一代的电脑游戏和多媒体应用程序。它的内容包括了 Direct Draw、Direct Sound、Direct Play、Direct 3D 和 Direct Input 等部分，它们分别主要应用在图形程序、声音程序等方面。Direct 3D 是 Microsoft Direct X 的一个重要组件，适合 Microsoft 的 32 位操作系统，是 Microsoft Windows 平台上的主要三维与多媒体开发工具。Direct 3D 的功能与 OpenGL 近似，提供对不同图形加速卡的统一访问方式。Direct 3D 采用与设备无关的方法实现对视频加速硬件的访问，立即模式和封装了立即模式的保留模式是两种可选的使用方式。前者适合一般三维应用程序开发，后者适合速成开发者。

（3）VRML

VRML（virtual reality modeling language，虚拟现实建模语言），是一种有效的 3D 文件交换格式，是可内置于浏览器中的插入式软件，用 VRML 格式设计的 3D 虚拟景观描述文本文件（.wrl）是 VRML 是 3D 模拟，是一种可以发布 3D 网页的跨平台语言，它定义了三维应用系统中常用的语言描述，如层次变换、光源、视点、几何、动画、材料特性、纹理等，并具有行为特征的描述功能，既能用来连接互联网，也可以用于创建产品定义和虚拟现实世界复杂场景的三维描述。另外，VRML 和 HTML（hypertext markup language，超文本标记语言）是紧密相连的，是 HTML 在 3D 领域中的模拟和扩展。由于 VRML 在网络上具有良好模拟性和交互性，因而显示出了强大的生命力。它有如下特点：①统分结合模式；②基于 ASCll 码的低带宽可行性；③实时 3D 着色引擎；④可扩充性。

（4）Java 3D

Java 3D 是 Sun 公司在研究 OpenGL 及 VRML 虚拟现实建模语言的基础上开发出来的 API，里面包含了几乎所有编写 Java 交互式三维应用程序所需要的最基本的类、方法及接口。可用于实现三维图形显示和基于 Web 的 3D 小应用程序的 Java 编程接口，它具备了从网络编程到三维几何图形编程等各方面的功能，为用户在 Internet 上创建和操作三维几何图形、描述宽大的虚拟世界提供了新的技术。Java 3D 作为 Java 的 3D 图形包，具有 Java 语言的一切优点，如：完整的跨平台特性和良好的网络环境的开发等。因此利用 Java 3D API 可以开发出 Internet 上的三维图形应用系统。此外 Java 还具备自己独特的优点：①面向对象的特征；②安全性；③平台独立性；④交互功能。

（5）IDL

交互式数据语言 IDL 是美国 RSI 公司的产品，它集可视、交互分析、大型商业开发于一体，为用户提供完善、灵活、有效的三维开发环境。IDL 面向矩阵、语法简单，具有较强的图形图像处理能力，是进行三维数据可视化分析及应用开发的理想工具。IDL 主要特征包括：①集高级图像处理和面向对象的编程于一体，实现交互式二维和三维图形技术，提供跨平台图形用户界面工具包和多种程序连接工具，可连接 ODBC 兼容数据库；②完全面向矩阵，具有处理较大规模数据的能力，并能处理多种格式多种类型的数据；③采用 OpenGL 技术，支持 OpenGL 软件或硬件加速；带有图像处理软件包，提供科学计算模型和可视数据分析的解决方案；④用 IDLDataMiner 可快速访问、查询并管理与 ODBC 兼容的数据库；⑤可通过 ActiveX 控件将 IDL 应用开发集成到与 COM 兼容的环境中；⑥可用 IDLGUIBuilder 开发跨平台的用户图形界面。

2）三维 GIS 平台介绍

现代计算机软、硬件技术的飞速发展，使大数据量的三维地理场景的实现逐步成为可能。近年来，国际上对于三维虚拟现实仿真表现方面取得不少积极进展，基于 OpenGL 技术的 OSG，Vega 等三维显示平台、基于 Direct 3D 技术的 Quest 3D 和 Skyline 等系统平台的出现大大的推进了三维视觉仿真、虚拟现实和城市三维的发展。以及 Google Earth、WorldWind（开源，有 JAVA 和 C#）、GeoGlobe 也是常见的显示平台。

（1）OSG 技术

Open Scene Graph（简称 OSG）是一款高效实时的三维可视化图形开发平台，主要应用于可视化仿真，虚拟现实和科学计算可视化与仿真领域中的高性能图形程序的开发，所含大量功能和运行性能已经优于许多现有商业虚拟引擎。让程序员能够更加快速、便捷地创建高性能、跨平台的交互式图形程序。其作为中间件（middleware）为应用软件提供了各种高级渲染特性以及空间结构组织函数；而更低层次的 OpenGL 硬件抽象层（HAL）实现了底层硬件显示的驱动。它经历 OpenGVS、Vtree、SGI performer、Multigen Vega 等多代软件的发展而得来。

OSG 的优点：①它本质上就是一个场景图，场景图结构更适合城市建筑的三维虚拟仿真；②OSG 是完全免费并开放源代码的，这就为系统提供了很大的可扩展性，应用很灵活；③系统可实现跨平台的使用；④由于 OSG 实现了 OpenGL 所有的功能，因此在可视化视觉仿真方面效果很逼真。OSG 的缺点在于 OSG 是国外的开放源代码项目，主要应用于三维可视化方面，并没有现成的三维地理信息的功能，因此其开发难度较大。

（2）Vega 技术

Vega 是 MultiGen-Paradigm 公司应用于实时视景仿真、声音仿真、虚拟现实及其他可视化领域的软件环境。Vega 和其他同类型软件的相比较，除了其强大的功能外，它的 LynX 图形用户界面是独一无二的。在 Vega 的 LynX 图形用户界面中只需利用鼠标点击就可配置和驱动图形。在一般的城市仿真应用中，几乎不用编任何源代码就可以实现三维场景漫游。同时，Vega 还包括完整的 C 语言应用程序接口 API，在 NT 下以 VC6.0 为开发环境，以满足软件开发人员要求的最大限度的灵活性和功能定制。

（3）Quest 3D 平台

Quest 3D 是由 Act-3D 公司推出的一个容易且有效的实时三维场景建构工具。比起其他的可视化的建构工具，如网页、动画、图形编辑工具来说，Quest 3D 能在实时编辑环境中与对象互动，也可以提供一个建构实时 3D 的标准方案。在 Quest 3D 里，所有的编辑器都是可视化和图形化的。Quest 3D 是基于 Windows 平台的 Direct 3D 技术开发的三维场景展示平台，使用 Quest 3D 可以构建出效果精美的建筑三维场景。由于内置了许多三维视觉特效，其构建的三维应用更适合使用在城市规划设计，但由于其应用的特效太占用系统资源，因此无法构建超大数据量的三维城市场景。

（4）Skyline TerraSuite

Skyline TerraSuite 平台是一套完全基于网络的三维空间数据交互式可视化解决方案平台，它是利用航空影像、卫星数据、数字高程模型和其他的二维或三维信息源（包括地理信息数据集层等）创建的一个交互式环境。它能够允许用户快速地融合数据、更新数据库，并且有效地支持大型数据库和实时信息流通讯技术。

（5）Google Earth

Google Earth 以三维地球的形式把大量卫星图片、航拍照片和模拟三维图像组织在一起，使用户从不同角度浏览地球。Google Earth 的数据来源于商业卫遥感卫星影像和航片，包括 DigitalGlobe 公司的 QuickBird、美国 IKOONOS 及法国 SPOTS 等。作为一款功能强大的桌面地球浏览器，自推出至今展现出了巨大的魅力，征服了无数用户。但是与 Virtual Earth、World Wind 一样，Google Earth 还不具备空间分析、大型数据库管理的功能。相比之下，全球在这一方面较为出色的是美国的软件 Skyline 和国内软件 EV-Globe。

（6）Virtual Earth

Virtual Earth，是由微软公司推出的类似于 Google Earth 的地图查找和显示软件，其最大的特点就是结合 Live Local 的服务，不但可以搜索出全球任意区域内的地图影像，而且可以将部分区域内的地图影像以三维画面的形式显示出来。目前，微软已经推出了数十个城市的三维地图。随着软件图片的更新，全球的地图都将可以用 3D 视图的形式显示出来。如同 Google Earth 一样，只要进入其工作界面，就可以在浏览器中直接执行 2D 和 3D 的切换工作。除此之外还有很实用的小功能，如线路查询、交通状况查询、用户所在区域导航以及虚拟广告牌等。

（7）World Wind

World Wind 是由美国国家航空暨太空总署（NASA）阿莫斯研究中心的科研人员开发的开放源代码（Open Source）。World Wind 可以利用 Landsat 7、SRTM、MODIS、GLOBE、Landmark Set 等多颗卫星的数据，将其和航天飞机雷达遥感数据结合在一起，让用户体验三维地球遨游的感觉。与 Google Earth 一样，World Wind 作为可视化三维地球浏览平台，功能强大，具有三维可视化的能力，采用了先进的流传输技术。World Wind 是个完全免费的软件，主要面向科学家、研究工作者和学生群体。另外 World Wind 是完全开放的，用户可以修改 World Wind 软件本身。

（8）超图

2006 年，超图启动了新一代具有自主创新内核的、与二维一体化的、面向管理的三维 GIS 平台软件研发，并计划将该技术集成到 SuperMap GIS 6R 中发布。该技术满足二维与三维一体化的应用需求，称其为二维 GIS 或三维 GIS 都是不全面的，于是针对纸空间提出了 Realspace，进而提出 Realspace GIS 技术的命名，也就是 SuperMap GIS 6R 中的"R"。SuperMap GIS 6R 将二三维有机地结合起来，实现二维与三维数据管理的一体化，解决了以往两套系统、两套数据的缺陷，降低了系统的成本和复杂度。目前，SuperMap GIS 6R 的 Realspace GIS 技术已经在部分项目中得到应用实践，随着 SuperMap GIS 6R 的发布和应用推广，更多的应用价值会逐步体现出来。

（9）中地 MapGIS

MapGIS K9 三维 GIS 开发平台实现涵盖地上、地表、地下、空中的全空间真三维建模功能，以全空间地理模型可视化表达、真三维 GIS 分析应用、三维场景网络发布浏览、多样的二次开发模式、为用户提供一个表达准确、专业分析、操作方便的三维地理信息系统平台。MapGIS K9 三维 GIS 开发平台采用数据中心集成开发平台提供的搭建式开发方法，用户只需极少的工作量就能快速定制出适应于专业领域的应用系统；并且提供插件、COM 组件、控件三种开发方式，满足不同用户的开发习惯，供用户快速的扩展平台功能模块以适应新的三维应用。

（10）伟景行

伟景行科技（Gvitech Technologies）自 1998 年创立以来一直专注于数字城市和三维可

视化技术的研究和开发，也是行业的领导者。为了实现数据信息跨部门、跨平台的共享共用，打破部门间的信息壁垒，消除信息孤岛，实现多领域间的信息交换与共享，促进信息成果的社会化应用，伟景行为政府、企事业单位的信息化建设提供了专业的 3D GIS 共享服务平台。

伟景行科技日前在北京发布了 DICITI 三维数字地球在线平台（数字中国），该平台能让用户通过互联网在三维环境下搜索、标注、分享与位置相关的信息。这也是中国第一个真正意义上的三维数字地球在线平台，标志着中国在线地图服务跨入三维时代。DICITI 平台最大的亮点就是在业界率先整合了大规模城市精细 3D 模型，这得益于其领先的 3D 引擎和海量数据处理技术。用户在普通宽带环境下，利用主流配置的电脑就可流畅地漫游覆盖城区的三维场景，并且获得十分逼真的画面效果，这一切在以往是不可想象的。

（11）GeoGlobe

吉奥之星公司推出了网络环境下全球海量无缝空间数据组织、管理与可视化软件 GeoGlobe，该软件是由武汉大学测绘遥感信息工程国家重点实验室研发的。GeoGlobe 包括三部分：GeoGlobe Server、GeoGlobe Builder 和 GeoGlobe Viewer。GeoGlobe Server 通过分布式空间数据引擎，管理所有注册的空间数据，并提供实时多源空间数据的服务功能。GeoGlobe Builder 实现对海量影像数据、地形数据和三维城市模型数据的高效多级多层组织，为实现全球无级连续可视化提供数据基础。GeoGlobe Viewer 则装在客户端，通过网络获取服务器端数据，三维实时显示、查询和分析。GeoGlobe 软件提供了的二次开发功能，用户可以根据应用的需要自行设计界面，调用所提供的动态库进行二次开发，应用十分方便。

### 6.3.3　三维场景制作流程

要想将三维场景真实地显示在计算机屏幕上，还需要经过一系列必要的变换，包括数据预处理、投影变换、选择光照模型、纹理映射等，三维可视化场景制作的一般步骤如图 6-26 所示。

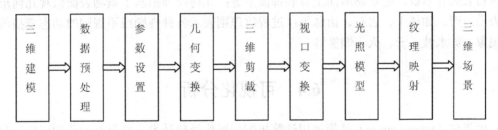

图 6-26　三维可视化场景制作一般流程

（1）数据预处理

数据预处理主要包括：将建模后得到的物体的几何模型数据转换成可直接接受的基本图元形式，如点、线、面等；对影像数据如纹理图像进行预处理，包括图像格式转换、图像质量的改善及影像金字塔的生成等。参数设置指在对三维场景进行渲染前，需要先设置相关的场景参数值，包括光源性质、光源方位、明暗处理方式和纹理映射方式等。此外还需要设定视点位置和视线方向等参数。

（2）投影变换

投影变换是指选取某种投影变换方式，对物体进行变换，完成从物体坐标到视点坐标的变换。投影变换分为正平行投影和透视投影两种。正平行投影的物体或场景的几何属性不变，视点位置不影响投影的结果，一般用于制作地形晕渲图。透视投影，类似于人眼对客观世界的观察方式，最明显的特点是按透视法缩小，物体离相机越远，成的像就越小，因而广泛用于三维城市模拟、飞行仿真、步行穿越等模拟人眼效果的研究领域。

（3）光照模型

三维物体在一个二维的表面上的真实显示需要深度信息来产生立体感：隐表面消除、运动视差、明暗显示。明暗显示技术用于物体的表面特征、空间位置以及物体表面与光源的取向。明暗显示的最简单形式是仅由深度来决定，离光源远的物体显得黑一些。复杂一些的模型要区别漫反射和镜面反射，漫反射把光线均匀地向各个方向散射，从各个视线方向看起来都具有相同的亮度，而镜面反射在不同的方向上反射强度不同，从而显示出明暗效应。

（4）消隐处理

为改善图形的真实感，消除多义性，在显示过程中应该消除实体中被隐蔽的部分，这种处理称为消隐。代表算法有画家算法、深度缓冲区算法和光线跟踪算法。根据地形模型面元无交叉覆盖且排列规则等特点，采用由远至近处理的消隐算法称为画家算法。深度缓冲区算法是将显示屏上每一像素所对应的地面深度信息，即将 $Z$ 坐标记录到 $Z$ 缓冲区中。光线跟踪算法的基本原理是从视点出发，通过屏幕像素向场景投影一光线交场景中的第一个交点即为可见点，设置相应像素的光亮度为交点处的光亮度，从而绘制出一幅完整的真实图形。

（5）纹理映射

为了避免生成的模型表面过于光滑和单调而缺乏真实感，还需要进一步体现物体表面的表面细节（即纹理）。基于纹理的不同表现形式，纹理可分为三种类型：颜色纹理、几何纹理和过程纹理。颜色纹理是通过颜色色彩或明暗度的变化体现出来的表面细节，如刨光的木材表面有木纹，建筑物墙面上有装饰图案等；几何纹理指基于景物表面微观几何形状的表面纹理，如树干、岩石、山脉等；过程纹理则表示各种规则或不规则的动态变换的自然现象，如水波、云、火、烟雾等。

# 6.4　可视化分析

可视化（visualization）是指运用计算机图形图像处理技术，将复杂的科学现象、自然景观以及十分抽象的概念图像化，以便理解现象，观察其模拟和计算的过程和结果，发现规律和传播知识。实现以多种方式如等高线、晕渲图、线框透视、动画等在不同层面上对地形进行表达、观察和浏览。这里的可视化指的是广义的可视化，指一切从人类视角进行的地形分析。除此之外还有狭义的可视化，指通视分析，包括两点是否可见的点与点通视和某一点的通视域。广义的可视化涉及内容较多，前面也已有相关讲述，本节首先介绍常用的剖面分析，而后讲述通视分析的内容。

### 6.4.1　剖面分析

剖面分析在工程方面如在公路、铁路、管线等的设计过程中常常用到，也是 DEM 数据最早产生的原因之一。剖面图的制作是以 GRID 数据或 TIN 数据为基础的，一般首先是基于 DEM 数据进行"线插值"，得到一条具有高程值的线段，而后计算具有高程值的线段的剖面图。

剖面图绘制算法实际上就是高程内插算法，已知两点的坐标 $A(x_1, y_1)$ 和 $B(x_2, y_2)$，则可求出两点连线与格网或三角网的交点，并内插交点上的高程，以及各交点之间的距离。然后按选定的垂直比例尺和水平比例尺，按距离和高程绘出剖面图（见图 6-27）。

另外，剖面图不一定必须沿直线绘制，也可沿一条曲线绘制。

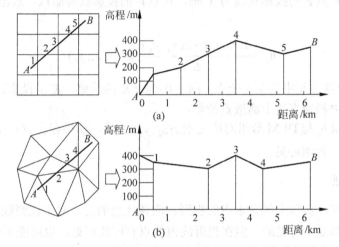

图 6-27　基于规则格网 DEM（上）和 TIN（下）生成剖面图

剖面图常常可以以线代面，研究区域的地貌形态、轮廓形状、地势变化、地质构造、斜坡特征、地表切割强度等。此外，如果在地形剖面上叠加其他地理变量，例如坡度、土壤、植被、土地利用现状等，可以提供土地利用规划、工程选线和选址等的决策依据。

### 6.4.2　通视分析

可视性分析的目的是分析观察者在三维空间中发现目标的概率。确定地形景观中点与点之间的相互通视能力，对军事活动中的航路规划、微波通信网的规划以及风景旅游点的研究都有着重要的意义。

在实际应用中，通视问题可以分为五类（Lee，1991）：①已知一个或一组观察点，找出某一地形的可见区域；②欲观察到某一区域的全部地形表面，计算最少观察点数量；③在观察点数量一定的前提下，计算能获得的最大观察区域；④以最小代价建造观察塔，要求全部区域可见；⑤在给定建造代价的前提下，求最大可见区。

此外，根据问题输出维数的不同，通视问题又分为点的通视、线的通视和区域的通视。点的通视是指计算视点与待判定点之间的可见性问题；线的通视是指已知视点，计算视点的视野问题；区域的通视是指已知视点，计算视点能可视的地形表面区域集合的问题。

### 1. 点对点通视

以格网 DEM 数据为例，为了简化问题，可以将格网点作为计算单位。这样点对点的通视问题简化为离散空间直线与某一地形剖面线的相交问题。已知视点 $V$ 的坐标为 $(x_0, y_0, z_0)$ 而 $P$ 点的坐标为 $(x_p, y_p, z_p)$。由于每个点的高程值可以通过 $x$ 和 $y$ 的坐标确定，即可表示为 $z = z(x, y)$，则 $V$ 为 $(x_0, y_0, z(x_0, y_0))$，$P$ 为 $(x_1, y_1, z(x_1, y_1))$。点对点通视计算过程如下：

（1）使用 Bresenham 直线算法，生成 $V$ 到 $P$ 的投影直线点集 $\{x_k, y_k\}$。若 $K$ 表示该点集的长度 $K = \|\{x_k, y_k\}\|$，则就可得到投影直线点集 $\{x_k, y_k\}$ 对应的高程数据集合为 $\{h_k\}$，其中 $k = 1, 2, \cdots, K-1$，这样形成了视点 $V$ 到某点 $P$ 的 DEM 剖面曲线；

（2）以视点 $V$ 到 $P$ 的投影直线为 $X$ 轴，视点 $V$ 的投影点为原点，求出视线在 $XZ$ 坐标系的直线方程为

$$h_k = \frac{z(x_0, y_0) - z(x_p, y_p)}{K} \cdot k + z(x_0, y_0)$$

式中，$k$ 是投影直线点集中的第 $k$ 个点，满足 $0 < k < K$ 的约束，$K$ 是投影直线点集的长度，即视点 $V$ 到某点 $P$ 投影直线上离散点数量；

（3）比较数组 $h_k$ 与 DEM 数组对应元素 $z(x_k, y_k)$ 的值，如果存在 $z(x_k, y_k) > h_k$，则视点 $V$ 与某 $P$ 不可见，否则可见。

### 2. 点对线通视

点对线的通视，实际上就是求点的视野。应该注意的是，对于视野线之外的任何一个地形表面上的点都是不可见的，但在视野线内的点有可能可见，也可能不可见。

基于网格 DEM 点对线的通视算法如下：

（1）设线为一沿着 DEM 数据边缘顺时针移动的点集 $P(x_p, y_p, z(x_p, y_p))$，与计算点对点的通视相仿，求出视点 $V(x_0, y_0, z(x_0, y_0))$ 到 $P$ 点投影直线上点集 $\{x_k, y_k\}$，并求出相应的地形剖面 $\{x_k, y_k, z(x_k, y_k)\}$，且 $k = 1, 2, \cdots, k-1$；

（2）计算视点 $V$ 至每个 $p_k \in \{x_k, y_k, z(x_k, y_k)\}, k = 1, 2, \cdots, k-1$，则求与 $z$ 轴的夹角 $\beta_k$：

$$\beta_k = \arctan\left(\frac{k}{z(x_k, y_k) - z(x_0, y_0)}\right)$$

（3）求得 $\alpha = \min\{\beta_k\}$，$\alpha$ 对应的点就为视点视野线的一个点；

（4）移动 $P$ 点，重复以上过程，直至 $P$ 点回到初始位置，算法结束。

### 3. 点对区域通视

点对区域的通视算法是点对点算法的扩展。与点到线通视问题相同，$P$ 点沿数据边缘顺时针移动。逐点检查视点至 $P$ 点的直线上的点是否通视。

可视域分析（viewshed analysis）确定了从一个或多个观察点可以观测到的区域。除了 Bresenham 直线算法进行通视分析，还有比较常用的倾角法，其关键算法（以格网 DEM 为例）为：设 $V(x_0, y_0, z_0)$ 为观察点，$P(x_p, y_p, z_p)$ 为某一格网点，$VP$ 与格网 DEM 的交点为 $A$、

$B$ 和 $C$ 。设 $VP$ 的倾角为 $\alpha$ ，观察点与各交点的倾角为 $\beta_i (i = A, B, C)$ 。如图 6-28 所示，若
$\tan \alpha > \max(\tan \beta_i, i = A, B, C)$ ，则 $VP$ 通视，否则不通视。

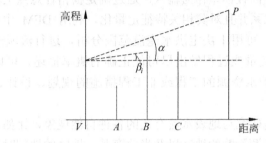

图 6-28　点的通视倾角示意图

用倾角法确定出两点通视与否，而后构造可视域的过程分为两步：

（1）以 $V$ 为观察点，对格网 DEM 或三角网 DEM 上的每个点判断通视与否，通视赋值
为 0，不通视赋值为 1（图 6-29）。由此可形成属性值为 0 和 1 的格网或三角网。

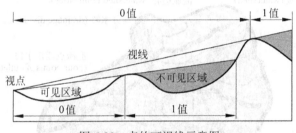

图 6-29　点的可视线示意图

（2）以观察点 $V$ 为轴，以一定的方位角间隔算出 0°～360°的所有方位线上的通视情况。
对于每条方位线，通视的地方绘线，不通视的地方断开，或相反，这样可得出射线状的通
视图（图 6-30）。全局可视域分析以观察点为中心，视域角为 360°，对分析范围内的所有
点进行连线可视性分析，对其中所有的可视点进行编码，从而可以形成一幅可视域矢量图，
就是全局可视域分析的目的。该功能可用于确定研究区域内给定地面高度具有最大可视域
的位置，例如用于无线电发射塔的自动定位和嘹望塔选址等。

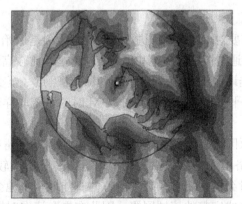

图 6-30　点的通视域示意图

### 6.4.3　水文分析

水文分析是指利用数字高程模型作为输入，通过确定栅格任意点上坡区域的贡献和下坡区的水流方向，勾画出水系并且对其相关特征定量化。利用 DEM 生成的流域和水系是大多数水文分析的数据源，可用于决定洪水淹没范围分析，进行流域渗透水文的模拟研究。通过对所研究的水文变量或过程做出尽可能正确的概率描述，可以预防水旱灾害的发生，为开发、利用、保护水资源的工程或非工程措施的规划、设计、施工以及管理提供决策支持。

水文分析的主要内容是研究与地表水流有关的各种自然现象，比如水流方向、洪水水位及泛滥情况，划定受污染源影响的地区以及当改变某一地区的地貌时预测对整个地区造成的后果等。此外，在城市和区域规划、农业及森林等许多领域对地球表面形状的理解很重要。这些领域需要知道水流怎样经过某一地区，以及这个地区的地貌的改变会以什么样的方式影响水流的流动。

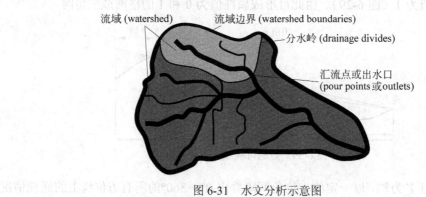

图 6-31　水文分析示意图

图 6-31 是一个典型的水文分析图，图中所示的水系是水在地表流动并且流向出口的网络，流域是指地表水和其他物质流向统一汇流点或出口点的区域，而汇流点出口点是指流域边界的最低点，并将两个流域的边界被定义为分水岭。一般认为，水文分析包含以下 6 项内容。

**1. 数据预处理**

在进行分析之前，需要对 DEM 数据进行预处理，原因是原始 DEM 中存在不准确的数据值，这些不准确的数据通常被称为洼地和平地。洼地是指比较高的邻域所包围的区域，在区域地形的集水区域，洼地底点的高程通常小于其相邻近点（至少 8 邻域点）的高程。平地是 DEM 包含的明显水平条带，来源于生成 DEM 时的系统取样误差，这在平坦地表的整形栅格中非常明显。

洼地和平地产生的原因是多方面的，DEM 水平和垂向的分辨率、生成过程中的采用的内插算法与精度以及网格单元内高程信息取平均等。在分辨率较低以及当栅格的数据格式采用整形时，洼地数量会增多。当计算水流方向时洼地和平地会产生不合适的结果，导致流域水流不畅，不能形成完整的流域网络，因此在提取流向时剔除。剔除的算法有以下几种。

1）洼地填平算法——Moran 和 Vezina 算法

首先用一个极大高程水面数据将原始地面的 DEM 数据表面淹没，然后移除 DEM 上多余的水，最后得到的高程数据就是填洼处理的高程数据。其中：

（1）对 DEM 数据初始化，除了边界外，用一极大临界水面高程数据将原始地面上 DEM 数据表面淹没；

（2）通过迭代方法将 $W$ 值逐步减小，最后 $W$ 会收敛于 $W_f$，$W_f$ 代表的高程点数据既是填洼后的数据。

2）平地垫高算法——Martz 和 Garbrecht 算法

用高程增量叠加算法处理平地。对平地范围内的单元格增加一微小增量，每个单元格的增量大小是不一样的，就可以消除平地。

经过填充洼地后的 DEM 是流向分析的基础，在无洼地 DEM 中，自然流水可以畅通无阻地流至区域地形的边缘。因此，借助无洼地 DEM 可以对原来的数字模型区域进行自然流水模拟分析。

**2. 水流方向（flow direction）**

水流方向是指水流离开格网时的流向，流向确定目前有单流向和多流向两种。在流域分析中，基于栅格的地形分析技术在水文学中的应用，一般采用 O'Callaghan 和 Mark 的坡面流模拟方法，Jense 和 Domingue（1988）、Martz 和 De Jong（1988）、Garbrecht（1997）在此基础上做了改进，这种算法一般称之为 D8（deterministic eight-neighbours）算法，D8 算法的具体过程如下：

（1）如果最大落差值小于 0，则赋以负值以表明此格网方向未定。

（2）如果最大落差值大于或等于 0，且最大值只有一个，则将对应此最大值的方向值作为中心格网处的方向值。

（3）如果最大落差等于 0，且有一个以上的 0 值，则以这些 0 值所对应的方向值相加。在极端情况下，如果 8 个邻域高程值都与中心格网高程值相同，则中心格网方向值赋以 255。

（4）如果最大落差值大于 0，且有一个以上的最大值，则任选一个方向作为水流方向。

被处理栅格单元同相邻 8 个栅格单元之间坡降的算法为

$$\text{slope} = D_z / D_i$$

式中，slope 为两个栅格之间的坡降；$D_z$ 为两个栅格单元之间的高程差；$D_i$ 为两个栅格单元中心之间的距离。

除了 D8 算法，还有几种水流方向模型，如高程格网示例、格网流向模型、水流聚集模型（见图 6-32）。

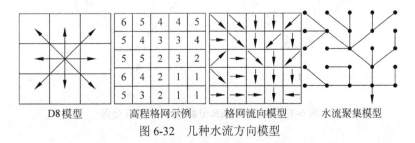

D8模型　　　　高程格网示例　　　　格网流向模型　　　　水流聚集模型

图 6-32　几种水流方向模型

### 3. 汇流累积量

区域地形每点的流水累积量，它可以用区域地形表面的流水模拟方法获得。规则格网表示的数字地面高程模型每点处有一个单位的水量，按照自然水流从高处流到低处的自然规律，根据区域地形的水流方向数字矩阵计算每点处所流过的水量数值，便可以得到该区域汇流累积量。

### 4. 提取栅格河网

流域网络是在水流累计矩阵基础上形成的，通过所设定的阈值，沿水流方向将高于此阈值的格网连接起来，从而形成流域网络。河网的提取采用的是地表径流漫流模型，通过模拟地表径流的流动来产生水系。

具体过程为：

（1）在无洼地的 DEM 上计算出每一个栅格的水流方向矩阵；

（2）根据自然水流由高处流到低处的自然规律利用水流方向矩阵计算出汇流累积量；

（3）当汇流累积量达到一定值得时候，就会产生地表水流，所有汇流累积量大于临界值的栅格就是潜在的水流路径，由这些水流路径构成的网络就是河网。

在实现的过程中要确定汇流能力阈值，不低于该阈值的单元格标记为水系组成部分，该方法简单，直接产生连续的流线段。

### 5. 栅格河网分级

河流的分级一般依据河流的流量、形态等因素进行，不同级别的河网所代表的汇流累积量不同，级别越高，汇流累积量越大，一般是主流，而级别低的河网则一般是支流。两种常用的分级方法是 Strahler 分级和 Shreve 分级。

1）Strahler 分级

将所有河网中没有支流的河网定义为一级，两个一级河网汇流成二级，如此下去分别为第 3 级和第 4 级，一直到河网出水口。当且仅当同级别的两条河网汇流成一条河网时级别才会增加，对于低级河网汇入高级的情况，高级河网级别不会增加，如图 6-33(a)所示。

2）Shreve 分级

将所有河网中没有支流的河网定义为一级，两个一级河网汇流成二级，对于以后更高级别的河网级别是汇入的河网级别之和，如图 6-33(b)所示。

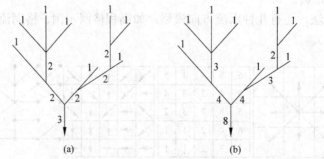

图 6-33    STRAHLER 分级和 SHREVE 分级

**6. 洪水淹没分析**

1）洪水淹没水深计算

洪水淹没水深是度量洪灾严重程度的一个重要指标：洪水淹没水深 $D(X,Y)$ = 洪水水面高程 $E_w$ − 地面高程 $E_g$。其研究内容主要包括两方面，一是水面高程 $E_w$ 的确定，二是淹没水深估算模型的选取，估算模型又分为动态模型和静态模型。前者是通过求解水文水利学模型来获取水面高程，再与数字高程模型作相减运算，计算淹没水深；后者是在已知洪水淹没范围的条件下，利用离散化的水位高程数据、数字高程模型，通过空间内插计算得到淹没水深，目前为研究重点。

2）洪水淹没范围分析

洪水淹没范围分析是针对地形数据进行的淹没仿真分析，其分析结果以矢量区域的输出。对结果地物多边形和高程多边形进行叠置，提取土地使用为住宅和高程低于洪水水位的多边形，再通过数值计算，就可以大体估算出由于洪水带来的财产损失。常用的洪水淹没范围分析方法有：①简单洪水淹没分析，以地形数据和自然积水为数据源；②水漫淹没分析，以堤防数据为数据源；③溃口淹没分析，以堤防数据和溃口数据为数据源。

## 6.4.4　其他可视化分析

**1. 地形三维图绘制**

随着计算机硬件与软件技术的发展，现代地图已经开始从二维向多维发展，真实的地形图绘制已成为地形地貌计算机处理最有吸引力的方向之一，地形地貌的真实感图形不仅能使所采集到点的图形表示更加形象，而且对未采集到点的图形也能合理地模拟，如可以利用 Matlab 绘制三维等高线地形图，来直观的再现地形的起伏变化。相比其他类型的三维地图，三维地形图更能全面、详细、准确、直观地反映地物地形以及破碎地貌特征。近几年来，在国际制图协会(ICA)举办的每届山地制图会议上几乎都有学者对此进行了研究，如研究了三维地形图设计的一些基本原则（Dusan Petrovic，2003）；对三维地形模型的设计进行了研究（朱庆，2003）；把三维地形图定义为一种透视图，强调了对景观区地形信息的表示，并从符号化、地图设计、图形变量等方面对三维地形图的制作过程进行了探讨（Haeberling，2004）。

**2. 地貌晕渲图绘制**

地貌晕渲图又称为地貌晕渲法或阴影法，通过模拟太阳光对地面照射所产生的明暗程度，并用灰度色调或彩色输出，得到随光度仅以连续变化的色调，达到地形的明暗对比，使地貌的分布、起伏和形态显示具有一定的立体感，直观地表达地面起伏变化（见图 6-34）。它可以增加丘陵和山地地区描述高差起伏的视觉效果，自动晕渲的原理是基于"地面在人们眼里看到的是什么样子、用何种理想的材料来制作、

图 6-34　基于 ArcView 生成的晕渲图

以什么方向为光源照明方向"等模式。自动地貌晕渲图的计算首先是根据 DEM 计算坡度和坡向，然后将坡向数据与光源方向比较，向光源的斜坡得到浅色调值，反方向的斜坡得到深色调灰值，介于中间坡向的坡度得到中间灰值，灰值的大小按坡度进一步确定。

### 3. 模拟飞行

模拟飞行也是在 DEM 图像基础上实现的，其过程是将 DEM 图像与 TM 图像中 7 个不同波段进行叠加，生成仿真的真彩色或假彩色三维地形模型，而后在此基础上进行飞行模拟。在飞行模拟环境中，可以根据观察的需要，对地面显示速度、方位、观察位置、高程和透视角度等进行交互控制，完全达到身临其境的效果。同时，它能将大范围、广视角和小范围、高精度有机地结合起来进行显示，可以从不同的高度、方位由远及近地观察大洋、山脉的总体及部分特征。

# 第 7 章　空间数据挖掘

遥感（RS）、地理信息系统（GIS）、全球定位系统（GPS）等技术积累了大量的观测资料，计算机技术的飞速发展为海量数据存储提供了可能。但是，海量的数据并不意味着海量的信息，当前信息处理能力的提升远不及信息的增长速度，当所积累的数据量正在呈指数级增长的同时，如何提高对现有数据的分析处理能力，利用数据挖掘（data mining）发现对人类有用的信息，成为当前研究的重点和难点。

## 7.1　空间数据挖掘概述

数据挖掘也称为数据库中知识发现（knowledge discovery in databases，KDD），一般是指从包含大量的、不完全的、有噪声的、模糊的、随机的实际应用数据的数据库或数据仓库中提取隐含在其中的、人们事先不知道的，但又是潜在有用的信息、知识或模式的过程。简言之，数据挖掘是一个由数据库、人工智能、数理统计和可视化等多学科与技术交叉、渗透、融合形成的学科（邱凯昌，2000）。提取的知识可以表现为概念（concepts）、规则（rule）、规律（regularity）、模式（pattern）等形式（谢成山等，2003）。KDD 在 1989 年的第 11 届国际联合人工智能学术会议（IJCAI）上被提出，至今由美国人工智能协会主办了 13 届 KDD 国际研讨会，规模由原来的专题研讨会发展到国际学术大会，研究重点也逐渐从发现方法转向系统应用，更注重多种发现策略和技术的集成，以及多种学科之间的相互渗透（郑纬民等，1999）。

不同于一般的数据挖掘，空间数据挖掘的对象是空间数据库，因而也被称做从空间数据库中发现知识，其目的是从空间数据库中抽取隐含的、人们感兴趣的空间模式和特征（李德仁，1995）。由于空间数据库数据量极大，涉及的数据结构复杂，存储在其中的空间对象不仅包含位置信息和属性数据，而且包含对象之间的各种空间关系，这就决定空间数据库独特的访问方式、特殊的空间分析方法和专有的应用模型，从而解决因空间数据海量而知识匮乏的瓶颈问题。

### 7.1.1　空间挖掘的步骤

数据挖掘处理的是海量的、无序的、多类型的数据，要想从这些大量的数据中发现对人类有用的信息，必须探索一套通用的理论体系，遵循一定的科学方法。空间数据挖掘处理的是空间数据，空间数据与其他类型数据的一个重要区别就是它的空间特性，所以空间数据挖掘相对于一般的数据挖掘具有如下特点（李德仁等，2001）：

（1）应用范围广，可对任何具有空间特性的数据进行挖掘；

（2）挖掘算法多，除了一般数据挖掘的众多算法外，还有云理论、探索性数据分析等；

（3）知识表达方式多，数据的空间特性可以提高研究者对现实世界的理解和认知程度；

（4）数据量大，空间数据来源丰富，且具有海量特征，存取复杂。

尽管不同于一般的数据挖掘，但空间数据挖掘的步骤与一般数据挖掘没有太大区别。

通常认为，在数据库中挖掘出有用的知识和信息遵循以下 6 个步骤（史忠植，2002；陈文伟等，2004；黎夏等，2006；周成虎等，2011）（如图 7-1 所示）。

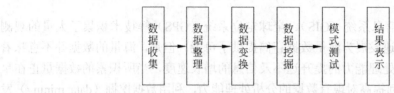

图 7-1　空间数据挖掘的一般步骤

（1）数据收集：根据所研究专题的相关领域，充分利用各种数据源，比如已有的数据库、旧的文献记载或者使用新技术即时得到的第一手资料，做最大范围的数据收集，同时要注意甄别，保证数据的准确性。

（2）数据整理：得到了要分析的对象的数据资料，会发现里面有许多资料或者已失去了时效性，或者有重复或重叠的部分，此时要对各种数据进行初步的整理，清理出失效或失真的数据，将数据进行统一的存储。

（3）数据变换：不可能用一种分析方法挖掘出隐含在数据中所有知识，也不可能用一种分析方法对所有的数据格式进行分析。因此，有必要对数据格式进行变换，以适应当前的分析算法。

（4）数据挖掘：当确定了要使用的分析算法，下一步就是设定这种分析模型下的参数，并设计合适的数据模式，开始挖掘用户需要的信息。

（5）模式测试：单一的模式有时候并不能解决问题，或者不能够提供足够的知识供用户参考，必须调整参数的选择，改变已有的设计模式，反复进行调试，直到得到足够有效的信息。

（6）结果表示：有时候潜在的知识虽然被挖掘出来了，但由于缺乏简单的可视化方法，只有专家等少数人才能理解，使得知识的可传播性下降。为了增加易读行，形象的可视化界面和交互技术也是必须的。

以上是数据挖掘的基本步骤，是一个完整的数据挖掘过程，能满足一般用户的知识发现需求。需要指出的是，在数据挖掘的各个步骤中，都受人的主观因素的影响，都有潜在的不确定性，因此，为了确保知识发现的有效性，在数据挖掘的各个步骤中，要求参与人员尽量是专业人士，并且做到实事求是。

### 7.1.2　空间挖掘的任务

空间数据挖掘的目标是从数据库中发现有意义的模式、特征和规律。空间数据挖掘和知识发现是 1994 由李德仁院士在加拿大渥太华举行的 GIS 国际会议上提出的。尽管这个概念产生的不是太早，但已引起相关学者的广泛关注，国内外相继开展了空间数据挖掘和知识发现的理论方法与实际应用的研究工作。空间数据挖掘是一种知识决策支持技术，重在从数据中挖掘未知却有用的最终可理解知识，从而提供给空间决策支持系统。空间决策所用的知识是从空间数据中挖掘而来，最终服务于数据利用，目的是帮助人们最大限度地有效利用数据，提高决策的准确性和可靠性。

目前，空间数据挖掘对具有空间特性的数据处理主要有以下 4 种方法（黎夏等，2006）：①将空间作为整体框架，同一空间区域范围内的数据不考虑空间特征要素，研究各种区域统计指标计算、系统相关模型；②利用变异函数、空间自相关指数等空间统计分析方法，研究数据的空间分布特征；③将空间要素转化为一维属性数据或作为属性数据的乘积因子进行分析操作；④将不同数据按图层分布进行空间配准后，对数据进行重采样，形成统一格式的数据，然后利用一般的分析方法进行分析操作。

空间数据挖掘是从空间数据库中挖掘和提取规则与知识，空间数据挖掘的主要任务有（史忠植，2002）：①空间数据特征比较；②空间聚类分析；③空间分类；④空间关联；⑤空间模式分析。

除了上述观点，周成虎等认为还应包括数据泛化和偏差分析（周成虎等，2011）。其中数据泛化的目的是对数据进行浓缩，这种浓缩要求对数据的总体特征进行描述，将数据从较低的个体层次抽象到较高的总体层次上。数据泛化的方法包括：统计指标的计算、多维数据的压缩以及概念格方法等。偏差分析的目的是从数据库中检测出这些偏差，比如数据库中的数据常出现一些反常的实例、异常的模式等，如分类中的反例、关联分析中不满足规则的特例、回归分析中观测结果与模型预测值的偏差等，这些偏差中往往包含潜在的知识。

### 7.1.3　空间挖掘的知识类型

空间数据挖掘所使用的方法与发现的知识类型密切相关（李德仁等，2006）。因此，在讨论空间数据挖掘的方法之前，有必要对空间数据挖掘发现的知识类型进行归纳。知识和规则是研究者期望从空间数据中挖掘出的信息，是空间数据库记录间的区别和差异，是隐含在数据记录间的空间数据的内在联系和潜在关系。知识有普遍几何知识和面向对象知识，规则包括空间数据的分类、聚类、序列、区分、关联、预测和特征等关系模式。通常可将空间数据挖掘发现的知识和规则分为以下几种（李德仁等，1995；Han，1996；Koperski，1996；邸凯昌，2001；王树良，2002）：

（1）普遍几何知识（general geometric knowledge）是指关于目标的数量、大小、形态特征等普遍的几何特征。用统计方法可以容易地得到各类目标的数量和大小，如线状目标的大小用长度、宽度来表征，面状目标的大小用面积、周长来表征。目标的形态特征就是要把直观的可视化的图形用计算机容易应用的定量化的特征值来表示，线状目标的特征用弯曲度、方向等表示，面状目标的形态特征用密集度、边界弯曲度、主轴方向等来表示，单独的点状目标没有形态特征，而对于聚集在一起的点群，可以用类似面状目标的方法进行形态特征计算。

（2）面向对象的知识（object oriented knowledge）是指某类复杂对象的子类构成及其普遍特征的知识。如把一个大学校园作为一个空间对象，可以把大学校园这个对象分为大门、建筑物、道路、操场、数目和围墙等子类，进一步描述为大门连接围墙和道路，建筑物形状规则、高度一定和道路相连等等。

（3）空间关联规则（spatial association rules）是指空间实体目标之间同时出现的内在规律，描述在给定的数据库中，空间实体的特征数据项之间频繁同时出现的条件规则，一般表现为相邻、相连、共生、包含等关联关系，即包含单个谓词的单维空间关联规则，也包含两个或两个以上的空间实体或谓词的多维空间关联规则。在 GIS 中用拓扑关系来表现空间数据库中数据的关联关系，此外，关联规则的形式包括一般关联规则和强关联规则。

（4）空间聚类规则（spatial clustering rules）是指依据特征相近程度将空间实体目标划分到不同的组中，组内的实体具有相近的特征，组间的实体相对组内有较大的特征差别（Kaufman，Rousseew，1990）。空间聚类是一个概括和综合的过程，与分类规则不同，在聚类前并不知道将要划分成几类，也不知道根据哪些空间区分规则来定义类。

（5）空间特征规则（spatial characteristic rules）是指用简单的方式汇总空间实体数据的某类或几类几何和属性的一般共性特征。属性规则指空间实体的大小、数量和形态等，几何规则指空间实体的形状分布特征。空间特征规则归纳了目标类空间数据的一般特性，多为对空间的类或概念的描述，当样本空间的数据海量时，直方图、饼状图、条图、曲线、多维数据立方体、多维表数据等都可以转换为先验概率知识。

（6）空间区分规则（spatial discriminate rules）是指用规则描述的两类或几类实体间的不同空间特征规则的区分，所附的比较度量用以区分目标类和对比类。目标类和对比类由挖掘的目的而定，对应的空间数据通过数据库检索查询就能获得，可以通过把目标类空间实体的空间特征，与一个或多个对比类空间实体的空间特征相对比，得到空间区分规则。在空间区分规则中，空间分布规律是指实体在空间的垂直、水平或垂直-水平的分布规律。

（7）空间分类规则（spatial classification rules）是指将反映同类实体共同性质的特征型知识和不同事物之间的差异型特征知识进行归类。根据空间区分规则可以把空间数据库中的数据映射到给定的类上，空间分类规则在分类前提前定义类别和数目。

（8）空间回归规则（spatial regression rules）与空间分类规则相似，其差别是空间分类规则的预测值是离散的，而空间回归规则的预测值是连续的。空间分类规则和回归规则主要是从空间数据库中挖掘描述并区分数据类或概念的模型，常表现为决策树、谓词逻辑、神经网络或函数等形式，常用的回归函数有一元线性回归、多元线性回归和曲线回归函数等。

（9）空间依赖规则（spatial dependent rules）主要用于发现不同实体之间或者相同实体的不同属性之间的函数依赖关系和程度。空间依赖规则发现的知识用以空间实体名或属性名为变量的数学方程表示。

（10）空间预测规则（spatial predictable rules）是在空间分类规则、空间回归规则、空间聚类规则、空间关联规则以及空间依赖规则的基础上，充分利用已有的空间数据，预测空间未知的数据值、类标记和分布趋势。

（11）空间演变规则（spatial evolution rules）描述实体数据随时间变化的规律或趋势，并建立数学模型，空间演变规则将数据和时间联系在一起。在发现演变规则时，不仅需要知道空间事件是否发生，还需要知道事件发生的时间，所以是带有时间约束的空间序列规则。虽然空间演变规则可能包括与时间相关的空间数据的特征、区分、关联、分类、聚类、依赖和预测等，但是基于时序相关数据的序列规则挖掘有其自身的特色，如时间序列分析、序列或周期模式匹配、基于类似性的推理等。

（12）空间例外（spatial exceptions and outliers）是大部分空间实体的共性特征之外的偏差或独立点，是与空间数据库或数据仓库中数据的一般行为或通用模型不一致的数据对象的特性（Barnett，1978）。例外是异常的表现，排除人为的原因，异常就意味着某种灾变的表现，所以可以作为空间例外知识，异常值分析即是基于空间例外知识。

### 7.1.4　空间数据挖掘方法

空间数据挖掘是一种决策支持过程，基本知识类型是规则和例外，理论方法的好坏将直接影响到所发现知识的优劣。根据面对的空间数据对象，已经使用和发展了的空间数据挖掘方法可以分为基于确定数据的和基于不确定数据的。主要包括概率论、空间统计数、规则归纳、聚类分析、空间分析、模糊集、云模型、数据场、粗集、神经网络、遗传算法、可视化、决策树、空间在线数据挖掘等，并取得了一定的成果（Ester，2000）。

上述空间数据挖掘的方法并不是严格分界的，各种数据挖掘方法除了可以综合运用外，有些数据挖掘方法的技术核心是相互交融的，理论基础也是一致的。针对各种空间数据库和空间数据，应采取不同的数据挖掘方法，同时基于不同的应用目的，对于同一种空间数据库，有时也要考虑相对应的挖掘技术。空间数据挖掘技术分类见表 7-1。

表 7-1　空间数据挖掘方法分类

| | |
|---|---|
| 常规统计方法 | 回归分析、主成分分析、相关分析等 |
| 机器学习方法 | 神经网络、决策树、贝叶斯网络等 |
| 数字图像识别 | 小波分析、监督分类、CONQUEST 等 |
| 不确定性分析 | 粗集、模糊集理论、云理论等 |

尽管空间数据挖掘的理论和方法已经很多，然而我们必须认识到，目前许多研究成果还处于实验阶段，一些算法不具备很高的普适性，许多知识的表达还不是很清晰，现有的空间数据挖掘系统不够稳健，并不能满足某些用户的需求。下面各节就几种典型的空间数据挖掘核心方法重点介绍。

# 7.2　空间聚类

空间聚类是按照某种既定准则（一般是距离），对数据集内的数据根据一定算法进行集群或分类。在聚类分析之前，首先定义某种能够反映各个体之间亲疏程度的量，按照这些量，将相似度大的个体聚为一类。将集群中所有的数据都划分为子类后，还可以进一步调整计量单位，在原有分类的基础上进一步集群或分类。总之，空间聚类的结果是使组内的相似度尽量大于组间的相似度，并且使这种差别保持在某一种程度，以最大限度地发现数据中隐含的知识，达到数据应用的目的。

### 7.2.1　聚类统计量

通常情况下，一般认为实体的空间距离直接反映实体之间的相似度，距离也是最容易测度的量，有成熟的计量标准和单位。因此，采用距离作为判断点群集聚特性的统计量，从而发现数据集的整体空间分布模式。有时距离只能表达简单的空间分布模式，为了进一步挖掘隐藏在距离中的知识，借鉴概率统计中的方差分析，引入离差作为统计量。除了距离度量的常规方法，概念格的概念被提出以后，也常被应用于聚类分析的统计量，有了基于概念格的概念聚类方法。

**1. 距离**

研究对象集合通常可分为实体的个别离散的点和基于这些实体点的集合即集群，"类"是集群的单位。因此对于距离的算法相应地就有点间的距离和类间的距离，两种距离量测类中又包含各自的量测方法。

1）点间的距离

（1）欧氏距离（Euclidean distance）

欧式距离是最简单的距离测量算法，主要用于测度两点间的直线距离，对于空间任意两点 $X(x_1, x_2, \cdots, x_n)$ 与 $Y(y_1, y_2, \cdots, y_n)$，定义这两点间的欧式距离为

$$d(X, Y) = \sqrt{\sum_{i=1}^{n} (x_i - y_i)^2}$$

（2）曼哈顿距离（Manhattan distance）

在实际应用中，两点间的距离常常不能用简单的直线来表达，欧式距离并不能满足需要。比如城市街道往往成网格状，我们测定不同街道上两点间的距离，只能沿着道路进行，这便产生了曼哈顿距离，同样基于点 $X(x_1, x_2, \cdots, x_n)$ 与 $Y(y_1, y_2, \cdots, y_n)$，曼哈顿距离公式为

$$d(X, Y) = \sum_{i=1}^{n} |x_i - y_i|$$

（3）切比雪夫距离（Chebyshev distance）

不同于以上两种算法，在数学中切比雪夫距离 $L_\infty$ 度量是向量空间中的一种度量，两个点之间的距离定义是其各坐标数值差的最大值。基于点 $X(x_1, x_2, \cdots, x_n)$ 与 $Y(y_1, y_2, \cdots, y_n)$，切比雪夫距离公式为

$$d(X, Y) = \max_{1 \leq i \leq n} |x_i - y_i|$$

（4）闵可夫斯基距离（minkowski distance）

闵可夫斯基距离是欧式空间中两点的距离，简称为闵式距离。设 $X = [x_1, x_2, \cdots, x_n]^T$ 和 $Y = [y_1, y_2, \cdots, y_n]^T$ 为 $n$ 维欧式空间 $R^n$ 中两个点，实数 $0 < p < \infty$，点 $X$ 和 $Y$ 的闵式距离定义为

$$d(X, Y) = \left( \sum_{k=1}^{n} |x_k - y_k|^p \right)^{\frac{1}{p}}$$

2）类间的距离

聚类分析把类作为基本单位，因此类与类之间的距离便成了一个重要的度量尺度，也可作为检验分类优劣的标准。例如有两个类别 $T_p$ 和 $T_q$，而 $p_i$、$p_j$ 分别是类别 $T_p$ 和 $T_q$ 的样本，则对于这两个类别，有以下几种距离度量算法。

（1）最短距离

最短距离描述类别 $T_p$ 和 $T_q$ 中距离最近的两个点的距离。计算公式如下：

$$d_{pq} = \min \left( d_{ij} \mid p_i \in T_p, p_j \in T_q \right)$$

（2）最长距离

最长距离描述类别 $T_p$ 和 $T_q$ 中距离最远的两个点的距离。计算公式如下：

$$d_{pq} = \max\left(d_{ij} \mid p_i \in T_p, p_j \in T_q\right)$$

（3）重心距离

重心距离用于表示两个类别的重心之间的距离，每个类别的重心一般采用欧式距离，用距离递推公式进行计算。公式如下：

$$d_{pq} = d\left(\overline{T_p}, \overline{T_q}\right)$$

式中，$\overline{T_p}$、$\overline{T_q}$ 分别表示类别 $T_p$、$T_q$ 的重心。

（4）类平均距离

类平均距离描述两个类别中两两样本点间的平均距离。计算公式如下：

$$d_{pq} = \frac{1}{n_p n_q} \sum_{X_i \in T_p} \sum_{Y_j \in T_q} d(X_i, Y_j)$$

式中，$n_p$、$n_q$ 分别表示类别 $T_p$、$T_q$ 的样本个数。

**2. 离差**

概率论中方差用来表达样本的离散程度，而在聚类分析中用离差平方和来表达分类的准确度。在同一类别中的样本之间离差平方和越小，且不同类别间的离差平方和越大，则说明分类越精确。

设有 $n$ 个样本分成 $k$ 类 $G_1, G_2, \cdots, G_k$，用 $X_t^{(i)}$（$m$ 维向量）表示 $G_t$ 中的第 $i$ 个样本，$n_t$ 表示 $G_t$ 中的样本个数，$\overline{X_t}$ 表示类别 $G_t$ 的重心，则在 $G_t$ 中的样本离差平方和就是

$$E_t = \sum_{i=1}^{n_t} \left(X_t^{(i)} - \overline{X_t}\right)^{\mathrm{T}} \left(X_t^{(i)} - \overline{X_t}\right)$$

全部类内的平方和是

$$E = \sum_{t=1}^{k} \sum_{i=1}^{n_t} \left(X_t^{(i)} - \overline{X_t}\right)^{\mathrm{T}} \left(X_t^{(i)} - \overline{X_t}\right)$$

为了使分类精度尽量大，在聚类分析中应使 $E$ 尽可能的小。而要使 $E$ 尽可能的小，可以通过改变类别的数量或是调整类别间的样本来实现。对子类合并和在类间调整样本的具体算法，可参考《空间分析》一书（郭仁忠，2001）。Ward 离差平方和法是合并类的局部最优方法，其基本算法是：先将 $n$ 个样本各自分成一类，然后每次缩小一类，而每少一类离差平方和就要增大一些，因此选择使 $E$ 增大最小的两类进行合并，直到所有的样本归为一类。当把两类合并所增加的离差平方和看成平方距离，则有 Ward 距离公式：

$$d_{pq}{}^2 = \frac{n_p n_q}{n_r}\left(\overline{X_p} - \overline{X_q}\right)^{\mathrm{T}} \left(\overline{X_p} - \overline{X_q}\right)$$

式中，$n_p$、$n_q$ 分别表示类别 $G_p$、$G_q$ 的样本个数；$n_r = n_p + n_q$。

**3. 概念格**

概念格（concept lattices），也称 Galois 格，是形式概念分析理论的基本数据结构，其

本质上描述了对象和属性（特征）之间的关系。基本思想是将每一个概念用一个节点来表示，对概念进行形式化的表达，也常称之为形式概念。每个形式概念由内涵和外延两部分组成，外延是概念所覆盖的实例，即概念所包含的对象；内涵是概念的描述，也就是该概念覆盖实例的共同特征。概念格是进行数据分析的一种十分有力的工具（Ganter，Wille，1999）。

格论是代数学的一个分支，是研究代数、几何、拓扑、逻辑、测度、泛函、组合学、数字计算机以及模糊数学的重要工具。形式概念分析理论，是一种基于概念和概念层次的数学化的表达的应用数学的一个分支，德国数学家 Wille 于 1982 年首先提出形式概念分析理论，其基本概念是形式背景（formal context）和形式概念（formal concept），基础为数学中的偏序理论（partial ordering theory），特别是完备格理论。

概念格表达数据的基本形式是交叉表（cross table），用来描述形式背景，在利用概念格理论进行数据挖掘之前，首先将分析对象（数据库）转换为一个形式化背景，概念格的这个形式化背景定义为一个三元组 $(O, D, R)$，$O$ 表示形式对象（formal objects）的集合，$D$ 表示描述符即形式属性（formal attributes）的集合，$R$ 是对象 $O$ 和属性 $D$ 之间的二元关系，即：$R$ 包含于 $O \times D$。某对象 $o$ 具有属性 $d$ 记作：$oRd (\Leftrightarrow (o, d) \in R)$。利用这种形式化背景 $(O, D, R)$ 所诱导的格 $L$ 就是概念格，其可以实现数据挖掘对象的有效的形式化表达。数据挖掘的目的就是从这些形式化背景中提取出不同层次的概念以及概念之间的关系（胡可云，2001；谢志鹏，2001）。

Hasse 图是表达概念格的最好的、最通用的一种表达方式，概念格可以通过 Hasse 图体现这些概念之间的泛化和特化关系，反映数据中所蕴含的概念之间的关系。基于概念格理论分类分析和聚类分析算法，能很好地弥补其他算法的不足，丰富了分类分析和聚类分析的内容。

### 7.2.2　聚类算法分类

聚类是一个聚合再分类的过程，其最终目的就是找出样本点间的相似度，将相似度较大的、有共同特征的点归为一类，将相似度小、共同特征不明显的划在不同的子类中，以达到提取空间数据隐含特征的目标。已有的聚类算法多数是为模式识别而设计的，将目标用其特征来表示，一个目标表达为多维特征空间的一个点，在特征空间中聚类（Murray，Estivill-Castro，1998）。为了方便对实体进行研究，学者把空间实体划分为点状目标、线状目标和面状目标。基于这种空间实体的特征，已有的聚类算法可分为以下几类：划分聚类、层次聚类、基于密度的聚类、基于网格的聚类和基于模型的聚类算法。

（1）划分（partitioning）聚类算法

给定一个包含 $n$ 个数据对象的数据集，划分聚类算法依据一个划分准则将数据对象划分为 $k$ 个部分（$k \leq n$），每个部分代表一个聚类（簇）。而且这 $k$ 个簇应满足如下条件：①每一个簇至少包含一个数据记录；②每一个数据记录属于且仅属于一个簇。对于给定的 $k$，算法首先给出一个初始的分组方法，并通过反复迭代的方法改变分组，使得同一簇内数据对象越接近，不同簇间的数据对象越不同。基于该基本思想的算法有：K-MEANS 算法、K-MEDOIDS 算法、PAM（partitioning around medoids）算法和 CLARANS（cluster analysis algorithms）算法。

（2）层次（hierarchical）聚类算法

层次聚类算法将给定的数据集层次分解成树状图子集,直到每个子集只包含一个目标,有分裂和凝聚两种方法。分裂的层次聚类采用自顶向下的策略,将所有对象置于同一个簇中,然后逐渐细分为越来越小的簇,直到每个对象自成一簇,或达到某个终止条件。凝聚的层次聚类采用自底向上的策略,将每个对象作为一个原子簇,然后将原子簇合并成越来越大的簇,直到所有的对象都在一个簇中,或满足某个终结条件。层次聚类方法可分为 SL（single-linkage）层次聚类、CL（comolete-linkage）层次聚类和 AL（average-linkage）层次聚类三种。

（3）基于密度（density）的聚类算法

基于密度的聚类算法以空间对象邻近区域的密度作为划分聚类的依据,对于空间对象中呈不规则分布的类别,只要空间对象的邻近区域密度超过一定阈值,并且在空间上保持连续,它们就可以归为一类,且不受噪声的干扰。与各种基于距离的聚类算法相比,其优点在于能够发现任意形状的聚类。代表性算法有 DBSCAN（density-based spatial clustering of applications with noise）算法、OPTICS（ordering pointers to identify the clustering strcture）算法、DENCLUE（density-based clustering）算法。

（4）基于网格（grid）的聚类算法

基于网格的聚类的主要思想是将空间区域划分为若干个具有层次结构的矩形单元,不同层次的单元对应于不同的分辨率网格,把数据集中的所有数据都映射到不同的单元网格中,算法所有的处理都是以单个单元网格为对象,其处理速度要远比以元组为处理对象的效率要高得多。代表算法有 STING（statistical information grid）算法、CLIQUE（clustering in quest）算法、WAVE-CLUSTER 算法等。

（5）基于模型（model）的聚类算法

基于模型的聚类的主要思想是为每个聚类假设数据集中的数据分布符合特定的数学模型,再去发现符合数学模型的数据对象,试图将给定数据与某个数学模型达成最佳拟合。可以通过构建反映数据点空间分布的密度函数来定位聚类,也可基于标准的统计数学自动决定聚类的数目,并考虑噪声数据和孤立点。其典型算法主要包括：Mrkd-trees（expectation maximization，EM）算法、粒子筛选（particle filters）、SOON（self organizing oacillator networks）算法、DBCLASD（distribution-based clustering algorithm for clustering large spatial datasets）混合算法等。

### 7.2.3　聚类分析算法

#### 1. 系统聚类法

系统聚类是一个类别合并运算的过程。首先,将 $n$ 个样本点看成 $n$ 个类别,选择某一聚类统计量（距离、离差、感念格）计算 $n$ 个类别两两之间的差异量（距离、离差平方和增量、格数）,将差异量最小的合并为一类,而后计算新形成的类与剩余类之间的差异量,再次将它们中最小的合成一类,重复下去,直到所有样本都合成一类为止。在子类合并过程中,只有被合并的子类需要重新计算与其他子类的差异量,其余子类之间不需要重新计算,所以系统聚类中的计算可以分为起始统计量的计算与子类合并过程中的统计量刷新。

1）起始统计量的计算

以欧式距离为聚类统计量为例，聚类开始时，对于具有 $n$ 个样本点的数据集，两两对称共有 $n(n-1)/2$ 个计算值，若以矩阵方式来表示就是：

$$S^0 = \left[ s_{ij}^0 \right] \quad i,j = 1,2,\cdots,n$$

这里 $S_{ij}^0 = S_{ji}^0$，$S_{ii}^0 = 0$，以欧式距离为聚类统计量有：

$$s_{ij}^0 = d_{ij}^2 = (x_i - x_j)^2 + (y_i - y_j)^2$$

2）距离计算准则

设在第 $k$ 次子类合并中，将子类 $Q$ 和 $T$ 合并计为子类 $U$，则 $S_k$ 可以根据 $S_{k-1}$ 递推而来，无需直接按子类内点的坐标值计算聚类统计量。一般有：

（1）当 $i \neq q$，$i \neq t$，$j \neq q$，$j \neq t$ 时：$s_{ij}^k = s_{ij}^{k-1}$。

（2）对子类与其余子类之间的关系，根据子类间的关系的定义方法分别计算各种距离。

① 最短距离

$$s_{iU}^k = s_{Ui}^k = \min\left(s_{iQ}^{k-1}, s_{iT}^{k-1}\right)$$

② 最长距离

$$s_{iU}^k = s_{Ui}^k = \max\left(s_{iQ}^{k-1}, s_{iT}^{k-1}\right)$$

③ 重心距离

$$s_{iU}^k = s_{Ui}^k = \left(\frac{n_Q}{n_U}\right)s_{iQ}^{k-1} + \left(\frac{n_T}{n_U}\right)s_{iT}^{k-1} - \left(\frac{n_Q n_T}{n_U^2}\right)s_{QT}^{k-1}$$

④ 类平均距离

$$s_{iU}^2 = \left(\frac{n_Q}{n_U}\right)(1-\beta)s_{iQ}^2 + \left(\frac{n_Q}{n_U}\right)(1-\beta)s_{iT}^2 + \beta s_{QT}^2, \quad \beta < 1$$

⑤ 中间距离

$$s_{iU}^2 = \frac{1}{2}s_{Qi}^2 + \frac{1}{2}s_{Ti}^2 - \frac{1}{4}s_{QT}^2$$

⑥ 离差平方和

$$s_{iU}^2 = s_{Ui}^2 = \frac{1}{n_U + n_i}\left[(n_Q + n_i)s_{iQ}^{k-1} + (n_T + n_i)s_{iT}^{k-1} - n_i s_{QT}^{k-1}\right]$$

上述的几种聚类算法思想是一致的，只是基于不同的统计量有不同的表达形式，实际上，这几种算法可以有一个通用的计算公式：

$$s_{iU}^2 = \alpha_Q s_{iQ}^2 + \alpha_T s_{iT}^2 + \beta s_{QT}^2 + \gamma \left| s_{iQ}^2 - s_{iT}^2 \right|$$

式中系数 $\alpha_Q$、$\alpha_T$、$\beta$、$\gamma$ 对不同的统计量有不同的取值，具体见表 7-2（表中重心法和离差平方和法中的参数只适用于欧氏距离）。

此外，系统聚类分析中，每一步合并类的结果都能用图形的形式进行可视化的表达，这种形式化表达的结果，可以构成一个树形图，叫聚类图。

表 7-2　系统聚类参数表

| 方法 | $\alpha_Q$ | $\alpha_T$ | $\beta$ | $\gamma$ |
|---|---|---|---|---|
| 最短距离法 | 1/2 | 1/2 | 0 | $-1/2$ |
| 最长距离法 | 1/2 | 1/2 | 0 | 1/2 |
| 中间距离法 | 1/2 | 1/2 | 0 | $-1/4$ |
| 重心法 | $n_U/n_Q$ | $n_T/n_Q$ | $-\alpha_Q\alpha_T$ | 0 |
| 类平均法 | $n_U/n_Q$ | $n_T/n_Q$ | 0 | 0 |
| 离差平方和法 | $\dfrac{n_Q+n_i}{n_U+n_i}$ | $\dfrac{n_T+n_i}{n_U+n_i}$ | $\dfrac{-n_i}{n_U+n_i}$ | 0 |

**2. 动态聚类法**

系统聚类法虽然可以找到比较好的聚类结果，但是由于需要建立类间距离矩阵、类直径矩阵、损失函数值矩阵等，还需要进行全面的两两比较，运行效率太低。当样品总数 $n$ 比较大时，数据的存储量和操作量都十分巨大，以致难以进行下去。

为了克服系统聚类法效率太低的缺点，就得避开全面的计算和比较，在局部分析的基础上，作出较为粗略的分类，然后再按某种最优的准则进行修正，直至分类比较合理为止。基于这种思想产生了动态聚类法，又称逐步聚类法。

动态聚类，亦称逐步、迭代、均值聚类。动态聚类法受数值计算方法中的迭代法思想的启发，先给对象集一个粗糙的初始分类，然后用某种原则进行修改，直到分类比较合理为止。其基本步骤如下：

（1）原始数据的预处理；

（2）选择初始聚核，归聚；

（3）计算各类重心，修正聚核，重新归聚；

（4）重复步骤（3），当聚类满足算法终止条件时停止计算。

动态聚类法速度快，聚类结果较好，但目前理论尚不完善，还存在初始分类确定难的问题。

**3. 模糊聚类法**

模糊聚类分析是根据样本代表性指标在性质上的亲疏程度进行分类，因此，可将模糊聚类分析的步骤分解如下。

1）数据标准化

对样本进行分类的效果关键在于要把统计指标选择合理。也就是统计指标应该有明确的实际意义，较强的分辨力和代表性，即要有一定的普遍意义。数据标准化就是把各个代表统计指标的数据标准化，以便于分析和比较，这一步也称为数据正规化。方法是

$$x' = \frac{x-\overline{X}}{S}$$

式中，$x$ 为原始数据；$\overline{X}$ 为原始数据的平均值；$S$ 为原始数据的标准差；$x'$ 为标准化数据。

若要把标准化数据压缩到 [0,1] 闭区间，可用极值标准化公式：

$$x' = \frac{x - x'_{\min}}{x'_{\max} - x'_{\min}}$$

式中，$x'_{\max}$ 为原始数据组中的最大者；$x'_{\min}$ 为原始数据组中的最小者；当 $x = x'_{\min}$ 时，$x' = 0$；当 $x' = x'_{\max}$ 时，$x' = 1$。

2）建立相似关系矩阵 $\underset{\sim}{R}$

距离 $r_{ij}$ 是衡量分类对象间相似程度的统计量，其中 $i = 1, 2, \cdots n$；$j = 1, 2, \cdots n$；$n$ 是样本的个数。利用 $r_{ij}$ 从而确定相似关系矩阵 $\underset{\sim}{R}$：

$$\underset{\sim}{R} = \begin{bmatrix} r_{11} & r_{12} & \cdots & r_{1n} \\ r_{21} & r_{22} & \cdots & r_{2n} \\ \vdots & \vdots & \cdots & \vdots \\ r_{m1} & r_{m2} & \cdots & r_{mn} \end{bmatrix}$$

标定距离的方法有很多，下面只列举几种常用的计算方法。设 $x_{ik}$ 表示第 $i$ 个样本的第 $k$ 个指标的观察值；$x_{jk}$ 表示第 $j$ 个样本的第 $k$ 个指标的观察值；$r_{ij}$ 表示第 $i$ 个样本与第 $j$ 个样本之间的亲疏程度。

（1）欧式距离

$$r_{ij} = \sqrt{\sum_{k=1}^{n} (x_{ik} - x_{jk})^2}$$

其中，$r_{ij}$ 越小，则第 $i$ 个样本与第 $j$ 个样本之间的性质就越接近，性质接近的样本就可以划归为一类。

（2）绝对减数法

$$r_{ij} = \begin{cases} 1 & (i = j) \\ 1 - c \sum_{k=1}^{n} |x_{ik} - x_{jk}| & (i \neq j) \end{cases}$$

其中，$c$ 应适当选取，从而使得 $0 \leqslant r_{ij} \leqslant 1$。

3）样本聚类

在确定了样本之间的距离后，就可以对样本进行归类，归类的方法很多，其中用得最广泛的是系统聚类法。它首先把 $n$ 个样本每个自成一类，然后每次将具有最小距离的两类合并成一类，合并后又再重新计算类与类之间的距离，直至所有样品归为一类为止。

# 7.3 空间关联分析

如何有效地发现空间数据之间的空间关联性，成为空间数据知识发现的一个重要领域。关联分析（association analysis）是指如果两个或多个事物之间存在一定的关联，那么其中一个事物就能通过其他事物进行预测，它的目的是为了挖掘隐藏在数据间的相互关系。从 GIS 空间数据库中挖掘空间关联规则是理解 GIS 模型和 GIS 数据转化成知识的一种有效方法（刘湘南，2005）。

### 7.3.1 空间关联规则

在数据挖掘的基本任务中关联（association）和顺序序贯模型（sequencing）关联分析是指搜索事务数据库（trarisactional databases）中的所有细节或事务，从中寻找重复出现概率很高的模式或规则，这种规则就是关联规则。

简单地说，关联规则挖掘就是发现大量数据中项集之间有趣的关联，在交易数据、关系数据或其他信息载体中，查找存在于项目集合或对象集合之间的频繁模式、关联、相关性或因果结构。空间关联分析的核心内容就是挖掘空间关联规则，包括空间对象的拓扑关系、距离关系、方位关系及它们的关系组合。空间关联规则和关联规则模式一样，属于描述性模式。

#### 1. 关联规则的基本概念

关联规则挖掘，即 ICOA 挖掘（itemset-correlation-oriented association mining），全称是基于项集相关性的关联规则挖掘，其目的是寻找给定数据集中项之间的有趣联系。例如当今旨在将线下商务与互联网结合起来的 OTO（online to office），就需要利用移动互联网的 LBS 进行地理信息的搜索，通过对大数据进行空间关联关联规则挖掘，可向用户推荐与地理信息相关的商户信息。

关联规则的形式化定义为：设 $I = \{i_1, i_2, \cdots, i_m\}$ 是项 item 的集合，其中 $m$ 为整数。若干项的集合，称为项集（item sets）。挖掘关联规则的数据库记为 $D$，是交易或事务（transaction，$T$）的集合，也称为事务数据库。这里事务 $T$ 是项的集合，也称项目集，并且 $T \subseteq I$。对应每一个事务有唯一的标识，如事务号，记作 $TID$。设 $X$ 是一个 $I$ 中项的集合，如果 $X \subseteq T$，那么称事务 $T$ 包含 $X$。则存在如下定义：

（1）关联规则是形如 $A \rightarrow B$ 的蕴涵式，其中 $A \subset T$，$B \subset T$，并且 $A \bigcap B = \Phi$，$A \bigcup B = T$，$A$ 和 $B$ 均为项目集。

（2）规则 $A \rightarrow B$ 在事务集 $D$ 中具有支持度 $s$，其中 $s$ 是 $D$ 中事务包含 $A \bigcup B$（即 $A$ 和 $B$ 二者）的百分比，它是概率 $p(A \bigcup B)$，即 $\text{support}(A \rightarrow B) = p(A \bigcup B) = s\%$。

（3）规则 $A \rightarrow B$ 在事务集 $D$ 中具有置信度 $c$，如果 $D$ 中包含 $A$ 的事务同时也包含 $B$ 的百分比是 $c$。这时条件概率 $p(B \mid A)$，即 $\text{confidence}(A \rightarrow B) = p(B \mid A) = c\%$。

（4）同时满足（大于或等于）最小支持度阈值（min_sup）和最小置信度阈值（min_conf）的规则称作强关联规则，否则称为弱关联规则。

（5）项的集合称为项集（itemset），包含 $k$ 个项的项集称为 $k$-项集。例如，集合 {computer,finacial_management_software} 是一个 2-项集。

（6）项集的出现频率是包含项集的事务数，简称为项集的频度、支持计数或计数，记为 $\text{count}(T) = \sigma_1$。

（7）如果某 $k$-项集超过最小支持度，则称它为频繁项集（frequent itemset）。$k$-频繁项集的集合通常记作 $L_k$。

**2. 关联规则的性质**

描述关联规则的性质一般用以下 4 个参数。

（1）置信度（confidence）：在事务集 TD 中，如果支持数据项集 $A$ 的事务中有 $c\%$ 也同时支持数据项集 $B$，则 $c\%$ 称为关联规则 $A \rightarrow B$ 的置信度（confidence）。简单来说，置信度是 TD 中事务包含 $A$ 事务，同时也包含 $B$ 事务的百分比，通常用条件概率 $p(B|A)$ 表示，具体计算方式如下：

$$\text{confidence}(A \rightarrow B) = \frac{|\{T \mid A \subset T \bigcap B \subset T\}|}{|\{T \mid A \subset T\}|}$$

（2）支持度（support）：如果事务集 TD 中有 $s\%$ 同时支持据项集 $A$ 和数据项集 $B$，则称 $s\%$ 为关联规则 $A \rightarrow B$ 的支持度（support）。简单来说，支持度是 TD 中事务包含 $A \bigcup B$ 的比例，通常用概率 $p(A \bigcup B)$ 表示，具体计算方式如下：

$$\text{support}(A \rightarrow B) = \frac{|\{T \mid A \subset T \bigcap B \subset T\}|}{|\text{TD}|}$$

$\text{support}(X \Rightarrow Y)$ 表示同时包含项目集 $X$ 和 $Y$ 的交易数/总交易数，用于描述有用性。

$\text{confidence}(X \Rightarrow Y)$ 表示同时购买商品 $X$ 和 $Y$ 的交易数/购买商品 $X$ 的交易数，用于描述确定性，即"值得信赖的程度"和"可靠性"。

表 7-3　购物关联数据表

| Transaction-id | Items bought |
|---|---|
| 10 | $A$，$B$，$C$ |
| 20 | $A$，$C$ |
| 30 | $A$，$D$ |
| 40 | $B$，$E$，$F$ |

| Frequent pattern | Support |
|---|---|
| $\{A\}$ | 75% |
| $\{B\}$ | 50% |
| $\{C\}$ | 50% |
| $\{A，C\}$ | 50% |

min. support 50%

min. confidence 50%

For rule $A \rightarrow C$

$$\text{support}(A \rightarrow C) = p(A \bigcup C) = \frac{|\{A \subset T \bigcap C \subset T\}|}{|TD|} = \frac{2}{4} = 50\%$$

$$\text{confidence}(A \rightarrow C) = p(A|C) = \frac{|\{A \subset T \bigcap C \subset T\}|}{|\{T \mid A \subset T\}|} = \frac{2}{3} = 66.6\%$$

$$\text{expect confidence}(A \rightarrow C) = \text{support}(C) = 50\%$$

$$lift(A \rightarrow C) = \frac{\text{confidence}(A \rightarrow C)}{\text{expect confidence}(A \rightarrow C)} = \frac{66.6\%}{50\%} = \frac{4}{3}$$

（3）期望可信度（expect confidence）：如果事务集 TD 中有 $c\%$ 的事务支持数据项集 $B$，则称 $c\%$ 为关联规则 $A \rightarrow B$ 的期望可信度。期望可信度用于描述数据项集 $B$ 在没有任何条件影响时在所有事务中出现的概率。

（4）作用度（lift）：是可信度与期望可信度的比值，作用度描述数据项集 $A$ 的出现对数据项集 $B$ 的出现有多大影响。因为数据项集 $B$ 在所有事务中出现的概率是期望可信度，而数据项集 $B$ 在有数据项集 $A$ 出现的事务中也同时出现的概率是可信度，因此，通过可信度与期望可信度的比值就反映了在加入数据项集 $A$ 出现的条件下，数据项集 $B$ 出现的概率有多大变化，例如表 7-3 所示的购物关联数据表。

### 3. 关联规则的分类

（1）基于规则中处理变量的类别，关联规则可以分为布尔型和数值型

布尔型关联规则处理的值都是离散的、种类化的，它显示了这些变量之间的关系；而数值型关联规则可以和多维关联或多层关联规则结合起来，对数值型字段进行处理，将其进行动态的分割，或者直接对原始的数据进行处理，当然数值型关联规则中也可以包含种类变量。例如：秘书 → 女，是布尔型关联规则；女 → 2300，涉及的收入是数值类型，所以是一个数值型关联规则。

（2）基于规则中数据的抽象层次，可以分为单层关联规则和多层关联规则

在单层的关联规则中，所有的变量都没有考虑到现实的数据是具有多个不同的层次的；而在多层的关联规则中，对数据的多层性已经进行了充分的考虑。例如：IBM 台式机 → Sony 打印机，是一个细节数据上的单层关联规则；台式机 → Sony 打印机，是一个较高层次和细节层次之间的多层关联规则。

（3）基于规则中涉及到的数据的维数，关联规则可以分为单维的和多维的

在单维的关联规则中，只涉及到数据的一个维，如用户购买的物品；而在多维的关联规则中，要处理的数据将会涉及多个维。换而言之，单维关联规则是处理单个属性中的一些关系，多维关联规则是处理各个属性之间的某些关系。例如：啤酒 → 尿布，这条规则只涉及到用户购买的物品；女 → 秘书 → 2300，这条规则就涉及到多个字段的信息，是多个维上的一条关联规则。

## 7.3.2 Apriori 算法

Agrawal 等人在 1993 年时提出来了关联规则挖掘问题，最初是在交易事务数据集里挖掘顾客购买行为的关联知识，这些关联知识可用来指导商业销售，并在此基础上提出了 Apriori 算法，其是基于两阶段频繁项集思想的方法，是一种最有影响的挖掘关联规则频繁项集的算法。

### 1. Apriori 算法的基本原理

Apriori 算法寻找最大项集的基本思想是：①简单统计所有含一个元素项集出现的频度，并找出不小于支持度的项集，即一维最大项目集；②根据 $k-1$ 步生成的 $(k-1)$ 维最大项集，产生 $k$ 维最大项集，依次迭代求解直到产生 $k$ 维候选项集，比较 $k$ 维候选项集的支持度与最小支持度，从而找到 $k$ 维最大项集。

Apriori 在算法中应用了频繁项集的先验知识，其基本过程为：

（1）首先计算所有的 $C_1$ 候选项集的集合；

（2）扫描数据库，删除其中的非频繁子集，生成 $L_1$（1- 频繁项集）；

（3）将 $L_1$ 与自己连接生成 $C_2$（候选 2- 项集）；

（4）扫描数据库，删除 $C_2$ 中的非频繁子集，生成 $L_2$（2- 频繁项集）；

（5）以此类推，通过 $L_{k-1}$（$(k-1)$- 频繁项集）与自己连接生成 $C_k$（候选 $k$- 项集），然后扫描数据库，生成 $L_k$（$k$- 频繁项集），直到不再有频繁项集产生为止。

在连接的过程中，为了连接方便，将项集中的项按照辞典序排列，执行 $L_k$ 与 $L_k$ 的连接时，如果某两个元素的前 $k-1$ 个项相同，则认为二者是可连接的，否则，认为二者是不可连接的，对不可连接的不作处理。

**2. Apriori 算法步骤**

记 $L_k=\{$所有的 $k$-频繁项集$\}$，从计算 $L_1$ 开始，逐步由 $L_{k-1}$ 求出 $L_k$，这个过程由连接（join）和剪枝（prune）组成。设 $I=\{I_1,I_2\cdots,I_n\}$，$A,B\in L_{k-1}$，记：$A=\{I_{i1},I_{i2},\cdots,I_{ik-2},I_{ik-1}\}$，$B=\{I_{j1},I_{j2},\cdots,I_{jk-2},I_{jk-1}\}$，其中：$i_1,i_2,\cdots i_{k-2},i_{k-1}$ 与 $j_1,j_2,\cdots j_{k-2},j_{k-1}$ 均按升序进行排列。

Apriori 算法采用连接和剪枝两个步骤来找出所有的频繁项集。

（1）连接：为找出 $L_k$（所有频繁 $k$ 项集的集合），通过将 $L_{k-1}$（所有频繁 $L_{k-1}$ 项集）与自身连接产生候选 $k$ 项集的集合。候选 $k$ 项集记作 $C_k$，如果 $i_1=j_1,i_2=j_2,\cdots,i_{k-2}=j_{k-2},i_{k-1}<j_{k-1}$，则合并 $A$ 与 $B$，得到

$$(L_{k-1}\otimes L_{k-1})A\otimes B\{I_{i1},I_{i2},\cdots,I_{ik-1},I_{jk-1}\}\in C_k=\{候选 k\text{-}频繁集\}$$

（2）剪枝：扫描所有的事务，确定 $C_k$ 中每个候选的计数，判断是否小于最小支持度计数，如果不是，则认为该候选是频繁的。即利用 Apriori 性质，在 $C_k$ 中扫描 $L_{k-1}$ 是否是 $(k-1)$-频繁项集，若不是则将其从 $C_k$ 中删除。

Apriori 算法有如下两个性质。

性质 1：频繁项集的所有非空子集都必须也是频繁的。

性质 2：若一个项集是非频繁的，则其任一超集也都是非频繁的。

即：若 $X$ 是频繁的，$\forall Y\subset X$，$Y\neq\varphi$，则 $Y$ 也是频繁的。若 $X$ 不是频繁的，$\forall Y\supset X$，$Y\subseteq I$，则 $Y$ 也不是频繁的。Apriori 性质基于如下观察：根据定义，如果项集 $I$ 不满足最小支持度阈值 min_sup，则 $I$ 不是频繁的，即 $P(I)<$ min_sup；如果项 $A$ 添加到 $I$，则结果项集（即 $I\bigcup A$）不可能比 $I$ 更频繁出现，因此，$I\bigcup A$ 也不是频繁的，即 $P(I\bigcup A)<$ min_sup。

**3. Apriori 算法评价**

Apriori 算法采用了逐层搜索的迭代方法，能够有效地产生所有关联规则，算法简单明了，没有复杂的理论推导，易于实现，但在效率上存在一些问题：

（1）数据库扫描次数太多，对频繁 $k$-项集计算的每个 $k$ 值，都需要扫描一次数据库；

（2）产生的候选集过大，虽然采取了一定的剪枝策略，但候选集仍然较大；

（3）采用唯一支持度，没有将各个属性重要程序的不同考虑进去；

（4）测试候选集需要花费大量的时间；

（5）生成的规则太多，很多都是冗余规则；

（6）仅考虑单维布尔关联规则的挖掘，难适用于多维的、数量的多层关联规则挖掘。

### 7.3.3　关联规则的其他算法

自从 Agrawal 等人在 1993 年提出关联规则的概念并给出 Apriori 算法以后，基于不同应用领域、不同的数据库及不同的思想，关联规则的算法层出不穷。对这些算法进行总结，可分为频繁项集挖掘、频繁闭项集挖掘、最大频繁项集挖掘、并行和分布式挖掘以及增量

更新等几个主题。

### 1. 频繁项集挖掘算法

**1）对 Apriori 算法的改进算法**

对于 Apriori 算法存在的弊端，人们提出来了许多改进算法。主要有：采用哈希技术改进候选集生成过程的算法（direct hashing and pruning，DHP），抽样算法（sampling），动态项集计数算法（dynamic itemset counting，DIC），采用分而治之的思想来解决内存不足问题的分块挖掘算法（partition）等。

**2）其他频繁项集挖掘算法**

（1）VIPER 算法：VIPER（vertical itemset partitioning for efficient rule-extraction）算法对数据库中的数据采用了纵向（vertical）表示法。原来的横向（horizontal）表示法是用一个事务中的项集来表示数据，纵向表示法则是用包含某一项的事务集（tids）来表示。如：项 $A$ 在 $t_1$、$t_2$、$t_3$ 中出现，$\sup(A) = 3$；项 $B$ 在 $t_2$、$t_3$、$t_4$ 中出现，$\sup(B) = 3$；如项集 $AB$ 在 $t_2$、$t_3$ 中出现，$\sup(AB) = 2$。采用纵向表示法表示，求频繁集的运算就变成了集合之间的交运算。VIPER 算法采用了位向量来表示数据，并采用了许多方法对位向量生成、数据的交运算、计数及存储等进行优化，具有较好的效率。

（2）Tree Projection 算法：采用字典树（lexicographic tree）作为数据存储框架，并将数据库事务投影到树中，同时采用了广度优先的策略来建立树，并与深度优先的策略相结合进行事务投影和计数，在频繁项集的计算过程中，还利用矩阵进行频度计算。该算法比 Apriori 算法快了一个数量级。

（3）FP-growth 算法：是一种基于频繁模式树（FP-树）的频繁模式挖掘算法。与 Apriori 算法相比，该算法具有以下的特点：①采用 FP-树存放数据库的主要信息。算法只需扫描数据库两次，然后将关键信息以 FP-树的形式存放在内存中，避免了因多次扫描数据库而带来的大量的 I/O 时间。②不需要产生候选集，从而减少了由于产生和测试候选集需要耗费的大量时间。③采用分而治之的方式对数据库进行挖掘，从而在挖掘过程中，大大地减少了搜索空间。

（4）Opportune Project 算法：根据局部数据集的特性动态地决定对数据库采用基于树的虚拟投影或者基于数组的非过滤投影，从而较好地解决了提高效率与节省空间的矛盾。该算法主要采用深度优先的搜索方法，但必要的时候也会先用广度优先方法建立树的最上几层。实验表明，该算法与 Apriori，FP-growth 等算法相比，性能有较大的提高。

（5）基于 Diffset 挖掘方法：是一种对数据的纵向表示法。Diffset 只保存候选模式与产生的频繁模式在事务集（tids）上的差集，这样可以减少大量的存储空间，特别是对数据密集的情形，效果更为明显。将 Diffset 用到了频繁项集的挖掘算法 Eclat，以及后面将要提到的 CHARM、GenMax 等算法中，可以取得较好的效果。

### 2. 频繁闭项集挖掘

频繁闭项集的概念来源于数学中的正则概念分析（formal concept analysis）。设 $I$ 是项的集合，$T$ 是 TID 的集合，DB 是一个事务数据库。定义两个映射：

（1）设 $X \subseteq I$，$f(x) = \{y \in T \mid \forall x \in X, (x, y) \in \mathrm{DB}\}$；

（2）设 $Y \subseteq T$，$g(x) = \{x \in X \mid \forall y \in Y, (x, y) \in DB\}$。

如果 $g(f(X)) = X$，则称 $X$ 是闭项集；类似地，如果 $f(g(Y)) = Y$，则称 $Y$ 是闭标号集。如果 $X$ 是闭项集，且 $Y$ 是闭标号集，则称二元关系 $(X, Y)$ 构成一个概念。对于任意一个频繁项集 $X$，都可以通过 $f$ 和 $g$ 的操作得到 $X$ 的频繁闭项集。频繁闭项集比频繁项集要小几个数量级，但是又不丢失所有频繁项集的频度信息，因此可以由此产生关联规则。目前频繁闭项集的挖掘算法主要有以下几种。

（1）A-close 算法：使用了基于 Galois 连接闭包机制的闭项集格(一种概念格)的运算，同时采用了与 Apriori 算法相同的自底向上、宽度优先的搜索策略。与 Apriori 算法不同的是，A-close 在挖掘过程中采用了闭项集格进行剪枝，逐层生成频繁闭项集，这样需要考虑的项集的大小显著地减少。该算法可以推导出所有频繁项集及支持度，也可以只得到频繁闭项集。

（2）CLOSET 算法：是一种基于 FP-树的频繁闭项集挖掘算法，它采用了与 FP-growth 算法相同的思想。该算法虽然采取了许多优化技术来改善挖掘性能，使其性能优于 A-close 以及 CHARM 算法的早期版本。但 CLOSET 算法在项集封闭性的测试方面的效率仍不够高，对于稠密数据集其整体性能逊于改进后的 CHARM 算法。

（3）CHARM 算法：该算法利用了一些创造性的思想：①通过 IT-树(项集-事务集树)同时探索项集空间和事务空间，而一般的算法只是使用项集搜索空间。②算法使用了一种高效的混合搜索方法，这样可以跳过 IT-树的许多层，快速地确定频繁闭项集，避免了判断许多可能的子集。③使用了一种快速的 Hash 方法以消除非封闭项。此外，CHARM 还采用了前面介绍的纵向数据表示法 diffset。以上的措施使得 CHARM 算法具有较好的时空效率，其性能优于前面的频繁闭项集挖掘算法。

（4）CLOSET+算法：采用 FP-树作为存储结构，但它建立条件数据库的投影方式与 FP-growth 和 CLOSET 不同，FP-growth 和 CLOSET 采用自底向上的方式，而 CLOSET+采用的是一种混合投影策略。即：对于稠密数据集采用自底向上的物理树投影，但对稀疏的数据集采用自顶向下的伪树投影。另外，该算法还采用了许多高效的剪枝及子集检验策略。CLOSET+算法在运行时间、内存及可扩展性方面都超过了前面提到的频繁闭项集挖掘算法。

（5）FPClose 算法：是 2003 年发表的一个新算法，它将 FP-tree 数据结构与数组及其他优化策略相结合，并且每个条件模式树建立一个 CFI-树来检验一个频繁项集是否为频繁闭项集。与 MAFIA（挖掘 FCI 是其中一个选项）和 CHARM 的性能相比，FPClose 算法优于这两个算法。

### 3. 最大频繁项集挖掘

最大频繁项集是这样定义的：如果 $X$ 是一个频繁项集，而且 $X$ 的任意一个超集都是非频繁的，则称 $X$ 是最大频繁项集。最大频繁项集的规模是所有频繁项集中最小的（$MFI \subseteq FCI \subseteq FI$），而且可以通过 MFI 导出 FCI 和 FI。但 MFI 丢失了其子集的频度信息，因此无法产生关联规则。如果要产生关联规则，还需要另外计算部分子集的频度。尽管如此，MFI 挖掘对生物信息等具有较长模式的数据库仍具有很高的实用价值。

最大频繁项集挖掘算法主要有以下几种：

（1）Max-Miner 算法：使用了集合枚举树作为概念框架。Max-Miner 对枚举树采用了广度优先（breadth first）的搜索策略，此外还使用了称为"look ahead"的超集剪枝策略（即如果一个结点的 head∪tail 是频繁的，则该结点的所有分支一定是频繁的而无须再处理）和动态记录技术（将项集按照其频率从小到大动态排序的技术）。由于广度优先方法用于 MFI 挖掘具有难以克服的缺陷，虽然采取了许多优化策略，但性能仍不够好。

（2）Depth Project 算法：采用项集的字典顺序树作为概念模型，但对数据库的表示采用的是项集位串（bitstring）。它采用了深度优先（depth first）搜索方法来生成 MFI。在挖掘过程中，该算法同样采用了超集剪枝和动态记录技术，另外还采用了称为桶计数（bucket counting）的技术来加快项集的频度计数。其实验结果表明，Depth Project 算法的性能比 Max-Miner 算法提高了一个数量级。

（3）MAFIA 算法：采用了与枚举树类似的项集网格和子集树作为概念框架，并利用纵向位图（vertical bitmap）存储事务数据。MAFIA 中采用了 PEP（parent equivalence pruning）、FHUT（frequent head union tail）和 HUTMFI（利用已知的 MFI 去剪枝结点）等多种剪枝策略，并采用了许多加快项集计数的措施。MAFIA 的性能比 Depth Project 提高了 3～5 倍。

（4）GenMax 算法：是基于集合枚举树的概念模型，它将剪枝与挖掘过程集成在一起，并使用两种策略使之正好返回 MFI。一种策略是将已找到的 MFI 都投影到当前结点已产生快速的超集检验，另一种策略是利用前面提到的 Diffset 技术减少存储空间占用及实现快速频度计算。MAFIA 算法和 GenMax 算法对不同数据集的性能各有不同，但总体性能基本相当。

（5）SmartMiner 算法：是基于集合枚举树的概念模型和纵向数据表示法，该算法在挖掘过程中，采用了由 tail 信息引导的增量的动态记录启发式深度优先搜索方法。与 MAFIA 及 GenMax 相比，SmartMiner 产生的搜索树更小，也不需要超集剪枝。SmartMiner 的性能优于 MAFIA（未采用其他项集计数的优化措施）和 GenMax（未使用 diffset 技术）算法。

（6）FPmax*算法：将 FP-tree 数据结构与数组及其他优化技术相结合，并且每个条件模式树建立一个 MFI-树来检验一个频繁项集是否为最大频繁项集。FPmax*与 MAFIA、GenMax 的性能相比较，优于这两个算法，是目前最快的 MFI 挖掘算法。

**4. 并行/分布式挖掘**

并行/分布式挖掘对候选集频度计算采用了三种不同的模式，分别是频度分布（count distribution，CD）模式，数据分布（data distribution，DD）模式和候选集分布（candidate distribution，CaO）模式。

（1）在频度分布模式中，每个处理器都计算所有候选集在自己的数据库分区中的局部频度，然后交换局部频度的信息，得到全局频度。

（2）在数据分布模式中，每个处理器分别计算互不相交的候选集，各个处理器之间需将各自处理的分区数据传送给其他所有的处理器。

（3）候选集分布模式在每一轮的计算中，通过把数据和候选集都划分到每一个处理器，使每一个处理器都能独立地进行计算。

这三种模式各有利弊，频度分布模式交换的数据量较少，但内存的利用率不高；数据分布模式的内存利用率较好，但处理器之间需要交换大量的数据；候选集分布模式需要重复地分配数据库分区到每个处理器。其他并行/分布式挖掘算法有：

（1）PDM 算法：是 DHP 算法的并行版本，每一个结点通过交换候选集的支持度计数来计算全局的频繁项集。为了应用 Hash 技术，所有结点必须广播其 Hash 结果。PDM 还应用了候选集分布剪枝和全局剪枝技术来减少每次迭代中候选集的数量。

（2）DMA 算法：是用于在分布式数据库中挖掘关联规则的算法，通过一些优化措施产生较小数量的候选集并且交换每个候选集的支持度计数只需要 $O(n)$ 的信息，其中 $n$ 是分布式数据库的结点数。

（3）IDD 算法：是 DD 的改进算法，它是在带有快速网络连接的 CRAY T3D 上实现的。IDD 根据集合的首项来分割候选集，因此每个处理器只需处理事务中那些以相应项为起始的子集，从而减少了 DD 算法中的冗余计算。另外 IDD 还采用了环结构来降低通信负载。

（4）MLFPT 算法：是基于 FP-growth 的并行挖掘算法，只需对数据库进行两次扫描，不需要产生候选项，并且在各处理器之间平衡地分配任务。该算法在挖掘的各个阶段都设计了分割策略，使得各处理器获得接近最优的平衡。该算法在具有 64 个处理器的 SGI2400 计算机上成功地对超过 5000 万个事务的数据集进行了挖掘。

（5）Inverted Matrix 算法：主要通过三个新的思想来获得高效率：首先，是将事务数据转换为一种称为 Inverted Matrix 的数据框架，以避免对数据库的多次扫描，而在 Inverted Matrix 中可以用不到一次完全扫描就能找出全局频繁模式。其次，对于赋予每个并行结点的频繁项，建立一棵较小的共现频繁项树（COFI-tree）来计算项共同出现的次数。最后，简单而非递归的挖掘过程减少了对内存的占用，并且产生所有全局模式无须各结点之间的通信。

（6）D-Sampling 算法：是 Sampling 算法的并行版本，它是针对完全不共享的群集（cluster）计算机而设计的。该算法只需扫描数据库一次，不仅通过将数据库分到多台机器而减少了一次扫描的磁盘 I/O 时间，而且通过组合内存线性地增加了样本的数目。实验表明，该算法具有更好的可扩展性。

## 5. 增量更新

增量更新算法致力于对已经得到的关联规则进行维护，现实应用中许多事务数据库总是处在不断更新之中，当数据库发生变化后，这种算法得到有效的体现。关联规则的增量式更新算法主要有以下几种。

（1）FUP 算法：是最早提出的关联规则增量挖掘算法，该算法只处理了数据库中增加新事务的情况，FUP 算法是基于 Apriori 算法的思想，并采用了 DHP 算法的剪枝策略。算法首先从增加的记录中挖掘频繁项集，然后将它们与原先得到的频繁项集进行比较，根据比较的结果，FUP 算法决定是否需要重新对原数据库进行扫描。FUP2 是 FUP 算法的补充它不仅能处理插入新事务的情况，也能处理旧的事务被删除的情况。

（2）UWEP 算法：是基于思想的算法，该算法也只处理了增加新事务的情况。UWEP 只需扫描原数据库最多一次和新数据库仅一次，另外只需在新数据库产生最小的候选集并计算其支持度。该算法对在新数据集加入后不再频繁的项集采用了一种动态预先剪枝策略。UWEP 算法在候选集产生及支持度计算上优于以前的算法。

（3）SWF 算法：将数据库分成多个块，在增量挖掘阶段，先从原来的频繁 2-项集中去掉被删除部分，再加上新增的部分得到候选 2-项集 $C_2$。然后扫描新数据库一遍，计算所有频繁集。由于 SWF 产生的 $C_2$ 非常接近于频繁 2-项集，所以解决了 Apriori 算法由于 $C_2$ 过大带来的大量测试时间。SWF 的性能比 Apriori 和 FUP2 均有大幅度的提高。

（4）FIUA 算法：是基于频繁模式树的关联规则增量式更新算法。FIUA 利用了已经得到的频繁项集和原来的 FP-树来高效地挖掘数据改变或支持度阈值变化后的新的频繁项集。与 FUP 算法相比，FIUA 的性能有较大提高。

空间关联规则的挖掘算法虽然十分丰富，但并不能解决关联规则挖掘的所有问题，每种关联规则的挖掘算法都有自己的应用范围，都摆脱不了各自的局限性。此外，针对某一种数据库，应综合应用各种挖掘算法，有机地融合各种算法的优势，最大限度地发现隐含的知识类型。因此，对从事空间关联规则挖掘的工作人员来说，充分地掌握每种挖掘算法的特点就显得十分必要。另外，对于海量数据和稠密数据挖掘，算法的性能还不能令人满意；对一些复杂的数据类型的挖掘，如空间数据、多媒体数据、时间序列数据和文本数据等，目前还缺乏非常有效的方法和技术。因此，为满足现实中的各种需求，新的空间关联规则的研究也是十分重要的。

# 7.4　分类与预测

分类和预测作为空间分析的重要手段，是空间数据库知识挖掘研究的重要领域。其根据已知的分类模型把数据库中的数据映射到给定类别中，从而将趋势预测的方法与已有的算法思想结合，构造出了各种分类和预测的新方法，在各个行业的相关领域得到了广泛应用。

分类预测了分类标号（离散值），其与聚类算法不同，尽管也是将数据库划分为子集的过程，分类是一个先训练学习，而后利用学习的结果（分类器）对新的数据进行规划的过程，事先对分布模式的属性有要求，而聚类在操作前对属性的分布模式是未知的，聚类后才确定空间数据的属性分布特征，因此一般称聚类为非监督学习，分类为监督学习。

预测建立了连续值函数模型，其既是一种空间分析的方法，也是空间数据挖掘的目的之一，一种有效的预测模型可以为空间实体发展的未来趋势提供精确地描述，为人们对这种可预见的趋势提供强有力的决策支持。这种通过挖掘历史数据的发展规律，从而推导出未知数据的演化趋势的预测技术常常基于分类和回归，空间回归规则与空间分类规则一致，也是一种分类器，二者的区别在于数据库中的数据类型，回归的预测值要求是连续的，而分类的预测值是离散的。常用的分类算法有决策树、支持向量机、贝叶斯网络、最邻近分类等等。常用的预测方法主要有：线性的、非线性的、广义线性回归。

## 7.4.1　分类与预测的基本概念

分类是指把数据样本映射到一个事先定义的类中的学习过程，即给定一组输入的属性向量及其对应的类，用基于归纳的学习算法得出分类。其目的是提出一个分类函数或分类模型，即设计一个分类器，通过分类器将数据对象映射到某一个给定的类别中。预测的目的是从历史数据记录中自动推导出对给定数据的推广描述，从而能够对事先未知的数据进行预测。简单来说，分类和预测是两种数据分析形式，用于提取描述重要数据类或预测未来的数据趋势的模型。

**1. 数据集格式**

分类和预测所使用的数据集格式包含描述属性和类别属性，其中描述属性可以是连续型属性，也可以是离散型属性，而类别属性必须是离散型属性。连续型属性是指在某一个区间或者无穷区间内该属性的取值是连续的，如表 7-4 中属性"Age"；离散型属性是指该属性的取值是不连续的，例如属性"Salary"和"Class"。

表 7-4 一个简单的分类数据集格式

| Age（描述属性） | Salary（描述属性） | Class（类别属性） |
| --- | --- | --- |
| 30 | high | c1 |
| 25 | high | c2 |
| 21 | low | c2 |
| 43 | high | c1 |
| 18 | low | c2 |
| ⋮ | ⋮ | ⋮ |

分类和预测中使用的数据集可以表示为 $X = \{(x_i, y_i) | i = 1, 2, \cdots, n\}$，其中 $x_i = (x_{i1}, x_{i2}, \cdots, x_{id})$，分别对应 $d$ 个描述属性 $A_1$，$A_2$，…，$A_d$ 的具体取值，$y_i$ 表示数据样本 $x_i$ 的类标号，假设给定数据集包含 $m$ 个类别，则 $y_i \in \{c_1, c_2, \cdots, c_m\}$ 对应的是类别属性 $C$ 的具体取值，未知类标号的数据样本 $X$ 用 $d$ 维特征向量 $X = (x_1, x_2, \cdots, x_d)$ 来表示。

**2. 分类和预测过程**

从数据处理角度来看，分类和预测的过程可以分为以下几个阶段（图 7-2）。

（1）数据获取阶段。包括研究领域内数据的收集整理，输入要分类数据，对数据进行简单量化。

（2）数据预处理。数据预处理的目的是找出最后要参加模型构建的数据，主要操作有去除噪声数据；对空缺值进行处理，比如用某个最常用的值代替或者根据统计用某个最可能的值代替；数据相关分析或特征选择，去掉某些不相关的或者冗余的属性；数据转换，对数据进行概括，如将连续的值离散成若干个区域，将街道等上升到城市等；对数据进行规范化，如将某个属性的值缩小到某个指定的范围之内。

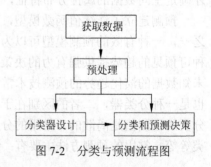

图 7-2 分类与预测流程图

（3）分类器设计。分类器设计阶段即是模型构造阶段，包括划分数据集、分类器构造、分类器测试。

（4）分类和预测决策阶段。类决策阶段即模型应用过程，运用已建立的训练样本，对未知类标号的数据样本进行分类，或预测连续的属性值，并分析分类结果。

从分类模型角度来看，分类过程可以分为两个阶段。

1）分类过程

（1）学习：模型构造阶段（图 7-3）

建立分类模型，用于描述给定的数据类集合或概念集。通过分析由属性描述的数据集合来建立反映数据集合特性的模型，这一步也称为有监督的学习，导出模型是基于训练数据集的，训练数据集是已知类标记的数据对象。训练集（training set）用来构造模型的元组/样本集，测试集用于评估分类模型的准确率。假定每个元组/样本都属于某个预定义的类，这些类由分类标号属性所定义。

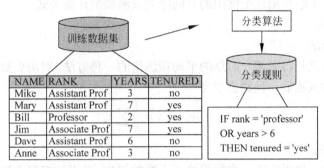

图 7-3　模型构造（学习）阶段

分类模型的构造方法：机器学习方法，包括决策树法和规则归纳法，其中决策树法法分类的知识表示为决策树，规则归纳法分类的知识表示为产生式规则；神经网络方法构造的模型表示为前向反馈神经网络模型；粗集（rough set）分类的知识表示为产生式规则。构造的模型一般表示为：分类规则，决策树或者数学公式。

（2）分类：模型使用阶段（图 7-4）

首先应该评估模型的分类准确度，用一些已知分类标号的测试集和由模型进行分类的结果进行比较，其中两个结果相同所占的比率称为准确率，保证测试集和训练集不相关。如果准确性可以接受的话，使用模型来对那些不知道分类标号的数据进行分类。

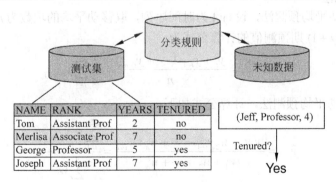

图 7-4　模型使用（分类）阶段

2）预测过程

数据预测也是一个两步的过程，类似于前面描述的数据分类。不同的是，预测没有"类标号属性"。若要预测的属性是连续值，而不是离散值，则该属性可简称"预测属性"。预测器可以看作一个映射或函数 $Y = f(X)$，其中 $X$ 是输入而 $Y$ 是输出，是一个连续或有序的值，与分类类似，准确率的预测，也要使用单独的测试集。

### 3. 时间序列预测模型

分类和回归是两类主要的预测问题。分类是预测离散或标称值，回归是预测连续或有序值，一般认为用预测法预测类标号为分类，用预测法预测连续值为预测。连续值的预测一般用回归统计技术建模，如建立线性回归、非线性回归模型等。时间序列是指按时间先后顺序将某个变量的取值排列起来形成的序列，时间序列模型主要用来对未来进行预测，属于趋势预测法。下面介绍几个常用的时间序列预测模型计算公式。

1）简单平均法

（1）算术平均法

算术平均法是预测将来某一时期的平均预测值的一种方法，对历史数据求算术平均数，并将其作为后期的预测值。预测模型为

$$\hat{y}_{t+1} = \bar{y} = \frac{1}{n}\sum_{i=1}^{n} y_i$$

（2）加权平均法

加权平均法对参加平均的历史数据给予不同的权数，并以加权算术平均值作为预测值。预测模型为

$$\hat{y}_{t+1} = \bar{y}_n = \frac{\sum_{i=1}^{n} w_i y_i}{\sum_{i=1}^{n} w_i}$$

（3）几何平均法

以一定观察期内预测目标的时间序列的几何平均数作为未来预测值。预测模型为

$$\hat{y}_{t+1} = \bar{y}_G = \sqrt[n]{\prod y_i}$$

2）移动平均法

（1）简单移动平均预测法，设 $\{y_t\}$ 为时间序列，取移动平均的项数为 $n$，设 $y_t$ 是第 $t$ 期的实际值，则第 $(t+1)$ 期预测值的计算公式为

$$\hat{y}_{t+1} = M_t^{(1)} = \frac{y_t + y_{t-1} + \cdots + y_{t-n+1}}{n} = \frac{1}{n}\sum_{j=1}^{n} y_{t-n+j}$$

（2）加权移动平均预测法，计算公式如下：

$$\hat{y}_{t+1} = \frac{w_1 y_t + w_2 y_{t-1} + \cdots + w_n y_{t-n+1}}{w_1 + w_2 + \cdots + w_n} = \frac{\sum_{i=1}^{n} w_i y_{t-n+j}}{\sum_{j=1}^{n} w_i}$$

其中，$w_n$ 是各历史数据的权重，表示每个历史数据对预测值不同的重要程度和影响。

3）指数平滑预测法

（1）一次指数平滑预测法

$$\hat{y}_{t+1} = S_t^{(1)} = \alpha y_t + (1-\alpha) S_{t-1}^{(1)}$$

其中，$S_t^{(1)}$ 是第 $t$ 期的平滑度；上标（1）表示一次指数平滑；$\alpha$ 是取值在 0 到 1 之间的平

滑系数。

（2）二次指数平滑预测法，公式为

$$\begin{cases} S_t^{(1)} = \alpha y_t + (1-\alpha) S_{t-1}^{(1)} \\ S_t^{(2)} = \alpha S_t^{(2)} + (1-\alpha) S_{t-1}^{(2)} \end{cases}$$

其中，$S_t^{(1)}$ 是第 $t$ 期的一次指数平均数；$S_t^{(2)}$ 是第 $t$ 期的二次指数平滑值。二次指数平滑法的预测模型是

$$\hat{y}_{t+T} = a_t + b_t T$$

其中，$a_t$ 和 $b_t$ 分别是模型的参数，存在 $a_t = 2S_t^{(1)} - S_t^{(2)}$ 和 $b_t = \dfrac{\alpha}{1-\alpha}(S_t^{(1)} - S_t^{(2)})$；$T$ 为向未来预测的期数。

**4. 分类与预测的评价标准**

建立分类和预测模型后，除了应用模型对数据进行分类和预测，还应根据分类和预测的结果检验所建立模型的实用性，进而调整模型的参数，提高分类和预测精度。评价分类和预测模型主要有以下相关标准。

1）准确性

准确性包括分类准确性和预测准确性，提高分类法的准确率方法有推进（boosting）和装袋（bagging），这两种方法都是将学习得到的 $T$ 个分类法 $C_1, C_2, \cdots, C_T$ 进行组合以求创建一个改进的分类法 $C^*$。

推进技术为每个训练样本赋予一个权，通过学习得到一系列分类法。学习得到分类法 $C_t$ 后，更新权值，使得随后的分类法 $C_{t+1}$ 更关注 $C_t$ 的分类错误。最后，推进分类法 $C^*$ 组合每个分类法的表决，这里每个分类法的表决是其精度的函数。推进技术也可以扩充到连续值预测。

与推进不同，假定样本集合 $S$ 中含有 $s$ 个样本，装袋过程如下：对于第 $t$ 次（$t = 1, 2, \cdots, T$）迭代，从原始样本集 $S$ 中采用放回选样选取训练集 $S_t$。通过学习训练集 $S_t$，得到分类法 $C_t$。为了对一个未知的样本 $X$ 进行分类，每个分类法 $C_t$ 返回它的类预测，算作一票。装袋的分类法 $C^*$ 统计得票，并将得票最高的类赋予 $X$。可以通过计算取得票的平均值，而不是多数，将装袋技术用于连续值的预测。推进和装袋是两种改进分类法准确率的一般技术。

2）速度

速度也包含两部分，一是构造模型的时间，即训练样本的训练时间；二是使用模型的时间，主要是分类的计算过程，分类和预测综合分析的时间。

3）鲁棒性

鲁棒性（robustness）指分类模型能够处理噪声和缺失数据。鲁棒性一般用来描述算法或系统的稳定性，就是说在遇到某种干扰时，它的性质能够比较稳定。

4）可伸缩性

可伸缩性指模型对磁盘驻留数据的处理能力，一般应保证对磁盘级的数据库有效。

5）易交互性

易交互性也可称作可解释性，主要评估模型容易理解的程度，且具有较好的洞察力。

6）混淆表（table of confusion）

混淆表又叫混淆矩阵。混淆矩阵混合了真值（actualvalue）和预测值（prediction outcome），这些预测值又分为正值（positive）和负值（negative）。将某一测试集中数据样本的真值和预测值的测试结果表达为混淆矩阵，其是一个包含两行两列的表格，如表 7-5 所示。

表 7-5　混淆矩阵表

| 预测类别 Predicted | | 实际类别 Actual | |
| --- | --- | --- | --- |
| | | 正值 Positive | 负值 Negative |
| | 正值 Positive | 正确的正例（TP） | 错误的正例（FP） |
| | 负值 Negative | 错误的负例（FN） | 正确的负例（TN） |

（1）混淆矩阵

根据混淆矩阵中被正确分类的正例个数（TP）、被错误分类的负例个数（FN）、被错误分类的正例个数（FP）和被正确分类的负例个数（TN）四个参数的定义，则有：实际正例数 $P = \text{TP} + \text{FN}$，实际负例数 $N = \text{FP} + \text{TN}$，所有实例总数为 $C = P + N = \text{TP} + \text{FN} + \text{FP} + \text{TN}$。

很显然，混淆矩阵已经能够显示出评价分类器性能的一些必要信息。但是，为了更方便的比较不同分类器的性能，还可以从混淆矩阵中总结出下列一些常用的数字评价标准。

（2）精确度（accuracy）

代表测试集中被正确分类的数据样本所占的比例，表示为

$$\text{AC} = \frac{\text{TP} + \text{TN}}{C}$$

（3）错误率（error rate）

代表错误分类的测试实例个数在所有数据样本所占的比例，表示为

$$\text{ER} = 1 - \text{AC} = \frac{\text{TP} + \text{TN}}{C} = \frac{\text{FN} + \text{FP}}{C}$$

（4）查全率（recall）

代表在本类样本中被正确分类的样本所占的比例，表示为

$$\text{recall} = \frac{\text{TP}}{P}$$

（5）查准率（precision）

代表被分类为该类的样本中，真正属于该类的样本所占的比例，表示为

$$\text{precision} = \frac{\text{TP}}{\text{TP} + \text{FP}}$$

（6）F-measure

是查全率和查准率的组合表达式，即查全率和查准率的调和平均数，表示为

$$\text{F-measure} = \frac{(1 + \beta^2) \times \text{recall} \times \text{precision}}{\beta^2 \times \text{recall} + \text{precision}}$$

式中 $\beta$ 是可以调节的，通常取值为 1。

**5. 分类和预测的性能评估方法**

在对数据进行分类前，模型的选择相当重要，需要找到一个合适复杂度且不易发生过分拟合的模型。模型一旦建立，就可以应用到测试数据集上，预测未知记录的类标号。此外，为了在测试集上评估模型的准确率或差错率，检验记录的类标号必须是标称值。除了上面提到的几个评价分类模型的标准，还有几个评估分类器性能的常用方法。

（1）保持方法：将给定数据随机地划分成两个独立的集合，通常训练集 2/3、测试集 1/3，或训练集 1/2、测试集 1/2。保持方法有一定的局限性，这是因为用于训练的被标记样本较少，不如使用全部样本的模型好，且模型可能高度依赖于训练集与测试集的构成。随机子选样是保持方法的一种重要变形，它将保持方法重复 $k$ 次，取每次迭代精度的平均值作为总体精度估计。

（2）$k$-折交叉验证（$k$-fold cross-validation）：原始数据被划分成 $k$ 个互不相交的子集或"折" $S_1, S_2, \cdots S_k$，每个折的大小大致相等，进行 $k$ 次训练和测试。在第 $i$ 次迭代时，$S_i$ 用作测试集，其余的子集都用于训练分类法。分类精度估计是 $k$ 次迭代正确分类数据除以初始数据中的样本总数。$k$-折交叉验证适于中等规模的数据集，在分层交叉验证（stratified cross-validation）中，将每个折分层，使得每个折中样本的类分布与初始数据中的大致相同。

（3）留一法（leaving-one-out）：留一法实质上是 $k$-折交叉验证的一种变形，$k$ 为初始样本数 $n$。对 $n$ 个样本进行选择，在每一阶段留出一个样本作为测试集，其他作为训练集，重复该过程直到 $n$ 个样本都被作为测试集。每个样本是依次被留出的，所以最终测试集的大小等于整个训练集的大小，每个仅含一个样本的测试集独立于它所测试的模型。

（4）自展法（bootstrapping）：自展法特点是使用一致的、带放回的选样，选取给定的训练样本。利用样本和从样本中轮番抽出的同样容量的子样本间的关系，对未知的真实分布和样本的关系建模。Jackknife 法是自展方法的一种近似，不同的是，它以每次留出训练集合中的一部分数据为基础。

分类和预测作为空间分析的两种方法，二者有很多相同点，也有不同的地方。相同点是两者都需要构建模型，都用模型来估计未知值。不同之处是分类法主要是用来预测类标号，是对属性值进行分类，而预测法主要是用来估计连续，是对属性值量化。

## 7.4.2 决策树方法

决策树（decision tree）又称为判定树、分类树或回归数，是运用于分类的一种树结构。决策树学习是以样本为基础的归纳学习方法。决策树的表现形式是类似于流程图的树结构，最上面的节点是根节点（root node），在决策树的内部节点（internal node）进行属性值测试，并根据属性值判断由该节点引出的分支，在决策树的叶子节点（terminal node）得到结论。内部节点是属性或属性的集合，叶子节点代表样本所属的类（class）或类分布（class distribution）。经由训练样本集产生一棵决策树后，为了对未知样本集分类，需要在决策树上测试未知样本的属性值。测试路径由根节点到某个叶子节点，叶子节点代表的类就是该样本所属的类标。决策树是一种直观的知识表示方法，同时也是高效的分类器。

**1. 构造决策树**

构造决策树是采用自上而下的递归构造方法。以多叉树为例，如果一个训练数据集中的数据有几种属性值，则按照属性的各种取值把这个训练数据集再划分为对应的几个子集，然后再依次递归处理各个子集；反之，则作为叶子节点。决策树构造的结果是一棵二叉或多叉树，它的输入是一组带有类别标记的训练数据。二叉树的内部节点（非叶子节点）一般表示为一个逻辑判断，如形式为（$a=b$）的逻辑判断，其中 $a$ 是属性，$b$ 是该属性的某个属性值；树的边是逻辑判断的分支结果。多叉树（ID3）的内部节点是属性，边是该属性的所有取值，有几个属性值就有几条边，树的叶子节点都是类别标记。

使用决策树进行分类分为两步：一是利用训练集建立并精化一棵决策树，建立决策树模型。这个过程实际上是一个从数据中获取知识，进行机器学习并生成决策树的过程；二是利用生成完毕的决策树对输入数据进行分类。对输入的记录，从根节点依次测试记录的属性值，直到到达某个叶节点，从而找到该记录所在的类。

其中，决策树的生成又可以细分为两个阶段：一是建树（tree building），在决策树生成前所有的数据都在根节点，需要用递归算法对数据进行分片，直至生成一棵完整的树；二是剪枝（tree pruning），需要对这棵初步生成的树进行剪枝处理，主要是为了去掉一些可能是噪音或者异常的数据，降低由于训练集存在噪声而产生的起伏。最后才能使用决策树对未知数据进行分割，按照决策树上采用的分割属性逐层往下，直到一个叶子节点。

**2. 决策树算法**

决策树的基本算法是一种贪心算法，这是一种自上而下分而治之的方法。开始时，所有的数据都在根节点，数据的属性都是种类字段，如果数据是连续的，需要将其离散化，所有记录通过所选属性递归地进行分割，而属性的选择是基于一个启发式规则或者一个统计的度量（如信息增益和基尼指数）。其停止分割的条件是一个节点上的数据都是属于同一个类别，没有属性可以再用于对数据进行分割，或者分枝中没有样本。

一般情况下生成决策树的算法分为三步：①是设计决策树构造函数；②输入训练样本和由离散值属性表示候选属性的集合；③输出一棵决策树。决策树的构造过程最著名的 ID3 算法是选择当前信息增益最大的属性对决策树进行分裂，并根据该属性可能的取值建立对应的分支。其基本思想为：

①决策树以代表训练样本的某个节点 $N$ 开始；②如果样本都属于同一个类 $C$，则将该节点 $N$ 作为叶子节点，以类 $C$ 标记；③如果候选属性集合为空，则将该节点 $N$ 作为叶子节点，并将该叶子节点标识为样本中最普遍的类；④将节点 $N$ 标记为候选属性集合中具有最高信息增益的属性 test_attribute；⑤对于每个 test_attribute 中的未知值 $A_i$，由节点 $N$ 长出一个条件为 test_attribute=$A_i$ 的分枝；⑥设 $S_i$ 是样本中 test_attribute=$A_i$ 的样本集合，如果 $S_i$ 为空则加上一个树叶，标记为样本中最普遍的类；否则，加上一个由步骤①返回的节点。

Hunt 等人于 1966 年提出的概念学习系统（concept learning system，CLS）是最早的决策树算法，以后的许多决策树算法都是对 CLS 算法的改进或由 CLS 衍生而来。John Ross Quinlan 于 1979 年提出了著名的 ID3 方法，该算法只能处理离散型描述属性，ID3 方法在选择根节点和各个内部节点上的分枝属性时，采用信息增益作为度量标准，选择具有最高信息增益的描述属性作为分枝属性。1993 年，John Ross Quinlan 以 ID3 为蓝本的 C4.5 是一个能处理连续属性的算法，其他决策树方法还有 ID3 的增量版本 ID4 和 ID5 等。另外，强调在数据挖掘中有伸缩性的决策树算法有 SLIQ、SPRINT、RainForest 算法等，这种伸缩性保证当训练集的数据量增大的时候，算法能保持一定的速度。

**3. 属性选择的统计度量**

属性选择的统计度量有信息增益（information gain）和基尼指数（gini index）。

1）信息增益

信息增益是一种基于熵（entropy）的测度，前提是假设所有属性都是种类字段，经过修改之后信息增益可以适用于数值字段。

信息增益的定义为：假设有两个类 $P$ 和 $N$，集合 $S$ 中含有 $p$ 个类别 $P$ 记录，$n$ 个类别 $N$ 的记录，将 $S$ 中一个已知样本进行分类所需要的期望信息定义为

$$I(p,n) = -\frac{p}{p+n}\log_2\frac{p}{p+n} - \frac{n}{p+n}\log_2\frac{n}{p+n}$$

任意样本分类的期望信息为

$$I(s_1, s_2, \cdots, s_m) = -\sum_{i=1}^{m} P_i \log_2(P_i)$$

式中，$S$ 为数据集；$m$ 为 $S$ 的分类数目；$P_i \approx |s_i|/|S|$ 是属性出现的概率；$C_i$ 为某分类标号；$P_i$ 为任意样本属于 $C_i$ 的概率；$s_i$ 为分类 $C_i$ 上的样本数。

在决策树中，假设使用属性 $A$ 将集合 $S$ 分成 $v$ 份 $\{s_1, s_2, \cdots, s_v\}$，若 $s_i$ 中包含 $p_i$ 个类别为 $P$ 的记录，$n_i$ 个类别为 $N$ 的记录，那么熵就是

$$E(A) = \sum_{i=1}^{v} \frac{p_i + n_i}{p+n} I(p_i, n_i)$$

属性 $A$ 分支上的信息增益即编码信息就是

$$\text{gain}(A) = I(p,n) - E(A) = -\sum_{i=1}^{m} P_i \log_2(P_i) - E(A)$$

在决策树中常以信息增益作为属性的选择标准。

2）基尼指数

基尼指数能够同时适用于种类和数值字段，集合 $T$ 包含 $n$ 个类别的样本，那么其基尼指数定义为：

$$\text{gini}(T) = 1 - \sum_{j=1}^{n} P_j^2$$

式中 $P_j$ 表示类别 $j$ 出现的频率。

如果包含 $n$ 个类别样本的集合 $T$ 被分成大小分别为 $N_1$ 及 $N_2$ 的两个子集 $T_1$ 及 $T_2$，那么该分割的基尼指数定义为：

$$\text{gini}_{split}(T) = \frac{N_1}{N}\text{gini}(T_1) + \frac{N_2}{N}\text{gini}(T_2)$$

在决策树中提供最小 $\text{gini}_{split}$ 值的属性就被选择作为分割的节点，对于每个属性都要列举所有可能拆分节点。

#### 4. 过度拟合（over fitting）问题

所谓过度拟合是指在创建决策树时，由于训练样本数量太少或数据中存在噪声和孤立点，许多分支反映的是训练样本集中的异常现象，建立的决策树会过度拟合训练样本集。过度拟合也称过度学习，指推出过多与训练数据集一致的假设。过度拟合的结果是从训练集生成的判定树具有太多的分支，有些可能仅仅是对异常的反映，造成预测的准确率比较差，同时导致做出的假设泛化能力过差。

解决过度拟合的有效方法是剪枝（prunning），即利用统计学方法，去掉最不可靠和可能是噪音的一些枝条，从而消除训练集中的异常和噪声。剪枝的方法可以分为两种，即先剪枝（pre-pruning）与后剪枝（post-pruning）。

先剪枝技术是为了限制决策树的过度生长，最直接的先剪枝方法是事先限定决策树的最大生长高度，从而使决策树不能过度生长。具体做法是在建树的过程中，当满足一定条件，例如信息增益或者某些有效统计量达到某个预先设定的阈值时，节点不再继续分裂，内部节点成为一个叶子节点，叶子节点取子集中频率最大的类作为自己的标识，或者可能仅仅存储这些实例的概率分布函数。先剪枝技术的难点在于如何选择一个合适的域值。

后剪枝技术则是待决策树生成后再进行剪枝，开始允许决策树过度生长，然后根据一定的规则，剪去决策树中那些不具有一般代表性的叶子节点或分支，最后使用另一个测试集来决定哪个树最好。

在进行剪枝时要遵循一定的剪枝原则，最著名的是奥卡姆剃刀原则——"如无必要，勿增实体"，即在与观察相容的情况下，应当选择最简单的一个。原因是决策树越小就越容易理解，其存储与传输的代价也就越小，而决策树越复杂，节点越多，每个节点包含的训练样本个数越少，则支持每个节点的假设的样本个数就越少，可能导致决策树在测试集上的分类错误率较大。但决策树过小也会导致错误率较大，因此，需要在树的大小与正确率之间寻找均衡点。

#### 5. 决策树方法的评价

作为一种相对成熟的自顶向下归纳算法，与其他分类算法相比，一般决策树普遍具有以下缺点。

（1）缺乏伸缩性。由于进行深度优先搜索，所以算法受内存大小限制，难于处理大训练集；

（2）为了处理大数据集或连续量的种种改进算法（离散化、取样），不仅增加了分类算法的额外开销，而且降低了分类的准确性。

针对这些缺点，改进的决策树算法（如 SLIQ、SPRINT、RainForest 等）具有以下优点。

（1）速度快。进行分类器设计时，计算量相对较小，只要沿着树根向下一直走到叶子节点，沿途的分裂条件就能够唯一确定一条分类的谓词，决策树分类方法所需时间相对较少；

（2）可理解性强。决策树的分类模型是树状结构，简单直观，比较符合人类的理解方式。此外，可以将决策树中到达每个叶子节点的路径转换为 IF-THEN 形式的分类规则，这种形式也有利于理解；

（3）准确性高。挖掘出的分类规则准确性高，可以清晰地显示哪些字段比较重要，便于发现知识。

### 7.4.3　支持向量机

支持向量机（support vector machine，SVM）最早由 Corinna Cortes 和 Vladimir Naumovich Vapnik 提出，形成于 1992—1995 年，它使用一种非线性的映射，将原训练数据向量映射到较高的维的空间里。

统计学习理论（statistical learning theory，STL）研究有限样本情况下的机器学习问题，认为学习机器的实际风险由经验风险值和置信范围值两部分组成。传统的基于经验风险最小化准则的学习方法只强调了训练样本的经验风险最小误差，却没有最小化置信范围值，往往会产生"过学习问题"，即因训练误差小导致推广能力下降，从而增加了真实风险。

而 SVM 以训练误差作为优化问题的约束条件，以置信范围值最小化作为优化目标，是一种基于结构风险最小化准则的学习方法，从而达到在统计样本量较少的情况下，亦能获得良好统计规律的目的。由于 SVM 的求解最后转化成二次规划问题的求解，因此 SVM 的解是全局唯一的最优解，SVM 在解决小样本、非线性及高维模式识别问题中表现出许多特有的优势，并能够推广应用到函数拟合等其他机器学习问题中。

**1. SVM 概述**

SVM 将向量映射到一个更高维的空间里，若一个数据被认为是 $n$ 维向量，数据在这个 $n$ 维向量空间中被分为两类，SVM 的目的是找到 $n-1$ 维的超平面，来划分 $n$ 维向量空间的数据，作为两类训练样本点的分割。超平面（hyper plane）即 $n$ 维欧氏空间中余维度等于一的线性子空间（$n-1$ 维），其方程可以表示为：$\boldsymbol{w}^{\mathrm{T}} \cdot \boldsymbol{x} + \boldsymbol{b} = 0$。对于二维空间，可将其想象成一条直线，而对于三维空间就是一个平面。

在新的 $n-1$ 维上，一般会有多个超平面可来分割样本。在分开数据的两边建有两个互相平行的超平面，分离超平面（separating hyperplane）使两个平行超平面的分类间隔距离最大化。假定平行超平面间的距离或差距越大，分类器的总误差越小。因此，SVM 搜索线性最佳分离超平面，该超平面就是将一类的元组与其他类分离的"决策边界"，使得两个平行超平面的距离最大化。SVM 使用支持向量（"基本"训练元组）和由支持向量定义的边缘（margin）发现该超平面。

根据数据是否是线性可分的，SVM 可采取线性分类机和非线性分类机两种不同的划分方法。

1）线性分类机（linear classifier）

（1）线性硬间隔分类机

当数据是线性的时候，可通过一条直线将数据分为两类，划分方法如图 7-5 所示。

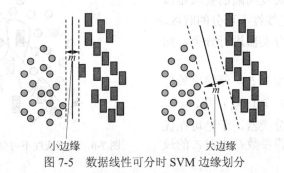

图 7-5　数据线性可分时 SVM 边缘划分

设给定的训练样本数据集合 $D$ 为 $(x_1, y_1), (x_2, y_2), \cdots, (x_n, y_n)$，其中 $x_i$ 是训练特征元组，具有相关联的类标号 $y_i$。假定训练特征集合 $\{x_i\} \in R^n$ 的数据由两类组成，如果 $x_i$ 属于第 1 类，则 $y_i = 1$；如果 $x_i$ 属于第 2 类，则 $y_i = -1$。于是可以画出特征空间 $R^n$ 中无限多条分离直线或超平面 $S$，其线性方程为

$$w \cdot x + b = 0$$

其中，$w$ 是超平面的法向量，存在 $w = \sum_{i=1}^{n} \alpha_i y_i x_i$；$b$ 是超平面的截距。位于该超平面两边的点（特征向量）分别被划分为正、负两类，即 $y_i = 1$ 与 $y_i = -1$，即存在判决函数为

$$y_i = \text{sgn}(wx_i + b), y_i \in \{-1, 1\}$$

此时，超平面 $S$ 称为分离超平面，边缘满足 $m = 2/\|w\|$。

SVM 要从多条分离直线中找出"最优的"那一条，即是对先前未见过的特征元组具有最小分类误差的那一条。将间隔固定为 1 时，寻求最小的 $\|w\|$，于是 SVM 可优化问题为

$$\min \quad \frac{1}{2}\|w\|^2$$

$$\text{s.t.} \quad y_i((wx_i) + b) \geq 1, \quad i = 1, 2, \cdots, n$$

线性 SVM 是基于最大间隔法的，该问题是一个典型的二次规划问题（目标函数是自变量的二次函数），可使用拉格朗日（Lagrange 乘子法）函数合并优化问题和约束为

$$\min_{\alpha} \quad \frac{1}{2}\sum_{i=1}^{n}\sum_{j=1}^{n} y_i y_j \alpha_i \alpha_j (x_i x_j) - \sum_{j=1}^{n} \alpha_j$$

$$s.t. \quad \sum_{i=1}^{n} y_i \alpha_i = 0, \quad \alpha_i \geq 0, i = 1, 2, \cdots, n$$

据此求出对偶问题的最优解 $\alpha^*$ 后，可求得 $w^*$ 和 $b^*$ 最优解如下公式，并得到最优分类面 $S$，根据对偶理论得到分类优化问题：

$$w^* = \sum_{i=1}^{n} \alpha_i^* y_i x_i$$

$$b^* = y_j - \sum_{i=1}^{n} \alpha_i^* y_i (x_i \cdot x_j)$$

（2）线性软间隔分类机

然而，并非所有数据都可以线性划分，原来对线性数据的分离硬间隔的要求难以达到。因此，当数据是线性不可分的时候，只能利用线性软间隔分类器进行分类，如图 7-6 所示。

因此，引入松弛变量 $\xi$，使约束条件弱化为：$y_i((wx_i) + b) + 1 \geq 1 - \xi_i$，当 $\xi_i = 0$，就是上述线性硬间隔分类器，于是可在优化目标函数中使用惩罚参数 $C$ 来对 $\xi_i$ 的最

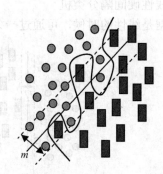

图 7-6　数据线性不可分时 SVM 边缘划分

小化的目标。此时分类器模型为

$$\min \quad \frac{1}{2}\|w\|^2 + C\sum_{i=1}^{n}\xi_i$$

$$\text{s.t.} \quad y_i((wx_i)+b) \geq 1-\xi_i, \quad i=1,2,\cdots,n$$

以此为原问题，则其对偶问题则为

$$\min_{\alpha} \quad \frac{1}{2}\sum_{i=1}^{n}\sum_{j=1}^{n}y_iy_j\alpha_i\alpha_j(x_ix_j) - \sum_{j=1}^{n}\alpha_j$$

$$\text{s.t.} \quad \sum_{i=1}^{n}y_i\alpha_i = 0, \quad 0 \leq \alpha_i \leq C, i=1,2,\cdots,n$$

其最优解的求解方式与线性硬间隔分类器相同。

2）非线性分类机

（1）非线性硬间隔分类机

当数据是非线性不可分时，只能通过超曲面进行非线性划分，SVM 非线性分类机的目的在于寻找出一个最优的超曲面。然而，超曲面缺少超平面所特有的几何间隔的概念，因此可将低维空间中的曲线（曲面）映射为高维空间中的直线或平面，即通过非线性映射将原始数据变换到高维特征空间。数据经过映射后，在高维空间中是线性可分的。设输入空间 $R^n$ 到一个高维 Hibert 空间 $H$ 的变换：

$$\Phi: \begin{cases} x \subset R^n \to x' \subset H \\ x \to x' = \phi(x) \end{cases}$$

利用这个变化，由原来的对应于输入空间 $R^n$ 的训练集

$$T = \{(x_1,y_1),\cdots,(x_n,y_n)\}$$

得到对应于 Hilbert 空间 $H$ 新的训练集

$$\tilde{T} = \{(x_1',y_1),\cdots,(x_n',y_n)\} = \{(\phi(x_1),y_1),\cdots,(\phi(x_n),y_n)\}$$

然后在空间 $H$ 中求出一个超平面 $\boldsymbol{w} \cdot \boldsymbol{x} + \boldsymbol{b} = 0$，这个超平面应该能正确划分训练集 $T$，并使得 $T$ 关于这个超平面的几何间隔达到最大，使得原始最优化问题为

$$\min \quad \frac{1}{2}\|w\|^2$$

$$\text{s.t.} \quad y_i\left[(wx_i')+b\right] \geq 1, \quad i=1,2,\cdots,n$$

显然，上述推导是基于给出的训练集 $T$ 是线性不可分的，将其输入映射到更高维数的空间 $H$ 后，对应求得的 $\tilde{T}$ 则有可能是线性可分的。其对偶问题为

$$\min_{\alpha} \quad \frac{1}{2}\sum_{i=1}^{n}\sum_{j=1}^{n}y_iy_j\alpha_i\alpha_j(\phi(x_i)\cdot\phi(x_j)) - \sum_{j=1}^{n}\alpha_j$$

$$\text{s.t.} \quad \sum_{i=1}^{n}y_i\alpha_i = 0, \quad \alpha_i \geq 0, i=1,2,\cdots,n$$

然而由于数据被映射到高维空间，因此 $\phi(x_i)\cdot\phi(x_j)$ 的计算量比 $x_i\cdot x_j$ 大得多，此时可引入线性核函数 $K(x_i,x_j)$ 为

$$K(x_i,x_j) = (\phi(x_i)\cdot\phi(x_j))$$

由上式可见，核函数的作用是，在将 $x$ 映射到高维空间的同时，也计算两个数据的高维空间的内积，使计算回归到 $x_i \cdot x_j$ 的量级。核函数 $K(x_i, x_j)$ 可以有多种形式，常用的有：线性（linear）核、多项式（polynomicals）核、径向基（radial basis fuction，RBF）核、hyperbolic tangent 核。若 $K$ 是正定核，则对偶问题是一个凸二次规划问题。

（2）非线性软间隔分类机

非线性硬间隔虽然能将训练数据映射到高维空间，但核函数的选择只有线性核、多项式核、径向基核等几种，难以保证在任何情况下都可以将训练数据映射到足够高的维度，以使其成为线性可分的。因此，在此基础上有必要引入线性软间隔分类器中的松弛变量 $\xi$。

$$\min_{w \in H, b \in R, \xi \in R^n} \quad \frac{1}{2}\|w\|^2 + C\sum_{i=1}^{n}\xi_i, C \geq 0$$

$$\text{s.t.} \quad y_i((wx_i') + b) \geq 1 - \xi_i, \quad \xi_i \geq 0, i = 1, 2, \cdots, n$$

其对偶问题为

$$\min_{\alpha} \quad \frac{1}{2}\sum_{i=1}^{n}\sum_{j=1}^{n}y_iy_j\alpha_i\alpha_j(\phi(x_i) \cdot \phi(x_j)) - \sum_{j=1}^{n}\alpha_j$$

$$\text{s.t.} \quad \sum_{i=1}^{n}y_i\alpha_i = 0, \quad 0 \leq \alpha_i \leq C, i = 1, 2, \cdots, n$$

由此可求得 $w^*$ 和 $b^*$ 的最优解为

$$w^* = \sum_{i=1}^{n}\alpha_i^* y_i \phi(x_i)$$

$$b^* = y_j - \sum_{i=1}^{n}\alpha_i^* y_i K(x_i \cdot x_j)$$

### 2. SVM 的特点

SVM 是一种有坚实理论基础的新颖的小样本学习方法，它基本上不涉及概率测度及大数定律等，因此不同于现有的统计方法。从本质上看，它避开了从归纳到演绎的传统过程，实现了高效的从训练样本到预报样本的"转导推理"（transductive inference），大大简化了通常的分类和回归等问题。

一般认为 SVM 方法具有以下特点。

（1）SVM 方法的理论基础是非线性映射，并利用内积核函数代替向高维空间的非线性映射；

（2）SVM 的目标是对特征空间划分的最优超平面，其核心是最大化分类间隔的思想；

（3）SVM 方法的训练时间虽然比较长，但对复杂的非线性决策边界的建模能力是高度准确的；

（4）SVM 的最终决策函数只由少数的支持向量所确定，计算的复杂性取决于支持向量的数目，而不是样本空间的维数，这在某种意义上避免了"维数灾难"；

（5）少数支持向量决定了最终结果，这不但可以帮助我们抓住关键样本，即"剔除"大量冗余样本，而且注定了该方法不但算法简单，而且具有较好的鲁棒性。这种鲁棒性主要体现在：①增、删非支持向量样本对模型没有影响；②支持向量样本集具有一定的鲁棒性；③SVM 方法对核函数的选取不敏感。

近年来 SVM 方法已经在图像识别、信号处理和基因图谱识别等方面得到了广泛成功的应用，显示了它的优势。因为 SVM 通过核函数实现到高维空间的非线性映射，所以适合于解决本质上非线性的分类、回归和密度函数估计等问题。另一方面，支持向量方法也为样本分析、因子筛选、信息压缩、知识挖掘和数据修复等提供了新工具。

## 7.4.4　贝叶斯网络

英国数学家（Thomas Bayes，1702—1763）所提出的贝叶斯理论在人工智能、机器学习、数据挖掘等方面有广泛应用。20 世纪 80 年代，贝叶斯网络（Bayesian network）被用于专家系统的知识表示，90 年代可学习的贝叶斯网络被用于数据挖掘和机器学习。贝叶斯分类利用统计学中的贝叶斯定理来预测类成员的概率，即给定一个样本，计算该样本属于一个特定的类的先验概率，可以利用贝叶斯公式计算出其后验概率，并选择具有最大后验概率的类来预测类成员关系的可能性。

### 1. 贝叶斯定理

设 $X$ 是类标号未知的数据样本，$H$ 为某种假定，例如数据样本 $X$ 属于某特定的类 $C$。分类问题希望能确定 $P(H|X)$ 的取值，$P(H|X)$ 即为给定观测样本 $X$ 假定 $H$ 成立的概率，其是 $X$ 下 $H$ 的后验概率。贝叶斯定理提供了该后验概率的计算方法：

$$P(H|X) = \frac{P(X|H)P(H)}{P(X)}$$

其中，$P(X)$ 是样本 $X$ 具有某些属性值的先验概率；$P(H)$ 是样本 $X$ 属于某个类 $C$ 的先验概率；$P(X|H)$ 是条件 $H$ 下 $X$ 的后验概率。

### 2. 朴素贝叶斯分类

朴素贝叶斯分类就是假定一个属性值对给定类的影响独立于其他属性的值，预测未知样本的类别为后验概率最大的那个类别。前提是假设每个属性之间都是相互独立的，并且每个属性对分类问题产生的影响都是一样的。将训练样本 $I$ 分解成特征向量 $X$ 和决策类别变量 $C$，并且假定一个特征向量的各分量相对于决策变量是独立的，也就是说各分量独立地作用于决策变量，这一假定叫做类条件独立。一般认为，只有在满足类条件独立的情况下，朴素贝叶斯分类才能获得精确最优的分类效果，在属性相关性较小的情况下，能获得近似最优的分类效果。

朴素贝叶斯分类一般分为以下几步：

（1）用 $n$ 维特征向量 $X = (x_1, x_2, \cdots, x_n)$ 表示每个数据样本，用以描述对该样本的 $n$ 种属性 $A_1, A_2, \cdots, A_n$ 的度量。

（2）假定数据样本可以分为 $m$ 个类 $C_1$，$C_2, \cdots, C_m$。给定一个未知类标号的数据样本的特征向量 $X$，朴素贝叶斯分类将其分类到类 $C_i$，当且仅当

$$P(C_i|X) > P(C_j|X), 1 \leqslant i \leqslant m, 1 \leqslant j \leqslant m, i \neq j$$

这样，可求得最大的先验概率 $P(C_i|X)$，该 $P(C_i|X)$ 最大值的类 $C_i$ 称为最大后验假定。根据贝叶斯定理可知

$$P(C_i \mid X) = \frac{P(X \mid C_i)P(C_i)}{P(X)}$$

（3）由于 $P(X)$ 对于所有类都为常数，只需要 $P(X \mid C_i)P(C_i)$ 最大即可。如果类的先验概率未知，则通常假定这些类是等概率的，即 $P(C_1) = P(C_2) = \cdots = P(C_m)$，只需 $P(C_i \mid X)$ 最大化；否则，需要 $P(C_i \mid X)P(C_i)$ 最大化。类的先验概率也可以用 $P(C_i) = s_i / s$ 来计算，其中 $s_i$ 是类 $C_i$ 中的训练样本数，$s$ 是训练样本总数。

（4）当数据集的属性较多时，计算 $P(X \mid C_i)$ 的开销可能非常大。如果假定类条件独立，可以简化联合分布，从而降低计算 $P(X \mid C_i)$ 的开销。给定样本的类标号，若属性值相互条件独立，即属性间不存在依赖关系，则有

$$P(X \mid C_i) = \prod_{k=1}^{n} P(x_k \mid C_i)$$

其中，概率 $P(x_1 \mid C_i)$，$P(x_2 \mid C_i), \cdots, P(x_n \mid C_i)$ 可以由训练样本进行估值。

如果 $A_k$ 是离散值属性，则 $P(x_k \mid C_i) = s_{ik} / s_i$，$s_i$ 及 $s_{ik}$ 分别是类 $C_i$ 中的训练样本数及属性 $A_k$ 的值为 $x_k$ 的训练样本数。如果 $A_k$ 是连续值属性，通常假定该属性服从高斯正态分布。因而，给定类 $C_i$ 的训练样本属性 $A_k$ 的值

$$P(x_k \mid C_i) = g_i(x_k, \mu c_i, \sigma c_i) = \frac{1}{\sqrt{2\pi}\sigma c_i} \exp\left(-\frac{1}{2\sigma c_i^2}(x_k - \mu c_i)^2\right)$$

式中，$g_i(x_k, \mu c_i, \sigma c_i)$ 是属性 $A_k$ 的高斯密度函数；$\mu c_i$ 是属性 $A_k$ 的均值；$\sigma c_i$ 是属性 $A_k$ 的标准差。

（5）为对未知样本 $X$ 进行分类，对每个类 $C_i$，计算 $P(X \mid C_i)P(C_i)$。把样本 $X$ 指派到类 $C_i$ 的充分必要条件是

$$P(X \mid C_i)P(C_i) > P(X \mid C_j)P(C_j), 1 \leqslant i \leqslant m, 1 \leqslant j \leqslant m, j \neq i$$

使 $X$ 被分配到使 $P(X \mid C_i)P(C_i)$ 最大的类 $C_i$。

### 3. 贝叶斯网络

理论上讲贝叶斯分类与其他分类算法相比具有最小的错误率，但实际并非如此，主要原因是应用的假定如类条件独立的不准确性，以及缺乏可用的概率数据。贝叶斯假设属性间相互独立，这种类条件相互独立的假设并不是总成立，然而在实践中变量之间的依赖可能存在，这就造成朴素贝叶斯算法的局限性。

贝叶斯信念网络（bayesian belief network）解决了该问题，其允许在变量的子集间定义类条件独立性，提供了一种因果关系的图形以便在其上进行学习。贝叶斯信念网络不是假设各个属性相互条件独立，而是允许在变量的子集间定义类条件独立，贝叶斯信念网络包括两部分：

（1）有向无环图（directed acyclic graph，DAG）中每个节点代表一个随机变量，而每条弧代表一个概率依赖，权值用条件概率来表示，随机变量可以是离散的或连续值的，可以对应于数据给定实际观测属性，或是不能被观察到的隐藏变量；

（2）条件概率表（conditional probability table，CPT）给出每个属性的条件概率，表中的每个元素对应 DAG 中的唯一节点，存储此节点对于其所有直接前驱节点的联合条件概

率，没有前驱节点的节点则存储其先验概率。

贝叶斯网络的重要性质在于指定每一个节点在其直接前驱节点的条件概率值后，这个节点条件独立于其所有非直接前驱节点。该性质很类似马尔科夫（Markov）过程，贝叶斯网络可以看做是 Markov 链的非线性扩展，该特性的重要意义在于明确了贝叶斯网络可以方便地计算出联合概率分布。一般情况下，多变量非独立联合条件概率分布有如下求取公式：

$$P(x_1, x_2, \cdots, x_n) = P(x_1)P(x_2 \mid x_1)P(x_3 \mid x_1, x_2)\ldots P(x_n \mid x_1, x_2, \ldots, x_{n-1})$$

而在贝叶斯网络中，由于存在上述性质，则任意随机变量组合的联合条件概率分布可被化简成

$$P(x_1, x_2, \cdots x_n) = \prod_{i=1}^{n} P(x_i \mid \mathrm{parents}(x_i))$$

其中，$\mathrm{parents}(x_i)$ 表示 $x_i$ 的直接前驱节点的联合概率，概率值可以从相应条件概率表 CPT 中查到。

贝叶斯网络比朴素贝叶斯更复杂，所以要构造和训练出一个好的贝叶斯网络更是异常艰难。但是贝叶斯网络是模拟人的认知思维推理模式，用一组条件概率函数以及有向无环图对不确定性的因果推理关系建模，因此其具有更高的实用价值。

## 7.4.5　近邻分类方法

近邻分类方法是基于实例的分类方法，其特点是不需要事先进行分类器的设计，而是直接使用训练集对未知类标号的数据样本进行分类。近邻分类方法包括最近邻分类、$k$-近邻分类。

### 1. 最近邻法

最近邻法（nearest neighborhood classifier，NNC），将与测试样本最近邻样本的类别作为决策的结果。例如对一个 $C$ 类别问题，每类有 $N_i$ 个样本，$i = 1, 2, \cdots, C$，则第 $i$ 类 $\omega_i$ 的判别函数为

$$g_i(x) = \min_k \| x - x_i^k \|, \quad k = 1, 2, \cdots, N_i$$

决策规则为

$$\text{if } g_j(x) = \min_i g_i(x) \quad \text{then } x \in \omega_j$$

式中 $\|\cdot\|$ 表示某种距离（相似性）度量，常用欧氏距离作为相似性度量。最近邻法在原理上最直观，方法上也十分简单，明显的缺点就是计算量大，存储量大。

### 2. $k$-最近邻法

$k$-最近邻法法（$k$-nearest neighbor，kNN）是最近邻法的扩展，给定一个未知样本，$k$-近邻分类法搜索模式空间，找出最接近未知样本的 $k$ 个训练样本，然后使用 $k$ 个最邻近者中最公共的类来预测当前样本的类标号。其基本规则是，在所有 $N$ 个样本中找到与测试样本的 $k$ 个最近邻者，其中各类别所占个数表示成 $k_i (i = 1, 2, \cdots, c)$。

定义判别函数为

$$g_i(x) = k_i, \quad i = 1, 2, \cdots, c$$

决策规则为

$$j = \arg\max g_i(x), \quad i = 1, \cdots, c$$

$k$-最近邻一般采用 $k$ 为奇数，跟投票表决一样，避免因两种票数相等而难以决策。

在 $N \to \infty$ 的条件下，$k$-最近邻法的错误率要低于最近邻法，最近邻法和 $k$-最近邻法的错误率上下界都是在一倍到两倍贝叶斯决策方法的错误率范围内。

kNN 算法本身简单有效，它是一种 lazy-learning 算法，分类器不需要使用训练集进行训练，训练时间复杂度为 0。kNN 分类的计算复杂度和训练集中的对象数目成正比，也就是说，如果训练集中对象总数为 $n$，那么 kNN 的分类时间复杂度为 $O(n)$。

在 kNN 算法中，所选择的邻居都是已经正确分类的对象。该方法在定类决策上只依据最邻近的一个或者几个样本的类别来决定待分样本所属的类别。kNN 方法虽然从原理上也依赖于极限定理，但在类别决策时，只与极少量的相邻样本有关。由于 kNN 方法主要靠周围有限的邻近样本，而不是靠判别类域的方法来确定所属类别，因此对于类域的交叉或重叠较多的待分样本集来说，kNN 方法较其他方法更为适合。

除了上面介绍的几种分类算法，还有基于神经网络学习的后向传播分类，其优点是预测精度总的来说较高，对目标进行分类较快，而且健壮性好，训练样本中包含错误时也可正常工作；缺点是训练时间长、蕴涵在学习的权中的符号含义很难理解，因而很难与专业领域知识相整合。此外，还有很多其他分类方法，如基于案例的推理的算法、结合生物进化思想的遗传算法、基于粗集理论的粗糙集方法以及允许在分类规则中定义"模糊的"临界值或边界的模糊集方法。

# 7.5　异常值分析

空间数据挖掘技术可分析海量数据的分布规律及关联规则，从而发现隐含的知识。然而，对于数据库中那些不规律的区域或者孤立的数据点，也有必要进行进一步的分析，因为这些异常数据往往也反映着空间实体的一些重要特征。空间数据库中非规律分布或孤立的数据值叫异常值，挖掘异常值的空间分析过程就叫异常值分析。

目前，大多数空间数据挖掘算法都是将异常值作为噪音进行处理，以减少因异常值造成的分析误差，但有时候也会造成重要信息的丢失，不利于人们发现事物的发展规律，而稀有事件有时候更能帮助人们解决存在的问题。如在欺诈检测中异常数据可能意味着欺诈行为的发生，在入侵检测中异常数据可能意味着入侵行为的发生。因此，异常值分析也是一个值得研究的领域。

## 7.5.1　异常值的定义

所谓异常（outlier），不同的学者有不同的定义，如 Roger Porkess 认为异常是远离数据集中其余部分的数据；Sanford Weisberg 认为异常是与数据集中其余部分不服从相同统计模型的数据；Douglas M. Hawkins 的定义较为具体，他认为异常是在数据集中偏离大部分数据的数据，使人怀疑这些数据的偏离并非由随机因素产生，而是产生于完全不同的机制。不管如何定义异常，有一点是一致的，那就是异常数据很可能是许多工作的基础和前提，异常数据会带给我们新的发现问题的视角。

所谓异常挖掘（outlier mining），通常可以描述如下：假设有一个 $n$ 个数据点或对象的集合，又有预期的异常点的数目点，最终目的是发现与剩余的数据相比具有显著相异的、意外的或者不一致的前 $k$ 个对象。根据异常挖掘的描述，异常点数据挖掘的任务一般分成两个子问题：

（1）如何度量异常，即是给出已知数据集的异常点数据的定义；

（2）用定义的度量尺度结合有效的方法发现异常点数据。

对于第一个问题，若要度量异常，首先要确定异常的形式，分析出现异常的原因。在实际应用中，空间数据在建库的过程中，每一个环节都可能出现问题，从而造成某些数据值的异常，如数据收集阶段测量仪器的误差，数据输入阶段人为的不确定性因素，数据格式转换过程中的字段长度设置不当等。需要说明的是，由于异常产生的机制是不确定的，异常算法检测出的"异常数据"是否真正对应实际的异常行为，不是由具体的算法来说明和解释的，只能由相关领域专家来解释，算法只能为用户提供可疑的数据，以便用户引起特别的注意并最后确定是否真正的异常。对于异常数据的处理方式也取决于应用，并由领域专家最后决策。

异常点数据的挖掘包括异常点数据检测和异常点数据分析两个部分，异常点数据的分析需要结合背景知识、领域知识等相关知识进行研究。此外，一些学者认为异常检测中还要注意以下几个常见问题。

（1）定义对象异常的属性个数。若一个对象只有单个属性，则问题相对简单，只需给出异常的阈值范围即可。一个对象常常具有多个属性，这时候可能某个属性异常，某个属性正常，这种对象定义异常需要指明如何使用多个属性的值确定一个对象是否异常。

（2）全局观点和局部观点。一个对象可能相对于所有对象看上去异常，但是还要看它相对于它的局部近邻是不是异常的。

（3）点的异常程度。某些技术方法是以二元方式来报告对象是否异常的，即：异常或正常。这种定义方式不能反映对象之间异常程度的差异，可以通过定义对象的异常程度来给对象打分——异常点得分（outlier score)，这样在都为异常的情况下，也还有分高和分低的区别。

（4）评估。如果可以使用类标号来识别异常和正常数据，则可以利用分类性能度量来评估异常检测方案的有效性，也可以使用如精度、召回率等度量方法来度量，如果不能使用类标号，则评估是困难的。

（5）有效性。各种异常检测方案的计算开销是显著不同的。例如：基于分类的方案需要相当多的资源（训练数据和测试数据）来创建分类模型，但是这个模型一旦建立好了，使用时的开销通常很小，而基于邻近度的方法，其时间复杂度通常为 $O(n^2)$ 。

异常点数据是与数据的一般行为或模型不一致的数据，它们是数据集内与众不同的数据，这些数据并非随机偏差，而是产生于完全不同的机制。因此，数据模式的定义以及数据集的构成不同，会导致不同类型的异常点数据挖掘，实际应用中根据具体情况选择异常数据的挖掘方法。

### 7.5.2 异常点数据检测算法

异常数据常常表现为孤立点，因此，孤立点发现算法是异常值挖掘的基础，数据挖掘的大多数算法主要研究问题是发现"大模式"，而孤立点发现算法是用来发现数据集中"小模式"的。Douglas M. Hawkins 将孤立点定义为"一个偏离其他的观测值以至于被怀疑为从不同的机制产生的观测值"。本节引述几种已有的孤立点检测算法。

**1. 局部异常 LOF 孤立点发现算法**

Markus Breuning 和 Hans Peter Kriegel 提出了基于密度的局部异常孤立点发现算法。这种算法不同于以往大多数把孤立点当做非此即彼的二元属性的方法，他们给每个对象赋予了一个局部异常因子（local outlier factor，LOF），作为异常程度的度量。通过计算每个点的异常度，然后选取值最大的前 $n$ 个点，判断为异常点。

（1）对任意的自然数 $k$，定义数据点 $p$ 的 $k$- 距离（$k$-distance($p$)）为 $p$ 和某个对象 $o$ 之间的距离，这里的 $o$ 满足：至少存在 $k$ 个对象 $o' \in D/p$，使得 $d(p,o') \leqslant d(p,o)$，并且至多存在 $k-1$ 个对象 $o' \in D/p$，使得 $d(p,o') < d(p,o)$。

（2）对象 $p$ 的 $k$- 距离邻域 $kNN(p)$，给定点 $p$ 的 $k$- 距离（$k$-distance($p$)），点 $p$ 的 $k$- 距离邻域包含所有的与 $p$ 点的距离不超过（$k$-distance($p$)）的对象，即 $kNN(p) = \{p \in D\{q\} | d(p,q) \leqslant k - \text{distance}(p)\}$。

（3）对象 $q$ 相对于对象 $p$ 的可达距离 reach-distk($q,p$)，给定自然数 $k$，reach-distk($q,p$) = $\max\{\text{reach-distk}(p), d(q,p)\}$，

（4）对象 $q$ 的局部可达密度（local reachable density），对象 $q$ 的局部可达密度为对象 $q$ 与它的 MinPts- 邻域的平均可达距离的倒数。

**2. 局部异常动态增量孤立点算法**

动态增量孤立点检测算法是指新的数据记录加入到数据集或删除数据记录进行检测，算法需要达到两个目标，一是检测结果需要和静态算法一样，二是算法的时间复杂度要低于静态算法。其基本思想是：由于 LOF 本身的特性，对象的更新只会影响个别对象的 LOF 值，采用增量算法只对受影响对象的 LOF 值更新而不需要重新计算所有对象的 LOF 值。

1）数据点的插入

首先讨论加入一个数据点的情况，可以用下述四个定理对数据插入影响区域进行形式化的描述。

定理 1：插入点 $p_c$，$\text{KRNN}(p_c)$ 表示把 $p_c$ 当做 $k$- 近邻的点，当 $p_j \in \text{KRNN}(p_c)$ 时，$p_j$ 的 $k$- 距离发生变化，将其调整为定理（2）。

定理 2：$p_j$ 的 $k$- 距离变化时，有且只有 $p_j$ 的 $k$- 近邻 $p_i$ 相对于 $p_j$ 的可达距离 reach-dist$(p_i, p_j)$ 发生变化。

定理 3：$k$- 近邻发生变化的点以及与这些点互为 $k$- 近邻的点的 lrd 值需要更新。因此，每次更新 reach-dist$(p_i, p_j)$ 之后，除了更新 $p_j$ 的 lrd 值外，如果 $p_j \in kNN(p_i)$，则需要更新 lrd$(p_i)$。

定理 4：由定理 3 可知，lrd 值需要更新的 $p_m$ 其 LOF 值也需要更新；此外，将 $p_m$ 作为 $k$- 近邻的点的 LOF 值亦需要更新。

2）数据点的删除

当一个数据点 $p$ 从数据集中删除，其更新算法与插入算法的过程类似，不同之处在于对 $k$- 近邻的更新方法：如果一个点的 $k$- 近邻中包含删除的 $p$ 点，就把它添加到 kNN 发生改变的集合中，并对该集合中的数据点的 $k$- 近邻进行更新。

**3. 基于数据流的 $n$ 阈值自动调整孤立点动态增量挖掘算法**

将具有海量、快速、连续、随时间到达的数据序列称为数据流，则局部异常（LOF）算法的主要思想是：为数据集中的每个对象设一个局部异常因子 LOF 来表示其异常程度，取前 $n$ 个 LOF 值中最大的对象为孤立点，原动态增量 LOF 算法中 $n$ 阈值是作常量处理的。然而现实中，很多数据流中的孤立点分布是不稳定的，比如在网络入侵检测领域，大多数时候没有或者极少发生入侵行为，然而在某些个别时间段入侵行为数目又会明显增多，如果保持 $n$ 值不变就不能真实体现孤立点分布状况的变化，必然会影响孤立点的检测效果。有学者针对此问题提出了面向数据流的根据滑动窗口中孤立点数目的变化而自动调整 $n$ 阈值的局部异常孤立点动态挖掘算法（$n$-IncLOF 算法）。

## 7.5.3　异常值挖掘算法

基于不同的异常产生机制，异常值挖掘算法也多种多样。从不同角度进行归纳，异常检测方法可以有如下分类方式从使用的主要技术路线角度分类有：基于统计的方法、基于距离的方法、基于密度的方法、基于聚类的方法、基于偏差的方法、基于深度的方法、基于小波变换的方法和基于神经网络的方法等。从类标号可以利用的程度分类有：无监督的异常检测方法，在实际情况下，没有提供类标号；有监督的异常检测方法，要求存在异常类和正常类的训练集；半监督的异常检测方法，训练数据包含被标记的正常数据，但是没有关于异常对象的信息。从面向对象的特殊性角度分类有：面向高维数据的方法、面向时间序列的方法、面向数据流的方法、面向空间数据的方法和面向 Web 数据的方法等。本书将从不同的分类方法下的几种异常值挖掘算法中挑选有代表性的进行阐述。

**1. 基于统计的方法**

基于统计的异常检测方法大部分是从针对不同分布的异常检验方法发展起来的，通常用户使用分布来拟合数据集。统计学的方法对给定的数据集合假设了一个分布或者概率模型（例如正态分布），然后根据模型采用不一致性检验来确定异常点数据。不一致性检验要求事先知道数据集模型参数（如正态分布）、分布参数（如均值、标准差等）和预期的异常点数目（置信度区间）。

一个统计学的不一致性检验检查两个假设：一个工作假设（working hypothesis）即零假设，以及一个替代假设（alternative hypothesis）即对立假设。工作假设是描述总体性质的一种想法，它认为数据有同一分布模型，即 $H : O_i \in F, i = 1, 2, \cdots, n$，不一致性检验验证 $O_i$ 与分布 $F$ 的数据相比是否显著地大(或者小)。如果没有统计上的显著证据支持拒绝这个假设，它就被保留。根据可用的关于数据的知识，不同的统计量被提出来用作不一致性检验。假设某个统计量 $T$ 被选择用于不一致性检验，对象 $O_i$ 的统计量的值为 $V_i$，则构建分布 $T$，估算显著性概率 $SP(V_i) = Prob(T > V_i)$。如果某个 $SP(V_i)$ 足够的小，那么检验结果不是统计显著的，则 $O_i$ 是不一致的，拒绝工作假设；反之，不能拒绝假设。

基于统计方法的异常点检测技术优缺点并存，优势在于，异常点检测的统计学方法具有坚实的基础，建立在标准的统计学技术之上。当存在充分的数据和所用的检验类型的知识时，这些检验可能非常有效。缺点在于，大部分统计方法都是针对单个属性的，对于多元数据技术方法较少。同时，在许多情况下，数据分布是未知的，尤其对于高维数据，很难估计真实的分布。因此，统计学方法不能确保所有的异常点数据被发现。

### 2. 基于距离的方法

基于距离的异常点检测，解决了统计学带来的一些限制，其基本思想是一个对象如果远离大部分其他对象，则它是异常的。由于确定数据集的有意义的邻近性度量比确定它的统计分布更容易，因此这种算法克服了基于分布方法的主要缺陷，同时避免了过多的计算。

基于距离的方法有两种不同的策略。第一种策略是采用给定邻域半径，依据点的邻域中包含的对象多少来判定异常。如果一个点的邻域内包含的对象少于整个数据集的一定比例，则标识它为异常，也就是将没有足够邻居的对象看成是基于距离的异常。另一种是利用 $k$ 最近邻距离的大小来判定异常。使用 $k$-最近邻的距离度量一个对象是否远离大部分点，一个对象的异常程度由到它的 $k$-最近邻的距离给定。

目前比较成熟的基于距离的异常数据挖掘的算法有以下几种。

（1）基于索引的算法（index-based）：给定一个数据集合，基于索引的算法采用多维索引结构 $R$-树，$k$-$d$ 树等来查找每个对象在半径 $d$ 范围内的邻居。假设 $M$ 为异常点数据的 $d$-邻域内的最大对象数目。如果对象 $o$ 的 $M+1$ 个邻居被发现，则对象 $o$ 就不是异常点。这个算法在最坏情况下的复杂度为 $O(k \cdot n^2)$，$k$ 为维数，$n$ 为数据集合中对象的数目。当 $k$ 增加时，基于索引的算法具有良好的扩展性。

（2）嵌套-循环算法（nested-loop）：嵌套-循环算法和基于索引的算法有相同的计算复杂度，但是它避免了索引结构的构建，试图最小化 I/O 的次数。它把内存的缓冲空间分为两半，把数据集合分为若干个逻辑块。通过精心选择逻辑块装入每个缓冲区域的顺序，I/O 效率能够改善。

（3）基于单元的算法（cell-based）：在该方法中，数据空间被划为边长等于 $d/2\sqrt{k}$ 的单元。每个单元有两个层围绕着它，第一层的厚度是一个单元，而第二层的厚度是 $2\sqrt{k}-1$。该算法逐个单元地对异常点计数，而不是逐个对象地进行计数。对于一个给定的单元，它累计 3 个计数：单元中对象的数目（cellcount）、单元和第一层中对象的数目（cell+1cellcount）、单元和两个层次中的对象的数目（cell+2cellcount）。该算法将对数据集的每一个元素进行异常点数据的检测改为对每一个单元进行异常点数据的检测，它提高了算法的效率。

基于距离的异常点检测方案尽管简单，但其时间复杂度为 $O(n^2)$，速度不适用于大数据集，不能处理不同密度区域的数据集，因为它使用全局阈值，不能考虑这种密度的变化，因此难以处理不同密度区域的数据集。

### 3. 基于密度的方法

当数据集含有多种分布或数据集由不同密度子集混合而成时，数据是否异常不仅仅取决于它与周围数据的距离大小，而且与邻域内的密度状况有关。基于密度的异常数据挖掘是在基于密度的聚类算法基础之上提出来的，它采用局部异常因子来确定异常数据的存在与否。它的主要思想是：计算出对象的局部异常因子，局部异常因子愈大，就认为它更可能异常；反之则可能性小。

在局部异常 LOF 孤立点发现算法中已对相关概念进行了介绍，基于密度的算法主要就是利用 LOF 来对数据进行描述，对象 $P$ 的局部异常因子表示 $P$ 的异常程度，局部异常因子愈大，就认为它更可能异常，反之则可能性小。簇内靠近核心点的对象的 LOF 接近于 1，那么不应该被认为是局部异常，而处于簇的边缘或是簇的外面的对象的 LOF 相对较大。

基于密度的异常检测结果对参数 $k$ 的选择很敏感，尚没有一种简单而有效的方法来确定合适的参数 $k$，时间复杂度较大且速度慢，难以用于大规模数据集，同时还需要有关异常因子阈值或数据集中异常数据个数的先验知识，在实际使用中有时由于先验知识的不足会造成一定的困难。

### 4. 基于偏差的方法

基于偏差的异常数据挖掘方法是模仿人类的思维方式，通过观察一个连续序列后，迅速地发现其中某些数据与其他数据明显的不同来确定异常点对象，该算法不需要清楚数据的规则。基于偏差的异常点检测常用两种技术：序列异常技术和 OLAP 数据立方体技术。

下面首先对几个相关概念进行解释。

（1）异常集：它是偏离或异常点的集合，被定义为某类对象的最小子集，这些对象的去除会产生剩余集合的相异度的最大减少。

（2）相异度函数：已知一个数据集，如果两个对象相似，那么相异函数返回值较小；反之，相异函数返回值较大，一个数据子集的计算依赖于前个子集的计算。

（3）基数函数：数据集、数据子集中数据对象的个数。

（4）光滑因子：从原始数据集中去除相异度较小的子集，光滑因子最大的子集就是异常点数据集。

序列异常技术模仿了人类从一系列推测类似的对象中识别异常对象的方式，它利用隐含的数据冗余，给定 $n$ 个对象的集合 $S$，并建立一个子集合的序列 $\{S_1, S_2, \cdots, S_m\}$，显然这里 $2 \leqslant m \leqslant n$，由此，求出子集间的偏离程度，即"相异度"。该算法从集合中选择一个子集合的序列来分析，对于每个子集合，它确定其与序列中前一个子集合的相异度差异。光滑因子最大的子集就是异常点数据集。

基于偏差的异常数据挖掘方法的时间复杂度通常为 $O(n)$，$n$ 为对象个数。基于偏差的异常点检测方法计算性能优异，但由于事先并不知道数据的特性，对异常存在的假设太过理想化，因而相异函数的定义较为复杂，对现实复杂数据的效果不太理想。

### 5. 高维数据的方法

Charu C. Aggarwal 和 Philip S. Yu 提出一个高维数据异常检测的方法，它把高维数据集映射到低维子空间，根据子空间映射数据的稀疏程度来确定异常数据是否存在。其主要思想是：首先将数据空间的每一维分成 9 个等深度区间。所谓等深度区间是指将数据映射到此一维空间上后，每一区间包含相等的 $f = 1/\varphi$ 的数据点。然后在数据集的 $k$ 维子空间中的每一维上各取一个等深度区间，组成一个 $k$ 维立方体，则立方体中的数据映射点数为一个随机数 $\varepsilon$，设 $n(D)$ 为 $k$ 维立方体 $D$ 所包含点数，$N$ 为总的点数。定义稀疏系数 $s(D)$ 如下式所示：

$$s(D) = \frac{n(D) - N \cdot f^k}{\sqrt{N \cdot f^k (1 - f^k)}}$$

$s(D)$ 为负数时，说明立方体 $D$ 中数据点低于期望值，$s(D)$ 越小，说明该立方体中数据越稀疏。数据空间的任一模式可以用 $m_1, m_2, \cdots m_i$ 来表示，$m_i$ 指此数据在第 $i$ 维子空间映射区间，可以取值 1 到 $\varphi$，或者*（*表示可以为任意映射值）。异常检测问题可以转化成为寻找映射在 $k$（$k$ 作为参数输入)维子空间上的异常模式以及符合这些异常模式的数据。高维数据中寻找异常模式是非常困难的，一个简单办法是对所有数据维进行组合，来搜索可能异常模式，但是效率极其低下。

通过对空间数据进行研究，发现不正常的行为和模式，有着非常重要的意义。异常数据挖掘有着广泛的应用，如用异常点检测来探测不寻常的信用卡使用或者电信服务以检测欺诈；或者在市场分析中分析客户的极低或极高消费异常行为来预测市场动向；或者在医疗分析中发现对多种治疗方式的不寻常的反应等。因此，异常检测涉及的领域有电信、保险、银行业等，其对风险分析，可发现电子商务中的犯罪行为，灾害气象预报，税务局分析不同团体交所得税的记录，发现异常模型和趋势，海关民航等安检部门推断可能存在的嫌疑人，应用异常检测到文本编辑器，可有效减少文字输入的错误，以及计算机中的入侵检测、运动员的成绩分析等都有积极作用。同时，异常值数据挖掘目前还存在一些问题，如异常的解释和可视化，面向高维数据集、时间序列、数据流和空间时态数据集算法以及并行算法有效性，有效的异常程度度量方法等。

# 第 8 章  空间智能计算

空间智能计算旨在将数值计算与语义表达、形象逻辑思维等高级智能行为联系起来，通过人工智能判断与推理的行为和过程，构建智能化时空数据处理和分析模型，提高 GIS 分析的功能。目前研究较多的空间智能分析包括：神经网络、模糊数学、遗传算法、元胞自动机、分形几何以及小波分析等理论与方法。

## 8.1  神  经  网  络

人工神经网络（artificial neural network, ANN）简称为神经网络（neural network, NN），是以计算机网络系统抽象并模拟生物神经网络行为特征，进行分布式并行信息处理的算法数学模型。其可应用于空间信息分类预测、资源分布动态演化和数据空间聚类分析等地理空间问题的求解，充分利用神经网络所具有的自学习和自适应能力。

神经网络最早的研究可以追溯到 20 世纪 40 年代，其发展主要经历了一下几个时期：①起始期，1943 年，Warren Sturgis McCulloch 和 Walter Pitts 提出了用逻辑的数学工具在神经网络中表述的 M-P 模型。1944 年，Donald Olding Hebb 提出改变神经元间连接强度的准则——Hebb 规则。②发展期，1957 年，Frank Rosenblatt 引进了感知器（perceptron）的概念，模拟生物的感知和学习能力。1962 年，Bernard Windrow 和 Ted Hoff 提出了自适应线性元件（Adaline），用于自适应信号处理和自适应控制。③低谷期，1969 年 Marvin Lee Minsky 和 Seymour Papert 提出感知机不可能实现复杂的逻辑函数，从而否定了这一模型。同时由于冯·诺依曼机在技术、规模和速度方面的迅猛发展，神经网络的研究相对处于低潮。然而在此期间，不少有识之士仍致力于神经网络的研究。其中 Stephen Grossberg 和 Gail Carpenter 提出了自适应共振理论（adaptive resonance theory，ART）网络，Teuvo Kohonen 提出了自组织特征映射模型（self-organizing feature map，SOFM）。④兴盛期，1982 年 John Hopfield 提出了（hopfield neural network，HNN）模型，开拓了神经网络用于联想记忆和优化计算的新途径。1986 年，David Everett Rumelhart 及 Yann LeCun 等学者提出了多层感知器的反向传播（Back Propagation，BP）算法。

### 8.1.1  神经元模型

神经元是神经网络的基本处理单元，它是人工神经网络的设计基础。人工神经网络是模拟或学习生物神经网络（biological neural network，BNN）的信息处理功能的信息处理模型。因此，要了解人工神经元首先必须了解生物神经元。

#### 1. 生物神经元

生物神经元是大脑处理信息的基本单元，传递信息的过程为多输入、单输出。人脑约由 $10^{11} \sim 10^{12}$ 个神经元组成，每个神经元约与 $10^4 \sim 10^5$ 个神经元通过突触连接，形成极为错纵复杂又灵活多变的神经网络。神经元主要由细胞体（cell body）、树突（dendrite）、轴突

（axon）和突触（synapse）组成，如图 8-1 所示。

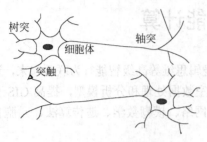

图 8-1　生物神经元

细胞体相当于初等处理器，由细胞核、细胞质和细胞膜等组成，其中细胞膜上受体可与相应化学物质神经递质结合，产生兴奋或抑制。树突是树状的神经纤维接收网络，它接受刺激并将信号传入细胞体。轴突是单根长纤维，它将细胞体的输出脉冲传至其他神经元。突触是一个神经细胞的轴突和另一个神经细胞树突的结合点，当神经元细胞体通过轴突传到突触前膜的脉冲幅度达到一定阈值，突触前膜将向突触间隙释放神经传递的化学物质；突触有两种类型，产生正突触后电位的兴奋性突触和产生负突触后电位的抑制性突触。神经元的排列和突触的强度确立了神经网络的功能。

### 2. 神经元的信息传递

神经元之间的连接强度（连接权）决定信号传递的强弱，而且连接强度是可以随训练改变的。这里的信号可以是起刺激作用的，也可以是起抑制作用的，即权值可正、可负。每个神经元有一个阈值，神经元可以对接受的信号进行累积（加权），而神经元的兴奋程度（输出值的大小），取决于其传输函数及其输入（输入信号的加权与阈值之和）。若来自几个突触输入的激励超过一个确定的阈值，目标神经元将产生它自己的一个输出脉冲。

### 3. 人工神经元模型

人工神经元模型（M-P 模型）由神经生理学家 Warren Sturgis McCulloch 和数理逻辑学家 Walter Pitts 基于早期神经元学说建立。M-P 模型是具有逻辑演算功能的神经元模型，即神经计算模型。

设有 $n$ 个神经元互相联接，每个神经元状态 $x_i$（$i=1,2,3,\cdots,n$）取 0 或 1。当神经元 $i$ 的输入信号加权和超过阈值 $\theta_i$ 时，输出为"1"，即"兴奋"状态；反之输出为"0"，是"抑制"状态。M-P 模型如图 8-2 所示。

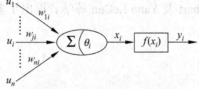

图 8-2　人工神经元模型

求和操作：$x_i = \sum_{j=1}^{n} w_{ji} u_j - \theta_i$

作用函数：$y_i = f(x_i) = f(\sum_{j=1}^{n} w_{ji} u_j - \theta_i)$ $(i \neq j)$

图 8-2 中，$\mu$ 是第 $i$ 个神经元的输出，它可与其他多个神经元通过权连接，$u_1,\cdots,u_i,\cdots u_n$ 分别指与第 $i$ 个神经元连接的其他神经元的输出，$w_{1i},\cdots,w_{ji},\cdots,w_{ni}$ 分别指与第 $i$ 个神经元连

接的权值，$N$ 是第 $e$ 个神经元的阈值，$x_i$ 是第 $i$ 个神经元的净输入，$f(x_i)$ 是非线性函数，称为作用函数或激发函数。

$f(x_i)$ 是作用函数（Activation Function）也称激发函数，基本作用是控制输入对输出的激活作用，对输入、输出进行函数转换，即将可能无限域的输入变换成指定的有限范围内的输出。MP 神经元模型中的激发函数为单位阶跃函数：

$$f(x_i) = \begin{cases} 1, & x_i \geqslant 0 \\ 0, & x_i < 0 \end{cases}$$

#### 4. 常见的神经元激发函数

在神经元模型中，作用函数主要有阶跃型、线性型、S 形以及高斯函数等多种形式。不同的作用函数，可构成不同的神经元模型。

1）对称型阶跃函数函数（见图 8-3）

$$f(x) = \begin{cases} +1, & x \geqslant 0 \\ -1, & x < 0 \end{cases}$$

2）线性函数（见图 8-4）

（1）线性作用函数：输出等于输入，即 $y = f(x) = x$

（2）饱和线性作用函数：$y = f(x) = \begin{cases} 0 & x < 0 \\ x & 0 \leqslant x \leqslant 1 \\ 1 & x > 1 \end{cases}$

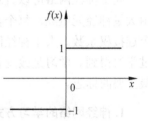

图 8-3　对称型阶跃函数

（3）对称饱和线性作用函数：$y = f(x) = \begin{cases} -1 & x < -1 \\ x & -1 \leqslant x \leqslant 1 \\ 1 & x > 1 \end{cases}$

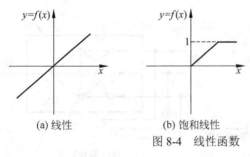

(a) 线性　　　　(b) 饱和线性　　　　(c) 对称饱和线性

图 8-4　线性函数

3）S 形函数

（1）对称型 Sigmoid 函数（见图 8-5）

$$f(x) = \frac{1 - e^{-x}}{1 + e^{-x}}$$

（2）非对称型 Sigmoid 函数（见图 8-6）

$$P_i$$

4）高斯函数（见图 8-7）

$$f(x) = e^{-(x^2/\sigma^2)}$$

式中，$\sigma$ 反映出高斯函数的宽度。

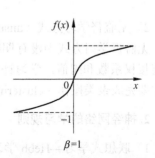

图 8-5　对称型 Sigmoid 函数

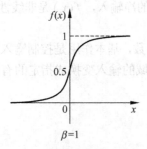

图 8-6 非对称型 Sigmoid 函数

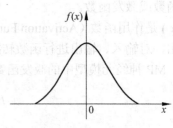

图 8-7 高斯函数

## 8.1.2 神经网络学习算法

人工神经网络可以直观理解为一个分布式并行和分布式的信息处理网络结构，它一般由大量神经元组成，每个神经元有一个输出，多个输入连接通道，每个连接通道对应于一个连接权系数。人工神经网络连接权的确定通常可以根据具体要求直接计算得到，或者通过学习得到。学习是改变各神经元连接权值的有效方法，也是体现人工神经网络智能特性最主要的标志。

### 1. 神经网络的学习方式

1）有监督（误差校正）学习方式（supervised learning）

神经网络根据实际输出与期望输出的偏差，按照一定的准则调整各神经元连接的权系数，如图 8-8(a)所示。期望输出又称为导师信号，是评价学习的标准，所以有监督学习方式又称有导师学习。其特点是：不能保证得到全局最优解，训练样本太多，收敛速度较慢，对样本表示次序变化敏感。

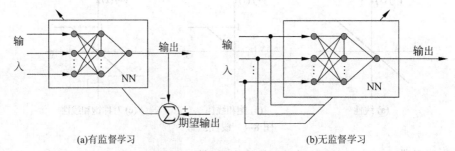

(a)有监督学习　　　　　　　　　　　　(b)无监督学习

图 8-8 神经网络的学习方式

2）无监督学习方式（unsupervised learning）

无监督学习方式中没有期望输出，即无导师信号提供给网络，网络仅仅根据其输入调整连接权系数和阈值，学习评价标准隐含于内部。其结构如图 8-8(b)所示。无监督学习方式主要完成聚类操作（clustering），用以发现那些与假设匹配的相当好的直观分类。

### 2. 神经网络的学习规则

1）联想式学习—Hebb 学习规则

Hebb 学习规则是根据生理学中条件反射机理提出的神经元连接强度变化的规则，是一个纯向前的无监督学习规则。基本思想是两神经元间联接权的变化与两神经元的激活值正相关，如果两个神经元同时被激活，则它们之间的突触连接加强。几乎所有神经网络的学习规则都可以看作 Hebb 学习规则的变形。

考虑只有一个输出的简单情况，$n$ 个训练样本构成的训练样本集为：$[X, Y]$，其中，$X = (x_1, x_2, ..., x_n)^T$，$Y = (y_1, y_2, ..., y_n)^T$。对神经元 $i$，实际输出为 $y_i(n)$，期望响应或目标输出即导师信号为 $d_i(n)$，实际输出与期望输出之间的误差即学习误差定为 $e_i(n) = d_i(n) - y_i(n)$。

在学习步骤为 $n$ 时调整对应的权值为

$$\Delta w_{ij}(n) = \eta e_i(n) x_j(n)$$

则，突触权值 $w_{ij}$ 的新值为

$$w_{ij}(n+1) = w_{ij}(n) + \Delta w_{ij}(n)$$

式中，$w_{ij}$ 表示神经元 $x_i$ 到 $x_j$ 的突触权值。$\eta$ 为学习率参数，取较大值时，可以加快网络的训练速度，但是其值太大会导致网络稳定性的降低和训练误差的增加，一般取 $0 < \eta \leqslant 1$。

2）纠错式学习—Delta（$\delta$）学习规则

纠错式学习是一种有监督学习，其基本思想是利用神经元期望输出与实际输出之间的误差作为联接权调整的参考，最终减小这种误差。该学习规则仅适用于线性可分函数，无法用于多层网络。

考虑一个简单情况：设某神经网络的输出层中只有一个神经元 $i$，产生的实际输出为 $y_i(n)$，期望输出为 $d_i(n)$，学习误差为 $e_i(n)$。需要调整权值使误差信号 $e_i(n)$ 减小到一个范围，则设定代价函数或性能指数 $\varepsilon(n)$，$\varepsilon(n)$ 借助误差信号 $e_i(n)$ 定义如下：

$$\varepsilon(n) = \frac{1}{2} e_i^2(n)$$

调整突触权值使代价函数达到最小或使系统达到一个稳定状态，就完成了学习过程。

在学习步骤为 $n$ 时对突触权值的调整为

$$\Delta w_{ij}(n) = \eta \varepsilon(n) x_j(n)$$

则，突触权值 $w_{ij}$ 更新值为

$$w_{ij}(n+1) = w_{ij}(n) + \Delta w_{ij}(n)$$

式中，$\eta$ 为学习率；$w_{ij}$ 表示神经元 $x_i$ 到 $x_j$ 的突触权值。

### 8.1.3　典型的神经网络模型

目前，神经网络模型的种类比较多，已有近 40 余种神经网络模型，其中典型的有 BP 网络、Hopfield 网络、CMAC 小脑模型、ART 自适应共振理论和 Blotzman 机网络等。神经网络强大的计算功能是通过神经元的互连而达到的，根据神经元的拓扑结构形式不同，神经网络可分成以下两大类：层次型神经网络和互联型神经网络。根据神经元的网络信息流向不同，神经网络可分成以下两大类：前馈型网络和反馈型网络，如图 8-9 所示。

实践中常用的基本神经网络模型有：感知器神经网络模型、线性神经网络模型、BP 神经网络模型、径向基神经网络模型、自组织神经网络模型、反馈网络模型等。

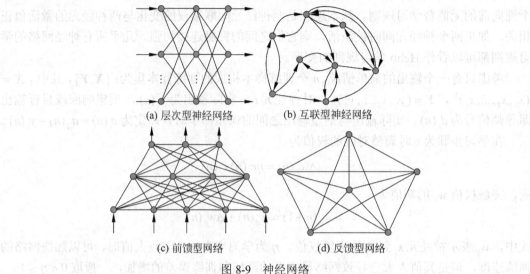

(a) 层次型神经网络　　　　　　　　(b) 互联型神经网络

(c) 前馈型网络　　　　　　　　　(d) 反馈型网络

图 8-9　神经网络

**1. 感知器神经网络模型**

感知器（perceptron）模型属于层次型神经网络，是有自学习能力的神经网络模型。其由 Frank Rosenblatt 提出，是一个具有单层神经元的前向神经网络，并由线性阈值元件组成，又称为单层感知器，如图 8-10 所示。该模型适合于简单的模式分类问题，也可用于基于模式分类的学习控制和多模态控制中，但单层感知器只能处理线性问题，对非线性或者线性不可分问题无能为力。

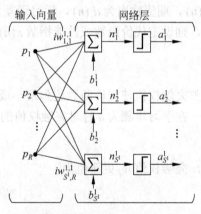

图 8-10　单层感知器神经网络

1）单层感知器模型

单层感知器模型算法思想是：首先把连接权和阈值初始化为较小的非零随机数，然后把有 $n$ 个连接权值的输入送入网络，经加权运算处理，得到的输出如果与所期望的输出有较大的差别，就对连接权值参数按照某种算法进行自动调整，经过多次反复，直到所得到的输出与所期望的输出间的差别满足要求为止。

单层感知器的局限性：若输入模式为线性不可分集合，则网络的学习算法将无法收敛，也就不能进行正确的分类。

2）多层感知器模型

为解决线性不可分问题而提出的多层感知器模型，是由单层感知器添加处理单元构成，模型中只允许某一层的连接权值可调。多层感知器克服了单层感知器的许多缺点，例如，二层感知器可以解决异或逻辑运算问题；三层感知器可以识别任一凸多边形或无界的凸区域；更多层的感知器网络可识别更为复杂的图形。

#### 2. 线性神经网络模型

线性（linear）神经网络由一个或多个线性神经元构成（图 8-11），其与感知器神经网络模型的主要不同之处在于神经元采用线性函数作为传递函数，该线性激活函数的输出可以是任意值，而不仅像感知器那样只能取 0 或 1。

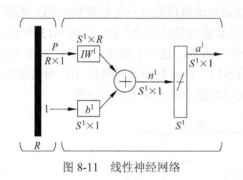

图 8-11　线性神经网络

和感知器一样，线性神经网络只能处理反应输入输出样本向量空间的线性映射关系，也只能处理线性可分问题，但抗噪能力较强。目前线性神经网络在函数拟合、信号滤波、预测、控制等方面有广泛的应用。线性神经网络的输入和输出之间是简单的纯比例关系，神经元可以是一个或多个。

线性神经网络采用最小均方误差 LMS 算法，来调整网络的权值和阈值，又称为 Widrow-Hoff 学习规则，是有导师学习算法。它是一种沿误差的最陡下降方向对前一步权值向量进行修正的。LMS 学习规则定义如下：

$$\text{mse} = \frac{1}{m}\sum_{n=1}^{m}e_i^2(n) = \frac{1}{m}\sum_{n=1}^{m}\left(d_i(n) - y_i(n)\right)^2$$

式中，$d_i(n)$ 为期望输出；$y_i(n)$ 为实际输出；$e_i(n)$ 表示学习误差。LMS 学习规则统计的是学习误差 $e_i(n)$ 的平方和的均值。

其目标是通过调节权值，使 mse 从误差空间的某点开始，沿着 mse 的斜面向下滑行，最终使 mse 达到最小值。线性神经网络只能反应输入和输出样本向量空间的线性映射关系。网络的训练并不总能达到零误差，训练性能受网络规模、训练集大小的限制。

#### 3. BP 神经网络模型

BP（back propagation）神经网络指基于误差反向传播算法的多层前馈神经网络（图 8-12），采用的传递函数是 sigmoid 型可微函数或线性函数（pureline），可实现输入输出之间的任意非线性映射，这一特点使得 BP 神经网络广泛应用在函数逼近、模式识别、数据压缩等领域。

BP 网络的最后一层神经元的特性决定整个网络的输出特性。当最后一层神经元采用 sigmoid 类型的函数时，那么整个网络的输出都会被限制在一个较小的范围内，如果采用 pureline 型函数，则整个网络的输出可以是任意值。BP 网络一般具有一个或多个隐层，隐层神经元一般采用 sigmoid 型传递函数，而输出层一般采用 pureline 型传递函数。

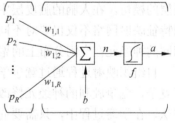

图 8-12　BP 神经网络

标准的 BP 算法同 LMS 算法一样，均是一种梯度下降学习算法，其权值的修正沿着误差性能函数梯度的反方向进行。BP 算法中，网络的权值和阈值沿着网络误差变化的负梯度方向进行调节，最终使得网络的误差达到极小值或最小值，即此时误差梯度为 0。BP 网络可以实现任意线性或者非线性的函数映射，然而在实际的设计过程中往往需要反复试凑隐层神经元的个数，分析隐层神经元的作用机理，需要长时间不断进行训练才得可能到比较满意的结果。

**4. 径向基函数网络模型**

径向基函数（radical basis function，RBF）网络是以函数逼近理论为基础构造的一类前向网络，这类网络的学习等价于在多维空间寻找训练数据的最佳拟合平面，如图 8-13 所示。径向基函数网络的每一个隐层都构成拟合平面的一个基函数，是一个局部逼近网络，而 BP 网络是典型的全局逼近网络。由于两者的构造本质不同，径向基函数网络比 BP 网络规模更大，学习速度较快，网络的函数逼近能力、模式识别能力以及分类能力更优。

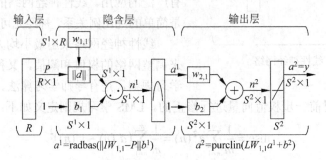

$$a^1=\text{radbas}(\|IW_{1,1}-P\|b^1) \qquad a^2=\text{purelin}(LW_{1,1}a^1+b^2)$$

图 8-13　径向基函数网络

与前 3 种神经元模型相比，径向基函数神经元模型中多了一个 $\|d\|$，表示输入向量和权重向量的距离，模型采用高斯函数等径向基函数作为神经网络的传递函数。典型的径向基函数网络包括三层，即输入层、隐层和输出层。输入层由一些感知单元组成，将网络与外界环境连接起来；隐层的作用是从输入空间到隐藏空间进行非线性变换；输出层是线性的，其作用在于为输入层的激活信号提供响应。需要设计的是隐层神经元的个数以及输出神经元的个数。

**5. 自组织特征映射网络模型**

自组织特征映射网络（self-organizing feature map，SOFM）的构造是基于人类大脑皮质层的模仿。在人脑的脑皮层中，对外界信号刺激的感知和处理是分区进行的，因此自组织特征映射网络不仅仅要对不同的信号产生不同的响应，即分类功能，而且还要实现功能相同的神经元在空间分布上的聚集。

自组织映射过程通过竞争学习（competing learing）完成，是由同一层神经元之间相互竞争，竞争胜利的神经元修改与其连接的连接权值的过程。竞争学习是一种无监督学习方法，在学习过程中，只需要向网络提供一些学习样本，而无需提供理想的目标输出，网络根据输入样本的特性进行自组织映射，从而对样本进行自动排序和分类。

自组织特征映射网络在训练时要对获胜的神经元及获胜神经元邻域内所有的神经元进行权值修正，从而使得相近的神经元具有相同功能。其主要目的是将任意维数的输入信号转变为一维或二维的离散映射，并且以拓扑有序的方式自适应现实该变换。自组织映射的形成有 3 个主要过程：①竞争，网络中神经元计算各自的判别函数值，具有最大值的神经元成为竞争竞争的胜利者；②合作，获胜神经元决定兴奋神经元的拓扑邻域的空间位置，提供相邻神经元的基础；③突出调节，兴奋神经元适当调节突触权值，增强判别函数值，使获胜神经元对后续相似输入模式的响应也增强了。

### 6. 反馈网络模型

反馈网络中的信息在前向传递同时反向传递，即信息的反馈，反馈可以发生在不同网络层的神经元之间，也可以只局限于某一层神经元上。反馈网络属于动态网络，只有满足了稳定条件，网络才能在工作了一段时间后达到稳定状态。反馈网络的典型代表是 Elman 网络和 Hopfield 网络，Elman 网络主要用于信号检测和预测方面，Hopfield 网络主要用于联想记忆、聚类以及优化计算等方面。

Elman 网络由是一种典型的局部回归网络，可看做是一个具有局部记忆单元和局部反馈连接的前向神经网络。其由输入层、隐层和输出层构成，并且在隐层存在状态反馈环节，隐层神经元采用正切 sigmoid 型函数作为传递函数，输出层神经元传递函数为纯线性函数，当隐层神经元足够多的时候，Elman 网络可以保证网络以任意精度逼近任意非线性函数。

Hopfield 网络是单层对称全反馈网络，其设计思想是在初始输入下，使网络经过反馈计算，最后达到稳定状态，这时的输出就是用户需要的平衡点。Hopfield 网络主要用于联想记忆和优化计算。联想记忆是指当网络输入某一个向量之后，网络经过反馈演化，从网络的输出端得到另外一个向量，则输出向量为网络的一个平衡点。优化计算是指某一问题存在多个解法时，设计一个目标函数，然后寻求满足目标的最优解法，即网络平衡点。

## 8.2 模糊逻辑模型

模糊逻辑又称弗晰逻辑，以模糊集合理论、模糊语言变量和模糊推理为基础的控制方法，来处理模糊的、不完全的乃至相互矛盾的信息，主要解决不确定现象和模糊现象，其需要多年经验的感知来判断问题。空间信息本质上具有某种程度的不确定性，将模糊逻辑引入空间分析中，有利于许多不确定性空间问题得以求解。

模糊集合论的基础是模糊集，又称 Fuzzy 集，其相对于经典集合论的清晰明确，而是指具有某个模糊概念所描述的属性对象的全体。1965 年，数学家 Lotfi Askar Zadeh 发表的 *Fuzzy Sets* 首先提出了模糊集合的概念并给出其定义。1979 年，Jan Pavelka 发表以 *On Fuzzy Logic* 为题的 3 篇文章，为模糊命题演算提供了比较完整的理论框架，这是 Fuzzy 逻辑方面的奠基性工作。

模糊逻辑常与模糊集的隶属度相关联，在模糊逻辑中可把二值逻辑中的赋值从值域 {0,1}扩充为无穷多值的连续值域[0,1]，或者把公理系统中的公式赋予某种真度，同时把推理规则程度化，如 Jan Pavelka 的模糊逻辑系统、Giangiacomo Gerla 的模糊逻辑系统等。

随着模糊逻辑理论研究的深入发展，其应用研究与技术也获得充分的成功。1974 年，Ebrahim H. Mamdani 和 Seto Assilian 首次提出模糊逻辑控制理论，并应用于热电厂的蒸汽机控制；1976 年，Ebrahim H. Mamdani 将该理论应用于水泥旋转窑的控制；1987 年，Bart Kosko 提出了集学习、联想、识别、自适应及模糊信息处理于一体的模糊神经网络（fuzzy neural network，FNN）的概念，提高整个系统的学习能力和表达能力。

### 8.2.1　模糊逻辑的基础理论

#### 1. 经典集合及其特征函数

模糊集合是表示模糊数学理论的基础，而了解经典集合是理解模糊集合概念的基础。在理论中，集合定义为在论域范围内具有某种属性的、确定的、彼此间可以区别的事物的全体，组成集合的事物称为集合的元素或元。论域内的全体事物构成一个特殊的集合全集，论域中的元素与集合的关系可以用特征函数来表达。某元素 $x$ 相对于集合 $A$ 的关系可定义为

$$\psi_A(x) = \begin{cases} 1, & x \in A \\ 0, & x \notin A \end{cases}$$

式中，$\psi_A$ 表示集合 $A$ 的特征函数，是从全集 $U$ 到二元数集 $\{0,1\}$ 的函数。元素 $x$ 与集合 $A$ 的关系只有两种：$x$ 属于集合 $A$，$x$ 不属于集合 $A$，这是经典集合与模糊集合最本质的区别。

设 $A$ 和 $B$ 是全集 $U$ 的两个子集，则特征函数 $\psi_A$ 具有下列性质：

（1）$\psi_A = 0$ （空集）；

（2）$\psi_A = 1$（全集）；

（3）$\psi_A \subseteq \psi_B$ （$A$ 包含于 $B$）；

（4）$\psi_A = \psi_B$ （$A$ 等于 $B$）；

（5）$\psi_{\bar{A}}(x) = 1 - \psi_A(x)$ （补集）；

（6）$\psi_{A \cup B}(x) = \max\{\chi_A(x), \chi_B(x)\}$ （并集）；

（7）$\chi_{A \cap B}(x) = \min\{\chi_A(x), \chi_B(x)\}$ （交集）。

#### 2. 模糊集合及其隶属函数

模糊集合是用隶属函数描述的，它与经典集合的根本区别在于一个元素可以既属于又不属于某一模糊集合的概念，亦此亦彼，界限模糊。经典集合的概念内涵和外延都是明确的，但是模糊概念没有明确的内涵和外延，难以划分。其中，概念的内涵是集合的定义，概念的外延是指集合的所有元素，内涵和外延不可分割。模糊概念的内涵和外延之间存在着一种对应关系，这种对应关系可以用模糊集合论的方法描述。

给定被研究的全体对象论域 $U$，$U$ 到[0,1]闭区间的任一映射 $\mu_{\tilde{A}}$ 称为隶属函数：

$$\mu_{\tilde{A}} : U \to [0,1]$$

$$x \to \mu_{\tilde{A}}(x)$$

映射 $\mu_{\tilde{A}}$ 确定一个模糊子集 $\tilde{A}$；映射 $\mu_{\tilde{A}}$ 称为 $\tilde{A}$ 的隶属度函数；对于任意元素 $x \in U$，函数值 $\tilde{A}(x)$ 称为元素 $x$ 对 $\tilde{A}$ 隶属度；在不至于混淆的情况下，可用 $\tilde{A}(x)$ 表示 $\mu_{\tilde{A}}(x)$。$\mu_{\tilde{A}}(x)$ 的大小反映了元素 $x$ 对于模糊子集 $\tilde{A}$ 的隶属程度。若 $\mu_{\tilde{A}}(x)$ 接近 1，表示 $x$ 属于 $\tilde{A}$ 的程度高；若 $\mu_{\tilde{A}}(x)$ 接近 0，表示 $x$ 属于 $\tilde{A}$ 的程度低。

隶属度是论域元素属于模糊集合的程度。计算隶属度的函数称为隶属函数，是模糊集合中的特征函数。隶属函数的性质有：①定义为有序对；②值在 0 和 1 之间；③其值的确定具有主观性。常用的隶属函数的确定方法有：①模糊统计法：是对论域 $U$ 上一确定元素是否属于论域上的一个可变动的清晰集合的判断，缺点是工作量较大；②例证法：是从已

知有限个的值，来估计论域 $U$ 上的模糊子集的隶属度函数；③专家经验法：根据专家的实际经验，确定隶属度函数的方法；④二元对比排序法：两两对比多个事物的某种特征，以决定这些事物对该特征的隶属函数的大体形状。

**3. 模糊集合的基本运算**

设 $\tilde{A}$、$\tilde{B}$ 为论域 $U$ 上的两个模糊集合，若对于 $U$ 上的所有元素 $x$，都有 $\mu_{\tilde{A}}(x) = \mu_{\tilde{B}}(x)$，则称模糊集合 $\tilde{A}$ 与 $\tilde{B}$ 相等。若 $\mu_{\tilde{A}}(x) = 0$，则称 $\tilde{A}$ 为模糊空集，记作 $\tilde{A} = \varphi$。

模糊集合 $\tilde{A}$ 与 $\tilde{B}$ 对应隶属函数的并集、交集、补集分别为 $\mu_{\tilde{A} \cup \tilde{B}}$、$\mu_{\tilde{A} \cap \tilde{B}}$、$\mu_{\tilde{A}^c}$，对于 $U$ 的任一元素 $x$，有

$$\mu_{\tilde{A} \cup \tilde{B}}(x) = \max[\mu_{\tilde{A}}(x), \mu_{\tilde{B}}(x)] = \vee [\mu_{\tilde{A}}(x), \mu_{\tilde{B}}(x)]$$
$$\mu_{\tilde{A} \cap \tilde{B}}(x) = \min[\mu_{\tilde{A}}(x), \mu_{\tilde{B}}(x)] = \wedge [\mu_{\tilde{A}}(x), \mu_{\tilde{B}}(x)]$$
$$\mu_{\tilde{A}^c}(x) = 1 - \mu_{\tilde{A}}(x)$$

式中，"$\vee$" 表示取大运算，"$\wedge$" 表示取小运算，称其为 Zadeh 算子。

给出模糊集合 $\tilde{A}$ 和 $\tilde{B}$，见图 8-14(a)。其中 $\tilde{A}$ 为高斯分布，$\tilde{B}$ 为三角分布，二者的并、交运算结果如图 8-14(b)和图 8-14(c)所示，模糊集合补运算结果见图 8-14(d)。

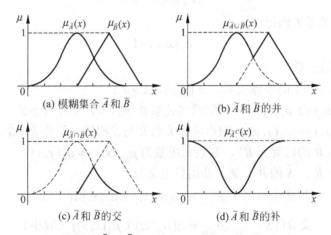

(a) 模糊集合 $\tilde{A}$ 和 $\tilde{B}$　　　　(b) $\tilde{A}$ 和 $\tilde{B}$ 的并

(c) $\tilde{A}$ 和 $\tilde{B}$ 的交　　　　(d) $\tilde{A}$ 和 $\tilde{B}$ 的补

图 8-14　集合 $\tilde{A}$ 与 $\tilde{B}$ 及其并、交、补运算（实线区域）

模糊集合并、交、补运算满足：幂等律、交换律、结合律、分配律、吸收律、同一律、复原律、对偶律。但因为模糊集合没有明确的边界，其补集也无明确的边界，因此模糊集合不满足互补律。

**4. 模糊关系及其基本运算**

1）模糊关系

模糊关系反映的是模糊事件之间的相互关系，既可以反映元素从属模糊集的程度（一元模糊关系），也可以反映两个模糊集合元素之间的关联程度（二元模糊关系），还可以表示多个模糊集合中的元素之间的关联程度（多元模糊关系）。

当论域为有限时，可用模糊矩阵来表示模糊关系。如果对任意的 $i \leq m$ 及 $j \leq n$，都有 $r_{ij} \in [0,1]$，则称 $\tilde{R} = [r_{ij}]_{m \times n}$ 为模糊矩阵。通常以 $\mu_{m \times n}$ 表示全体 $m$ 行 $n$ 列的模糊矩阵。

设 $X$ 是由 $m$ 个元素构成的有限论域，$Y$ 是由 $n$ 个元素构成的有限论域。可表示为

$$\tilde{R}(X,Y) = \left[ r_{ij} \right], \quad r_{ij} = \mu_{\tilde{R}}(x_i, y_j),$$

或 $m \times n$ 阶模糊矩阵

$$\tilde{R}(X,Y) = \begin{bmatrix} r_{11} & r_{12} & \cdots & r_{1n} \\ r_{21} & r_{22} & \cdots & r_{2n} \\ \vdots & \vdots & \ddots & \vdots \\ r_{m1} & r_{m2} & \cdots & r_{mn} \end{bmatrix}$$

设 $X$ 和 $Y$ 为实数集，试确定模糊关系 $\tilde{R}$，$\tilde{R}$ 表示"$x$ 约等于 $y$"。其隶属函数为

$$\mu_{\tilde{R}}(x,y) = \mathrm{e}^{-(x-y)^2}$$

$X \times Y$ 上恒等关系 $\tilde{E}$ 满足

$$\mu_{\tilde{E}}(x,y) = \begin{cases} 1 & x = y \\ 0 & x \neq y \end{cases}$$

$X \times Y$ 上零关系 $\tilde{Z}$ 满足

$$\mu_{\tilde{Z}}(x,y) = 0$$

$X \times Y$ 上全称关系 $\tilde{T}$ 满足

$$\mu_{\tilde{T}}(x,y) = 1$$

2）模糊关系的运算

设 $\tilde{R}$、$\tilde{S}$ 是 $X \times Y$ 上的模糊关系，$\forall (x,y) \in X \times Y$，

（1）若有 $\mu_{\tilde{R}}(x,y) \geqslant \mu_{\tilde{S}}(x,y)$，则称模糊关系 $\tilde{R}$ 包含 $\tilde{S}$，记作 $\tilde{R} \supseteq \tilde{S}$；

（2）如果 $\mu_{\tilde{R}}(x,y) = \mu_{\tilde{S}}(x,y)$，则称模糊关系 $\tilde{R}$ 与 $\tilde{S}$ 相等，记作 $\tilde{R} = \tilde{S}$；

（3）模糊关系 $\tilde{R}$ 的转置为 $\tilde{R}^{\mathrm{T}}$，其隶属函数为 $\mu_{\tilde{R}^T}(x,y) = \mu_{\tilde{R}}(y,x)$；

（4）模糊关系 $\tilde{R}$、$\tilde{S}$ 的并、交、补运算定义为

并 $\tilde{R} \cup \tilde{S}$：  $\mu_{\tilde{R} \cup \tilde{S}} = \mathrm{V}[\mu_{\tilde{R}}(x,y), \mu_{\tilde{S}}(x,y)]$（取大）

交 $\tilde{R} \cap \tilde{S}$：  $\mu_{\tilde{R} \cap \tilde{S}} = \Lambda[\mu_{\tilde{R}}(x,y), \mu_{\tilde{S}}(x,y)]$（取小）

补：  $\mu_{\tilde{R}^C} \Leftrightarrow \mu_{\tilde{R}^C}(x,y) = 1 - \mu_{\tilde{R}}(x,y)$（经典补集）

### 5. 模糊推理

模糊推理是以模糊集合论为基础描述工具，对以一般集合论为基础描述工具的数理逻辑进行扩展，从而建立了模糊推理理论，其属于不确定推理。模糊推理是采用模糊逻辑由给定的输入到输出的映射过程，包括五个方面：

（1）输入变量模糊化

输入变量是输入变量论域内的某一确定的数，输入变量经模糊化后，变化为由隶属度表示的 0 和 1 之间的某个数，模糊化常由隶属度函数或查表求得。

（2）应用模糊算子

如果给定规则的前件中不止一个命题，需要模糊算子获得该规则前件被满足的程度。模糊算子的输入是两个或多个输入变量经模糊化后得到的隶属度值，其输出是整个前件的隶

属度，常用的与算子有 min（模糊交）和 prod（代数积），常用的或算子有 max（模糊并）和 probor（概率或）。probor 定义为

$$probor(u_A(x), u_B(x)) = u_A(x) + u_B(x) - u_A(x)u_B(x)$$

（3）模糊蕴含

模糊蕴含可以看作是一种模糊算子，输入是规则的前件被满足的程度，输出是一个模糊集，规则"如果 $x$ 是 $A$，则 $y$ 是 $B$"表示 $A$ 与 $B$ 之间的模糊蕴含关系。

（4）模糊合成

模糊合成也是一种模糊算子，输入是每一个规则输出的模糊集，输出是这些模糊集经过合成后得到的一个综合输出模糊集。常用的模糊合成算子有（模糊并）、probor（概率或）和 sum（代数和）。

（5）反模糊化

反模糊化即把输出的模糊量转化为确定的输出，是把输出的模糊集化为确定数值的输出，常用的反模糊化的方法有：中心法、二分法及输出模糊集极大值的平均值、最大值或最小值。

## 8.2.2 模糊逻辑系统

模糊系统（Fuzzy System，FS）是以模糊规则为基层而具有模糊信息处理能力的动态模型，是仿效人的模糊逻辑思维方法设计的系统，该方法允许系统在工作过程中存在数值量的不精确性。它用精确的数学理论研究人类思维的模糊性，其基本概念是用隶属度来描述某一对象（或称为元素）属于某一论域或集合的程度，这样既能准确描述人类思维中的模糊性，又能被计算机理解。已广泛应用于计算机科学、自动控制、系统工程、环保、机械、管理科学、思维科学、社会科学等领域。

### 1. 模糊系统结构

模糊控制利用模糊的信息处理对被控制对象执行控制，不需要知道系统的精确数学模型，对不确定的非线性系统来说是一种有效的控制途径。但模糊控制对信息的简单模糊化导致系统的控制精度下降，为了提高精度，需要在模糊化时增加模糊量的个数或增大控制规则集，使控制规则搜索范围的扩大，搜索时间增加，降低了决策的速度，影响了动态过程的品质。因此，隶属函数和控制规则的优化是提高品质的关键，是对模糊控制中的知识进行正确性校正。

一般地说，模糊系统是指那些与模糊概念和模糊逻辑有直接关系的系统，主要由模糊化接口、知识库、模糊推理机、反模糊化接口四部分组成，如图 8-15 所示。

1）模糊化（Fuzzification）接口

模糊化，即输入变量模糊化，是把确定的输入转化成为由隶属度描述的模糊集。模糊化接口主要将检测输入变量的精确值根据其模糊度划分和隶属度函数转换成合适的语言值（即模糊值）。模糊划分是根据经验而进行划分的。对于一个论域而言，模糊度的划分过少，则语言变量粗糙，控制质量低；反之，则变量的检测和控制精度高，但控制规则过多，处理时间和过程增加。一般为减少模糊规则数，可对检测和控制精度要求高的变量划分多

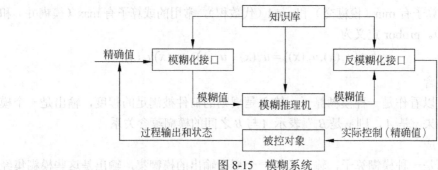

图 8-15　模糊系统

个（例如 5~7 个）模糊度，反之划分少些（例如 3 个）模糊度。当变量的模糊度划分完成后，需定义变量各模糊集的隶属函数。

2）知识库（knowledge base）

知识库包含了具体应用领域中的知识和要求的控制目标，具体包括数据库（data base）与规则库（rule base）两部分，其中数据库提供处理模糊数据的相关定义，而规则库则是由一群语言控制规则描述控制目标和策略。它们决定着模糊控制器的性能，是模糊控制器的核心。

（1）模糊数据库存储有关模糊化、模糊推理、解模糊的一切知识，如模糊化中的论域变换法、输入变量、各模糊集合的隶属函数定义，以及模糊推理算法、反模糊化算法、输出变量各模糊集合的隶属函数定义等。

（2）模糊规则库由若干模糊推理规则组成，模糊控制规则是根据人的思维方式对一个被控系统执行控制而总结出来的带有模糊性的控制规则，如专家经验等。

3）模糊推理机（fuzzy inference engine）

是根据模糊逻辑规则把模糊规则库中的模糊"if-then"规则转换成某种映射。模糊推理是模糊控制器的核心，其运用模糊逻辑和模糊推论法进行推论，从而模拟人基于模糊概念的推理能力。

4）反模糊化（defuzzification）

即清晰化，是把输出的模糊量转化为实际用于控制的清晰量，即将推论所得到的模糊值转化为明确的控制讯号，作为系统的数值输出。

**2. 常见的模糊逻辑系统**

最常见的模糊逻辑系统有纯模糊逻辑系统、Mamdani 型模糊逻辑系统和 T-S 型模糊逻辑系统。

1）纯模糊逻辑系统

纯模糊逻辑系统是仅由知识和模糊推理机组成的系统，如图 8-16 所示。特点是输入输出均是模糊集合。模糊规则库由若干"if-then"规则构成，模糊推理机在模糊逻辑原则的基础上，利用"if-then"规则决定如何将输入论域上的模糊集合与输出论域上的模糊集合对应起来。模糊推理规则形式为

$$R^{(l)}: \text{if } x_1 \text{ is } F_1^l, \cdots, x_n \text{ is } F_n^l, \text{ then } y \text{ is } G^l$$

式中，$F^l$ 和 $G^l$ 均为模糊集合。其中 $X = (x_1, x_2, \cdots, x_n)$，$x \in U$，$y \in V$，$x$ 和 $y$ 分别为输入

和输出语言交量，$l = 1,2,\ldots,M$ 。

图 8-16　纯模糊逻辑系统

纯模糊逻辑系统提供了系统地利用量化专家语言信息，以及在模糊逻辑原则下系统利用这类语言信息的一般化模式，但其输入输出均为模糊集合，不易为绝大多数工程系统所应用。为解决这一问题，在纯模糊逻辑系统的基础上提出了具有模糊产生器和模糊消除器的 Mamdani 型模糊逻辑系统，和模糊规则的后项结论为精确值的模糊系统的 T-S 型模糊逻辑系统。

2）Mamdani 型模糊逻辑系统

在 Mamdani 型模糊逻辑系统中，模糊规则的前件和后件均为模糊语言值，即在纯模糊逻辑系统的输入和输出部分分别添加模糊产生器和模糊消除器，如图 8-17 所示。该系统的输入与输出均为精确量，具有广泛性应用，因此又可称为模糊系统的标准模型。

图 8-17　Mamdani 型模糊系统

Mamdani 型模糊推理算法采用极小运算规则定义模糊蕴含表达的模糊关系，例如规则

$$\text{Rule: if } x \text{ is } A, \text{ then } y \text{ is } B$$

表达的模糊关系 Rule 定义为

$$R_\zeta = A \times B = \int_{X \times Y} \frac{\mu_A(x) \wedge \mu_B(y)}{(x, y)}$$

当 $x$ 为 $A'$，且模糊关系的合成运算采用"极大-极小"运算时，模糊推理的结论计算为

$$B' = A' \circ R_\zeta = \int_Y \frac{\bigvee\limits_{x \in X}(\mu_{A'}(x) \wedge \mu_A(y) \wedge \mu_B(y))}{y}$$

模糊产生器的作用是将一个确定的点映射为输入空间的一个模糊集合，即模糊化。模糊化通常通过查表或隶属函数计算。前者主要用于论域为离散的，且元素个数有限的情况。后者用于论域连续的情况，且便于计算。模糊消除器的作用是将输出空间的一个模糊集合映射为一个确定的点，即解模糊化。

应用 Mamdani 型的模糊推理系统，每一条规则推理后得到的输出是变量的分布隶属函数或离散的模糊集合。在将多条规则的结果合成以后，每一个输出变量模糊集合都需要进行解模糊化处理，以得到实际问题期望的输出。其规则的形式符合人们思维和语言表达的习惯，能方便地表达人类的知识，但存在计算复杂和不利于数学分析的缺点。

3）高木-关野型（T-S）模糊逻辑系统

T-S 型模糊推理将去模糊化也结合到模糊推理中，其输出为精确量。算法与 Mamdani 型类似，主要差别在于输出隶属函数的形式。此系统有两个输入 $x$ 和 $y$，一个输出 $f$，规则库由如下两条规则组成：

$$\text{If } x \text{ is } A_1 \text{ and } y \text{ is } B_1, \text{ then } z_1 = f_1(x, y)$$
$$\text{If } x \text{ is } A_2 \text{ and } y \text{ is } B_2, \text{ then } z_2 = f_2(x, y)$$
$$\text{Rule 1: If } x \text{ is } A_1 \text{ and } y \text{ is } B_1, \text{ then } f_1 = p_1 x + q_1 y + r_1$$
$$\text{Rule 2: If } x \text{ is } A_2 \text{ and } y \text{ is } B_2, \text{ then } f_2 = p_2 x + q_2 y + r_2$$

其中，$A$ 和 $B$ 为前提规则中的模糊集合；$f$ 为输出语言变量，即结论中的精确数；$p$、$q$、$r$ 为常数。通常 $f(x, y)$ 为 $x$ 和 $y$ 的多项式。当 $f(x, y)$ 为一阶多项式时，模型称为一阶 T-S 模糊模型。

图 8-18 中，输入向量为 $[x, y]$，权重 $w_1$ 和 $w_2$ 通常由前提中的隶属函数 $\mu$ 值乘积得来，输出 $f$ 为各规则输出的加权平均，$\overline{w_1}$ 和 $\overline{w_2}$ 为各权重在总权重中的比例。

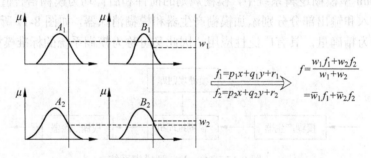

图 8-18 具有两条规则的两输入一阶 Sugeno 模糊模型

T-S 型模糊推理规则计算简单，利于数学分析，易与控制方法以及优化，能与自适应方法结合，是具有优化与自适应能力的控制器或模糊建模工具，是基于样本的模糊建模中最常选用的方法。

### 8.2.3 模糊系统与神经网络

#### 1. 模糊系统与神经网络的区别与联系

模糊集理论和神经网络虽都属于仿效生物体信息处理机制以获得柔性信息处理功能的理论，但两者所用的研究方法不同。神经网络通过学习、自组织化和非线性动力学理论形成并行分析方法，可处理语言化的模式信息，而模糊集理论引入的隶属度函数，逻辑处理包含有模糊性的语言信息。模糊逻辑具有模拟人脑抽象思维的特点，而神经网络具有模拟人脑形象思维的特点，因此将两者结合起来，在处理大规模的模糊应用问题方面将表现出优良的效果。

（1）从知识的表达方式来看，模糊系统可以表达人的经验性知识，便于理解；而神经网络只能描述大量数据之间的复杂函数关系，难于理解。

（2）从知识的存储方式来看，模糊系统将知识存储在规则集中，而神经网络将知识存储在权系数中，都具有分布存储的特点。

（3）从知识的运用方式来看，模糊系统和神经网络都具有并行处理的特点，模糊系统同时激活的规则不多，计算量小；而神经网络涉及的神经元很多，计算量大。

（4）从知识的获取方式来看，模糊系统的规则靠专家提供或设计，难于自动获取；而神经网络的权系数可由输入输出样本中学习，无需人来设置。

目前，两者的结合主要有模糊神经网络和神经模糊系统。神经模糊系统是以神经网络为主，结合模糊集理论，从结构上来看，一般是四层或五层的前向神经网络。模糊神经网络是神经网络的模糊化，即以模糊集、模糊逻辑为主，结合神经网络方法，柔性处理信息。

### 2. 模糊神经网络

模糊神经网络（fuzzy neural network，FNN）结合了模糊逻辑与神经网络的优点，避免了二者的缺点，既可以具有模糊逻辑的不确定信息处理能力，又可以有神经网络的自学习能力，因此在控制领域有很广泛的应用前景。

模糊神经网络通常是一类由大量模糊的或非模糊的神经元相互联结构成的网络系统，除具有一般神经网络的性质和特点外，还具有一些特殊性质。比如，由于采用了模糊数学中的计算方法，使一些处理单元的计算变得较为简便，从而使信息处理的速度加快；也由于采用了模糊化的运行机制，这使得系统的容错能力得到加强。但最主要的是，模糊神经网络扩大了系统处理信息的范围，使系统可同时处理确定性信息和非确定性信息；同时，它也大大增强了系统处理信息的手段，使系统处理信息的方法变得更加灵活。

（1）逻辑模糊神经网络

逻辑模糊神经网络是由逻辑模糊神经元组成的。逻辑模糊神经元是具有模糊权系数，并且可以对输入的模糊信号执行逻辑操作的神经元。模糊神经元所执行的模糊运算有逻辑运算、算术运算和其他运算。无论如何，模糊神经元的基础是传统神经元。它们可从传统神经元推导出。可执行模糊运算的模糊神经网络是从一般神经网络发展而得到的。对予一般神经网络，它的基本单元是传统神经元，而逻辑模糊神经网络的基本单元是基于模糊运算的模糊神经元。

（2）算术模糊神经网络

算术模糊神经网络是可以对输入模糊信号执行模糊算术运算，并含有模糊权系数的神经网络。通常，算术模糊神经网络也称为常规模糊神经网络，或称标准模糊神经网络。常规模糊神经网络一般简称为 RFNN（regular fuzzy neural network）。

（3）混台模糊神经网络

混合模糊神经网络简称 HFNN（hybrid fuzzy neural network），在网络的拓扑结构上与常规模糊神经网络一样，但它们之间输入到神经元的数据聚合方法不同，神经元的激发函数，即传递函数也不同。

在混合模糊神经网络中，任何操作都可以用于聚合数据，任何函数都可以用作传递函数去产生网络的输出。在常规模糊神经网络，即标准模糊神经网络中，数据的聚合方法采用模糊加或乘运算，传递函数采用 $S$ 函数。

### 3. 自适应模糊神经推理系统

自适应模糊神经推理系统（adaptive neuro-fuzzy inference system，ANFIS）也称为基于

网络的自适应模糊推理系统（adaptive network-based fuzzy inference system），于 1993 年由 Jang Roger 提出。它融合了神经网络的学习机制和模糊系统的语言推理能力等优点，一方面能够通过神经网络对样本数据的学习使模糊推理系统的控制规则自动生成；另一方面，使得神经网络的每一层、每一节点都具有明确的物理物理意义。其属于神经模糊系统的一种，同其他神经模糊系统相比，ANFIS 具有便捷高效的特点，已被收入了 MATLAB 的模糊逻辑工具箱，并在多个领域得到了成功应用。

# 8.3 遗 传 算 法

遗传算法（genetic algorithm，GA）是一种模仿自然界生物进化思想而得出的一种自适应启发式全局搜索算法，是一种优化搜索算法，其实质是由复制-交换-变异算子组成的周而复始的循环过程。利用遗传算法可以模拟和求解地理空间问题，提高空间分析对非线性问题的解决能力，从而实现对地理问题的优化决策。

20 世纪 60 年代，John Henry Holland 运用生物遗传和进化的思想创造出具有适应任意环境的通用程序和机器理论。1967 年，John Henry Holland 的学生 John Bagley 首次提出了“遗传算法”这一名称和复制、交换、突变等基因操作，并对算法的早熟机理进行了研究。1970 年，Daniel Joseph Cavicchio 应用遗传算法解决了人工搜索中子程序选择问题和模式识别问题。1971 年，Roy Hollstien 发表《计算机控制系统中的人工遗传自适应方法》，阐述了遗传算法用于数字反馈控制的方法。1975 年，John Henry Holland 出版了 *Adaption in Natural and Artificial System*（《自然系统和人工系统的适应性》），给出奠定遗传算法理论基础的模式定理，标志着遗传算法的诞生；同年 Kenneth De Jong 完成了博士论文 *An Analysis of the Behavior Of a Class Of Genetic Adaptive Systems*（《遗传自适应系统的行为分析》），给出了 Kenneth De Jong 五函数测试平台，其研究成果是遗传算法发展史上的里程碑。

20 世纪 80 年代早期，遗传算法已在广泛的领域中应用。从 1985 以来，国际上已经召开了多次遗传算法学术会议。1989 年，David Goldberg 出版了 *Genetic Algorithms in Search，Optimization，and Machine Learning*（《搜索、优化和机器学习中的遗传算法》），全面完整地论述了遗传算法的基本原理及其应用，奠定了现代遗传算法的科学基础。1991 年，Lawrence Davis 出版了 *Handbook of Genetic Algorithms*（《遗传算法手册》），对有效应用遗传算法作出重要指导。近年来，国内外许多学科及专业的学者也已经开始研究并应用遗传算法，发表了一些较有影响的综述性文章和著作，为国内学者进一步研究及应用遗传算法起到了积极的推动作用。

目前，遗传算法已被广泛地应用于社会科学、系统辨识、模式识别、自动控制等领域。遗传算法还用于神经网络、BP 网络、Recurrent 网络等各种人工神经网络的训练与设计中。

## 8.3.1 遗传算法机理

### 1. 遗传算法的生物学基础

遗传算法是对生物遗传和进化过程的计算机模拟，使得各种人工系统具有优良的自适应能力和优化能力，所借鉴的生物学基础就是生物的遗传和进化。

1）生物学的基本概念

遗传算法是一种模仿生物遗传和进化过程的随机搜索方法。下面先给出几个生物学的基本概念与术语，便于理解遗传算法。

染色体（chromosome）：生物细胞中的一种微小的丝状化合物，是遗传物质的主要载体，由多个基因组成。

脱氧核糖核酸（DNA）：控制并决定生物遗传性状的染色体。

核糖核酸（RNA）：低等生物中所含的一种物质，作用和结构与 DNA 类似。

遗传因子（gene）：DNA 或 RNA 长链结构中占有一定位置的基本遗传单位，也称为基因。

遗传型（genotype）：指遗传因子组合的模型，又称基因型，是性状染色体的内部表现。一个细胞核中所有染色体所携带的遗传信息的全体称为一个基因组（genome）。

表现型（phenotype）：根据遗传子型形成的个体，由染色体决定性状的外部表现。

基因座（locus）：遗传基因在染色体中所占据的位置。同一基因座可能有的全部基因称为等位基因（allele）。

个体（individual）：指染色体带有特征的实体。

种群（population）：染色体带有特征的个体的集合，也称为个体群。该集合内个体数称为群体的大小。

进化（evolution）：生物在其延续生存的过程中，逐渐适应其生存环境，使得其品质不断得到改良的生命现象。生物的进化是以种群的形式进行的，每个个体对其生存环境都有不同的适应度。

适应度（fitness）：度量某个物种对于生存环境的适应程度。对生存环境适应程度较高的物种将获得更多的繁殖机会，反之，其繁殖机会相对较少，甚至逐渐灭绝。

选择（selection）：指以一定的概率从种群中选择若干个体的操作。一般而言，选择的过程是一种基于适应度的优胜劣汰的过程。

复制（reproduction）：细胞在分裂时， DNA 通过复制而转移到新产生的细胞中。

交叉（crossover）：两个同源染色体之间通过交叉而重组，又称基因重组 recombination，俗称"杂交"。

变异（mutation）：在细胞复制时产生的某些复制差错使 DNA 发生某种变异，产生出新的染色体，并表现出新的性状。

编码（coding）：DNA 中遗传信息的模式排列，即遗传编码。遗传编码可以看作从表现型到基因型的映射。

解码（decoding）：可以看作是从遗传子型到表现型的映射。

2）遗传与进化的系统观

虽然人们还未完全揭开遗传与进化的奥秘，既没有完全掌握其机制，也不完全清楚染色体编码和译码过程的细节，更不完全了解其控制方式，但遗传与进化的以下几个特点为人们所共识：

（1）生物的所有遗传信息都包含在其染色体中，染色体决定了生物的性状；

（2）染色体是由基因及其有规律的排列所构成的，遗传和进化过程发生在染色体上；

（3）生物的繁殖过程是由其基因的复制过程来完成的；

（4）通过同源染色体之间的交叉或染色体的变异会产生新的物种，使生物呈现新的性状；

（5）对环境适应性好的基因或染色体经常比适应性差的基因或染色体有更多的机会遗传到下一代。

**2. 遗传算法的基本思想**

遗传算法是从代表问题潜在解集的一个种群开始的，而一个种群则由经过基因编码的一定数目的个体组成。每个个体实际上是染色体带有特征的实体。染色体作为遗传物质的主要载体，即多个基因的集合，其内部表现（即基因型）是某种基因组合，它决定了个体的形状的外部表现。因此，在一开始需要实现从表现型到基因型的映射即编码工作。由于仿照基因编码的工作很复杂，往往需要通过如二进制编码的方式进行简化。初代种群产生之后，按照适者生存和优胜劣汰的原理，逐代演化产生出越来越好的近似解。在每一代，根据问题域中个体的适应度大小挑选个体，并借助于自然遗传学的遗传算子进行组合交叉和变异，产生出代表新的解集的种群。这个过程将导致种群像自然进化一样的后生代种群比前代更加适应于环境，末代种群中的最优个体经过解码，可以作为问题近似最优解。

**3. 遗传算法的基本操作**

遗传算法的实施过程中包括编码、生成初始化群体、计算适应度、复制、交换、变异等操作。

1）编码与解码

生物的性状是由生物的遗传基因的码串所决定的，一个基因码串就代表问题的一个解。使用遗传算法时，将空间变量转换为位串形式编码表示的过程叫做编码；相反的，将位串形式编码表示原空间变量的过程叫做解码或译码。编码方式在很大程度上决定了如何进行群体的遗传进化运算及其效率。遗传算法的编码方式有两种，一种是以 Holland 为代表的一派基于模式定理建议采用尽量少的符号编码，即二进制编码；另一种是以 Wright 为代表的一派以计算方便和精度高为依据建议采用一个基因一个参数的浮点数编码方法。

二进制编码将原问题的解映射成 0、1 组成的位串，然后在位串空间上进行遗传操作，是目前应用最广泛的编码方法。该方法有物理意义明确、操作形象、易于理解等优点，并能够对模式定理给予理论解释。但是，其遗传算法的精度不高，算法的效率较低。

浮点数编码的遗传算法能表示相当大的值域，而且具有相当高的表示精度，且计算速度快。但也存在着基因操作不灵活、搜索能力差、理论基础弱等缺点。

2）群体规模

一定数量的个体组成了一个群体，一个群体是若干个个体的集合。由于每个个体代表了问题的一个解，所以一个群体就是问题的一些解的集合。群体中所含个体的数目称为群体规模。群体规模（$N$）是应用遗传算法要面临的最重要的参数选择之一。当群体的数量较小时，可提高遗传算法的运算速度，但却降低了群体的多样性，有可能会引起遗传算法的早熟现象；当群体的数量较大时，又会使算法的计算量提高，使遗传算法的运行效率降低。群体数量的选取与码串的长度，码串所含变量的个数及问题的非线性程度有关，但很难给出一个定量的关系式。目前常用的群体规模数为：$N = 20\sim160$。

3）适应度函数

在研究自然界中生物的遗传和进化现象时，生物学家使用适应度这个术语来度量某个物种对于其生存环境的适应程度。在自然界对生存环境适应程度较高的种群或个体就能生存下来，并能增殖；反之，会被淘汰。与此相类似，GA 中也把个体对环境的适应程度称为适应度，度量个体适应度的函数称为适应度函数（fitness function）。适应度函数 $F$ 越大，个体适应能力越强，对应的解越好。由于遗传算法中要对个体的适应度比较排序并在此基础上确定选择概率，所以 $F$ 一定非负。

4）基因操作

基因操作主要包括选择（selection）、交叉（crossover）和变异（mutation）。这部分内容构成了遗传算法的主体。

（1）选择

选择操作也叫做复制（reproduction）操作，根据个体的适应度函数值所量度的优劣程度决定它在下一代是被淘汰还是遗传。一般地，选择将使适应度较大（优良）的个体有较大的存在机会，而适应度较小（低劣）的个体继续存在的机会也较小。简单遗传算法采用赌轮选择机制，令 $\sum f_i$ 表示群体的适应度值之总和，$f_i$ 表示种群中第 $i$ 个染色体的适应度值，它产生后代的能力正好为其适应度值所占份额 $f_i / \sum f_i$。通过复制在保留优势个体的同时提高了群体的平均适应值，但也损失了群体的多样性。复制的作用是实现优胜劣汰，一方面促使遗传算法不断优化，另一方面也导致遗传算法过早收敛。

（2）交叉

是指对两个相互配对的染色体按某种方式相互交换其部分基因，从而形成两个新的个体。在交换操作之前必须先对群体中的个体进行随机配对。交换操作是遗传算法搜索的主要手段，可在群体进化期间加快搜索速度。

假设有如下 8 位长的两个个体：

| $P_1$: | 1 | 0 | 0 | 0 | 1 | 1 | 1 | 0 |
|---|---|---|---|---|---|---|---|---|
| $P_2$: | 1 | 1 | 0 | 1 | 1 | 0 | 0 | 1 |

产生一个在 1～7 之间的随机数 $c$，假如现在生产的是 3，将 $P_1$ 和 $P_2$ 的低三位交换：$P_1$ 的高五位与 $P_2$ 的低三位组成数串 10001001，这就是 $P_1$ 和 $P_2$ 的一个后代 $Q_1$ 个体；$P_2$ 的高五位与 $P_1$ 的低三位组成数串 11011110，这就是 $P_1$ 和 $P_2$ 的另一个后代 $Q_2$ 个体，如图 8-19 所示。

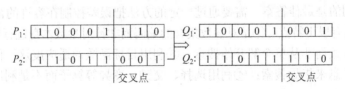

图 8-19　交叉操作示意图

（3）变异

变异是指将个体染色体编码串中的某些基因座上的基因值用该基因座的其他等位基因来替换，从而形成一个新的个体。如以二进制编码表示方式来说明：其码长为 8，随机产生一个 1～8 之间的数 $k$，假如现在 $k = 5$，对 $P_1$ 从右往左第五位进行变异操作，将原来的 0

变成 1，得到如下数码串 $Q_3$（第 5 位的数字 1 是经变异操作后出现的）：

$Q_3$: | 1 | 0 | 0 | 0 | 1 | 1 | 1 | 1 |

二进制编码表示的简单变异操作是将 0 与 1 互换：0 变为 1，1 变为 0。

变异算子一方面可以在当前解附近寻找更优解，另一方面可以保持群体的多样性，防止算法陷入局部最优，使群体能够继续进化。变异操作是偶然的、次要的和起辅助作用的。

从遗传运算过程中产生新个体的能力方面来说，交换运算是产生新个体的主要方法，决定了遗传算法的全局搜索能力；而变异运算只是产生新个体的辅助方法，但它决定了遗传算法的局部搜索能力。交换算子与变异算子的相互配合，共同完成对搜索空间的全局搜索和局部搜索，从而使得遗传算法能够以良好的搜索性能完成最优化问题的寻优过程。

### 8.3.2 简单遗传算法

#### 1. 遗传算法的基本步骤

（1）选择编码策略，把参数集合（可行解集合）转换染色体结构空间；

（2）定义适应度函数，便于计算个体的适应度；

（3）确定遗传策略，包括选择群体大小，选择、交叉、变异方法以及确定交叉概率、变异概率等遗传参数；

（4）随机产生一个由确定长度的特征字符串组成的初始群体；

（5）计算群体中的每个个体或染色体解码后的适应度；

（6）按照遗传策略，运用选择、交叉和变异算子作用于群体，产生下一代种群；

（7）判断群体性能是否满足某一指标，或者已完成预定的迭代次数，不满足则返回第（5）步，或者修改遗传策略再返回第（6）步，直到将出现的最优的个体字符串作为遗传算法的输出结果。

根据遗传算法思想，可以给出如下图的简单遗传算法框如图 8-20 所示。其中 GEN 是当前代数。

#### 2. 遗传算法的特点

遗传算法是一种基于空间搜索的算法，求解过程可看做是最优化过程。但遗传算法并不能保证所得到的是最佳答案，需要通过一定的方法把误差控制在容许的范围内。

遗传算法具有以下特点：①是对参数集合的编码而非针对参数本身进行进化；②是从问题解的编码组开始而非从单个解开始搜索；③利用目标函数的适应度这一信息而非利用导数或其他辅助信息来指导搜索；④利用选择、交叉、变异等算子而不是利用确定性规则进行随机操作。

遗传算法利用简单的编码技术和繁殖机制来表现复杂的现象，从而解决非常困难的问题。它不受搜索空间的限制性假设的约束，不必要求诸如连续性、导数存在和单峰等假设，能从离散的、多极值的、含有噪音的高维问题中以很大的概率找到全局最优解。由于它固有的并行性，遗传算法非常适用于大规模并行计算，已在优化、机器学习和并行处理等领域得到了越来越广泛的应用。

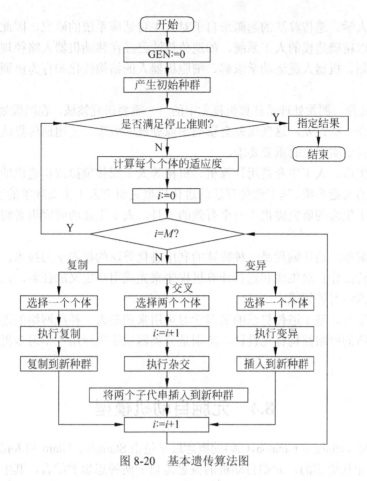

图 8-20 基本遗传算法图

### 8.3.3 遗传算法的应用

遗传算法提供了一种求解复杂系统优化问题的通用框架，它不依赖于问题的具体领域，对问题的种类有很强的鲁棒性，所以广泛应用于很多学科。下面是遗传算法的一些主要应用领域。

（1）函数优化。函数优化是对遗传算法进行性能评价的常用案例。对于一些非线性、多模型、多目标的函数优化问题，可以用遗传算法得到较好结果，现已在地理管网优化中发挥积极作用。

（2）组合优化。对于组合优化问题的搜索空间随着问题规模的增大而急剧扩大这类复杂问题，遗传算法是寻求满意解的最佳工具之一。例如，遗传算法已经在求解旅行商问题、道路规划、背包问题、装箱问题、图形划分问题等方面得到成功的应用。

（3）生产调度问题。遗传算法是解决复杂调度问题的有效工具，在单件生产车间调度、流水线生产车间调度、生产规划、任务分配等方面遗传算法都得到了有效的应用。

（4）自动控制。在自动控制领域中有很多与优化相关的问题需要求解，遗传算法在应用中显示出了良好的效果。例如用遗传算法进行航空控制系统的优化、设计空间交会控制器、模糊控制器的优化设计、参数辨识、模糊控制规则的学习以及人工神经网络的结构优化设计和权值学习等。

（5）机器人学。遗传算法的起源来自于对人工自适应系统的研究，因此可处理机器人这类复杂的难以精确建模的人工系统，如遗传算法已经在移动机器人路径规划、关节机器人运动轨迹规划、机器人逆运动学求解、细胞机器人的结构优化和行为协调等方面得到研究和应用。

（6）图像处理。图像处理是计算机视觉中的一个重要研究领域。在图像处理过程中，不可避免地会存在一些误差，这些误差会影响图像处理的效果。使用遗传算法可使误差最小以达到计算机视觉实用化的重要要求。

（7）人工生命。人工生命是用计算机、机械等人工媒体模拟或构造出的具有自然生物系统特有行为的人造系统。基于遗传算法的进化模型是研究人工生命现象的重要基础理论，遗传算法为人工生命的研究提供了一个有效的工具，人工生命的研究也必将促进遗传算法的进一步发展。

（8）遗传编程。遗传编程是一种特殊的利用进化算法的机器学习技术，基于对树型结构所进行的遗传操作自动生成和选择计算机程序来完成用户定义的任务，已成功地应用于人工智能和机器学习等领域。

（9）机器学习。基于遗传算法的机器学习可用来调整人工神经网络的连接权，也可用于人工神经网络的网络结构优化设计，特别是分类器系统也应用在学习多机器人路径规划系统中。

# 8.4 元胞自动机模型

元胞自动机（cellular automaton，CA）的概念最早是由 Stanislaw Ulam 和 Jonh Von Neumann 在 20 世纪 50 年代提出的。元胞自动机的概念源自于两种思想的结合，其中"元胞"思想来源于 Ulam，"自动机"的思想来源于 Von Neumann，旨在寻求具有自我复制特性和通用计算能力的简单模型。在 Von Neumann 构造了第一个能自我复制的元胞自动机模型后，元胞自动机经历了三个重要的发展阶段：第一，Jonh Conway 编制的生命游戏模型引起了研究者对元胞自动机的广泛关注；第二，Stephen Wolfram 对初等元胞自动机的分类奠定了元胞自动机理论的基石；第三，Christopher Langton 基于对元胞自动机的深入研究提出了"人工生命"的概念，直接促进和导致了复杂性科学的出现。

CA 因其强大的空间建模能力和运算能力，尤其是对具有时空特征的复杂动态系统的模拟，而广泛运用于自然科学和社会科学，包括数学、生物学、建筑学、经济学、自然地理等多个学科。在物理、化学、生物学中成功模拟了复杂系统的繁殖、自组织、进化等过程，譬如生物繁殖、晶体生长等。与传统精确的数学模型相比，CA 能更清楚、准确、完整地模拟复杂的自然现象，能够模拟出复杂系统中不可预测的行为。

## 8.4.1 元胞自动机的定义

CA 是定义在一个具有离散、有限状态的元胞组成的元胞空间，按照一定的局部规则，在离散的时间维度上演化的动力学系统。它由元胞空间、状态、邻域和规则四个主要部分构成，在数学上记为一个四元组：$A = (L_d, S, N, f)$，其中，$A$ 表示元胞自动机，$L_d$ 为元胞空间，$d$ 为空间维度；$S$ 为元胞的有限离散状态集，$S = \{S_0, S_1, \ldots, S_{k-1}\}$，$k$ 表示状态个数；$N$ 为邻域向量，是由 $Z^d$ 中 $m$ 个不同的位置向量组成，可记作 $N = \{v_1, v_2, \ldots, v_m\}$；$f$ 为局部转换函数，又称为规则，是从 $S^m$ 到 $S$ 的映射。

元胞自动机的基本要素：

（1）元胞

元胞又可称为单元或基元，是元胞自动机的基本组成单位，分布在离散的一维、二维或多维欧几里德空间的网格点上。

（2）状态

状态是元胞的重要属性，可以是二元集，如 $\{1,0\}$，也可以是离散集，如 $\{S_0, S_1, \cdots, S_{k-1}\}$。在标准的元胞自动模型中，元胞的状态集是一个有限、离散的集合，每个元胞在任意时刻的状态可以看成是一个变量，取有限状态集中的一个值。

（3）元胞空间

元胞空间是指元胞所分布的空间网格的集合，它可以是任意维数的欧几里德空间归整划分。由于多维空间的元胞自动机具有很强的复杂性，目前对元胞自动机的研究主要集中在一维和二维空间。就一维元胞自动机而言，元胞空间的划分是线性的，而对二维元胞自动机来说，元胞空间可以是三角、四边、六边形等构造方式。

（4）邻域

元胞自动机中元胞下一时刻的状态由自身状态和其周围邻居的状态共同决定，邻域的作用就是定义中心元胞和其周围邻居在空间中的相对位置，明确哪些元胞属于该元胞的邻居。

标准 CA 只考虑邻域的作用。邻域包括 VonNeumann 邻域和 Moore 邻域。VonNeumann 邻域是由中心元胞相连的周围 4 个元胞组成，如图 8-21(a)所示，Moore 邻域则是由中心元胞周围相邻的 8 个元胞组成，如图 8-21(b)所示。标准 CA 的转换规则常在均质空间的元胞上定义的，元胞本身的属性不影响转换规则。在模拟过程中，标准 CA 并没有约束条件。

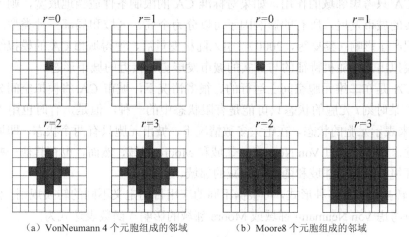

（a）VonNeumann 4 个元胞组成的邻域　　　（b）Moore 8 个元胞组成的邻域

图 8-21　元胞邻域作用

（5）规则

元胞自动机的演化特性是由规则决定的，规则是一个局部状态转换函数，它的输入是元胞当前的状态及邻居状态，输出是下一时刻该元胞的状态，如此，通过局部的作用导致全局的动态变化。规则，即 CA 算法，是 CA 模型的核心。

CA 在自然系统建模方面有以下优点（Wolfram，1984）：①在 CA 中物理和计算过程之间的联系是非常清晰；②CA 能用比数学方程更为简单的局部规则产生更为复杂的结果；③能用计算机对其进行建模，而无精度损失；④它能模拟任何可能的自然系统行为；⑤CA 不能再约简。

## 8.4.2　地理元胞自动机

将元胞自动机应用于地学问题中，称为地理元胞自动机（Geo-Cellular Automata GeoCA）。与传统的基于方程式的地理学模型相比，GeoCA 具有较好的时空动态性，具有模拟复杂系统时空演化过程的能力，可以模拟非线性复杂系统的突现、混沌、进化等特征，是模拟生态、环境、自然灾害等多种复杂地理现象的有力工具，在地学研究中具有重要意义。

元胞自动机在地学中的应用最早可以追溯到 20 世纪 60 年代，Torsten Hägerstrand 在他的空间扩散模型的研究中应用了类似于元胞自动机的思想。此后，元胞自动机在地学中应用引起了广泛关注，成为了地理研究和空间分析的热点课题。

CA 是一种时间、空间、状态都离散，空间相互作用和时间因果关系都为局部的网格动力学模型，具有模拟复杂系统时空演化过程的能力。它这种"自下而上"的研究思路充分体现了复杂系统局部的个体行为产生全局、有秩序模式的理念。近年来，越来越多的学者利用 CA 来模拟城市系统，表明通过简单的局部转换规则可以模拟出复杂的城市空间结构，为城市发展理论提供了可靠依据。

城市 CA 的基本原理是通过局部规则模拟出全局的、复杂的城市发展模式。CA 具有强大的建模能力，能模拟出与实际非常接近的结果，城市可以分解为各种可计算的模型，CA 能模拟出城市各种不同的形态结构。

标准 CA 只考虑邻域的作用，如果对标准 CA 的限制条件适当地放宽，则可以更好地模拟出真实的城市发展。所有的影响因子可以分为全局、区域和局部三种类型，它们可以对模拟过程产生影响（黎夏等，2000）。引入随机变量后，使得城市 CA 的模拟结果具有不确定性，模拟出具有随机特征的与真实的城市发展更为接近的城市形态。

城市 CA 是在二维元胞空间上运行的。很多情况下，城市 CA 将模拟空间分成统一的规则格网。某时刻 $t$ 元胞的状态只可能是有限状态中的一种，但是，有时也用"灰度"或"模糊集"来表示元胞的状态。在绝大多数情况下，城市元胞只有两个状态，即城市用地和非城市用地。邻域结构有 Von Neumann 邻域和 Moore 邻域，然而，也有其他一些邻域用来模拟城市环境，如圆形邻域和随距离衰减的邻域。

CA 的转换规则有多种形式，可根据不同的应用目的定义不同的转换规则。传统 CA 的转换规则只考虑 Von Neumann 邻域或 Moore 邻域的影响，函数表达式为

$$S_{ij}^{t+1} = f_N(S_{ij}^t)$$

式中，$S$ 表示元胞 $i$ 和 $j$ 的状态；$N$ 是元胞的邻域，作为转换函数的一个输入变量；$f$ 是转换函数，定义元胞从时刻 $t$ 到下一时刻 $t+1$ 状态的转换。

一个简单的城市 CA 可以用下式表达：

IF $cell\{x \pm 1, y \pm 1\}$ （已经发展为城市用地），Then $P_d\{x, y\} = \sum_{ij \in \Omega} P_d\{x, y\} / 8$

和

IF $P_d\{x, y\} >$ 确定的阈值，Then $cell\{x, y\}$ 发展为城市用地。

式中，$P_d\{x, y\}$ 是 $cell\{x, y\}$ 的城市发展概率，$cell\{x, y\}$ 是 Moore 邻近范围 $\Omega$ 下的所有元胞，包括中心元胞本身。

由于城市系统的复杂性，对城市模型校正方面的研究非常有限，所以定义模型结构和确定模型参数值一直是城市模拟的瓶颈。通常可利用人工神经网络方法简化 CA 结构及对模型参数进行自动校正。

CA 也能够为城市规划提供科学依据，在 CA 中嵌入不同的约束条件可以模拟出不同规划情况下城市的发展格局。通过引入约束条件和影响因素，利用不同的转换规则可以模拟出了相异的城市发展形态。CA 的多次迭代运算能反映城市系统复杂的时空变化特征，因此在城市规划中，CA 也能比传统模型提供更科学的依据。

CA 和 GIS 的耦合使二者在时空建模方面相互补充。首先，CA 能增强 GIS 空间动态建模的功能，可作为 GIS 空间分析的引擎，弥补 GIS 在动态空间建模和操作方面的局限性；其次，CA 具有强大的时间建模能力，能够丰富 GIS 现有的时空分析功能，实现时空动态建模功能；同时，GIS 能够为 CA 提供详细的空间定位信息和真实数据。GIS 提供的海量空间信息可以作为 CA 输入所要求的各类空间变量和约束条件。

### 8.4.3　不同类型的地理元胞自动机

1）基于规则（Rule-Based）的地理元胞自动机

传统地理元胞自动机（CA）模型是基于规则的，有多种方法来确定 CA 的转换规则，包括多准则判断（multi-criteria evaluation，MCE）、神经网络（NN）和数据挖掘等方法。最常用的定义转换规则的方法是利用多准则判断来决定状态转变的概率，公式为

$$P(i) = \sum_{i=1}^{n} w_i a_i(i)$$

式中，$P(i)$ 为位置 $i$ 转变为城市用地的概率；$a_l(i)$ 为位置 $i$ 第 $l$ 个属性（变量）；$w_i$ 为该属性的权重。

该 MCE-CA 中权重的确定是通过专家知识来确定，有一定的不确定性。可以利用 Logistic 回归方法来解决该方法权重确定的问题，公式为

$$P(i) = \frac{\exp(z(i))}{1 + \exp(z(i))} = \frac{1}{1 + \exp(-z(i))}$$

式中，$z(i) = w_0 + w_1 a_1(i) + w_2 a_2(i) + \cdots w_n a_n(i)$。

2）基于案例（Case-Based）的地理元胞自动机

影响地理现象演变的因素多，关系复杂，往往无法用经验公式或规则来表达。但通过离散的地理案例，可以避免获取具体规则的困难，解决复杂推理问题。基于案例推理（cased-based resoning，CBR）是专家系统的一种类型，它是参考过去解决问题的经验（主要是通

过案例）来解决新问题。下面就以城市模拟为例，把 CBR 引进地理元胞自动机中，从案例库中获取知识来反映 CA 的动态转换规则。与基于规则的 CA 不同，本模型是由案例来决定元胞的状态转变。该模型包括 4 个主要部分，即案例库建立、检索相似案例、获取问题的解决方案和更新案例库。

（1）建立案例库

建立 CA 的案例库以反映某元胞的状态转变与空间变量等因素的复杂关系。在建立本案例库时，先考虑各空间变量，把其作为案例的特征属性。再考虑把邻近现有城市用地量和元胞的自然属性作为外部的约束条件。在案例库中，每个案例由两部分组成：问题的描述（案例属性）和问题的解决（决定元胞的状态转变）。这里，问题的描述为一系列空间距离变量，问题的解决为该元胞是否转变为城市用地。一个案例可具体表达为

$$I = \left( a_1(i), a_2(i), \cdots a_N(i); s \right)$$

式中，$a_1(i), a_2(i), ..., a_N(i)$ 为案例 $i$ 所对应的一系列空间距离变量，即特征向量；$s$ 为布尔变量，转变为城市用地为 1，不转变为 0。

（2）利用改善的 $k$-最近邻算法（kNN）反映 CA 动态转换规则

本方法的特点是用案例来隐含表达 CA 的转换规则。具体是在案例库中搜索最接近的案例来决定元胞的状态转变。案例搜索主要是基于 $k$-最近邻算法（kNN）来进行的。可以利用下面的欧式距离公式来计算待查询案例（$i$）与案例库中某一已知案例（$j$）的相似度

$$d(i,j) = \sqrt{\sum_{i=1}^{n} \left( a_l(i) - a_l(j) \right)^2}$$

式中，$a_l(i)$ 为某案例的第 $l$ 个特征（属性）。

欧式距离越小，表示两个案例之间的相似度越高。可以进一步把权重引进相似度的计算中，以反映不同的特征对相似度计算所起的贡献。公式修改为

$$d(i,j) = \sqrt{\sum_{i=1}^{n} w_l^2 \left( a_l(i) - a_l(j) \right)^2}$$

式中，$w_l$ 为第 $l$ 个特征（属性）所对应的权重。

采用熵的方法来确定各属性的权重，在确定各属性权重前，需要对这些变量进行归一化，使它们的数值落在[0,1]之间。熵的计算公式如下：

$$H_m = \sum_{i=1}^{m} p_i \log(1/p_i) / \log(n)$$

式中，$p_i = a(i) / \sum_{i=1}^{m} a(i)$；$n$ 为总样本数。

第 $l$ 个特征（属性）所对应的权重可以由下式表示：

$$w_l = \frac{w_l^0 \cdot \phi_l}{\sum_{i=1}^{n} w_i^0 \cdot \phi_i}$$

式中，$\phi_l = \dfrac{1 - H_{nl}}{n - H_{nl}}$；$n$ 为总特征数目。

案例推理的实质是通过相似度的计算来寻找与待查询案例 $i$ 最接近的已知案例 $j$，从而把已知案例的目标函数 $f(j)$（问题的解，即是否发生状态转变）赋给待查询案例。目标函数值可以是离散的，也可以是连续的。在本 CA 中，目标函数值即是元胞的状态，故是离散的。$k$-最近邻算法是根据特征空间的反距离来确定它们的贡献。即在特征空间中距离越近，所起的作用越大，故把较大的权重赋给较近的近邻，有

$$\text{if } d(i, j) = 0 \text{, } \hat{f}(i) = \hat{f}(j)$$

$$\hat{f}(i) \leftarrow \arg\max_{s \in S} \sum_{i=1}^{k} w_{fj} \cdot \delta(s, f(i))$$

其中特征距离权重 $w_{fj}$ 计算公式为

$$w_{fj} = \frac{1}{d(i, j)^2}$$

为了获取 CA 转换规则随空间变化的特征，有必要将空间距离也引进相似度的计算中。由此，需要把案例的空间位置也作为案例属性的一部分，即放入案例的空间坐标。其空间距离权重 $w_{sj}$ 可以表达为

$$w_{sj} = \frac{1}{\sqrt{(x_i - x_j)^2 + (y_i - y_j)^2}}$$

式中，$x$、$y$ 分别为案例 $i$ 的横坐标和纵坐标。最后，$\hat{f}(i)$ 的公式可修改为

$$\hat{f}(i) \leftarrow \arg\max_{s \in S} \sum_{i=1}^{k} W_j \cdot \delta(s, f(i))$$

式中，$W_j = w_{fj} w_{sj}$。

（3）基于 CBR 的 CA

上式是通过布尔规则来确定查询案例所属类别，从而确定元胞状态的转变。但由于地理复杂现象的不确定性，利用布尔规则来计算效果并不理想。在实际 CA 应用中往往利用概率的形式来确定元胞状态的转变。元胞 $i$ 转化为城市用地的概率可由下式表示：

$$P_{\text{proximity}}(i) = K_1 \frac{\sum_{j=1}^{k} W_j \cdot \delta(1, f(j))_i}{\sum_{j=1}^{k} W_j \cdot \delta(1, f(j))_i + \sum_{j=1}^{k} W_j \cdot \delta(0, f(j))_i}$$

式中，$P_{\text{proximity}}(i)$ 是元胞 $i$ 由距离变量所引起的转化为城市用地的概率；$K_1$ 为参数。除了距离变量影响元胞状态的转变，邻近元胞的状态也是十分重要的。在城市扩张模型中，一个元胞的周围有较多的元胞转变为城市用地会使得该元胞转变为城市用地的概率提高。由邻域影响所引起的转化为城市用地的概率表达为

$$P_{\text{neigh}}(i) = K_2 \sum_{\Omega} N(i)$$

式中，城市用地 $N(i) = 1$；非城市用地 $N(i) = 0$；$\Omega$ 为邻域窗。最后，转化为城市用地的概率由 $P_{\text{proximity}}(i)$ 和 $P_{\text{neigh}}(i)$ 的联合概率构成，并乘以一些约束因子。定义约束函数 $N(i)$ 来反映它们的影响，其最大值为 1 时反映约束最大，表示禁止转化为城市用地，而最小值为 0 则反映约束条件不起作用。

因此，转化为城市用地的联合概率可以由下式来表达

$$P(i) = P_{\text{proximity}}(i) \times P_{\text{neigh}}(i) \times \left(1 - \sum_r \delta_r(i)\right)$$

式中，$\delta_r(i)$ 为约束条件值，其值为 $0\sim1$。

复杂系统的演变往往受到一些不确定因素的影响，可以用 Monte Carlo 方法来反映这种不确定性，使模拟更加合理。使用下面公式来最终决定每一个元胞状态的转变

$$S_{t+1}(i) = \begin{cases} \text{转变为城市用地，} & \text{当} P(i) > \text{Rand}() \\ \text{不转变，} & \text{当} P(i) \leqslant \text{Rand}() \end{cases}$$

式中，$S_{T+1}(i)$ 为元胞在 $t+1$ 时刻的状态；Rand() 为 $0\sim1$ 之间的随机变量。

利用该模型可以模拟某时期的城市扩张过程，其主要原理就是利用案例推理来决定元胞状态的转变，即从非城市用地转变为城市用地的过程。由于将空间距离也引进相似度的计算中，使得案例推理能隐含地反映随空间而变化的动态转换规则。而且，由于在模拟过程中也将新的遥感数据加入到案例库中，所得案例库也是动态更新的，因此可以反映随时间而变化的动态转换规则。

# 8.5 分 形 几 何

分形是指其组成部分以某种方式与整体相似的几何形态（shape），或者是指在很宽的尺度范围内，无特征尺度却有自相似性和自仿射性的一种现象。分形是一种复杂的几何形体，但不是所有的复杂几何形体都是分形，唯有具备自相似结构的那些几何形体才是分形。

分形（fractal）理论（Mandelbrot，1967）是 20 世纪 70 年代中期以来发展起来的一种横跨自然科学、社会科学和思维科学的新理论。1973 年，Benoit Mandelbrot 首次提出了分维和分形几何的设想，旨在探索自然界中常见的、变幻莫测的、不稳定的、非常无规的体系、现象和过程，试图找到介于有序-无序、宏观-微观、整体-局部之间的新秩序。它主要研究和揭示复杂的自然现象和社会现象中所隐藏的规律性、层次性和标度不变性，为人们通过部分认识整体、从有限中认识无限提供了一种新的视角和分析工具。

分形理论是在"分形"概念的基础上升华和发展起来的。分形的外表结构极为复杂，但其内部却是有规律可循的。例如，连绵起伏的地表形态、复杂多变的气候过程、水文过程以及许多社会经济现象都是分形理论的研究对象。分形的类型有自然分形、时间分形、社会分形、经济分形、思维分形等。

分形理论自其诞生以来，就被广泛地应用于各个领域，从而形成了许多新的学科生长点。随着分形理论在地理学研究中的应用，到 20 世纪 90 年代，已逐渐形成了一个新兴的分支学科——分形地理学。

## 8.5.1 分形理论的基本概念

### 1. 分形

分形（fractal）一词是 Benoit Mandelbort 创造的，其源于形容词 fractus，与英文 fracture

（断裂、破碎）及 fraction（碎片、小块、分数）是同源词，因而分形一词本意就是不规则的、破碎的。现代分形的概念源起于 Benoit Mandelbort 1967 年在 *Science* 上发表的论文《英国的海岸线有多长》，该文通过对世界几个海岸线的测量长度分析，认为地理界线（如海岸线）是不确定的，其长度与测量精度（测显单元，即测长度时的所用两脚规的长度）相关，即随着两脚规的尺度变小，其测量的长度值将变大。从而导出了分形的重要特性——自相似性的概念，即每一部分可考虑成其整体的缩影。Mandelbort 将这种自相似性与分形维相联系，给出了分形的原始数学定义，即分形是豪斯道夫维数（Hausdorff dimension，$D_h$）扩大了拓扑维数（topological dimension，$D_t$）的集，即 $D_h > D_t$，而豪斯道夫维数也是分形描述的基本指标。后来经众多研究者的修正，给出了分形较为全面而恰当的定义，该定义认为分形是具有下列性质的集：

（1）具有精细结构，即在任意小的比例尺下，都可呈现出更加精致的细节；

（2）其不规则性在整体和局部均不能用传统的几何语言加以描述；

（3）具有某种自相似的形式，但不是完全数学意义上的自相似性，而是统计的自相似性，或是近似的自相似性；

（4）一般 $D_h > D_t$，即豪斯道夫维数严格大于拓扑维数；

（5）该集常可由极简单的方法定义，可由迭代产生；

（6）其大小不能用通常的测度（例如面积、长度、体积等）来量度。

由此可见，分形结构一般具有两个明显特征：一是自相似性（self-Similarity），即重复放大分形的细部又可看到与本身相似结构的再度出现，并且这种出现过程具有随机性，换句话说分形结构具有尺度不变性，只有大小的区别，而没有形状上的不同；二是缺乏平滑性（no-Smoothing），分形总是凹凹凸凸弯弯曲曲，到处不连续，具有不可微分的性质。

**2. 分维**

分维（fractal dimension）又叫分形维或分数维，是分形理论中对非光滑、非规则、破碎的极其复杂的分形客体进行定量刻化的重要参数。它表征了分形体的复杂程度、粗糙程度，就是分维越大，客体就越复杂越粗糙，反之亦然。分维的定义，随生成集的构造不同，有不同形式。常见的有以下几种。

（1）豪斯道夫维数（Hausdorff dimension，$D_h$）

设求一个分形客体某测量值（如长度、面积、体积）时所用的标准测量体（单位体）的"半径"（如单位直线的半段长、单位圆半径、单位盒边长）为 $r$，则以该单位体量度的测量值结果 $N(r)$ 满足下式：

$$N(r) \propto r^{D_h}$$

式中，$D_h$ 即豪斯道夫维数，对于分形而言，$D_h$ 即是分维。因分形本身就是一种极限图形，则可得到分形维度定义为

$$D_h = \lim_{r \to 0} \frac{\ln N(r)}{\ln(1/r)}$$

（2）相似维数（similarity dimension，$D_s$）

设分形整体 $S$ 是 $N$ 个非重叠的部分 $s_1, s_2, \cdots, s_N$ 组成，如果每一个部分 $s_i$ 经过放大 $\delta$ 倍

后可与 $S$ 全等（$0 < \delta < 1$，$\delta_i = 1, 2, \cdots, N$），并 $\delta_i = \delta$，则相似维数为

$$D_s = \ln(S, \delta) \Big/ \ln\left(\frac{1}{\delta}\right)$$

如果 $\delta_i$ 不全等，则定义

$$\sum_{i=1}^{N(\delta)} \delta_i^{D_s} = 1$$

相似维数适用于自相似性质的规则图形。分维的形式不同，反映分形客体自相似的层次不同。这一性质使分形理论的应用远远超过了纯几何态的范围。分维从形式上属传统欧氏几何维数的一个推广，即由整数扩展到非整数，从数学上实现了由欧氏测度字间向豪斯道夫测度空间的转变，产生了一门新几何学——分形几何学。可见，分维概念的提出是人类对维数概念认识的重大突破。

（3）盒子维数（box dimension，$D_b$）

盒子维数又称计盒维数，是应用最广的维数之一，取边长为 $r$ 的小盒子（可以理解为拓扑维为 $d$ 的小盒子），把分形覆盖起来。由于分形内部有各种层次的空洞和裂隙，有些小盒子是空的，有些小盒子覆盖了分形的一部分。数出非空小盒子的数目，记为 $N(r)$。然后缩小盒子的尺寸 $r$，所得 $N(r)$ 自然要增大，当 $r \to 0$ 时，得到数盒子法定义的分维为

$$D_b = -\lim_{r \to 0} \frac{I(r)}{\log r}$$

（4）信息维数（information dimension，$D_i$）

信息维数（$D_i$）也被称为信息量维数。在豪斯道夫维数 $D_h$ 的定义中，只考虑了"所需+覆盖的个数 $/V(r)$"，而不考虑每个覆盖 $U_i$ 中所含分形集元素的多少，设 $P_i$ 表示分形集的元素属于覆盖 $U_i$ 中的概率，则信息维数为

$$D_i = \lim_{r \to 0} \frac{\sum_{i=1}^{N} P_i \ln P_i}{\ln(1/r)}$$

在等概率户 $P_i = 1/N(r)$ 的情况下，信息维数等于豪斯道夫维数，即 $D_i = D_h$。

（5）关联维数（correlation dimension，$D_c$）

由于信息维的计算中涉及到概率，有些情况下运用不方便，于是由 Peter Grassberger 和 Itamar Procaccia 在 1983 年提出了关联维数，若分形中某两点之间的距离为 $r$，其关联积分 $C(r)$ 为

$$C(r) = \frac{1}{N(N-1)} \sum_{i=1}^{N} \sum_{j=1}^{N} H\left(r - \|x_i - x_j\|\right)$$

其中 $\|\cdot\|$ 是 Enclidean 范数，则关联维数为

$$D_c = \lim_{r \to 0} \frac{\ln C(r)}{\ln(r)}$$

关联维数便于从试验中直接测定，应用很广。

**3. 分形的特征**

1）自相似性

自相似性是指某种结构或过程从不同的空间尺度或时间尺度来看都是相似的，或者某系统或结构的局域性质或局域结构与整体类似。另外，在整体与整体之间或部分与部分之间也会存在自相似性。一般情况下自相似性有比较复杂的表现形式，而不是局域放大一定倍数以后简单地和整体完全重合，但表征自相似系统或结构的定量性质如分形维数并不因放大或缩小的操作而变化，所改变的只是其外部的表现形式。自相似可分为两类：一类是有规分形，指遵循一定数学法则的严格自相似性（如瑞典数学家 Helge von Koch 于 1904 年首次提出的 Koch 曲线等），另一类是无规分形，指局域上具有统计意义的自相似性（如自然界中的云、河流、海岸线、山脉等）。

2）标度不变性

标度不变性又称伸缩对称性，指在分形物体（系统）上任选一局部区域，对它进行放大或缩小，共形态、复杂度、不规则性等各种特性均不会发生变化。对于实际的分形体来说，这种标度不变性只在一定的范围内适用，通常把标度不变性适用的范围称为分形体的无标度区，超过这个范围，分形就失去了意义。

自相似性与标度不变性是密切相关的，具有自相似性结构（或图形），一定会满足标度不变性。自相似性和标度不变性是分形的两个重要特性。

## 8.5.2　分形维数的基本测量方法

在分形研究中，对分形维数有不少定义，要找到一个对任何事物都适用的定义并不容易。由于测定维数的对象不同，就某一分形维数定义而言，对有些对象可以适用，而对另一些就可能完全不适用。在实际应用中，分形维数的测定方法大致可分为五类：改变观察尺度求分形维数、根据测度关系求分形维数、根据关联函数求分形维数、根据分布函数求分形维数、根据频谱求分形维数。上述方法可用于研究的那些极其复杂的物体的形状和结构，这些物体的局部与整体都具有某种相似或完全相似的性质，它们不具备特征尺度，其维数变化是连续的，一般不再有整数维数，如连绵起伏的群山、蜿蜒曲折的河流、奇形怪状的海岸线、高度无规则的材料裂纹以及流域地貌形态分形维数测定等。

**1. 改变观测尺度求分形维数**

这是基于盒子维数和信息维数的定义设计的一种测量分形维数的方法。用线段、圆、球、正方形和立方体等具有特征长度的基本图形去近似分形图形的一种方法。将空间分割成边长为 $r$ 的单位体，然后来数所要考虑的形状中的那部分所含的单位体数 $N(r)$。如果改变基准长度 $r$，当 $N(r) \propto r^{-D}$ 的关系得到满足，这些点的分布即为 $D$ 维数。

例如，用长度为 $r$ 的线段集合近似海岸线的复杂曲线，先把曲线的一端作为起点，然后以此点为中心画一个半径为 $r$ 的圆，把此圆与曲线最初相交的点和起点用直线连接起来，再把此交点重新看做起点，以后反复进行同样的操作，总数记为 $N(r)$。当改变基准长度 $r$ 时，则 $N(r)$ 也随之改变，如果在双对数坐标上画出 $\ln N(r)$ 对 $\ln r$ 的曲线有直线部分，其斜率就是此海岸线的分形维数。该方法不仅适用于点分布和曲线形状（海岸线、等高线等）曲线的分形维数测定，也适用于像河流这样有大量分岔的图形，是一个很有用的方法。

### 2. 根据测度关系求分形维数

这是根据分形维数具有非整数维数的测度性质来设计求维数的一种方法。若将单位长度 $L$ 扩大 2 倍，那么二维测度的面积 $S$ 将变成 $2^2$ 倍，三维测度的体积 $V$ 将变成 $2^3$ 倍，同理可得 $D$ 维测度的量 $X$ 将变成 $2^D$ 倍，根据测度关系则满足关系式：$L \propto \sqrt{S} \propto \sqrt[3]{V} \propto \sqrt[D]{X}$，利用这个关系式很容易求出某些分形对象的维数 $D$。

仍以测定岛屿海岸线的分形维数为例，假定海岸线长度为 $X$，先尽量用细格子把所考虑的平面分割成小正方形的集合体，然后将所有包含岛屿的正方形全部涂黑，并将黑正方形的个数记为 $S_N$，将与白正方形相接的黑正方形的个数记为 $X_N$。如果单位正方形的大小足够小的话，则可认为 $S \propto S_N$，$X \propto X_N$ 是成立的。对许多不同面积的岛可用同一方法去求出 $S_N$ 和 $X_N$，如果存在能够满足 $\sqrt{S_N} \propto \sqrt[D]{X_N}$，那么就称 $D$ 是该岛屿海岸线的分形维数。该方法将 $X$ 的维数 $D$ 视为未知数，最便利和常用的方法是使空间量子化，把面积 $S$ 和长度 $X$ 都作为自然数。

### 3. 根据关联函数求分形维数

该方法是依据关联维数的定义而设计的，常用于对实验数据进行处理。例如，分析城镇体系空间结构的分形特征，在某区域内城镇之间的相互作用和空间联系是客观存在的，可利用关联维数来模拟城镇之间的相互作用和空间联系。设 $r$ 为给定的距离标度，量测第 $i$ 个与第 $j$ 个城镇之间的距离为 $d_{ij}$，关联维数 $D_c$ 反映了城镇体系空间布局的均衡性，存在

$$C(r) = \frac{1}{N^2} \sum_{i,j=1}^{N} H\left(r - |x_i - x_j|\right) = \sum_{i=1}^{N} P_i^2$$

且有

$$H\left(r - d_{ij}\right) = \begin{cases} 1 & d_{ij} \leqslant r \\ 0 & d_{ij} > r \end{cases}$$

设此时 $D_c$ 在 $0 \sim m$ 之间变化，当 $D_c \to 0$ 时，说明该区域内各城镇间联系紧密，分布高度集中；当 $D_c \to m$ 时，城镇间作用力小，城镇分布均匀。

当城镇在空间分布上为 $D$ 维的分形分布时，关联函数 $C(r)$ 表现为幂函数型，则存在

$$C(\varepsilon) = \varepsilon^\gamma$$

则此幂指数 $\gamma$ 是对分形维数的近似。当 $r$ 取值太大时，$\gamma = 0$；当 $r$ 取值太小时，$\gamma = m$，仅当取值 $r$ 满足 $C(\varepsilon) = \varepsilon^\gamma$ 时，才对应无标度区。该维数测量方法的优势在于：以步长 $\triangle r$ 来取距离标度 $r$，分别计算点对 $(r, C(r))$ 并在双对数坐标中绘制 $\ln C(\varepsilon) - \ln \varepsilon$ 曲线，判断在斜率等于 0 和 $m$ 的两段直线之间是否还存在一段斜率 $\gamma$ 介于 0 和 $m$ 之间的直线，其自动对应着无标度区的范围，并且表示了实验数据的噪声背景。

### 4. 根据分布函数求分形维数

对于一些难以判断比例尺的自然现象，例如月球表面图像上大小迥异的月坑分布并不具有特征长度，研究此类分形现象的大小分布时，可从其分布函数类型求得分形堆数。

假设月坑直径记为 $d$，将直径大于 $d$ 的月坑存在的概率记为 $P(d)$，将直径的分布密度

记为 $P(s)$，则有

$$P(\varepsilon) = \int_{\varepsilon}^{\infty} P(s) d_s$$

若变换比例尺而分布类型不变，对任意的 $\lambda > 0$，则必须满足下列表达式：

$$P(\varepsilon) \propto P(\lambda\varepsilon)$$

能满足式上述表达式的 $r$ 函数型，只限于下面的幂型

$$P(\varepsilon) \propto \varepsilon^{-D}$$

当考虑用粗视化看不见小于 $r$ 的月坑时，则能看见月坑的数目与 $P(d)$ 成例。变换观测尺度，在看不见小于 $2d$ 的月坑时，能看见的月坑数与 $P(2d)$ 成比例，此数是用尺度 $r$ 观测时的 $2^{-D}$ 倍。一般若把用观测尺度为 $r$ 时看见的个数假定为 $N(r)$，因 $N(r)$ 与 $P(d)$ 成比例，这里出现的 $D$ 则与用观测尺度求分形维数的公式相一致。

**5. 根据频谱求分形维数**

根据观测对空间或时间的随机变量的统计性质进行调查时，往往可以较简单地得出用波数分解变动的波谱。从波谱的角度看，所谓改变观测的尺度就是改善截止频率 $f_c$。这里所说的截止频率，是指把较此更细的振动成分舍去的界限频率。因此，如果说某变动是分形，那么也就等于说即使变换截止频率 $f_c$ 也不改变波谱的形状。具这种性质的波谱 $s(f)$ 只限于下述幂型：

$$s(f) \propto f^{-\beta}$$

此幂函数的指数 $\beta$ 与分形维数的关系可由下述事实得知。例如，因某路的电压 $V(t)$ 的杂音而产生变动的图表，而其电路电压 $V(t)$ 可视为是时间的函数。当这种变动波谱为上式时，若把曲线图表的分形维数记作 $D$，则

$$\beta = 5 - 2D$$

这一关系即可成立。

### 8.5.3　多重分形

1992 年，Carl J G Evertsz 和 Benoit Mandelbrot 提出度量（measure）在不同尺度上均相同，或在统计意义上是一致的，即度量是自相似的，则该度量就是多重分形（multifractal）。多重分形也称分形测度，它研究一种物理量在一个支撑（support）集合上的分布状况，换句话说，是定义在分形上的多个标度指数的奇异测度所组成的集合，它定量刻画了分形测度在支撑集上的分布，然后用广义分形维数或多重分形谱进行描述，得到的结果包含了许多被单一分形忽略的信息。

对于单一分形，有一个标度指数 $\alpha$ 或一个分维 $D$ 就足够了，而对于非均匀分布的分形，则可以把它看作由许多个单一分形在空间上的相互缠结、镶嵌和推广，它的 $\alpha$ 和 $D$ 都不再是常量，这样的分形称为多重分形。由单一分形向多重分形的推广主要涉及由数（$\alpha$ 或 $D$）表述的几何体向由函数表示的几何体之间的过渡。理想的方法是，把标度指数 $\alpha$ 看作是连

续变化的，在 $\alpha$ 和 $\alpha + \alpha D_h$ 这个间隔是一个以单值 $\alpha$ 为特征和分维为 $f(\alpha)$ 的单分形集合，把所有不同 $\alpha$ 的单分形集合相互交织在一起就形成多重分形。

**1. 多重分形的有关定义**

设 $R^d$ 是 $d$ 维欧式空间或度量空间，$F$ 是 $R^d$ 的一个 $d$ 维子集，它是测度 $\mu$ 的支集。某在某种划分下，$(F,\mu)$ 产生的分形集可以表示成若干分形子集的并，且每一分形子集有不同的分形维数，则称 $(F,\mu)$ 为多重分形。

把研究对象 $(F,\mu)$ 划分为 $N$ 个尺度最大为 $e$ 的单元 $S_i (i=1,2,...,N)$，设 $r_i$ 是 $S_i$ 的线度大小，$P_i$ 为 $S_i$ 的测度（例如概率或质量），且 $\sum_{i=1}^{N} P_i = 1$。对不同的单元 $P_i$ 可能也不同，可用不同的标度指数 $a_i$ 来表征，即

$$P_i \propto r_i^{a_i}, i = 1, 2, \cdots, N$$

这里称 $a_i$ 为 Lipschitz -Holder 指数(简称 Holder 指数)，由于它控制着概率密度的奇异性，故也称奇异性指数。若线度大小趋于零，则上式化为

$$a_i = \lim_{r_i \to 0} \frac{\ln P_i}{\ln r_i}$$

$a_i$ 与所在的区域有关，它反映了该区域概率的大小。若在研究对象上的测度是均匀的，则 Holder 指数只有一个值。得到 Holder 指数 $a$ 后，我们可以把研究对象划分为一系列子集，使得每一个子集中的小单元都具有相同的 $a$ 值，然后计算这个子集内的线段数或单元数 $N_a(e)$，定义 $N_a(e)$ 和 $e$ 的关系式为

$$N_a(e) \propto e^{-f(a)}, e \to 0$$

由此可得

$$f(a) = -\lim_{e \to 0} \frac{\ln N_a(e)}{\ln e}$$

与分形维数的定义相比可看出，$f(a)$ 的物理意义是表示有相同 $a$ 值的子集的分形维数，一般称为多重分形谱。一个复杂的分形体，它的内部可以分为一系列不同 $a$ 值所表示的子集，$f(a)$ 就给出了这一系列子集的分形特征。

$f(a)$ 是描述多重分形子集维数的连续谱，如果研究对象是单分形的，则 $f(a)$ 为一定值；如果研究对象是多重分形的，则 $f(a)$ 一般呈现单峰图像。

$a \sim f(a)$ 是描述多重分形局部特征的一套基本语言。另一套 $q \sim D(q)$ 语言是从信息论角度引入的，定义统计矩函数为

$$M(e,q) = \sum_{i=1}^{N} P_i^q(e)$$

其中 $q \in (-\infty, \infty)$ 叫统计矩的阶(order)，是表征多重分形不均匀程度的量。定义 $M(e,q)$ 的目的是显示函数 $P_i(e)$ 值的大小。从上式可以看出，假设 $P_m(e) \gg P_j(e)$，当 $q \gg 1$ 时，在 $\sum_{i=1}^{N} P_i^q(e)$ 中，显然是 $P_m^q(e)$ 起主要作用，这时 $M(e,q)$ 反映的是概率高（或稠密）区域的性质。所以在 $q \to \infty$ 的情况下，可只考虑 $P_i(e)$ 的最大值而忽略其他小概率值，这就简化了 $M(e,q)$ 的

计算。反之，当 $q \ll -1$ 时，$M(e, q)$ 反映的是分布中概率较小（或稀疏）区域的性质。这样，通过加权处理，就把一个复杂的过程划分为具有不同奇异程度的区域来研究。

对于一给定的阶 $q$，称满足 $M(e, q) \propto e^{r(q)}$ 的函数 $\tau(q)$ 为质量指数函数，它是分形行为的特征函数。若 $\tau(q)$ 关于 $q$ 是一条直线，则研究对象是单分形的；若 $\tau(q)$ 关于 $q$ 是凸函数，则研究对象有多重分形特征。

广义分形维数由 Peter Grassberger，H. G. E. Hentschel 和 Itamar Procaccia 引入，定义如下：

$$D(q) = \begin{cases} \dfrac{\tau(q)}{q-1} & q \neq 1 \\ \displaystyle\lim_{\lambda \to 0} \dfrac{\sum\limits_i e(\lambda, i).\log e(\lambda, i)}{\log \lambda} & q = 1 \end{cases}$$

广义分形维数 $D(q)$ 的是随不同的 $q$ 值而有不同意义的分形维数。

多重分形是一个由有限几种或大量具有不同分形行为的子集合叠加而组成的非均匀分维分布的奇异集合，因此它是原始分形概念对于非均匀分形的自然推广。利用这个概念，我们能分层次地了解分形内部的精细结构。

**2. 多重分形参量的基本性质**

广义分形维数与多重分形谱之间满足勒让德（Legendre）变换：

$$\begin{cases} a(q) = \dfrac{d\tau(q)}{dq}, \\ f(a) = q.a(q) - \tau(q) \end{cases}$$

上式构成了多重分形的理论核心，建立了独立变量 $q$、$\tau$ 及独立变量 $a$、$f$ 之间的联系，不论是哪两个作为独立参数都可以描述多重分形内部结构。

性质 1：取值范围

（1）$D(q) \geqslant 0 \ (\forall q \in R)$；

（2）$f(a) \geqslant 0$，在 $a = a_0$ 处取最大值，即它的最大值 $f_{max} = f(a_0)$；

（3）使 $f(a) \geqslant 0$ 的 Holder 指数 $a$ 的取值区间记为 $[a_{min}, a_{max}]$，其中

$$a_{min} = \left.\frac{d\tau(q)}{dq}\right|q \to +\infty, \quad a_{max} = \left.\frac{d\tau(q)}{dq}\right|q \to -\infty$$

性质 2：单调性和凸性

（1）广义分形维数 $D(q)$ 和奇异性指数 $a(q)$ 关于 $q$ 严格单调递减；

（2）配分函数 $\tau(q)$ 是关于 $q$ 的严格递增的凸函数；

（3）多重分形谱函数 $f(a)$ 是关于 $a$ 的凸函数。

性质 3：特殊点的值

（1）$D(0)$ 是容量维数，$D(1)$ 是信息维数，$D(2)$ 是关联维数；

（2）$q = 0$ 时，$f(a)$ 取最大值且 $f_{(max)} = D(0)$，是容量维数；

　　$q = 1$ 时，$f(a(1)) = a(1)$ 是信息维数。

# 8.6　小波分析

小波分析（wavelet analysis）是将信号分解为一系列小波函数的叠加，小波函数由一个母小波函数经过平移和尺度伸缩而来。小波分析在时域和频域同时具有良好的局部化性质，被称为"数学显微镜"，广泛应用于信号处理、图像处理、语音识别、地震勘探数据处理等领域。

1984 年，法国地质物理学家 Jean Morlet 在分析地质数据时基于群论首先提出了小波分析这一概念；1986 年，法国数学家 Yves Meyer 首次提出光滑的小波正交基，即 Meyer 基；同年，Meyer 及其学生 Pierre Gilles Lemarie 提出了多尺度分析思想；1987 年，Meyer 出版了目前最权威、最系统的小波理论著作的 *On delete set operations*；1988 年，数学家 Ingrid Daubechies 提出了具有紧支集光滑正交小波基——Daubechies 基；信号分析专家 Stéphane Mallat 以多尺度分析为基础提出了著名的快速小波算法——Mallat 算法（FWT）；美国 Texas A&M 大学崔锦泰（Charles Chui）的 *An introduction on wavelets*，Ingrid Daubechies 的 *Ten Lectures on Wavelets* 等著作都为小波理论的研究发展作出重要贡献。

小波(wavelet)这一术语，顾名思义，"小波"就是小的波形。所谓"小"是指它具有衰减性，而称之为"波"则是指它的波动性，其振幅正负相间的震荡形式。与傅里叶（Fourier）变换相比，小波变换是一个时间（空间）频率的局部变换分析，它通过伸缩和平移等运算功能对函数或信号进行多尺度细化分析（multiscale analysis），最终达到高频处时间细分，低频处频率细分，能自动适应时频信号分析的要求，从而可聚焦到信号的任意细节，解决了 Fourier 变换的困难问题，成为继 Fourier 变换以来在科学方法上的重大突破。小波变换联系了应用数学、物理学、计算机科学、信号与信息处理、图像处理、地震勘探等多个学科。

## 8.6.1　小波变换及其基本性质

### 1. 小波变换的定义及特点

从数学角度来看，小波是构造函数空间正交基的基本单元，是在能量有限空间 $L^2(R)$ 上满足允许条件的函数，需要具备内积空间中的空间分解、函数变换等基础知识；从信号处理角度来看，小波是强有力的时频分析工具，需要傅里叶变换、傅里叶级数、滤波器等基础知识。

小波变换是建立在可自动调节长度的视窗上，克服了傅里叶变换的缺陷，能够更好地解决时域和频域分辨率的矛盾。当需要精确的低频信息时，采用长的时间窗，当需要精确的高频信息时，可采用短的时间窗。可利用伸缩和平移小波形成的小波基来分解或重构信号，达到自动调节的目的。

设 $\psi(t)$ 为一平方可积函数，即 $\psi(t) \in L^2(R)$，若其傅里叶变换 $\hat{\psi}(\omega)$ 满足条件

$$C_\psi = \int_{-\infty}^{\infty} \frac{|\hat{\psi}(\omega)|^2}{|\omega|} \mathrm{d}\omega < \infty$$

则称 $\psi(t)$ 为一个基本小波、母小波或者容许小波。

小波变换有以下特点：

（1）时频局域性：可在不丢失原信号的重要信息成分的前提下，将信号的边缘部分进行滤化；

（2）多尺度分析：多种尺度/多分辨不同特征的提取，可以由粗及细地处理信号，适用于图像压缩、边缘抽取、噪声过滤等研究；

（3）自适应性：高低频分离，低频宽、高频窄，适用于去噪、滤波、边缘检测等分析。

**2. 连续小波变换**

连续小波变换是小波变换的最常见的一种形式，它是信号时频分析的一种重要工具，其时频窗在低频时自动变宽，而在高频时自动变窄，具有自动变焦的作用。设 $\forall f(t) \in L^2(R)$，则 $f(t)$ 的连续小波变换（有时也称为积分小波变换）定义为

$$WT_f(a,b) = \frac{1}{\sqrt{|a|}} \int_{-\infty}^{+\infty} f(t) \psi\left(\frac{t-b}{a}\right) dt, a \neq 0$$

其中，小波变换与两个因子 $a$ 和 $b$ 有关，$a$ 称之为伸缩因子（$a > 0$），表示了小波函数在变换中的缩放；$b$ 是平移因子，反映了小波函数在变换中的位移。上述两个因子 $a$ 和 $b$ 可用来控制小波图像的"体型"和中心位置。

要使逆变换存在，$\psi(t)$ 要满足允许性条件：

$$C_\Psi = \int_{-\infty}^{\infty} \frac{|\hat{\psi}(\omega)|^2}{|\omega|} d\omega < \infty$$

式中 $\hat{\psi}(\omega)$ 是 $\psi(t)$ 的傅里叶变换。其逆变换为

$$f(t) = C_\psi^{-1} \int_{-\infty}^{\infty} \int_{-\infty}^{\infty} \psi_{a,b}(t) WT_f(a,b) db \frac{da}{|a|^2}$$

常数 $C_\psi$ 限制了能作为"基小波（或母小波）"的属于 $L^2(R)$ 的函数 $\psi$ 的类，尤其是若还要求 $\psi$ 是一个窗函数，那么 $\psi$ 还必须属于 $L^1(R)$，即

$$\int_{-\infty}^{\infty} |\psi(t)| dt < \infty$$

故 $\hat{\psi}(\omega)$ 是 $R$ 中的一个连续函数。由逆变换式可得 $\hat{\psi}$ 在原点必定为零，即

$$\hat{\psi}(0) = \int_{-\infty}^{\infty} \psi(t) dt = 0$$

由上式发现小波函数必然具有振荡性。此外，连续小波变换还具有线性、平移不变性、伸缩共变性和冗余性。

**3. 离散小波变换**

由于连续小波变换存在冗余，因而为了重构信号，需针对变换域的变量 $a$、$b$ 进行多种离散化，以消除变换中的冗余。在实际中，如果小波函数 $\psi(t)$ 满足稳定性条件：

$$A \leqslant \sum_{-\infty}^{+\infty} |\psi(2^j\omega)|^2 \leqslant B, \ 0 < A \leqslant B < +\infty$$

则 $\psi(t)$ 为二进小波，对 $a$、$b$ 进行离散化，取 $b = \frac{k}{2^j}$，$a = \frac{1}{2^j}$，其中 $j, k \in Z$，这时有

$$\psi_{a,b}(t) = \psi_{\frac{1}{2^j}, \frac{k}{2^j}}(t) = 2^{j/2} \psi(2^j t - k)$$

常简写为 $\psi_{j,k}(t)$，为了能重构信号 $f(t)$，要求 $\{\psi_{j,k}\}_{j,k \in Z}$ 是 $L^2(R)$ 的 Riesz 基。

假定 $\psi$ 是一个 $R$ 函数，那么存在 $L^2(R)$ 的一个唯一的 Riesz 基 $\{\psi^{j,k}\}_{j,k\in Z}$，它与 $\{\psi_{j,k}\}$ 对偶。这时，每个 $f(t)\in L^2(R)$ 有唯一级数表示

$$f(t)=\sum_{j=-\infty}^{\infty}\sum_{k=-\infty}^{\infty}\langle f,\psi_{j,k}\rangle \psi^{j,k}(t)$$

特别地，若 $\{\psi^{j,k}\}_{j,k\in Z}$ 构成 $L^2(R)$ 的规范正交基时，有

$$\psi_{j,k}=\psi^{j,k}$$

重构公式为

$$f(t)=\sum_{j=-\infty}^{\infty}\sum_{k=-\infty}^{\infty}\langle f,\psi_{j,k}\rangle \psi_{j,k}(t)$$

### 4. 小波运算

小波变换的思想来源于伸缩和平移方法，在小波变换中主要是对尺度的伸缩和对时间的平移。波形的尺度伸缩就是在时间轴上对信号进行压缩和伸展，而时间平移就是指小波函数在时间轴上的波形平行移动，即小波母函数 $\psi(t)$ 进行伸缩和平移得到子函数 $\psi_{ab}(t)$。由 $\psi(t)$ 变成 $\psi\left(\dfrac{t}{a}\right)$，当 $a>1$ 时，若 $a$ 越大，则 $\psi\left(\dfrac{t}{a}\right)$ 的时域宽度较 $\psi(t)$ 变得越大；反之，则 $\psi\left(\dfrac{t}{a}\right)$ 的宽度越窄。而由 $\psi(t)$ 变成 $\psi(t-b)$，是将母函数向右移动 $b$ 得到。对母小波的伸缩和平移是为了计算小波的系数，这些系数代表了小波和信号之间的相互关系。

小波运算的基本步骤：

（1）选择一个小波函数，并将这个小波与要分析的信号起始点对齐；

（2）计算在这一时刻要分析的信号与小波函数的逼近程度，即计算小波变换系数 $C$，$C$ 越大，就意味着此刻信号与所选择的小波函数波形越相近；

（3）将小波函数沿时间轴向右移动一个单位时间，然后重复步骤（1）、（2）求出此时的小波变换系数 $C$，直到覆盖完整个信号长度；

（4）将所选择的小波函数尺度伸缩一个单位，然后重复步骤（1）、（2）、（3）；

（5）对所有的尺度伸缩重复步骤（1）、（2）、（3）、（4）。

尺度与频率的关系如图 8-22 所示。

图 8-22　小波尺度与频率的关系图

小尺度 $a$ → 压缩的小波 → 快速变换的细节 → 高频部分
大尺度 $a$ → 拉伸的小波 → 缓慢变换的粗部 → 低频部分

## 8.6.2 多尺度分析

### 1. 多尺度分析

多尺度分析的概念统一了各种具体小波基的构造算法，其基本思想是：

（1）构造一个具有特定性质的层层嵌套的闭子空间序列 $\{V_j\}_{j\in Z}$，这个序列充满整个 $L^2(R)$ 空间；

（2）在 $V_0$ 子空间找到一个函数 $\phi(t)$，平移 $\{\phi(2^{-j}t-k)\}_{k\in Z}$ 构成 $V_0$ 子空间的 Riesz 基；

（3）对函数 $\phi(t)$ 进行正交化，得到函数称为正交尺度函数 $\varphi(t)$；

（4）由 $\varphi(t)$ 计算出小波函数 $\psi(t)$。

设空间 $L^2(R)$ 的多尺度分析是指构造该空间内一个子空间列 $\{V_j\}_{j\in Z}$，使其具有以下性质：单调性（包容性）、逼近性、伸缩性、平移不变性和 Riesz 基存在性，即存在 $\phi(t)\in V_0$，使得 $\{\varphi(2^{-j}t-k)\}_{k\in Z}$ 构成 $V_j$ 的 Riesz 基。

令 $\{V_j\}_{j\in Z}$ 是 $L^2(R)$ 空间的一个多尺度分析，则存在一个唯一的函数 $\phi(t)\in L^2(R)$ 使得 $\phi_{j,k}=2^{-j/2}\phi(2^{-j}t-k),k\in Z$ 必定是 $V_j$ 内的一个标准正交基，其中 $\phi(t)$ 称为尺度函数。

引入尺度函数的目的是为了构造正交小波基，图 8-23(a)为一指数衰减、连续可微分的尺度函数，图 8-23(b)是其傅里叶变换。显然，尺度函数与低通滤波器的形状相同。

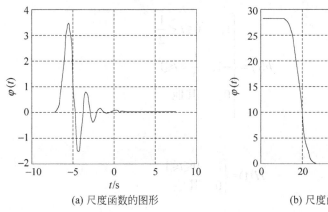
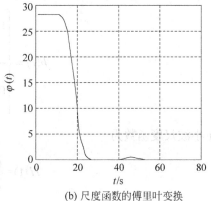

(a) 尺度函数的图形      (b) 尺度函数的傅里叶变换

图 8-23 尺度函数

若 $\phi(t)$ 生成一个多尺度分析，那么 $\phi\in V_0$ 也属于 $V_{-1}$，并且因为 $\{\varphi_{-1,k}:k\in Z\}$ 是 $V_{-1}$ 的一个 Riesz 基，所以存在唯一的 $l^2$ 序列 $\{h(k)\}$，它描述尺度函数 $\phi$ 的两尺度关系：

$$\phi(t)=\sqrt{2}\sum_{k=-\infty}^{\infty}h(k)\phi(2t-k)$$

则小波函数双尺度方程为

$$\psi(t)=\sqrt{2}\sum_{k=-\infty}^{\infty}g(k)\phi(2t-k)$$

尺度函数与小波函数的构造归结为系数 $\{h(k)\}$，$\{g(k)\}$ 的设计。

若令 $H(\omega)=\sum_{k=-\infty}^{\infty}\dfrac{h(k)}{\sqrt{2}}\mathrm{e}^{-\mathrm{j}\omega k}$，$G(\omega)=\sum_{k=-\infty}^{\infty}\dfrac{g(k)}{\sqrt{2}}\mathrm{e}^{-\mathrm{j}\omega k}$，则尺度函数和小波函数的设计可以

归结为滤波器 $H(\omega)$、$G(\omega)$ 的设计。构造正交小波时滤波器必须满足以下条件:

$$\begin{cases} |H(\omega)|^2 + |H(\omega+\pi)|^2 = 1 \\ |G(\omega)|^2 + |G(\omega+\pi)|^2 = 1 \\ H(\omega)G^*(\omega) + H(\omega)G^*(\omega+\pi) = 0 \end{cases}$$

联合求解可得

$$G(\omega) = \mathrm{e}^{-j\omega} H^*(\omega+\pi)$$

则有

$$g(k) = (-1)^{1-k} h^*(1-k), \quad k \in Z$$

所以,要设计正交小波,只需要设计滤波器 $H(\omega)$。

### 2. 正交小波变换

单个小波母函数是存在的,多尺度分析给出了具体的构造方法,下面先给出几个具有解析表达式的例子。

最简单的基函数是哈尔基函数(Haar basis function),其定义区间为 $[0,1]$,Haar 小波母函数

$$h(t) = \begin{cases} 1, & 0 \leqslant t < \dfrac{1}{2} \\ -1, & \dfrac{1}{2} < t \leqslant 1 \\ 0, & \text{其他} \end{cases}$$

Haar 小波尺度函数为

$$H(t) = \begin{cases} 1 & 0 \leqslant t \leqslant 1 \\ 0 & \text{其他} \end{cases}$$

Shannon 小波母函数

$$\psi(t) = \frac{\sin \pi\left(t - \dfrac{1}{2}\right) - \sin 2\pi\left(t - \dfrac{1}{2}\right)}{\pi\left(t - \dfrac{1}{2}\right)}$$

Shannon 小波尺度函数

$$\phi(t) = \frac{\sin \pi t}{\pi t}$$

若函数 $\psi(t)$ 在区间 $[a,b]$ 外恒为零,则称该函数紧支在这个区间上,具有该性质的小波称为紧支撑小波。Shannon 小波母函数是无限次可导的,系函数不是紧支,对函数进行分解时,分解系数不能很好地反映信号的局部特征。Haar 小波母函数存在不连续点,但系函数是紧支,通过正交化方法,构成了由 $B$ 样条函数所生成的正交小波函数。除 Haar 基外所

有其他正交紧支的小波函数、尺度函数关于实轴上的任何点都不具有对称或反对称性，因而所对应的滤波器都不具有线性相位。

### 3. 双正交小波变换

在图像处理中经常希望所用滤波器具有线性相位，因此，Cohen、Daubechies 等构造了具有对称性的双正交基的方法，使对应的滤波器具有线性相位，即使用两个不同的小波基，一个用来分解，另一个用来重建，构成彼此对偶的双正交的小波基。取代小波函数、尺度函数的正交性是双正交的条件

$$\left\langle \phi_{j,k}, \tilde{\phi}_{j,n} \right\rangle = \delta(k-n)$$

$$\left\langle \psi_{j,k}, \tilde{\psi}_{m,n} \right\rangle = \delta(j-m)\delta(k-n)$$

此时相应的多尺度分析子空间的嵌套序列分为两种

$$\cdots V_2 \subset V_1 \subset V_0 \subset V_{-1} \subset V_{-2} \cdots$$

$$\cdots \tilde{V}_2 \subset \tilde{V}_1 \subset \tilde{V}_0 \subset \tilde{V}_{-1} \subset \tilde{V}_{-2} \cdots$$

在双正交的条件下，子空间 $V_j$ 与 $W_j$ 不是正交补空间，但是若令

$$\tilde{W}_j = \text{close}\{\tilde{\psi}_{j,k} : j,k \in Z\}$$

则有以下正交补的关系：

$$V_j \perp \tilde{W}_j, \tilde{V}_j \perp W_j$$

相应的双尺度方程为

$$\phi(t) = \sqrt{2} \sum_{k=0}^{2N-1} h(k)\phi(2t-k), \quad \tilde{\phi}(t) = \sqrt{2} \sum_{k=0}^{2N-1} \tilde{h}(k)\tilde{\phi}(2t-k)$$

$$\psi(t) = \sqrt{2} \sum_{k=0}^{2N-1} g(k)\phi(2t-k), \quad \tilde{\psi}(t) = \sqrt{2} \sum_{k=0}^{2N-1} \tilde{g}(k)\tilde{\phi}(2t-k)$$

得

$$\begin{cases} \tilde{g}(k) = (-1)^k h(2N-k+1) \\ g(k) = (-1)^k \tilde{h}(2N-k+1) \end{cases} \quad k = 0,1,\cdots,2N-1$$

所以，在设计双正交小波滤波器时，实际上只要设计两个尺度滤波器。

### 4. 小波包变换

短时傅里叶变换是一种等分析窗的分析方法，小波变换相当于 $Q$ 滤波器组，语音、图像比较适合用小波变换进行分析，但并非所有信号的特性都与小波变换相适应。当对某类信号等宽和等 $Q$ 滤波器都不一定适用时，有必要按信号特性选用相应组合的滤波器，这就引出了小波包的概念。Ronald Coifman 及 Mladen Victor Wickerhauser 在多尺度分析的基础上提出了小波包的概念，可以实现对信号任意频段的聚焦。

小波包不仅能够对低频分量连续进行分解，而且也能对高频分量进行连续分解，得到许多分辨率较低的低频分量和许多分辨率较低的高频分量。

小波包的基本思想是对多尺度分析中的小波子空间进行分解，具体做法是定义子空间

$U_j^n$ 是函数 $w_n(t)$ 的闭包空间，而 $U_j^{2n}$ 是函数 $w_{2n}(t)$ 的闭包空间，并令 $w_n$ 满足如下双尺度方程：

$$\begin{cases} w_{2n}(t) = \sqrt{2}\sum_k h(k)w_n(2t-k) \\ w_{2n+1}(t) = \sqrt{2}\sum_k g(k)w_n(2t-k) \end{cases}$$

式中，$g(k) = (-1)^k h(1-k)$，即两系数也具有正交关系。

双尺度方程构造的序列（$\{w_n\}_{n\in Z_+}$）称为由基函数（$w_0(t) = \phi(t)$）确定的小波包。$W_j$ 空间分解的子空间列可以写成

$$U_{j-1}^{2^l+m}, \quad m = 0,1,\cdots,2^l-1; l = 1,2,\cdots,j; j = 1,2,\cdots$$

与小波 $\psi_{j,k}(t)$ 相比较，小波包除了离散尺度和离散平移之外，还有一个频率参数 $n$，由于 $n$ 的作用，使小波包克服了小波时间分辨率高时频率分辨率差的缺点。$n$ 表示 $\psi_n(t)$ 的零交叉个数，也就是其波形的振荡次数。

### 8.6.3 Mallat 算法

#### 1. Mallat 算法的原理

在小波理论中，多尺度分析是一个重要组成部分，它是一种对信号的空间分解方法，利用它把其中的逼近信号和细节信号分离开，然后再根据需要逐一研究。多尺度分析由 S. Mallat 在构造正交小波基的时候，并在著名的用于图像分解的金字塔算法的启发下，提出了信号的塔式多尺度分解与综合算法，简称 Mallat 算法，其包括分解算法和重构算法。

利用 Mallat 算法可以根据不同的尺度把已知进行多级分解，从而把信号分割成细节信号和逼近信号，这是其分解过程，如图 8-24 所示。

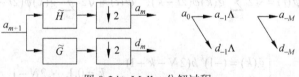

图 8-24  Mallat 分解过程

其中，$a_0$ 表示原始向量；$a_m(m = -1,-2,\cdots,-M)$ 是经过分解后的逼近信号；$d_m(m = -1,-2,\cdots,-M)$ 是经过分解后的细节信号。以上过程可以表示成

$$a_m(n) = \sum_k h_{(2n-k)}a_{m+1}(k)$$
$$d_m(n) = \sum_k g_{(2n-k)}a_{m+1}(k)$$

$a_{m+1}(n)$ 经过冲击响应为 $h(n)$ 的数字滤波器后，再抽取偶数样本就得到 $a_m(n)$，$a_{m+1}(n)$ 经过冲击响应 $g(n)$ 的数字滤波器后，再抽取偶数样本就得到 $d_m(n)$。

重构算法是分解算法的逆过程，是利用细节信号和最终的逼近信号复原最初的原始信号，如图 8-25 所示。同理其重构算法公式为

$$a_{m+1}(n) = 2\sum_k h_{(2n-k)}a_m(k) + 2\sum_k g_{(n-2k)}d_m(k)$$

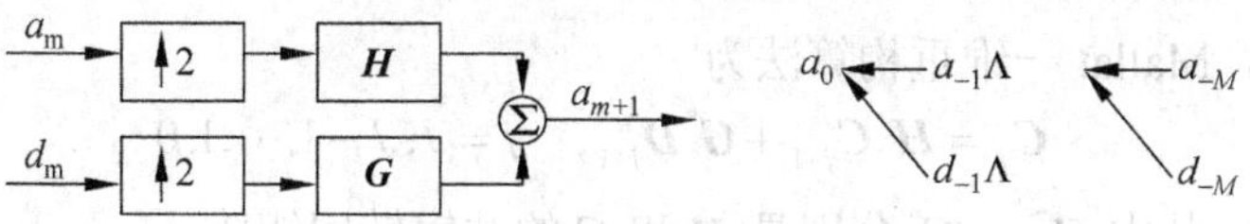

图 8-25　Mallat 重构过程

## 2. 一维 Mallat 算法

设 $f(t) \in L^2(R)$，并假定已得到 $f(t)$ 在 $2^{-j}$ 尺度下的粗糙象 $A_j f \in V_j$，$\{V_j\}_{j \in Z}$ 构成 $L^2(R)$ 的多尺度分析，从而有

$$A_j f = A_{j+1} f + D_{j+1} f$$

式中

$$A_j f(x) = \sum_{k=-\infty}^{\infty} C_k^j \psi_k^j(t), \quad D_j f(x) = \sum_{k=-\infty}^{\infty} D_k^j \psi_k^j(t)$$

于是

$$\sum_{k=-\infty}^{\infty} C_k^j \phi_k^j(t) = \sum_{k=-\infty}^{\infty} C_k^{j+1} \phi_k^j(t) + \sum_{k=-\infty}^{\infty} D_k^{j+1} \psi_k^{j+1}(t)$$

由尺度函数的双尺度方程可得

$$\phi_m^{j+1}(t) = \sum_{k=-\infty}^{\infty} h_{k-2m} \phi_k^j(t)$$

利用尺度函数的正交性，有

$$\langle \varphi_{j+1,m}, \phi_{j,k} \rangle = h_{k-2m}$$

同理由小波函数的双尺度方程可得

$$\langle \psi_{j+1,m}, \phi_{j,k} \rangle = g_{k-2m}$$

求解可得

$$C_m^{j+1} = \sum_{k=-\infty}^{\infty} C_k^j h_{k-2m}^*$$

$$D_m^{j+1} = \sum_{k=-\infty}^{\infty} C_k^j g_{k-2m}^*$$

$$C_k^j = \sum_{m=-\infty}^{\infty} h_{k-2m} C_m^{j+1} + \sum_{m=-\infty}^{\infty} g_{k-2m} D_m^{j+1}$$

引入无穷矩阵：

$$\boldsymbol{H} = \left[ H_k^m \right]_{m;k=-\infty}^{\infty}, \quad \boldsymbol{G} = \left[ G_k^m \right]_{m;k=-\infty}^{\infty}$$

其中

$$H_k^m = h_{k-2m}^*, \quad G_k^m = g_{k-2m}^*$$

则 Mallat 一维分解算法为

$$\begin{cases} \boldsymbol{C}_{j+1} = \boldsymbol{H}\boldsymbol{C}_j \\ \boldsymbol{D}_{j+1} = \boldsymbol{G}\boldsymbol{C}_j \end{cases} \quad j = 0, 1, \cdots, J-1, J$$

如图 8-26(a)所示，Mallat 一维重构算法为

$$C_j = H^* C_{j+1} + G^* D_{j+1}, \quad j = J, J-1, \cdots, 1, 0$$

如图 8-26(b)所示，其中 $H^*$，$G^*$ 分别是 $H$ 和 $G$ 的共轭转置矩阵。

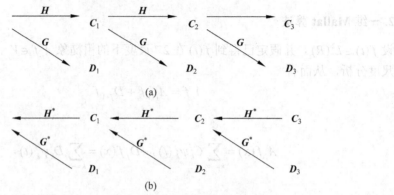

(a)

(b)

图 8-26　Mallat 小波分解和重构算法示意图

利用 Mallat 分解与重构算法进行信号处理时，通常假定相应的连续函数属于 $V_0$，实际上都是直接把由采样得到的信号作为最高尺度的信号来处理，把小波变换当作滤波器组来看待。在实际应用时，由于实际信号都是有限长的，存在如何处理边界的问题。常用周期扩展和反射扩展的方法，降低边界不连续性所产生的在边界上变换系数衰减慢的问题。

### 3. 二维 Mallat 算法

在进行图像处理时要用到二维小波变换，主要以可分离小波为主，下面给出构造二维可分离正交小波基的方法。

令 $V_j^2 (j \in Z)$ 是 $L^2(R^2)$ 的可分离多尺度分析空间，并令 $\varphi(x, y) = \varphi(x)\varphi(y)$ 是相应的二维尺度函数，$\psi(x)$ 是与尺度函数对应的一维标准正交小波。若定义 3 个"二维小波"

$$\begin{cases} \psi^1(x, y) = \varphi(x)\psi(y) \\ \psi^2(x, y) = \psi(x)\varphi(y) \\ \psi^3(x, y) = \psi(x)\psi(y) \end{cases}$$

则

$$\begin{cases} 2^j \psi^1(2^j x - m, 2^j y - n) \\ 2^j \psi^2(2^j x - m, 2^j y - n) \quad (m, n \in Z) \\ 2^j \psi^3(2^j x - m, 2^j y - n) \end{cases}$$

分别是 $L^2(R^2)$ 内的标准正交基。

设 $f = f(x, y) \in V_j^2$ 为待分析的图像信号，其二维逼近图像为

$$A_j f = A_{j-1} f + D_{j-1}^1 f + D_{j-1}^2 f + D_{j-1}^3 f$$

式中

$$A_{j-1} f = \sum_{m=-\infty}^{\infty} \sum_{n=-\infty}^{\infty} C_{j-1}(m, n) \varphi_{j-1}(m, n)$$

$$D_{j-1}^i f = \sum_{m=-\infty}^{\infty} \sum_{n=-\infty}^{\infty} D_{j-1}^i(m, n) \varphi_{j-1}(m, n), \quad i = 1, 2, 3$$

利用尺度函数和小波函数的正交性，可得

$$a_{j-1}(m,n) = \sum_{i \in Z} \sum_{k \in Z} \overline{h}_{i-2m} \overline{h}_{l-an} a_j(l,k)$$

以及

$$
\begin{cases}
d_{j-1}^1(m,n) = \sum_{i \in Z} \sum_{k \in Z} \overline{h}_{i-2m} \overline{g}_{k-2n} a_j(l,k) \\
d_{j-1}^2(m,n) = \sum_{i \in Z} \sum_{k \in Z} \overline{g}_{i-2m} \overline{h}_{k-2n} a_j(l,k) \\
d_{j-1}^3(m,n) = \sum_{i \in Z} \sum_{k \in Z} \overline{g}_{i-2m} \overline{g}_{k-2n} a_j(l,k)
\end{cases}
$$

引入矩阵算子，令 $\boldsymbol{C}_r$ 和 $\boldsymbol{C}_c$ 分别代表用尺度滤波器系数对阵列 $a_j(l,k)$ 的行和列作用的算子，$\boldsymbol{G}_r$ 和 $\boldsymbol{G}_c$ 分别表示用小波滤波器系数对行和列作用的算子，二维 Mallat 分解算法为

$$
\begin{cases}
\boldsymbol{A}_{j+1} = \boldsymbol{C}_r \boldsymbol{C}_c \boldsymbol{A}_j \\
\boldsymbol{D}_{j+1}^1 = \boldsymbol{C}_r \boldsymbol{G}_c \boldsymbol{A}_j \\
\boldsymbol{D}_{j+1}^2 = \boldsymbol{G}_r \boldsymbol{C}_c \boldsymbol{A}_j \\
\boldsymbol{D}_{j+1}^3 = \boldsymbol{G}_r \boldsymbol{G}_c \boldsymbol{A}_j
\end{cases}, \quad j = 0,1,\cdots,J-1,J
$$

二维 Mallat 重构算法为

$$\boldsymbol{A}_j = \boldsymbol{C}_r^* \boldsymbol{C}_c^* \boldsymbol{A}_{j-1} + \boldsymbol{C}_r^* \boldsymbol{G}_c^* \boldsymbol{D}_{j-1}^1 + \boldsymbol{G}_c^* \boldsymbol{C}_r^* \boldsymbol{D}_{j-1}^2 + \boldsymbol{G}_c^* \boldsymbol{G}_r^* \boldsymbol{D}_{j-1}^3$$

图 8-27 给出了二维图像的分解和重构算法。

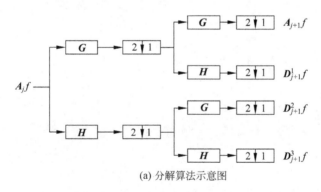

(a) 分解算法示意图

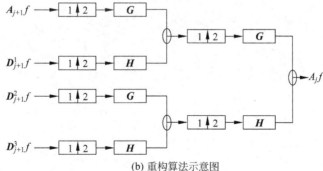

(b) 重构算法示意图

图例　$\boxed{2 \downarrow 1}$ 下采样：对列滤波时，两列去一列；对行滤波时，两行去一行

$\boxed{1 \uparrow 2}$ 上采样：对列滤波时，两列中加 0；对行滤波时，两行中加 0

图 8-27　二维 Mallat 小波分解和重构算法示意图

　　二维小波分解与重构算法，利用其可分离特性，在算法实现时分别是对行进行一维小波变换，然后再对按行变换后的数据按列进行一维小波变换来完成。与一维的情形类似，在实际应用中也存在如何处理边界的问题，典型的处理方法是周期扩展和反射扩展。在用小波变换进行图像压缩时，由于边界的不连续性，会使得在边界处的小波变换系数的衰减变慢，从而影响图像的压缩比，因而在图像压缩应用中，若使用的是具有对称性质的双正交小波滤波器，一般对边界采用反射扩展的方式，使边界保持连续，以提高压缩性能。

# 第9章 空间分析建模实例应用

空间分析与建模是认知、解释、预报和调控地理空间问题的理论、方法与技术。目前国内外主流的 ArcGIS、MapInfo、SuperMap、MapGIS 等 GIS 基础软件，使得空间分析与建模的功能得到了广泛的应用，本书选择以 ArcGIS 10.0 版本软件为基础，介绍一些空间分析与建模的实例应用。

## 9.1 空间分析常用工具

### 9.1.1 叠加分析工具

叠加分析（overlay）是 GIS 中最基本的空间分析功能之一，其目标在于研究空间位置相互耦合的地物特征的专题属性之间的关系。叠加分析是将代表不同主题的各个数据层面进行叠置产生一个新的数据层面，并综合原来多个层面要素所具有的属性。ArcToolbox 工具箱中包含叠加分析工具，具体操作步骤为：启动 ArcMap 10，在工具栏单击"ArcToolbox窗口"按钮，即弹出 ArcToolbox 窗口，如图 9-1 所示。

图 9-1  ArcToolbox 窗口

**1. 矢量叠加工具**

矢量数据的叠加分析需要两个及以上输入要素和一个输出要素，矢量叠加在操作上可分为"交集取反"、"擦除"、"更新"、"标识"、"相交"、"空间连接"和"联合"7 个功能，都包含在"ArcToolbox 窗口"→"分析工具箱"→"叠加分析工具"中。

（1）交集取反

功能：计算输入要素与更新要素不相交的部分形成输出要素类，输出要素类的属性表根据"连接属性"选项确定，连接属性的选项如表 9-1 所示。

表 9-1    连接属性表

| 连接属性（可选） | 确定哪些属性要传递到输出要素类 |
|---|---|
| ALL | 输入要素和更新要素的所有属性都将传递到输出，为默认设置。 |
| NO_FID | 输入要素和更新要素中除 FID 以外的所有属性都将传递到输出。 |
| ONLY_FID | 仅将输入要素和更新要素中的 FID 属性传递到输出。 |

（2）擦除

功能：叠加输入要素与擦除要素，计算落在擦除要素外的要素，并将其复制到输出要素类中。注：用于擦除的要素必须是多边形。

（3）更新

功能：计算输入要素与更新要素相交的部分，将其属性信息更新为所有要素的属性信息，不相交部分的属性信息则保持不变，并全部写入输出要素类中，注：输入要素与更新要素必须都是多边形，且属性表结构一致，否则将丢失属性。

（4）标识

功能：计算输入要素与标识要素相交的部分，此部分将获得标识要素的属性信息，其他部分保持不变，将输入要素及标识部分写入输出要素类中。

（5）相交

功能：计算两个输入要素几何对象相交的部分写入输出要素类，可以选择保留所有的属性字段、只有 FID 字段或是除了 FID 所有的字段。

（6）空间连接

功能：与标识功能类似，区别是在相交区域将连接要素的属性追加给目标要素，并将追加后的目标要素复制到输出要素类中，属性的连接操作如表 9-2 所示。此外可叠加的要素类型也不同，空间连接的要素可以是点、线、多边形任一类型，而标识的要素只能是多边形。

表 9-2    连接操作表

| 连接操作 | 确定"目标要素"和"连接要素"的连接方式 |
|---|---|
| JOIN_ONE_TO_ONE | 多个"连接要素"与同一"目标要素"的属性聚合，并使用"字段映射"合并到输出要素类中，为默认选项。 |
| JOIN_ONE_TO_MANY | 多个"连接要素"与同一"目标要素"分别连接，输出要素类将包含多个"目标要素"实例。 |

（7）联合

功能：平行输入一组要素，其所有属性信息都写入输出要素类中，注：联合只能进行多边形与多边形的叠加。

**2. 栅格叠加工具**

栅格叠加的每个图层中各个像元都引用相同的地理位置，适用于将多个图层的特征合并到单一图层中的操作，栅格叠加的本质是栅格运算。具体可分为"加权叠加"、"加权总和"、"模糊分类"和"模糊叠加"四个功能，包含在 ArcToolbox 窗口→Spatial Analyst 工具箱→叠加分析工具集中，其中常用的是"加权叠加"工具。在使用 Spatial Analyst 工具箱中工具时，需要先将其激活。

（1）激活 Spatial Analyst 工具箱

启动 ArcMap 10 软件，在 ArcMap 窗口菜单栏选择"自定义"→"扩展模块"，打开"扩展模块"对话框，选中"Spatial Analyst"项，单击关闭按钮，如图 9-2 所示。

图 9-2　扩展模块对话框

（2）加权叠加

功能：对多个栅格数据执行多条件分析计算，生成新的输出栅格数据。其中，栅格的影响力以百分比形式表示，评估等级可以从预定义中选择也可以自定义设置，设置等效影响将对平衡设置输入栅格的影响力百分比。

（3）加权总和

功能：根据对最终结果造成影响的大小给每个栅格一个加权比值，并叠加生成新的输出栅格数据。

（4）模糊分类和模糊叠加

"模糊分类"和"模糊叠加"是 ArcGIS 10 软件中空间分析模块新增的地理处理工具，该工具能更好的用于适宜性分析和选址建模。"模糊分类"工具利用模糊函数确定条件下栅格数据集中每个单元属于某一类别的概率，其模糊化栅格的算法可依据"分类值类型"确定，如表 9-3 所示。

表 9-3 分类值类型表

| 分类值类型 | 确定模糊分类值从 1 变为 0 的下降速度 |
|---|---|
| 高斯 | 分类值呈正态分布，在中点指定分类值为 1，到边沿曲线分类值降为 0。 |
| 小 | 输入栅格的较小值的分类较高，在中点指定分类值为 0.5。 |
| 大 | 输入栅格的较大值的分类较高，在中点指定分类值为 0.5。 |
| 近邻分析 | 计算距离中间值较近的值的分类，在中点指定分类值为 1，偏离分类值降为 0。 |
| MSSmall | 根据输入数据的平均值和标准差计算分类，输入数据中的小值具有较高分类。 |
| MSLarge | 根据输入数据的平均值和标准差计算分类，输入数据中的大值具有较高分类。 |
| 线性 | 根据对输入栅格所做的线性变换计算分类。在极小值处指定分类值为 0，在极大值处指定分类值为 1。 |

"模糊叠加"工具融合经过模糊分类的数据以确定各个单元满足条件的概率，叠加栅格的算法可依据"叠加类型"（表 9-4）来设置确定。

表 9-4 叠加类型表

| 叠加类型 | 组合两个或多个分类数据时所使用的方法 |
|---|---|
| AND | 输入模糊栅格中模糊分类栅格的最小值。 |
| OR | 输入栅格中模糊分类栅格的最大值。 |
| PRODUCT | 递减函数，当多个证据栅格的组合的重要性或该组合小于任何单个输入栅格时使用。 |
| SUM | 递增函数。当多个证据栅格的组合的重要性或该组合大于任何单个输入栅格时使用。 |
| GAMMA | 以 Sum 和 Product 为底，以 gamma 值为指数的代数乘积。 |

## 9.1.2 缓冲区分析工具

缓冲区（buffer）分析是根据指定的距离在点、线和多边形实体周围自动建立一定宽度的区域范围的分析方法，其是用来搜索邻近要素及其距离，定义不同地理要素的邻近程度的一类重要的空间分析工具。

### 1. 矢量缓冲区工具

矢量缓冲区是对选中的一组或一类地图要素按设定的距离条件，围绕其形成一定缓冲区的多边形实体，分析数据在二维空间的扩展信息。常用的矢量缓冲区分析工具有"缓冲区"和"多环缓冲区"，都包含在"ArcToolbox 窗口"→"分析工具箱"→"邻域分析工具"内。

（1）缓冲区

功能：对输入要素中指定的要素按距离条件生成新的多边形要素输出。生成的缓冲区距离半径可以设置数值或者选定输入要素中的某个数值字段，生成方式由侧类型及末段类型决定，侧类型如表 9-5 所示，而末段类型仅指定线状要素末端的缓冲区形状，分为 ROUND 和 FLAT 型，即圆形和方形。

表 9-5　侧类型表

| 侧类型 | 决定所生成缓冲区的样式 |
| --- | --- |
| FULL | 在点及多边形要素周围生成缓冲区，在线状要素两侧生成缓冲区。默认设置。 |
| LEFT | 仅针对线状要素，在要素左侧生成缓冲区。 |
| RIGHT | 仅针对线状要素，在要素右侧生成缓冲区。 |
| OUTSIDE_ONLY | 仅针对多边形要素，在要素外部生成缓冲区。 |

（2）多环缓冲区

功能：与"缓冲区"类似，但同时生成多个指定距离的缓冲区，这些缓冲区不重叠。

**2. 栅格缓冲区工具**

对输入要素进行的栅格缓冲区工具，输出为栅格数据，但输入要素不限制为栅格，所生成邻域的形状有环、圆、矩形、楔形、不定期和权重六种类型选择，通过确定邻域高度、宽度和单元来决定生成缓冲区的大小。常用的栅格缓冲区工具有"块统计"、"点统计"和"线统计"，包含在 ArcToolbox 窗口→Spatial Analyst 工具箱→邻域分析工具集中。

（1）块统计

功能：对栅格数据进行的邻域分析。

（2）点统计和线统计

功能：分别是对点状矢量要素和线状矢量要素进行的栅格邻域分析，输出为栅格数据。

### 9.1.3　网络分析工具

网络（network）分析是在网络模型基础上进行的一系列分析，其中的网络数据模型是对现实世界中网络系统的抽象表达。其作为 GIS 的重要功能，在电子导航、交通旅游、城市规划、资源配置以及电力、通讯等各种管网、管线的布局设计中发挥了重要的作用。ArcToolbox 工具箱中包含网络分析工具，位于"ArcToolbox 窗口"→"网络分析工具"内。

**1. 创建网络分析图层**

（1）创建路径分析图层

功能：创建路径网络分析图层，并设置其分析属性，用于根据网络成本确定最佳路径，比如最短距离路径，最短时间路径、最小成本路径等。

（2）创建服务区图层

功能：创建服务区网络分析图层并设置其分析属性，用于确定基于成本条件从设施点位置出发的设施点服务区域，成本条件一般为时间、距离等。

（3）创建最近设施点图层

功能：创建最近设施点网络分析图层并设置其分析属性，用于基于网络成本查找与事故点距离最近的设施点，以得到从事故点到设施点（或设施点到事故点）的最佳路径。

（4）创建位置分配图层

功能：创建位置分配网络分析图层并设置其分析属性，用于以最佳且高效的方式将设施点分配给需求位置，需考虑时间、路况等阻抗问题。

（5）创建多路径配送（VRP）图层

功能：创建多路径配送（VRP）网络分析图层并设置其分析属性，用于车队行驶时的路径优化，考虑汽车容量、速度等因素，一般建立最短时间路径，最低消费路径等。

（6）创建 OD 成本矩阵图层

功能：创建起点-终点成本矩阵网络分析图层并设置其分析属性，用于描述一组起点到一组终点的成本。

**2. 几何网络分析**

几何网络是用来模拟现实设施网络，可以设置代表资源在网络中传输的成本的权重，网络中的资源流向由一系列源和汇确定，从源流向汇。工具启动：右击窗口菜单栏空白处，选中"几何网络分析"，或选择自定义→工具条→几何网络分析，打开几何网络分析工具条，如图 9-3 所示。

图 9-3　几何网络分析工具条

工具条中流向选项可以选择资源流方向属性，分析选项可以设置网络权重，标记工具可以添加起点、终点、交汇点和障碍点，通过追踪任务可以实现以下操作：

（1）网络中位于给定点上游的所有网络元素（网络上溯追踪）；

（2）网络中位于给定点下游的所有网络元素（网络下溯追踪）；

（3）网络中位于给定点上游的所有网络元素的总成本（网络上溯累积追踪）；

（4）网络中某点的上游路径（网络上溯路径分析）；

（5）网络中点集合上游的公共要素（公共祖先追踪分析）；

（6）通过网络连接到给定点的所有要素（网络连接要素分析）；

（7）通过网络未连接到给定点的所有要素（网络中断要素分析）；

（8）在网络中的各点之间生成多条路径的闭合线（网络环路分析）；

（9）网络中两点间的路径。根据网络是否包含闭合线，找到的路径可能只是这两点间的多条路径中的一条（网络路径分析）。

## 9.1.4　重分类工具

重分类是对栅格数据的值或者某一字段的值的进行更改分类，以提取并分析新值的工具。重分类工具有"使用 ASCII 文件重分类"、"使用表重分类"、"分割"、"查找表"和"重分类"，都包含在"ArcToolbox 窗口"→"Spatial Analyst 工具箱"→"重分类工具"内，或"ArcToolbox 窗口"→"3D Analyst 工具箱"→"栅格重分类工具"内。常用的栅格重分类工具是"重分类"，分类选项包括"手动"、"相等间隔"、"定义的间隔"、"分位数"、"自然间断点分级法"和"标准差"，新值和旧值呈对应关系。

### 9.1.5　表面分析工具

表面分析工具通过计算高程数据来分析面状地物的起伏程度，包括"等值线"、"坡向"、"坡度"、"山体阴影"、"填挖方"和"视域"等，都包含在"ArcToolbox 窗口"→"Spatial Analyst 工具箱"→"表面分析工具"内，或"ArcToolbox 窗口"→"3D Analyst 工具箱"→"栅格表面工具"内。

等值线：即连接等值点的线段，表达地面上连续分布且逐渐变换的现象，如等高线、等温线等。等值线间隔的大小取决于数值的范围。

坡向：水平面与局部地面间变化最大的方向，从正北方向起测量。

坡度：水平面与局部地面间的正切值，表示高度变化的最大值，以度或百分比为测量单位。

山体阴影：计算一定光照下栅格数据单元的亮度值，模拟光照表面，增加数据显示的真实感。

填挖方：计算两个表面间变化的面积和体积，正值表示该区被填充，复制表示该区被移除。

视域：确定对一组观察要素可观察的栅格表面范围。

# 9.2　选　址　分　析

### 9.2.1　实验目的及准备

选址分析用于确定实现某种目的的最佳位置，完成分析过程一般需要缓冲区分析和叠加分析等一系列空间操作。

通过本次实验应达到以下目的：

（1）分别创建点、线、面缓冲区，体会不同要素缓冲区的区别；

（2）城市住房选择，包括适宜区域选择和适宜性分级，要求使用矢量缓冲区和叠置分析完成。

适宜性区域要求：离主要交通要道（ST）200m 之外，避免噪声污染；在商业中心的服务范围（YUZHI）之内；距离名牌中学 1000m 之内，上学便捷；距离名胜古迹 500m 之内。

数据准备：network.shp，Marketplace.shp，school.shp，famous place.shp

操作分析：选择主要交通要道生成新图层；分别对主要交通要道、商业中心、名牌中学和名胜古迹创建缓冲区；对各个缓冲区用不同方式叠加，生成满足要求的适宜性区域图层。

### 9.2.2　实验内容及步骤

#### 1. 选择主要交通要道

（1）在 ArcMap 中新建地图文档，添加所有数据图层。

（2）右击"network"图层，选择"打开属性表"，在"表"窗口栏选择"按属性选择"。

（3）在"按属性选择"对话框，双击"TYPE"字段，再单击"获取唯一值"，如图9-4所示设置选择属性为"TYPE" = "ST"，单击应用。

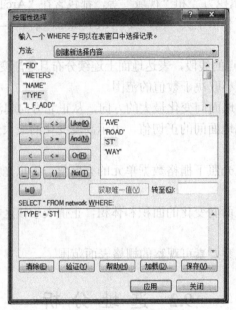

图9-4　属性选择对话框

（4）右击"network"图层，选择"数据"→"导出数据"，如图9-5所示。

图9-5　导出数据对话框

更改输出要素路径，命名为"network_select"，保存类型为"shapefile"格式，默认加载到地图窗口中，结果如图9-6所示。

**2. 创建缓冲区**

（1）打开ArcToolbox窗口，执行"分析工具"→"邻域分析"→"缓冲区"命令，选择"network_select"图层为输入要素，将输出要素命名为"network_select_buffer1"，设置缓冲区距离半径为200m，如图9-7所示，并单击"环境"按钮。

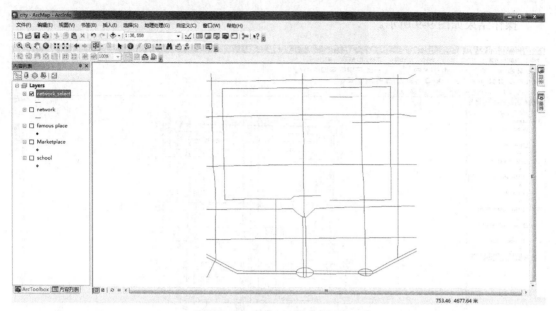

图 9-6　network_select 图层

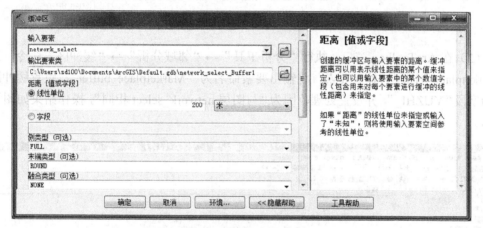

图 9-7　缓冲区对话框

如图 9-8 所示，设置处理范围。

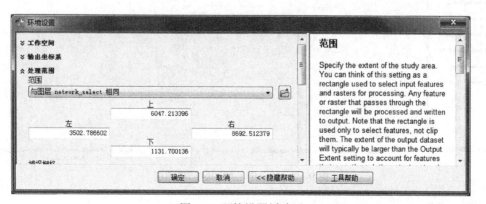

图 9-8　环境设置缓冲区

操作结果如图 9-9 所示。

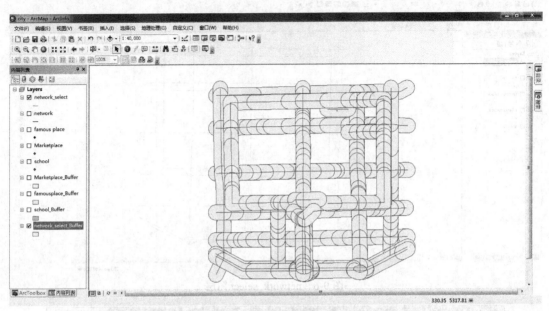

图 9-9　道路缓冲区结果图层

（2）在 ArcToolbox 窗口，执行"分析工具"→"邻域分析"→"缓冲区"命令，选择 "Marketplace"图层为输入要素，将输出要素命名为"Marketplace_buffer"，设置缓冲区距 离为字段"YUZHI_"，并设置处理范围为"与图层 network_select 相同"，操作结果如图 9-10 所示。

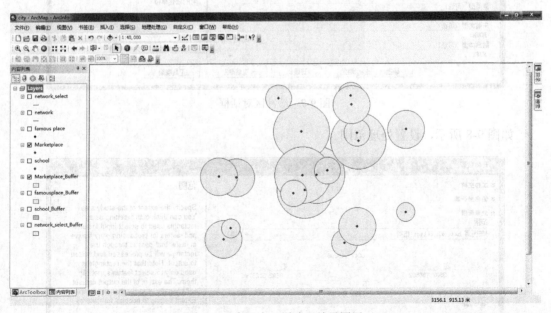

图 9-10　商业中心缓冲区结果图层

（3）如步骤（2），对"school"图层和"famous place"图层创建缓冲区，将输出要素分别命名为"school_buffer"和"famous place _buffer"，设置"school"、"famous place"缓冲区距离半径分别为 1000m、500m，并设置处理范围为"与图层 network_select 相同"，操作结果如图 9-11 及 9-12 所示。

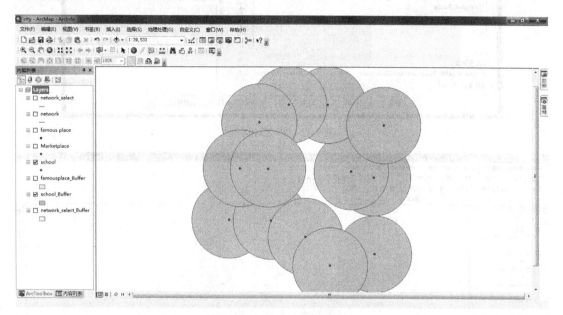

图 9-11　学校缓冲区结果图层

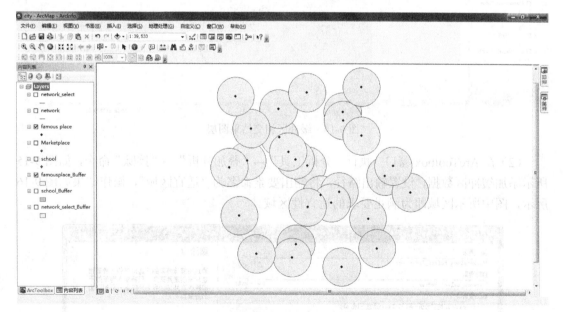

图 9-12　景点缓冲区结果图层

### 3. 叠加分析

（1）打开 ArcToolbox 窗口，执行"分析工具"→"叠加分析"→"相交"命令，如图 9-13 所示添加缓冲区数据，默认输出路径，操作结果如图 9-14 所示。

图 9-13　相交对话框

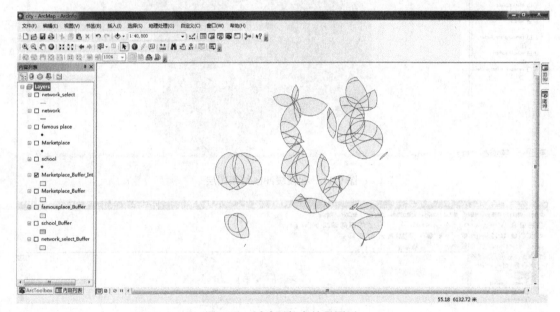

图 9-14　缓冲区相交结果图层

（2）在 ArcToolbox 窗口，执行"分析工具"→"叠加分析"→"擦除"命令，如图 9-15 所示添加缓冲区数据，设置输出路径，将输出要素命名为"适宜区域"，操作结果如图 9-16 所示，图中所示区域即为满足要求的适宜性区域。

图 9-15　擦除对话框

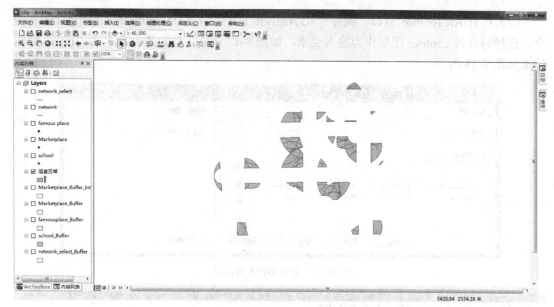

图 9-16　选址结果图层

# 9.3　适宜性分析

## 9.3.1　实验目的及准备

实验基于高程数据，需要结合表面分析来完成适合种植苹果区域的确定，实验应达到以下目的：

（1）利用等高线数据构建栅格表面，创建栅格缓冲区，体会栅格缓冲区与矢量缓冲区的区别。

（2）基于采样点进行插值分析，绘制等值线。

（3）栅格叠加分析完成种植适宜性区域选择练习。

适宜性区域要求：该种苹果喜阳；苹果生长在山谷两侧 500m 区域；适宜苹果生长的年平均温度为 10～12℃；适宜苹果生长的年总降雨量为 550～680mm。

数据准备：等高线 contour.shp，气象观测表 climate.txt。

操作分析：对等高线构建 DEM，生成坡向数据和坡谷缓冲区数据；对气象采样点插值生成温度和降水量栅格数据，并选择需求的区域；对缓冲区和选择的栅格区域执行加权叠加，生成满足要求的适宜性区域图层。

## 9.3.2　实验内容及步骤

### 1. 创建 DEM

（1）启动 ArcMap10，新建地图窗口添加所有数据，在窗口菜单栏选择"自定义"→"扩展模块"，打开"扩展模块"对话框，选中"3D Analyst"复选框。

（2）打开 ArcToolbox 窗口，执行"3D Analyst 工具"→"TIN 管理"→"创建 TIN"命令，选择等高线 contour 图层作为输入要素，如图 9-17 所示，输出数据命名为"tin"，操作结果如图 9-18 所示。

图 9-17　创建 DEM 对话框

图 9-18　tin 结果图层

（3）在 ArcToolbox 窗口，执行"3D Analyst 工具"→"转换"→"由 TIN 转出"→"TIN 转栅格"命令，输入 TIN 为创建的 tin 图层，默认输出栅格路径，操作结果如图 9-19 所示。

**2. 生成阳坡**

（1）在 ArcToolbox 窗口，执行"3D Analyst 工具"→"栅格表面"→"坡向"命令，选择内容 1 中转出的栅格数据，默认输出栅格路径，操作结果如图 9-20 所示。

（2）在 ArcToolbox 窗口，执行"3D Analyst 工具"→"栅格重分类"→"重分类"命令，或"Spatial Analyst 工具"→"栅格重分类"→"重分类"命令，选择坡向数据为输入栅格，如图 9-21 所示设置参数，默认输出栅格路径，操作结果如图 9-22 所示，数值为 1 的区域即是阳坡。

图 9-19 dem 结果图层

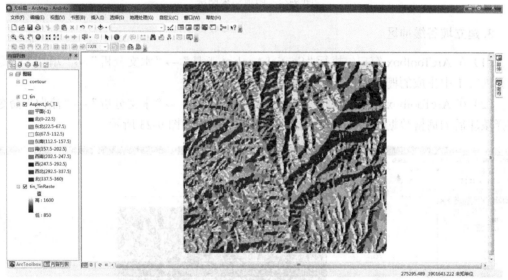

图 9-20 坡向结果图层

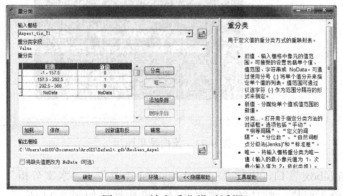

图 9-21 坡向重分类对话框

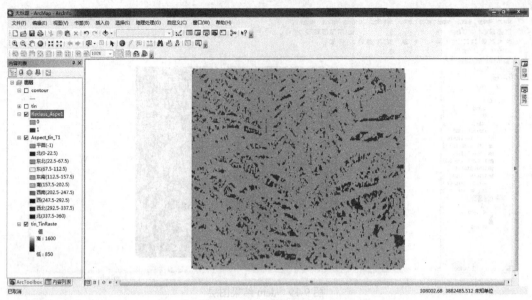

图 9-22　阳坡结果图层

### 3. 建立坡谷缓冲区

（1）在 ArcToolbox 窗口，执行"Spatial Analyst 工具"→"水文分析"→"填洼"命令，选择内容 1 中生成的栅格数据，默认输出栅格路径。

（2）在 ArcToolbox 窗口，执行"Spatial Analyst 工具"→"水文分析"→"流向"命令，选择填洼后的栅格数据，默认输出栅格路径，操作结果如图 9-23 所示。

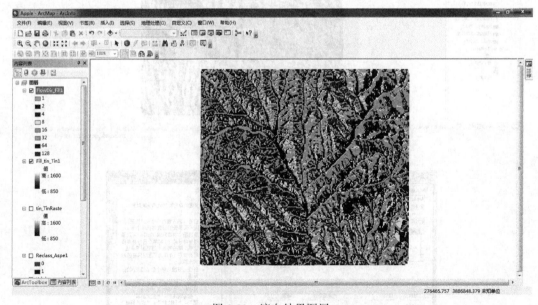

图 9-23　流向结果图层

（3）在 ArcToolbox 窗口，执行"Spatial Analyst 工具"→"水文分析"→"流量"命令，选择流向数据为输入栅格，默认输出栅格路径，操作结果如图 9-24 所示。

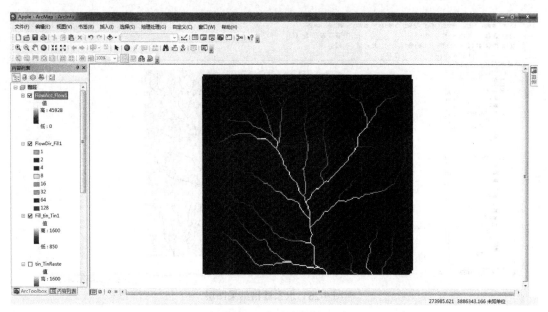

图 9-24　流量结果图层

（4）在 ArcToolbox 窗口，执行"Spatial Analyst 工具"→"栅格地图代数"→"栅格计算器"命令，如图 9-25 所示设置地图代数表达式"'FlowAcc_Flow1'>=150"，默认输出栅格路径，操作结果如图 9-26 所示，数值为 1 的区域即是水系。

（5）在 ArcToolbox 窗口，执行"转换工具"→"由栅格转出"→"栅格转折线"命令，选择（4）中生成的河网栅格数据为输入栅格，默认输出要素路径。

（6）在 ArcToolbox 窗口，执行"Spatial Analyst 工具"→"距离分析"→"欧式距离"命令，选择折线要素为输入要素，设置"环境"选项卡中"处理范围"为与表面栅格图层相同，默认输出要素路径，操作结果如图 9-27 所示。

（7）在 ArcToolbox 窗口，执行"3D Analyst 工具"→"栅格重分类"→"重分类"命令，或"Spatial Analyst 工具"→"栅格重分类"→"重分类"命令，选择欧式距离数据为输入栅格，如图 9-28 所示设置参数，默认输出要素路径，操作结果如图 9-29 所示。

图 9-25　栅格计算器对话框

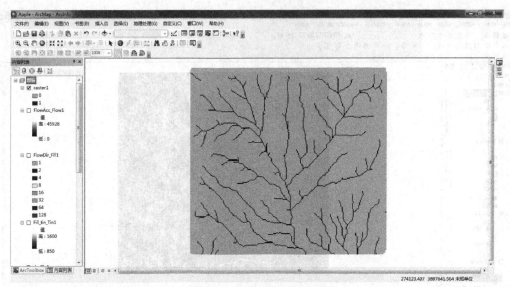

图 9-26　水系栅格结果图层

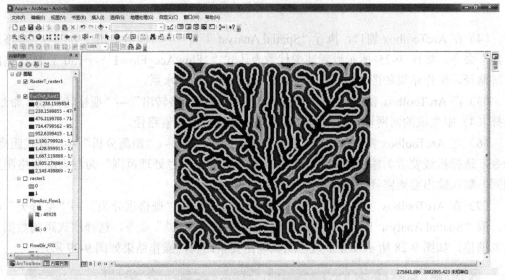

图 9-27　水系缓冲区结果图层

图 9-28　水系重分类对话框

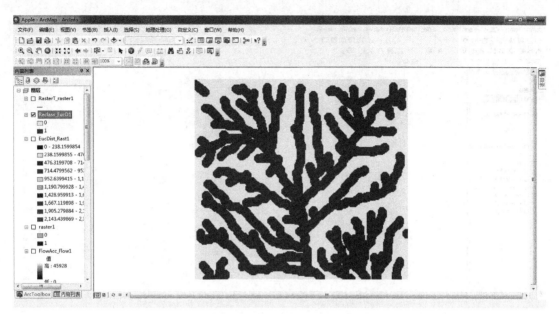

图 9-29　水系重分类结果图层

**4. 提取温度和降雨量数据**

（1）在 ArcMap 窗口菜单栏选择"文件"→"添加数据"→"添加 XY 数据"，输入 climate.txt 文件，在"X 字段"选择 X，"Y 字段"选择 Y，"Z 字段"默认为空，如图 9-30 所示，导入地图窗口如图 9-31 所示。

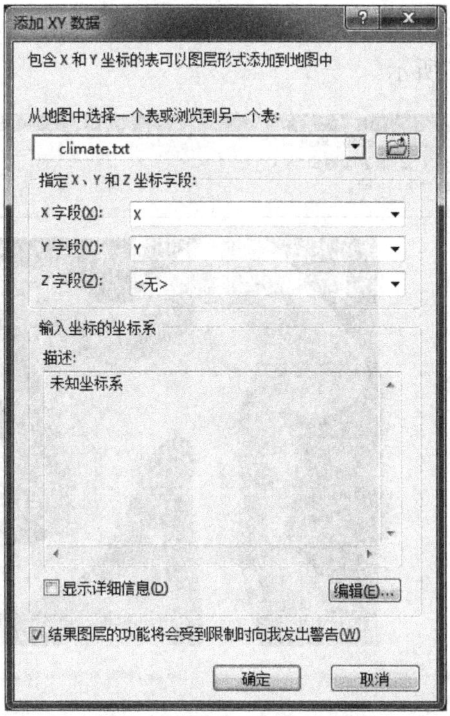

图 9-30　添加 XY 数据对话框

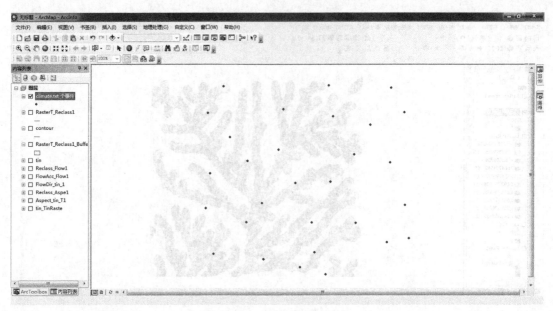

图 9-31　XY 数据结果图层

（2）打开 ArcToolbox 窗口，执行"Spatial Analyst 工具"→"插值"→"克里金法"命令，选择导入的数据为输入要素，分别选择温度和降雨量为"Z 值字段"，设置"环境"选项卡"处理范围"为与等高线 Contour 图层相同，默认其他设置及输出栅格路径，生成温度和降雨量的插值表面栅格，如图 9-32 及 9-33 所示。

（3）在 ArcToolbox 窗口，执行"3D Analyst 工具"→"栅格重分类"→"重分类"命令，分别选择温度插值和降雨量插值数据作为输入栅格，如图 9-34 及 9-35 所示设置参数，操作结果如图 9-36 及 9-37 所示。

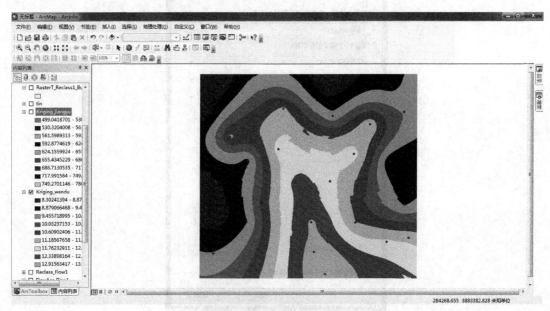

图 9-32　温度插值结果图

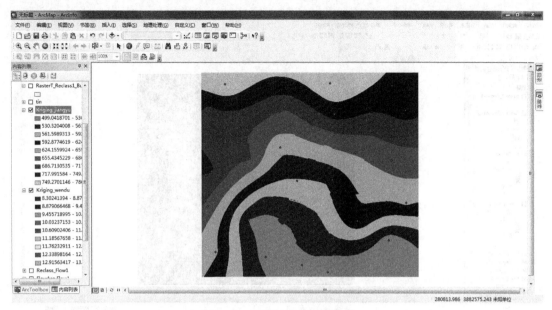

图 9-33　降雨量插值结果图层

图 9-34　温度重分类对话框

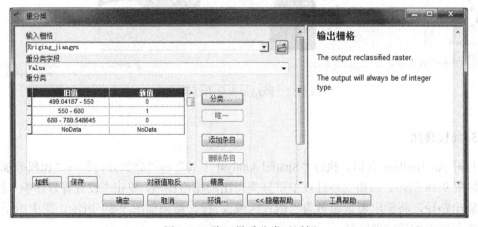

图 9-35　降雨量重分类对话框

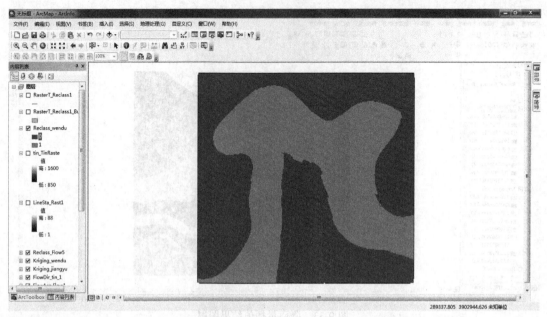

图 9-36　温度重分类结果图层

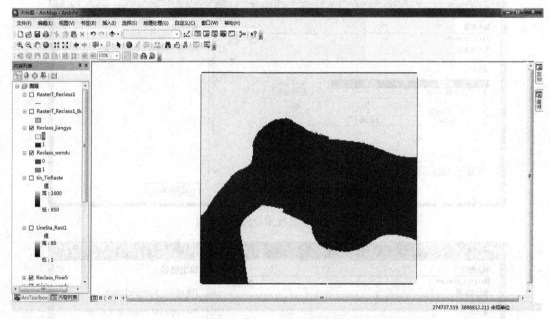

图 9-37　降雨量重分类结果图层

## 5. 加权叠加

　　打开 ArcToolbox 窗口，执行"Spatial Analyst 工具"→"叠加分析"→"加权叠加"命令，如图 9-38 所示，添加上述过程中重分类得出的栅格图形，单击"设置等效影响"按钮，设置输出路径，将输出要素命名为"适宜区域"，操作结果如图 9-39 所示，图中所示区域即为满足要求的适宜性区域。

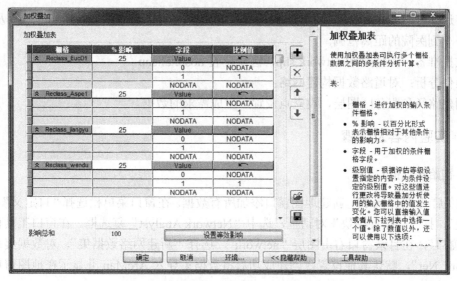

图 9-38 加权叠加对话框

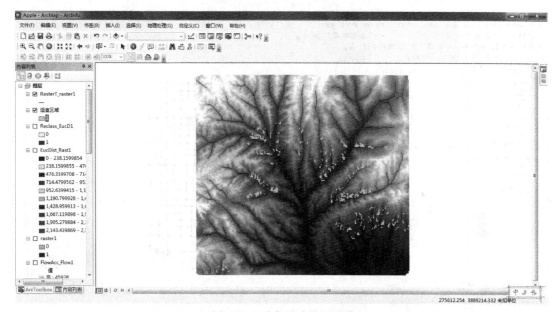

图 9-39 适宜区域结果图层

# 9.4 网 络 分 析

## 9.4.1 实验目的及准备

网络分析主要包括路径分析、服务区分析等，本次实验基于城市道路交通网络分析，以达到以下目的：

（1）创建最佳路径，可以是最短路径或者最少时间路径等；

（2）分析某一设施点可服务的范围区域。

可达性分析要求：任两点之间的最短路径和最少时间路径；医院的 2000m 范围及 5min 内可开车到医院的距离范围。

数据准备：道路数据 network.shp，医院位置 hospital.shp

操作分析：对道路数据构建网络；

创建路径和服务区图层，设立点位置，生成需求的数据。

### 9.4.2 实验内容及步骤

**1. 初始化数据**

（1）启动 ArcMap10，新建地图窗口添加所有数据。在窗口菜单栏选择"自定义"→"扩展模块"，打开"扩展模块"对话框，选中"Network Analyst"复选框。在窗口工具栏选择"目录窗口"，在目录窗口右击图层"network"，选择"新建网络数据集"，对数据集命名为"network_Net"，默认其他设置，创建成功后将数据集导入 ArcMap 并显示在地图窗口，如图 9-40 所示。

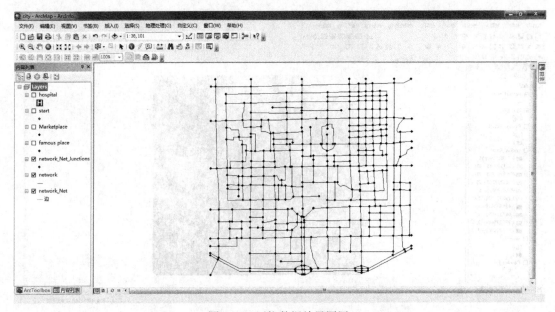

图 9-40　网络数据结果图层

（2）在 ArcMap 窗口菜单栏空白处右击，选中"Network Analyst"，打开 Network Analyst 工具条，选择"Network"→"选项"→"位置捕捉选项"，勾选"沿网络捕捉位置"复选框，默认偏移量。

**2. 生成最短路径**

（1）在 Network Analyst 工具条选择"Network"→"新建路径"选项，将有一路径图层加入内容列表。

（2）单击 Network Analyst 工具条上"创建网络位置工具"按钮，在网络上任意点击两个位置，单击工具条上"求解"按钮，结果如图 9-41 所示。

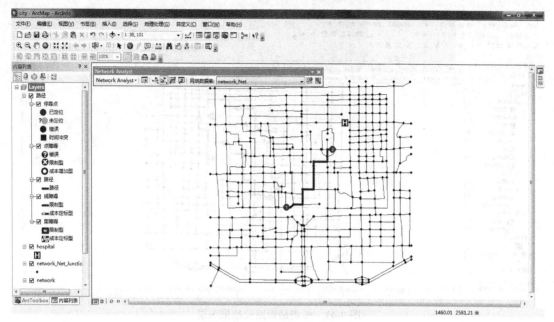

图 9-41　最短路径结果图层

（3）右击图层"路径"，选择"属性"→"分析设置"选项，将阻抗由米设置为分钟，重新单击"求解"按钮，结果如图 9-42 所示。

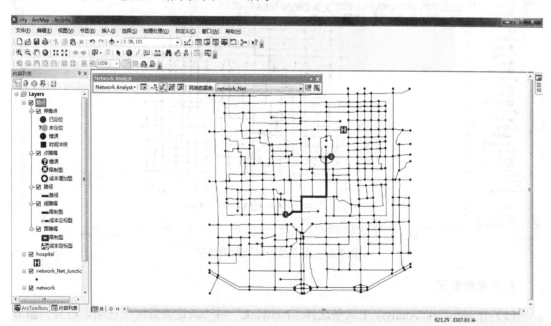

图 9-42　最少时间结果图层

（4）单击"创建网络位置工具"按钮，继续在网络上点击位置，分别设置米和分钟作为阻抗，单击工具条上"求解"按钮，结果如图 9-43 及 9-44 所示。

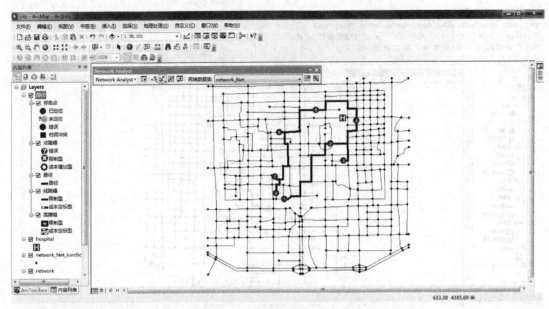

图 9-43　多点最短路径结果图层

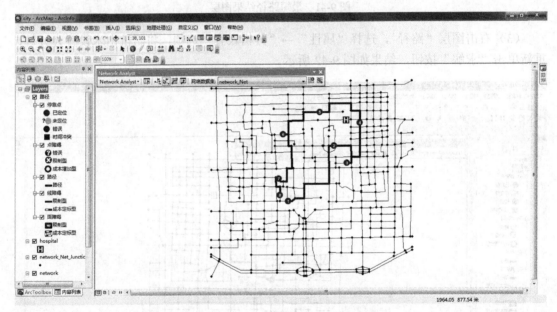

图 9-44　多点最少时间结果图层

**3. 生成服务区**

（1）在 Network Analyst 工具条选择"Network"→"新建服务区"选项，将有一服务区图层加入内容列表。

（2）单击 Network Analyst 工具条上"创建网络位置工具"按钮，在网络上点击医院所在位置，右击图层"服务区"，选择"属性"→"分析设置"选项，设置阻抗为米，设定默认中断为 2000m，单击工具条上"求解"按钮，结果如图 9-45 所示。

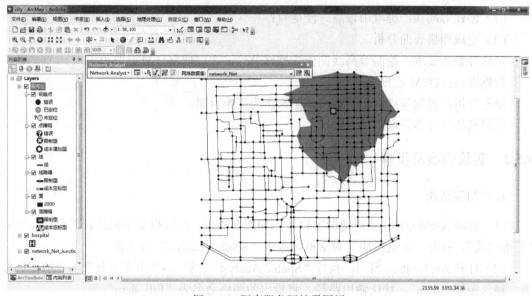

图 9-45　距离服务区结果图层

（3）右击图层"服务区"，选择"属性"→"分析设置"选项，将阻抗由米设置为分钟，设定默认中断为 5 分钟，重新单击"求解"按钮，结果如图 9-46 所示。

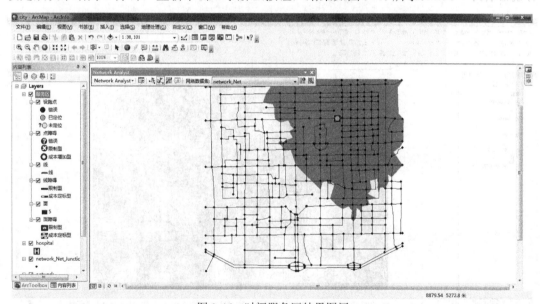

图 9-46　时间服务区结果图层

## 9.5　山顶点的提取

### 9.5.1　实验目的及准备

山顶点是指邻域分析时比周围区域高的点，它的分布和密度反映了地貌的发育特征，本次实验基于丘陵地区 DEM 进行表面分析，实验应达到以下目的：

（1）创建等高线，提取山顶点、洼地点；

（2）完成栅格表面分析。

可达性分析要求：绘制等高线图作为栅格背景；通过栅格计算提取山顶点。

数据准备：DEM 数据 dem

操作分析：提取等高线，绘制山体阴影作为三维背景；

利用栅格计算器提取山顶点区域。

### 9.5.2　实验内容及步骤

**1. 绘制等高线**

（1）启动 ArcMap10，新建地图窗口并添加所有数据，在窗口菜单栏选择"自定义"→"扩展模块"，打开"扩展模块"对话框，选中"Spatial Analyst"复选框。

（2）打开 ArcToolbox 窗口，执行"Spatial Analyst 工具"→"水文工具"→"填洼"命令，输入图层"dem"，默认输出路径，将输出的栅格命名为"Fill_dem"。

（3）在 ArcToolbox 窗口，执行"Spatial Analyst 工具"→"表面工具"→"等值线"命令，输入图层"Fill_dem"，等值线间距分别设为 15 和 75，默认输出路径，将输出等高线分别命名为"Contour15"和"Contour75"，如图 9-47 所示。

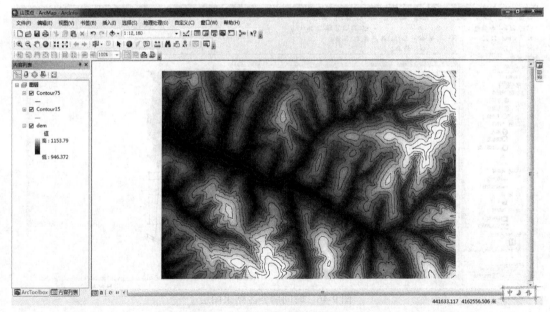

图 9-47　等高线结果图层

**2. 绘制背景**

（1）在 ArcToolbox 窗口，执行"Spatial Analyst 工具"→"表面工具"→"山体阴影"命令，输入图层"Fill_dem"，默认输出路径，将输出的栅格命名为"HillShade"，操作结果如图 9-48 所示。

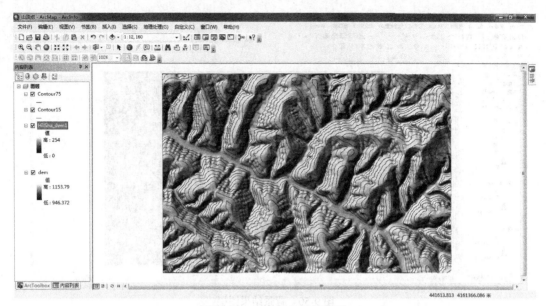

图 9-48　山体阴影结果图层

（2）在 ArcToolbox 窗口，执行"Spatial Analyst 工具"→"地图代数"→"栅格计算器"命令，如图 9-49 所示，默认输出路径，将输出的栅格命名为"Back"，操作结果如图 9-50 所示。

（3）右击刚输出的图层"raster"，选择"属性"→"显示"选项卡，设置透明度为 60%，在"符号系统"选项卡设置颜色为 Gray50%，单击"确定"按钮；

**3. 提取山顶点**

（1）在 ArcToolbox 窗口，执行"Spatial Analyst 工具"→"邻域分析"→"块统计"命令，输入图层"Fill_dem"，如图 9-51 所示设置参数，默认输出路径，命名输出栅格为"Neighborhood"。

（2）在 ArcToolbox 窗口，执行"Spatial Analyst 工具"→"地图代数"→"栅格计算器"命令，如图 9-52 所示输入地图代数表达式为"（'Neighborhood'-'dem'）==0"，默认输出路径，命名输出栅格为"dingdian"。

图 9-49　栅格计算器对话框

图 9-50　背景结果图层

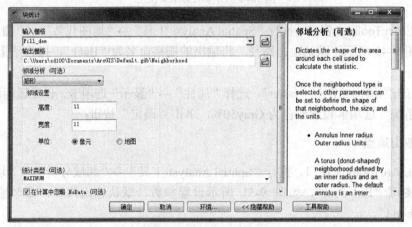

图 9-51　块统计对话框

图 9-52　顶点栅格计算对话框

（3）在 ArcToolbox 窗口，执行"Spatial Analyst 工具"→"重分类"→"重分类"命令，如图 9-53 所示设置参数，默认输出路径，命名输出栅格为"Reclass_sdd"。

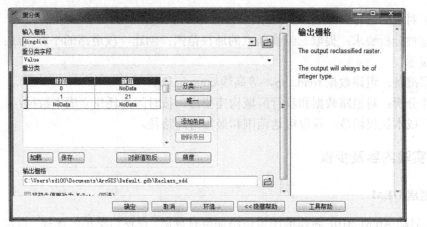

图 9-53　重分类对话框

（4）在 ArcToolbox 窗口，执行"转换工具"→"由栅格转出"→"栅格转点"命令，输入图层"Reclass_sdd"，默认输出路径，命名输出栅格为"S_sdd"，双击内容列表中图层图标位置更改图标形状，如图 9-54 所示。

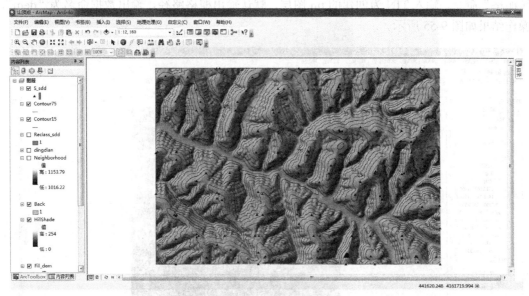

图 9-54　山顶点结果图层

## 9.6　三维可视性分析

### 9.6.1　实验目的及准备

可视分析研究点与点直接直线可视性及某一表面某点的视线范围，本次实验基于 3D 分析以完成三维表面的信息提取和显示，实验应达到以下目的：

（1）确定任意两点的通视性及某点的通视范围。

（2）提取三维表面的任一个剖面；

（3）对表面进行三维显示。

可达性分析要求：提取三维表面点的通视范围；创建一段道路的平面剖线；对表面进行三维显示。

数据准备：道路数据 road.shp，等高线 contour.shp

操作分析：对道路数据和步行区域构建栅格，按时间消耗建立成本数据；

计算成本加权函数，获取可达范围和最短时间路径。

### 9.6.2　实验内容及步骤

**1. 创建 DEM**

（1）启动 ArcMap10，新建地图窗口添加所有数据，在窗口菜单栏选择"自定义"→"扩展模块"，打开"扩展模块"对话框，选中"3D Analyst"复选框。

（2）打开 ArcToolbox 窗口，执行"3D Analyst 工具"→"TIN 管理"→"创建 TIN"命令，选择 contour 图层作为输入要素，输出数据命名为"tin"。

（3）在 ArcToolbox 窗口，执行"3D Analyst 工具"→"转换"→"由 TIN 转出"→"TIN 转栅格"命令，输入 TIN 为创建的 tin 图层，默认输出栅格路径，输出数据命名为"dem"，操作结果如图 9-55 所示。

图 9-55　dem 结果图层

**2. 通视性分析**

（1）在 ArcMap 窗口菜单栏空白处右击，选中"3D Analyst"，打开 3D Analyst 工具条，如图 9-56 所示。

图 9-56　3D Analyst 工具条

（2）单击工具条"创建通视线"按钮，出现通视线对话框，输入的观察者偏移量和目标偏移量代表观察点和目标点距地面的距离，如图 9-57 所示，在 dem 表面建立通视线，如图 9-58 所示，黑色点为观察点，红色点为目标点，蓝色点为距目标点最近的障碍点，可见部分用绿色线标识，被障碍物遮挡的视线部分用红色标识。

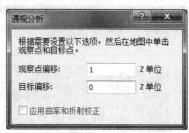

图 9-57　通视分析对话框

图 9-58　通视线结果图层

（3）选中某一条通视线，单击工具条"创建剖面图"按钮，显示此通视线的剖面信息及通视情况，如图 9-59 所示。

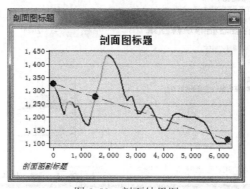

图 9-59　剖面结果图

（4）在 ArcToolbox 窗口，执行"3D Analyst 工具"→"栅格表面"→"视域"命令，选择图层"dem"为输入栅格，"road"为输入折线要素，默认输出栅格路径，操作结果如图 9-60 所示，绿色区域为在道路上可见的区域，可用于景区通行路线的确定，便于创建容易看见风景的路线。

图 9-60　可视域结果图层

### 3. 三维可视化

（1）单击工具条"ArcScene"按钮，在打开的 ArcScene 窗口添加"dem"图层，右击图层选择"属性"，如图 9-61 所示在"基本高度"选项卡设置参数，选择自定义为 2，拉伸图层高度。

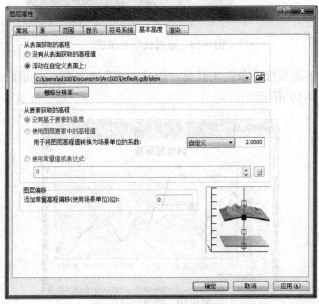

图 9-61　图层属性对话框

（2）在"符号系统"选项卡中更改色带值，选择合适的颜色，结果如图 9-62 所示。

图 9-62 三维显示结果图层

（3）更改"基本高度"选项卡中自定义的值，调整拉伸程度，更改自定义值为 9，结果如图 9-63 所示。

图 9-63 拉伸显示结果图层

# 9.7 模型生成器建模

## 9.7.1 基本概念及模型类型

（1）模型主要由三部分组成：

①输入数据，是在工具执行之前存在的任何数据，用蓝色的椭圆来表现；

②输出数据，又称衍生数据，是根据输入数据与工具分析之后生成的新数据，又可以作为输入数据来做另一个处理，用绿色的椭圆来表现；

③空间处理工具包括 ArcToolbox 中所有的工具集，也可以是模型（Models）、由脚本（Scripts）定制的工具或者其他工具箱（Tool box）中的系统工具，在 Model 中默认用金黄色的方框来表现。

（2）模型的基本类型：模型由一或多个过程组成，每个过程的基本结构为"输入"→"工具"→"输出"。按过程的数量可将模型分为单过程模型和多过程模型，按空间处理工具的种类可分为单一处理工具模型和复杂处理工具模型。

## 9.7.2 模型形成过程

### 1. 启动模型生成器

启动 ArcMap，打开工具栏"目录窗口"，右击"ArcToolbox"工具箱，选择"新建"→"模型"，打开模型生成窗口，如图 9-64 所示。

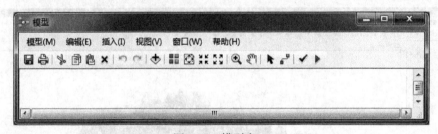

图 9-64　模型窗口

### 2. 添加输入数据

添加输入数据有两种方法：

（1）在 ArcMap 中添加实验所需数据，直接将数据拖拽至模型窗口；

（2）在模型窗口空白处右击，选择"添加数据或工具"，或在模型工具栏单击"添加数据或工具"按钮。

### 3. 添加空间处理工具及输出数据

添加空间处理工具可以在 ArcMap 中打开 ArcToolbox 窗口，直接将工具拖拽至模型窗口，将自动添加空间处理工具及输出数据在模型窗口，此时工具和输出数据图标颜色为空白，双击输出数据可以对其设置输出路径和命名。

**4. 添加连接**

选择模型窗口工具栏"连接"按钮，先后单击输入数据和空间处理工具将其连接，或者双击空间处理工具，在对话框中选择要求处理的数据，并设置输出数据路径和名称，单击"确定"按钮。

### 9.7.3　实例建模

创建学校选址模型，以合理的布置新建学校的布局，选出较好适宜性的选址区，新学校选址区应满足要求：处于地势平坦地区；选择用地成本较低的区域；与现有居民点越近越好；避开现有的学校。

数据准备：土地利用数据 Land_use.shp；高程数据 dem；居民点数据 re_sites.shp；现有学校数据 school.shp 。

**1. 启动模型生成器**

（1）启动 ArcMap，将数据添加到地图窗口，打开工具栏"目录窗口"，右击"Toolboxes"工具箱，在"My Toolboxes"处右键新建工具箱，命名为"Toolbox1"，右键新建的工具箱，"新建"→"模型"，打开模型生成窗口。

（2）在模型窗口空白处右击，选择"模型属性"→"环境"选项，选中"环境"选项卡的"处理范围"复选框，单击"值"按钮，在环境设置对话框中选择范围为"与图层 dem 相同"。

**2. 数据初处理**

（1）将所有数据图层拖拽至模型生成窗口。

（2）添加一个"坡度"工具并将其与图层"dem"连接，重命名的输出栅格为"Slope"，再添加两个"欧式距离"工具并将其与图层"re_sites"、"school"连接，命名输出栅格为"Dist_sites""Dist_school"，添加一个"面转栅格"工具将其与图层"Land_use"连接，值字段设定为"Land_use"，命名输出栅格为"Landuse"。

（3）先后单击窗口工具栏"自动布局"和"显示全图"按钮，将图标整齐显示在窗口中，如图 9-65 所示，单击窗口工具栏"运行"按钮，得到派生数据即输出数据，右击生成的数据，选择"添加至显示"将数据显示到地图窗口。

**3. 数据重分类**

（1）添加一个"重分类"工具将其与坡度"Slope"连接，设置为等间距的 10 级，单击"对新值取反"按钮，使坡度越小赋值越大，命名输出栅格为"Reclass_Slope"。

（2）添加一个"重分类"工具将其与居民点距离"Dist_sites"连接，设置为等间距的 10 级，单击"对新值取反"按钮，使距离越近适宜性越高，命名输出栅格为"Reclass_sites"。

（3）添加一个"重分类"工具将其与学校距离"Dist_school"连接，设置为等间距的 10 级，距离越远适宜性越高，命名输出栅格为"Reclass_school"。

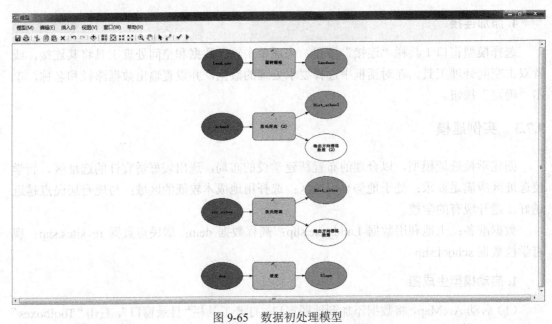

图 9-65　数据初处理模型

（4）添加一个"重分类"工具将其与栅格"Landuse"连接，设置重分类字段为"Land_use"，对字段"湖泊"、"湿地"、"草地"设置新值为"NoData"，分别设定字段"荒地"、"林地"、"城市中心"、"果园"、"耕地"、"交错地带"、"公共用地"的新值为数值1、2、3、4、5、7、10，命名输出栅格为"Reclass_Slope"。

（5）单击窗口工具栏"自动布局"和"显示全图"按钮，将图标整齐显示在窗口中，如图9-66所示，单击窗口工具栏"运行"按钮，得到派生数据并将数据显示到地图窗口。

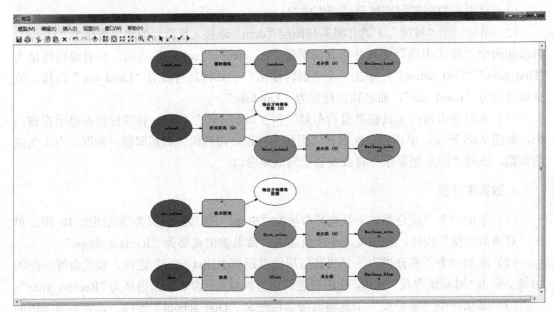

图 9-66　数据初处理和重分类模型

**4. 数据叠加**

（1）添加"栅格计算器"工具将其与栅格"Reclass_Land"、"Reclass_Slope"、"Reclass_sites"、"Reclass_school"连接，如图 9-67 所示设置参数，命名输出栅格为"Suitsite"。

图 9-67 栅格计算器对话框

（2）再次添加"栅格计算器"工具将其与栅格"Suitsite"连接，计算图层"Suitsite"中大于等于 8 的区域，命名为"Final_suit"。

（3）单击窗口工具栏"自动布局"和"显示全图"按钮，将图标整齐显示在窗口中，如图 9-68 所示，单击窗口工具栏"运行"按钮，得到派生数据并将数据显示到地图窗口，最终结果图层如图 9-69 所示。

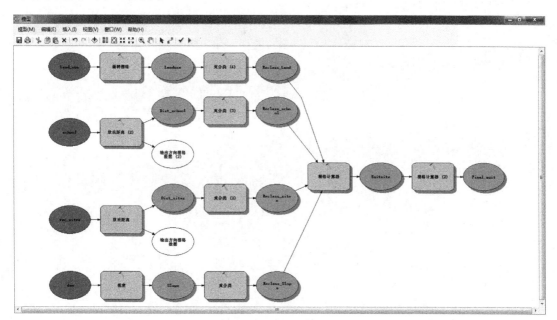

图 9-68 学校选址模型

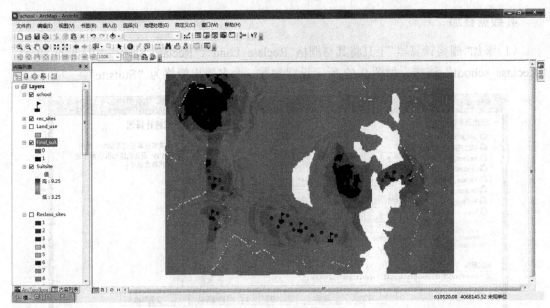

图 9-69　最终结果图层

（3）单击鼠标右键"删除"内容列表中的图层，并将其中的"Suitsite"改名，并命名为"Suitsite"，单击鼠标右键确定，命名为"Final_suit"。

（4）单击鼠标右键"消除面积"图层，单击"完成"按钮，将图层表示出来的内容中，图 9-69 所示，单击鼠标右键中的"选择"按钮，将范围为区域的大概位置显示出来，此时最终结果图层如图 9-69 所示。

# 参 考 文 献

Abbadi A E, Alonso G. 1994. Cooperative Modeling in Applied Geographic Research[J]. International Journal of Intelligent, 3(1):83-102.

ABP. 1986. Geographical information systems for natural resources assessment[M]. New York: Oxford University Press.

Aggarwal C C, Yu P S. 2009. A Survey of Uncertain Data Algorithms and Applications[J]. IEEE Transactions on Knowledge and data Engineering, 21(5): 609-623.

Agustín A, Antonio A A, Escudero L F, et al. 2012. On air traffic flow management with rerouting. Part II: Stochastic case[J]. European Journal of Operational Research, 219(1):167-177.

Alonso G, Abbadi A E.1994. Cooperative Modeling in Applied Geographic Research[J]. International Journal of Intelligent, 3(1):83-102.

Alonso G, Hagen C. 1995. Geo-Opera: Workflow Concepts for Spatial Processes[C]. In the Proceedings of Advances in Spatial Databases, Berlin /Heidellberg /New York, Springer Verlag.

Alonso G, Hagen C. 1997. Geo-Opera: Workflow Concepts for Spatial Processes: In the Proceedings of Advances in Spatial Databases[C]. SSD '97 Proceedings of the 5th International Symposium on Advances in Spatial Databases, (1262): 238-258.

Assilian S. 1974. Artificial Intelligence in the Control of Real Dynamical Systems[D]. London University.

Atanasio R M. 2012. Energy Dissipation in Agglomerates during Normal Impact[J]. Powder Technology, 223(SI): 12-18.

Atkinson P, Martin D. 2000. GIS and geocomputation: Innovations in GIS 7 [M]. London: Taylor & Francis.

Bagley J D. 1967. The Behavior of Adaptive Systems which Employ Genetic and Correlation Algorithms[D]. University of Michigan, 28(12): 5106B.

Bartlett D J. 1993. GIS and the coastal zone: an annotated bibliography[M]. Santa Barbara, CA: National Center for Geographic Information and Analysis, University of California at Santa Barbara.

Batty M, Xie Y. 1997. Possible urban automata[J]. Environ-mentand PlanningB: Planning and Design, 24(2): 175-192.

Bernhardsen T. 1999. Geographic Information Systems: An Introduction (2nd ed)[M]. New York: John wiley & Sons.

Bistacchi A, Massironi M, Piaz G V D, et al. 2008. 3D Fold and Fault Reconstruction with an Uncertainty Model: An Example from an Alpine Tunnel Case Study [J]. Computers & Geosciences, 34(4): 351-372.

Bivand R S, Pebesma E J, Rubio V G. 2008. Applied Spatial Data: Ananlysis with R[M]. Springer-Verlag.

Bonfatt I F, Gadda G. Monar I P D. 1994. Cellular Automata ForModeling Lagoon Dynamics[C]. Proceeding of Fifth European Conference and Exhibition on Geographica Information Systems.

Cavicchio D. J. 1970. Adaptive search using simulated evolution[D]. University of Michigan, Ann Arbor.

Chen J, Chu K W, Zou R P, et al. 2012. Prediction of the performance of dense medium cyclones in coal preparation[J]. Minerals Engineering, 31(SI): 59-70.

Chen S, Voisard A. 2002. GIS 2002: proceedings of the Tenth ACM International Symposium on Advances in Geographic Information Systems:co-located with CIKM '02:November 8-9, 2002, McLean, Virginia, USA[M]. New York: ACM Press.

Chopard B, Luth I P O, Qucloz P A. 1995. Traffic Models of 2D roadNetwork[C]. Proceedings of the 3rd CM Users'Meeting, Parma.

Christina T, Athanassios G, Dimitrios D, et al. 2012. Catchment-wide estimate of single storm interrill soil erosion using an aggregate instability index: a model based on geographic information systems[J]. Natural Hazards, 62(3):863-875.

Chu K W, Wang B, Yu A B, et al. 2012. Computational Study of the Multiphase Flow in a Dense Medium Cyclone: Effect of Particle Density [J]. Chemical Engineering Science, 73(7): 123-139.

Chu K W, Wang B, Yu A B, et al. 2012. Particle scale modelling of the multiphase flow in a dense medium cyclone: Effect of vortex finder outlet pressure[J]. Minerals Engineering, 31(SI): 46-58.

Chui C K, Wang J. 1991. A cardinal spline approach to wavelets[C]. Proceedings of the American Mathematical Society, 113(3): 785-793.

Clay D E, Shanahan J F. 2011. GIS Applications in Agriculture: Nutrient Management for Energy Efficiency Volume 2 [M]. Boca Raton, Fla.: CRC Press.

Clay S A. 2011. GIS applications in agriculture Volume Three: Invasive Species[M]. Boca Raton, Fla.: CRC Press.

Clemmer G. 2010. The GIS 20: Essential Skills[M]. 1st ed. Redlands, Calif.: ESRI Press.

Clokey J, Clokey J, Harrigan J, et al. 2005. Geographic Information Systems [M]. Los Osos, Cal: San Luis Video Pub.

Crutzen P J. 2002. The "Anthropocene"[J]. IGBP Newsletter, (41):17-18.

Crutzen P J. 2006. The "Anthropocene"[J]. Earth System Science in the Anthropocene,(41):13-18.

Daubechies I. 1988. Orthonormal bases of compactly supported wavelets[J]. Communications on pure and applied mathematics, 41(7):909-996.

David J M. 2005. Towards a GIS Platform for Spatial Analysis and Modeling[M]. California ESRI Press.

Davis B E. 2001. GIS: A visual approach[M]. CengageBrain. com.

B. Delaunay. 1934. Sur la sph`ere vide. A la mémoire de Georges Voronoi. Izv. Akad. Nauk SSSR, Otdelenie Matematicheskih i Estestvennyh Nauk, 7:793-800.

eDuckham M, Worboys M. 2004. GIS: A Computing Perspective[M]. 2nd ed. Boca Raton: CRC Press.

Durr P A, Gatrell A C. 2004. GIS and spatial analysis in veterinary science[M]. Wallingford, Oxfordshire, UK: CABI Pub.

Egenhofer M J, Franzosa R D. 1991. Point-set topological spatial relations[J]. International Journal of Geographical Information System, 5(2):161-174.

Egenhofer M J, Sharma J, Mark D M. 1993. A critical comparison of the 4-intersection and 9-intersection models for spatial relation: formal analysis[J]. Minneapolis, (11):1-11.

Embutsu I, Goodchild M F, Church R, et al. 1994. A Cellular Automaton Modeling for Urban Heat Island Mitigation[C]. Proceeding of GIS/LIS'94, 262-271.

Ester M, Frommelt A, Kriegel H P, et al. 2000. Spatial data mining: database primitives, algorithms and efficient DBMS support[J]. Data Mining and Knowledge Discovery, 4(2-3): 193-216.

Evertszy C J G, Mandelbrot B B. 1992. Multifractal Measures[M] // Peitgen H O, Jürgens H, Saupe D. Chaos and Fractals: New Frontiers of Science. Springer Verlag: 921-953.

Jürgens H, Saupe D. 1992. Chaos and Fractals: New Frontiers of Science, New York: Springer Verlag: 850-968.

Ford L R, Fulkerson D R. 1956. Maximal flow through a network[J]. Canadian Journal of Mathematics, 8(3): 399-404.

Fu P C, Dafalias Y F. 2012. Quantification of large and localized deformation in granular materials[J]. International Journal of Solids and Structures, 49(13):1741-1752.

Gabrieli F, Lambert P, Cola S, et al. 2012. Micromechanical modelling of erosion due to evaporation in a partially wet granular slope[J]. International Journal for Numerical and Analytical Methods in Geomechanics, 36(7):918-943.

Ganter B, Wille R, Franzke C. 1997. Formal concept analysis: mathematical foundations[M]. Springer-Verlag.

Garbrecht J, Martz L W. 1997. The assignment of drainage direction over flat surfaces in raster digital elevation models[J]. Journal of hydrology, 193(1-4): 204-213.

Gattrell A, Loytonen M. 1998. GIS and health:GISDATA6[M]. London: Taylor & Francis.

Getis A, Ord J K. 1992. The analysis of spatial association by use of distance statistics[J]. Geographical analysis, 24(3): 189-206.

Goodchild M F, Steyaert L T, Parks B O, et al. 1996. GIS and environmental modeling: progress and research issues[M]. Fort Collins, CO: GIS World Books.

Goodchild.M.F. 1994. Spatial Analysis Using GIS[J]. NCGIA.

Green D R. 2001. GIS: A sourcebook for schools[M]. London: Taylor & Francis.

Guan W. 1996. GIS and remote sensing: research, development and applications: proceedings of Geoinformatics '96, International Symposium on GIS/Remote Sensing, Research, Development and Applications[M]. Berkeley, Calif.: Association of Chinese Professionals in GIS-Abroad (CPGIS).

Haining R P. 2003. Spatial Data Analysis: Theory and Practice[M]. Cambridge University Press.

Han T, Hong H, He F, et al. Reactivity study on oxygen carriers for solar-hybrid chemical-looping combustion of di-methyl ether[J]. Combustion and Flame, 159(5):1806-1813.

Hedjazi L, Martin C L, Guessasma S, et al. 2012. Application of the Discrete Element Method to crack propagation and crack branching in a vitreous dense biopolymer material[J]. International Journal of Solids and Structures, 49(13):1893-1899.

Hentschel H G E, Procaccia I. 1983. The infinite number of generalized dimensions of fractals and strange attractors[J]. Physica D: Nonlinear Phenomena, 8(3): 435-444.

Hoel E G, Rigaux P. 2003. ACM-GIS 2003: Proceedings of the Eleventh ACM International Symposium on Advances in Geographic Information Systems: New Orleans, Louisiana, USA, November 7-8, 2003 [M]. New York, N.Y.: Association for Computing Machinery.

Höhn M H. 2002. GIS and Fräuleins: the German-American encounter in 1950s West Germany[M]. Chapel Hill: University of North Carolina Press.

Jensen S K, Domingue J O. 1988. Extracting topographic structure from digital elevation data for geographic information system analysis. Photogrammetric Engineering and Remote Sensing, 54(11) 1593-1600.

Koperski K, Adhikary J, Han J. 1996. Spatial data mining: progress and challenges survey paper[C]//Proc. ACM SIGMOD Workshop on Research Issues on Data Mining and Knowledge Discovery, Montreal, Canada.

Kosko B. 1996. Fuzzy Engineering[M]. Prentice-Hall Inc, New Jersey.

Lee K O, Holmes T W, Calderon A F, et al. 2012. Molecular Dynamics simulation for PBR pebble tracking simulation via a random walk approach using Monte Carlo simulation[J]. Applied Radiation and Isotopes, 70(5):827-830.

Meyer Y, Lemarié-Rieusset P G. 1986. Ondelettes et bases hilbertiennes[J]. Revista Matematica Iberoamericana, 2(1): 1-18.

Li L M, Fjær E. 2012. Modeling of stress-dependent static and dynamic moduli of weak sandstones[J]. Journal of Geophysical Research-Solid Earth, 117(B05206).

Li Y.2001. A GIS-Aided Integrated Modeling System for Simulating Agricultural Nonpoint Source Pollution[M]. Sakta Barbara: National Center for Geographic Information & Analysis.

Luo Y F, Khan S, Peng S Z, et al. 2012. Effects of The Discretisation Cell Size on the Output Uncertainty of Regional Groundwater Evapotranspiration Modelling[J].Mathematical and Computer Modelling, 56(1-2):1-13.

Malczewski J. 1999. GIS and multicriteria decision analysis[M]. New York: John Wiley.

Mallat S G. 1989. Multiresolution approximations and wavelet orthonormal bases of $L^2$_(R)[J]. Transactions of the American Mathematical Society, 315(1): 69-87.

Mallat S, Zhang Z. 1993. Matching pursuit within time-frequency dictionaries[J]. IEEE Trans. on Signal Processing, 41:3397-3415.

Mamdani, E. 1977. Application of fuzzy logic to approximate reasoning using linguistic    systems[J]. Fuzzy Sets and Systems, 26: 1182-1191.

Martin D, Atkinson P. 2000. GIS and Geocomputation[M]. London: Taylor & Francis.

Martz L W, Jong E. 1988. CATCH: a FORTRAN program for measuring catchment area from digital elevation models[J]. Computers & Geosciences, 14(5): 627-640.

Masser I, Campbell S L. 1995. GIS and Organizations[M]. London: Taylor & Francis.

Meyer Y. 1985. Principe d'incertitude, bases hilbertiennes et algebres d'operateurs[J]. Seminaire Bourbaki, 28: 209-223.

McCulloch W. S., Pitts W. 1943. A Logical Calculus of the Ideas Immanent in Nervous Activity[M]. Bulletin of Mathematical Biophysics, 5:115-133.

McLafferty S L, Cromley E K. 2002. GIS and Public Health[M]. New York: Guilford Press.

Mehrer M W, Wescott K L. 2005. GIS and archaeological site location modeling[M]. Boca Raton, Fla.: Taylor & Francis.

Millares A, Gulliver Z, Polo M J. 2012. Scale Effects on the Estimation of Erosion Thresholds through a Distributed and Physically-based Hydrological Model[J]. Geomorphology, 153-154:115-126.

Montellano C G, Fuentes J M, Tellez E A, et al. 2012. Determination of the mechanical properties of maize grains and olives required for use in DEM simulations[J]. Journal of Food Engineering, 111(4):553-562.

Muller J C, Lagrange J P, Weibel R. 1995. GIS and generalization: Methodology and practice[M]. London: Taylor & Francis, CRC Press.

Murray A T, Estivill-Castro V. 1998. Cluster discovery techniques for exploratory spatial data analysis[J]. International journal of geographical information science, 12(5): 431-443.

Musavi M T, Shirvaiker M. V, Ramanathan E, Nekovei A.R.1998. A Vision-based Method to Automate Map Processing[J]. Patten Recognition, 21(4):319-326.

Nadine Schuurman. 2004. GIS: a short introduction[M]. Malden, MA.: Blackwell Pub.

Nof R N, Ziv A, Doin M P, et al. 2012. Rising of the lowest place on Earth due to Dead Sea water-level drop: Evidence from SAR interferometry and GPS[J]. Journal of Geophysical Research-Solid Earth, 117(B05412).

Nyerges T, Couclelis H, McMaster R B. 2011. The SAGE handbook of GIS and society[M]. London: SAGE.

Ord J K, Getis A. 1995. Local spatial autocorrelation statistics: distributional issues and an application[J]. Geographical analysis, 27(4): 286-306.

Parker R N, Asencio E A. 2008. GIS and Spatial Analysis for the Social Sciences: Coding, Mapping and Modeling[M]. New York: Routledge.

Pascolo P, Brebbia C A. 1998. GIS technologies and their environmental applications: [First International Conference on Geographical Information Systems in the Next Millennium: GIS 98][M]. Southampton, UK: Computational Mechanics Publications.

Pavelka J. 1979. On Fuzzy Logic I. Many-valued rules of inferece[J]. Mathematical Logic Quarterly, 25(3-6): 45-52.

Pavelka J. 1979. On Fuzzy Logic II. Enriched residuated lattices and semantics of propositional calculi[J]. Mathematical Logic Quarterly,25(7-12):119-134.

Pavelka J. 1979. On Fuzzy Logic III. Semantical completeness of some many-valued propositional calculi[J]. Mathematical Logic Quarterly,25(25-29):447-464.

Peng Z B, Doroodchi E, Evans G M. 2012. Influence of primary particle size distribution on nanoparticles aggregation and suspension yield stress: A theoretical study[J]. Powder Technology, 223(SI):3-11.

Petrovič D. 2003. Cartographic design in 3D maps[M].

Peucker T K, Fowler R J, Little J J, et al. 1976. Digital Representation of Three-Dimensional Surfaces by Triangulated Irregular Networks (TIN). REVISED[R]. STERLING (THEODORE D) LTD VANCOUVER (BRITISH COLUMBIA)*.

Pierce F J, Clay D. 2007. GIS Applications in Agriculture[M]. Boca Raton: CRC Press.

Pimm S L. 2001. Can We Defy Nature's End?[J]. Science, (293):2207-2208.

Ralston B A.2004. GIS and public data[M]. Clifton Park, N.Y.: Thomson/Delmar Learning.

Ratcliffe J, Chainey S. 2005. GIS and Crime Mapping[M]. Chichester, England: Wiley

Ripple W J. 1994. The GIS applications book: examples in natural resources: a compendium[M]. Bethesda, Md.: American Society for Photogrammetry and Remote Sensing.

Robert P.Haining. 2003. Spatial data analysis: theory and practice[M]. Cambridge University Press.

Schabenberger O, Gotway C A. 2005. Statistical Methods for Spatial Data Analysis[M]. CRC Press.

Schwartz, J C. 1994. Ont GIS applications and Indigenous Land Use Information in the Canadian north: An evaluation[D]. Guelph: University of Guelph.

Seffino L A, Medeiros C B, Rocha J V, et al. 1999. WOODSS-A Spatial Decision Support System Based on Workflows[J]. Decision Support Systems, (27): 105-123.

Shamsi U. M. 2005. GIS Applications for Water, Wastewater, & Stormwater Systems[M]. Boca Raton, FL: Taylor & Francis.

[英]Smith M J. 2009. 地理空间分析——原理、技术与软件工具[M]. 2版. 杜培军译. 北京: 电子工业出版社.

Stefanescu E R, Bursik M, Cordoba G, et al. 2012. Digital elevation model uncertainty and hazard analysis using a geophysical flow model[J], Proceedings of the Royal Society A: Mathematical Physical and Engineering Sciences, 468(2142): 1543-1563.

Tian X, Juppenlatz M. 1996. Geographic information systems and remote sensing[M]. Sydney: McGraw-Hill.

Tipper J C. 1976. The Study of Geological Objects in Three Dimensions by the Computerized Reconstruct ion of Serial Sections [J]. The Journal of Geology, 84(4):476-484.

Walcek A A, Hoke G D. 2012. Surface uplift and erosion of the southernmost Argentine Precordillera[J]. Geomorphology, 153:156-168.

Walsh S J, Millington A C, Osborne P E. 2001. GIS and remote sensing applications in biogeography and ecology[M]. Boston: Kluwer Academic Publishers.

Weske M, Vossen G, Medeiros C B. 1998. Workflow Management in Geoprocessing Applications[C]: Proceeding of 6th ACM International Symposium Geographic Information Systems-ACMGIS 98, 88-93, Washington.

White R, Engelen G. 1993. Cellular automata and fractal urbanform: A cellularmodeling approach to the evolution of urban land-use patterns[J]. Environment and PlanningA, (25): 1175~1199.

Wise S, Craglia M. 2008. GIS and Evidence-Based Policy Making[M]. Boca Raton, FL: CRC Press.

Worboys M F. 1995. GIS: a computing perspective[M]. London: Taylor & Francis.

Yang Y T, Whiteman M, Gieseg S P. 2012. Intracellular glutathione protects human monocyte-derived macrophages from hypochlorite damage[J]. Life Sciences, 90(17-18):682-688.

Yang Z X, Yang J, Wang L Z. 2012. On the influence of inter-particle friction and dilatancy in granular materials: a numerical analysis[J]. Granular Matter, 14(3):433-447.

Yu D L. 2004. GIS and Spatial Modeling in Regional Development: Case Study on the Greater Beijing Area[C]. 2004.Centennial Conference of the Association of American Geographers,March 12-18,2004，Philadelphia, Pennsylvania.

Zadeh L A. 1965. Fuzzy Sets[J]. Information and Control, 12:338-353.

Zadeh L.A. 1965. Fuzzy logic and approximate reasoning[J]. Synthese, 30:407-428.

Zeiler M. 1999. Modeling Our World: The ESRI Guide to Geodatabase Design[M]. California: ESRI Press.

Zhang Y J, Jha J, Gu R, et al. 2012. A DEM-based parallel computing hydrodynamic and transport model[J]. River Research and Applications, 28(5):647-658.

艾自兴, 龙毅. 2005. 计算机地图制图[M]. 武汉: 武汉大学出版社.

毕硕本, 王桥, 徐秀华. 2003. 地理信息系统软件工程的原理与方法[M]. 北京: 科学出版社.

毕思文. 2003. 地球系统科学导论[M]. 北京: 科学出版社.

边馥苓. 1996. 地理信息系统原理和方法[M]. 北京: 测绘出版社.

蔡德所, 李荣辉, 王魁, 等. 2012. 基于DEM和土地利用的水土流失风险评价——以桂林寨底地下河流域为例[J]. 中国水土保持, 0(3):29-31.

蔡孟裔, 毛赞猷, 田德森, 等. 2000. 新编地图学教程[M]. 北京: 高等教育出版社.

陈济才, 杨武年, 杨鑫. 2012. 基于DEM和DBM的真正射影像制作关键问题研究[J]. 遥感技术与应用, 27(2):168-172.

陈军, 杨克俭. 2006. 数字高程模型(DEM)在公路辅助设计中的应用[J]. 中国水运(理论版), 4(3):112-113.

陈述彭, 鲁学军, 周成虎. 1999. 地理信息系统导论[M]. 北京: 科学出版社.

陈晓勇, 吴华玲, Tran Minh Tri. 2012. GIS在移动蜂窝网络中的应用研究[J]. 测绘科学, (2):133-137.

陈彦光. 2008. 分形城市系统: 标度•对称•空间复杂性[M]. 北京: 科学出版社.

陈永刚, 汤国安, 周毅, 等. 2012. 基于多方位DEM地形晕渲的黄土地貌正负地形提取[J]. 地理科学, 32(1):105-109.

程满, 梁虹, 冯涛, 等. 2007. 基于空间问题建模概念过程的空间分析建模与实现[J]. 计算机工程与设计, 28(16).

程朋根, 文红. 2011. 三维空间数据建模及算法[M]. 北京: 国防工业出版社.

崔铁军. 2012. 地理信息科学基础理论[M]. 北京: 科学出版社.

戴晓爱, 李丽. 2011. GIS与模糊综合评判方法在垃圾填埋场选址中的应用[J]. 测绘科学, (5):128-130.

邓敏, 刘启亮, 李光强, 等. 2011. 空间聚类分析及应用[M]. 北京: 科学出版社.

樊重俊, 王浣尘. 1999. 基于分数维数的非线性相关度及其应用[J]. 自动化学报, 25(2):145-151.

范文义, 罗传文. 2003. "3S"理论与技术[M]. 哈尔滨: 东北林业大学出版社.

冯炜, 邵佳妮, 叶修松. 2009. 虚拟战场地理信息系统数据模型[J]. 测绘科学, (32):124-126.

傅为, 何明刚, 袁硕, 等. 2012. 基于混合DEM数据存储结构的三维地形可视化[J]. 吉林大学学报(信息科学版), 30(2):164-170.

高勇, 刘瑜, 邬伦. 2005. 基于Petri网的空间信息工作流模型[J]. 31(16): 1-3.

高勇, 刘宇, 王永乾. 2002. 基于OpenGIS的空间信息工作流管理系统框架研究[J]. 地理学与国土研究, 18(4).

高勇, 邬伦, 刘瑜. 2004. 空间信息处理过程建模研究[J]. 北京大学学报(自然科学版), 40(6): 914-921.

耿则勋, 张保明, 范大昭. 2010. 数字摄影测量学[M]. 北京: 测绘出版社.

龚健雅, 杜道生, 高文秀, 等. 2009. 地理信息共享技术与标准[M]. 北京: 科学出版社.

龚健雅. 1999. 当代GIS的若干理论与技术[M]. 武汉: 武汉测绘科技大学出版社.

龚健雅. 2004. 当代地理信息系统进展综述[J]. 测绘与空间地理信息, 27(1):05-11.

龚健雅. 2004. 当代地理信息系统进展综述[J]. 测绘与空间地理信息, 27(1):40-42.

龚健雅. 2001. 地理信息系统基础[M]. 北京: 科学出版社.

顾孝烈, 鲍峰, 程效军. 2011. 测量学[M].4. 上海: 同济大学出版社.

关佶红, 陈晓龙, 陈俊鹏, 等. 2003. 基于移动Agent的分布式地理信息查询[J]. 武汉大学学报(信息科学版), 28(1): 39-44.

呙维. 2005. 空间信息工作流若干关键技术研究[D]. 武汉: 武汉大学.

郭达志, 杜培军, 盛业华. 2000. 数字地球与3维地理信息系统研究[J]. 测绘学报, 29(3):250-256.

郭达志, 盛业华, 余兆平, 等. 1997. 地理信息系统基础与应用[M]. 北京: 煤炭工业出版社.

郭际明, 丁士俊, 苏新州, 等. 2009. 大地测量学基础实践教程[M]. 武汉: 武汉大学出版社.

郭仁忠. 2011. 空间分析[M]. 2版. 北京: 高等教育出版社.

国家测绘局. 2007. 中华人民共和国测绘行业标准CH/T 1015.2-2007:基础地理信息数字产品1:10000 1:50000生产技术规程第2部分:数字高程模型(DEM)[M]. 北京: 测绘出版社.

国家遥感中心. 2009. 地球空间信息科学技术进展[M]. 北京: 电子工业出版社.

何勇, 边馥苓, 季英. 2003. GIS 空间过程建模系统初探[J]. 测绘信息与工程, 28(5):22-24.

侯景儒, 尹镇南, 李维明, 等. 1998. 实用地质统计学[M]. 北京: 地质出版社.

胡长流, 宋振明. 1990. 格论基础[M]. 开封: 河南大学出版社.

胡可云, 陆玉昌, 石纯一. 2000. 概念格及其应用进展[J]. 清华大学学报(自然科学版), 09:77-81.

胡鹏, 黄杏元, 华一新. 2007. 地理信息系统教程[M]. 武汉: 武汉大学出版社.

胡鹏, 杨传勇, 吴艳兰, 等. 2007. 新数字高程模型：理论、方法、标准和应用[M]. 北京: 测绘出版社.

黄杏元, 马劲松, 汤勤. 2001. 地理信息系统概论[M]. 修订版. 北京: 高等教育出版社.

蒋爱平. 2007. 基于分形理论的X线头影侧位片图像分割的研究[D]. 哈尔滨: 哈尔滨工业大学自动化测试与控制系.

孔祥元, 郭际明, 刘宗泉. 2010. 大地测量学基础[M]. 2版. 武汉: 武汉大学出版社.

孔祥元, 郭际明, 2006. 控制测量学 [M]. 武汉: 武汉大学出版社.

孔祥元, 郭际明. 2007. 控制测量学[M]. 3版. 武汉: 武汉大学出版社.

孔云峰, 林珲. 2008. GIS分析、设计与项目管理[M]. 2版. 北京: 科学出版社.

黎夏, 刘凯. 2006. GIS与空间分析—原理与方法[M]. 北京: 科学出版社.

黎夏, 叶嘉安. 2005. 基于神经网络的元胞自动机及模拟复杂土地利用系统[J]. 地理研究, 01:19-27.

李翀, 杨大文. 2004. 基于栅格数字高程模型DEM的河网提取及实现[J]. 中国水利水电科学研究院学报, 2(3): 50-56.

李德仁, 龚健雅, 边馥苓. 1993. 地理信息系统导论[M]. 北京: 测绘出版社.

李德仁, 王树良, 李德毅. 2006. 空间数据挖掘理论与应用[M]. 北京: 科学出版社.

李德仁, 朱庆, 朱欣焰, 等. 2010. 面向任务的遥感信息聚焦服务[M]. 北京: 科学出版社.

李恒凯, 陈优良, 刘加兵, 等. 2011. GIS和灰色评价的超市选址模型研究及应用[J]. 测绘科学, 36(3):226-229.

李建松. 2006. 地理信息系统原理[M]. 武汉: 武汉大学出版社.

李志林, 朱庆. 2003. 数字高程模型[M]. 2版. 武汉: 武汉大学出版社.

李洲圣, 唐长红. 2010. 三维空间张量分析的矩阵方法[M]. 北京: 航空工业出版社.

刘昌明, 岳天祥, 周成虎. 2000. 地理学的数学模型与应用:1934-1999年《地理学报》中的数学模型及公式汇编[M]. 北京: 科学出版社.

刘南, 刘仁义. 2002. 地理信息系统[M]. 北京: 高等教育出版社.

刘书雷. 2006. 基于工作流的空间信息服务聚合技术研究[D]. 长沙: 国防科学技术大学.

刘湘南, 黄方, 王平, 等. 2005. GIS空间分析原理与方法[M]. 1. 北京: 科学出版社.

刘湘南, 黄方, 王平. 2008. GIS空间分析原理与方法[M]. 北京: 科学出版社.

刘钊, 徐鑫磊, 王红亮, 等. 2010. GIS网络分析中蚁群算法的改进与应用研究[J]. 测绘科学, 89-91.

刘洲俊, 胡包钢. 2012. GPU加速的高分辨率DEM图像地形特征线提取算法[J]. 中国图象图形学报, 17(2):249-255.

闾国年, 吴平生, 周晓波. 1999. 地理信息科学导论[M]. 北京: 中国科学技术出版社.

闾国年, 张书亮, 龚敏霞. 2003. 地理信息系统集成原理与方法[M]. 北京: 科学出版社.

吕秀琴, 张毅. 2012. 分形模拟在DEM内插中的应用[J]. 测绘科学, 37(2):107-109.

[英]罗伯特·海宁. 2009. 空间数据分析理论与实践[M]. 李建松, 秦昆译. 武汉: 武汉大学出版社.

罗显刚. 2010. 数字地球三维空间信息服务关键技术研究[D]. 武汉: 中国地质大学信息工程学院.

马磊, 李永树. 2011. 基于Prim算法的GIS连通性研究[J]. 测绘科学, (6):204-206.

马修军, 邬伦, 谢昆青. 2004. 空间动态模型建模方法[J]. 北京大学学报( 自然科学版), 40(2): 279-286.

马永立. 1998. 地图学教程[M]. 南京: 南京大学出版社.

孟斌. 2005. 空间过程因子识别与地理数据尺度转换研究[D]. 北京: 中国科学院地理科学与资源研究所.

孟斌, 王劲峰. 2005. 地理数据尺度转换方法研究进展[J]. 地理学报, 02:277-288.

[美]米切尔, 2011. GIS空间分析指南[M]. 张晹译. 北京: 测绘出版社, 2011.

钱柯健, 朱红春, 李发源. 2012. 一种基于DEM汇水累积量的径流节点提取方法[J]. 测绘科学, 37(1):28-29.

秦亮曦, 史忠植. 2005. 关联规则研究综述[J]. 广西大学学报(自然科学版), 04:310-317.

沈掌泉, 王人潮. 1999. 基于拓扑关系原理的栅格转换矢量方法的研究[J]. 遥感学报, 3(1): 38-47.

史文中, 吴立新, 李清泉, 等. 2007. 三维空间信息系统模型与算法[M]. 北京: 电子工业出版社.

谭海樵, 奚砚涛, 季景贤. 2009. 地球信息科学概论[M]. 徐州: 中国矿业大学出版社.

汤国安, 李发源, 刘学军. 2010. 数字高程模型教程[M]. 2版. 北京: 科学出版社.

汤国安, 刘学军, 闾国年, 等. 2007. 地理信息系统教程[M]. 北京: 高等教育出版社.

汤国安, 刘学军, 闾国年. 2005. 数字高程模型及地学分析的原理与方法[M]. 北京: 科学出版社.

汤国安, 杨昕. 2012. ArcGIS地理信息系统空间分析实验教程[M]. 2版. 北京: 科学出版社.

汤国安, 赵牡丹. 2000. 地理信息系统[M]. 北京: 科学出版社.

王彬武, 周卫军, 马苏, 等. 2012. 基于MODIS和DEM的土壤有机质空间预测研究(英文)[J]. Agricultural Science & Technology, (4):838-842.

王佳璆, 邓敏, 程涛, 等. 2012. 时空序列数据分析和建模[M]. 北京: 科学出版社.

王家耀, 李志林, 武芳. 2011. 数字地图综合进展[M]. 北京: 科学出版社.

王家耀. 2006. 自主创新与我国 GIS 发展[N].中国测绘报, 2006-12-26.

王建, 杜道生. 2001. 矢量数据向栅格数据转换的一种改进算法[J]. 地理与地理信息科学, 20(1):31-34.

王劲峰 等. 2006. 空间分析[M]. 北京: 科学出版社.

王劲峰, 廖一兰, 刘鑫. 2010. 空间数据分析教程[M]. 北京: 科学出版社.

王劲峰, 姜成晟, 李连发, 等. 2009. 空间抽样与统计推断[M]. 北京: 科学出版社.

王劲峰. 2006. 空间分析[M]. 北京: 科学出版社.

王佩军, 徐亚明. 2010. 摄影测量学[M]. 2版. 武汉: 武汉大学出版社.

王仁铎, 胡光道. 1988. 线性地质统计学[M]. 北京: 地质出版社.

王喜, 秦耀辰, 张超. 2006. 探索性空间分析及其与 GIS 集成模式探讨[J]. 地理与地理信息科学, 22(4):1-5.

王艳华, 蒋勇军. 2010. R数据统计分析语言及其在GIS中的应用[J]. 测绘科学, (2):175-177.

王艳霞. 2007. 基于分形的地图边界重建[D]. 重庆: 重庆大学计算机学院.

王耀革, 朱长青, 王志伟. 2009. 数字高程模型(DEM)的整体误差分析[J]. 武汉大学学报(信息科学版), 34(12):1467-1470.

王远飞, 何洪林. 2007. 空间数据分析方法[M]. 北京: 科学出版社.

王峥, TinT N, 马孝义, 尹京川 胡杰华. 2011. 基于SRTM_DEM的泾河流域特征信息提取研究[J]. 中国农村水利水电, (11):32-36.

王周龙, 冯学智, Heiner.Hild. 2002. SPOT立体像对的DEM恢复及质量评价[J]. 黑龙江工程学院学报, 16(4):26-28.

韦玉春, 陈锁忠. 2005. 地理建模原理与方法[M]. 北京: 科学出版社.

邬伦 等. 2001. 地理信息系统-原理、方法和应用[M]. 北京: 科学出版社.

吴信才. 2002. 地理信息系统原理与方法[M]. 北京: 电子工业出版社.

夏德深, 金盛, 王建. 1999. 基于分数维与灰度梯度共生矩阵的气象云图识别（Ⅰ）——分数维对纹理复杂度和粗糙度的描述[J]. 南京理工大学学报, 23(3):278-281.

谢志鹏, 刘宗田. 2001. 概念格节点的内涵缩减及其计算[J]. 计算机工程, 03:9-10,39.

徐建华. 2010. 地理建模方法[M].北京:科学出版社.

徐绍铨, 张华海, 杨志强. 2008. GPS测量原理及应用武汉[M]. 3版. 武汉大学出版社.

杨驰. 2006. GIS空间分析建模构想[J]. 测绘通报, (11):22-25.

杨慧, 盛业华, 温永宁, 韦程. 2009. 基于Web Services的地理模型分布式共享方法[J]. 武汉 大学学报.信息科学版, 34(2):142-145.

杨晓东, 万旺根, 崔滨, 等. 2010.DEM数据及其顶点法向量的压缩编码和显示[J]. 计算机仿真, 0(11):221-225.

杨鑫, 潘倩, 杨武年, 等. 2011. 汶川震后震害区DEM提取方法研究——以平武县为例[J]. 遥感技术与应用, 26 (6):751-757.

尹晖. 2002. 时空变形分析与预报的理论和方法[M]. 北京: 科学出版社.

应申, 李霖. 2007. 空间可视分析方法和应用[M]. 北京: 测绘出版社.

袁勘省. 2007. 现代地图学教程[M]. 北京: 科学出版社.

张超, 杨秉赓. 1991. 计量地理学基础[M]. 2版. 北京: 高等教育出版社.

张成才, 秦昆, 卢艳, 孙喜梅. 2004.GIS空间分析理论与方法[M]. 武汉: 武汉大学出版社.

张建武, 孙庆辉, 刘玉峰, 等. 2008. 面要素栅矢转换不确定性分析[J]. 测绘科学技术学报, 25(4):275-279.

张景雄. 2008. 空间信息的尺度、不确定性与融合[M]. 武汉: 武汉大学出版社.

张鹏. 2006. 基于信息光学的多维数据加密及数字水印[D]. 天津: 天津大学精密仪器与光电子工程学院,.

张庆红, 马彦辉, 杨克华. 2002. 区域可持续发展决策支持系统模型库的研究与实现[D]. 天津: 河北工业大学.

张维, 杨昕, 汤国安, 等. 2012. 基于DEM的平缓地区水系提取和流域分割的流向算法分析[J]. 测绘科学, 37(2):94-96.

张永生, 贲进, 童晓冲. 2007. 地球空间信息球面离散网格——理论、算法及应用[M]. 北京: 科学出版社.

赵学胜, 侯妙乐, 白建军. 2007. 全球离散格网的空间数字建模[M]. 北京: 测绘出版社.

周成虎, 裴韬. 2011. 地理信息系统空间分析原理[M]. 北京: 科学出版社.

周忠, 吴威. 2009. 分布式虚拟环境[M]. 北京: 科学出版社.

朱长青, 史文中. 2006. 空间分析建模与原理[M]. 北京: 科学出版社.

朱庆, 高玉荣, 危拥军, 等. 2003. GIS 中三维模型的设计[J]. 武汉大学学报 (信息科学版), 28(3): 283-287.

祝国瑞. 2004. 地图学[M]. 武汉: 武汉大学出版社.

邹豹君. 1985. 小地貌学原理[M]. 商务印书馆.

邹鹏, 卞燕山, 曹叡. 2012. 基于算术编码的格网DEM压缩技术综述[J]. 计算机工程与应用, 48(9):18-21.